.NET 开发经典名著

.NET 并发编程实战

[美] 里卡尔多·特雷尔(Riccardo Terrell) 著

叶伟民 译

U0252620

清华大学出版社

北　京

北京市版权局著作权合同登记号　图字：01-2019-1499

Riccardo Terrell

Concurrency in .NET: Modern patterns of concurrent and parallel programming
EISBN: 978-1-61729-299-6

Original English language edition published by Manning Publications, USA (c) 2018 by
Manning Publications. Simplified Chinese-language edition copyright (c) 2020 by Tsinghua
University Press Limited. All rights reserved.

图书在版编目(CIP)数据

.NET 并发编程实战 / (美)里卡尔多·特雷尔(Riccardo Terrell) 著；叶伟民 译. —北京：清
华大学出版社，2020.4 (2024.5重印)
(.NET 开发经典名著)
书名原文：Concurrency in .NET: Modern patterns of concurrent and parallel programming
ISBN 978-7-302-54959-8

Ⅰ. ①N… Ⅱ. ①里… ②叶… Ⅲ. ①网页制作工具－程序设计 Ⅳ. ①TP393.092.2

中国版本图书馆 CIP 数据核字(2020)第 026282 号

责任编辑：王　军
装帧设计：孔祥峰
责任校对：成凤进
责任印制：宋　林

出版发行：清华大学出版社
　　　网　　　址：https://www.tup.com.cn, https://www.wqxuetang.com
　　　地　　　址：北京清华大学学研大厦 A 座　　　　　邮　　编：100084
　　　社 总 机：010-83470000　　　　　　　　　　　邮　　购：010-62786544
　　　投稿与读者服务：010-62776969，c-service@tup.tsinghua.edu.cn
　　　质 量 反 馈：010-62772015，zhiliang@tup.tsinghua.edu.cn
印 装 者：三河市君旺印务有限公司
经　　销：全国新华书店
开　　本：170mm×240mm　　　印　　张：35.25　　　字　　数：632 千字
版　　次：2020 年 5 月第 1 版　　　印　　次：2024 年 5 月第 2 次印刷
定　　价：128.00 元

产品编号：082588-01

译者序

本书是一本划时代的著作!在以下领域具有非常深远的意义:

.NET 开发领域——本书再次将.NET 开发人员进行了分层隔代。

高性能/多核/并发编程领域——本书让锁从此变成过去时。

程序员职业生涯领域——本书让普通程序员得以和数学进行接驳。

本书在.NET 开发领域中的意义

作为广州.NET 技术俱乐部主席、中国香港 Azure/.NET 技术俱乐部创始人兼主席、.NET 社区联盟建设者,我对大中华区的.NET 开发人员现状有一定的了解。目前,虽然.NET 开发人员很多,但因为.NET 至今已存在了十几年且其自身进步很快,更新换代相当频繁,以致广大.NET 技术人员产生了分层隔代。

在东莞.NET 俱乐部的活动上,有人问我: "活动在场的.NET 开发人员所在的企业很少使用最新的.NET 技术,那么学习新技术的意义何在呢?"这个问题问得相当好! 根据过往我所接触的世界 500 强企业的经验来看,现状的确如此,相当多的公司为了求稳而不会使用最新技术。但这些公司也在不断追求进步,比如在 2008 年他们不会使用最新的 Visual Studio 2008 而是使用 Visual Studio 2005,但是到了 2010 年他们看到 Visual Studio 2008 已经稳定了,就会从 Visual Studio 2005 升级到 Visual Studio 2008。所以相当多的公司会因为求稳而落后时代一步,但是为了追求进步也仅会落后时代一步。所以总体来讲,程序员学习新技术的需求和压力依旧时刻存在。

在本书之前,.NET 使用锁和 OOP 来解决并发问题,这在该领域是第一代技术。有了本书之后,将会告别锁(如果要用一句话概括本书,就是坚决不用锁),尽量使用 FP 来实现并发从而提高性能,这就是第二代技术。有些读者可能认为这代技术的分层隔代并不像前面所说的技术换代那么重要。对此我要提醒大家,现在前端框架迅猛发展,业界流行前后端分离,无论是 Java、Python 还是.NET

都逐渐丧失了在前端技术的话语权，战场转到了后端上，比如.NET Core 现在就非常重视性能和微服务。所以本书所讲的技术换代将会像当年 WPF 接替 WinForm，Angular/React/Vue 接替 ASP.NET/WebForm 一样重要。

本书在高性能/多核/并发编程领域的意义

为了能够更好地翻译本书，我参阅了一些其他语言在高性能/多核/并发编程领域的书籍和相关文章 (包括 Java 和 JavaScript)，经过对比，我发现本书中所讲技术的先进性十分值得其他语言学习。在实际工作中，大部分程序员还停留在使用锁解决并发问题。在此我强烈建议这些程序员阅读本书来更新观念。

本书在程序员职业生涯领域的意义

本书在程序员职业生涯领域的意义是：让普通程序员得以和数学进行接驳。大多数程序员虽然都知道数学很重要，却没有在日常编程中体会到数学的存在，导致怀疑数学与编程的关联性。人工智能的浪潮让程序员开始感觉到数学的重要性。本书有不少的篇幅讲述了数学，而且所讲到的数学都十分基础，比如加法等，还讲述了我们日常使用的编程知识和数学之间的关联，比如 LINQ。

本书是一本划时代的著作，与其他同类书籍相比，本书具有如下特色：

- 从实际问题出发，讲述使用对应技术和解决方案的原因。不少同类书籍只是讲了 FP 技术，但并没有讲透为什么要使用 FP。
- 内容十分全面。不但包括 FP 技术，还讲述了 Dataflow 等非 FP 技术。
- 第 13 章专门介绍的实际解决方案和代码配方，可以马上用于实际工作中。
- 这是我所见到的第一本成规模、成系统地使用 C#和 F#混合编程的书籍。这点体现了作者让技术为我所用，而不是我为技术所用的务实精神。

一本书的成功出版是众人辛勤的结晶。在此我要感谢清华大学出版社的编辑们，感谢他们一直以来的耐心和支持。我要感谢我的父亲，他是这个世界上永远支持我的人。我要特别感谢我的助手邓永林(一个年轻上进的.NET 和前端程序员)、姚昂(热心的老程序员/前端架构师/广州架构师活动组织者)、简相辉(资深软件开发工程师)、戚亚柱(广州.NET 俱乐部常务秘书/MatrixData 数据平台高级工程师)、郑子铭(广州.NET 俱乐部副秘书长)/贺恩泽(中山大学软件工程专业本科生)。还有很多朋友也给予我帮助和建议，虽然他们选择匿名，但我在此一并深表谢意。

　　虽然在翻译过程中力求"信、达、雅",但是囿于水平有限,错误和失误在所难免,如有任何意见和建议,请不吝指正,我们将感激不尽。

叶伟民

译 者 简 介

叶伟民

广州.NET 技术俱乐部主席、中国香港 Azure/.NET
技术俱乐部创始人兼主席、.NET 社区联盟建设者，
在.NET 编程领域有 15 年工作经验。

作 者 简 介

　　Riccardo Terrell 是一位经验丰富的软件工程师和微软 MVP，他热衷于函数式编程。Riccardo 在竞争激烈的商业环境中提供具有性价比的技术解决方案方面拥有超过 20 年的经验。

　　1998 年，Riccardo 在意大利创办了自己的软件公司，专门为客户提供定制的医疗软件。2007 年，Riccardo 移居美国，此后一直担任.NET 高级软件开发人员和高级软件架构师，在业务环境中提供经济高效的技术解决方案。Riccardo 致力于集成先进技术工具，以让组织内部沟通更高效，提高工作效率并降低运营成本。

　　他积极参与函数式编程社区，包括.NET 会议和国际会议并广为人知。Riccardo 相信多种范式混合编程是能够最大限度地发挥代码力量的一种机制。

前　言

你可能正在阅读这本《.NET 并发编程实战》，因为你希望构建速度极快的应用程序，或者想学习如何显著提高现有应用程序的性能。你关心性能，因为你致力于生成更快的程序，而且当代码中的一些更改使应用程序更快，响应更快时，你会感到兴奋。并行编程为对新开发技术充满热情的开发人员提供了无限的可能性。当需要考虑性能时，无论怎么强调在编程中使用并行的好处也不为过。但是，使用命令式和面向对象的编程风格来编写并发代码会很复杂，并引入了复杂性。因此，并发编程并没有被广泛地作为一种常见的实践所接受，这迫使程序员去寻找其他解决方案。

上大学的时候，我学习了函数式编程课程。那时，我学习的是 Haskell，尽管该语言学习曲线很陡峭，难度很高，但是我很享受该课程的每一节课。因为我记得当我看到第一个例子时，对其解决方案的优雅以及简单而感到惊讶。15 年后，当我开始寻找利用并发来增强我的程序的解决方案时，我又想起这些课程。这一次，我能够充分地认识到函数式编程在设计我的日常程序时的强大和有用。使用函数式编程风格存在一些益处，我将在本书中对这些益处逐一进行讨论。

当时，我需要为医保行业构建一个软件系统，我的学术研究与专业工作在这里重合了。该项目需要开发一个应用程序去分析放射性医学图像。图像处理需要图像降噪、高斯算法、图像插值和图像滤波等几个步骤才能将颜色应用于灰度图像。该应用程序是使用 Java 开发的，最初能够按预期运行。但是后来该部门增加了需求，这种情况经常发生，这时问题就开始出现了。虽然软件没有任何问题或错误，但随着要分析的图像数量的增加，它变得更慢了。

当然，对这个问题提出的第一个解决方案是购买一个更强大的服务器。虽然在当时这是一个有效的解决方案，但是今天如果你购买一个新机器的目的是为了获得更快的 CPU 计算速度，你会感到失望的。这是因为现代 CPU 虽然有多个内核，但是其中单个内核的速度并不比 2007 年购买时的单个内核快。比购买新的服务器更好和更持久的替代方法是引入并行来利用多核硬件及其所有资源，从而最终加快图像处理。

从理论上讲，这是一项简单的任务，但是实际上并非如此。我必须学习如何使用线程和锁。遗憾的是，我在死锁方面获得了第一手经验。

这个死锁迫使我对应用程序的代码进行了大规模的修改。修改多到引入了bug，甚至与我做修改的原始目的无关。我很沮丧，这些代码是不可维护和脆弱的，整个过程很容易出现错误。我不得不在原来的问题上退一步，从不同的角度寻找解决方案。必须要有更好的办法。

> 我们使用的工具对我们的思维习惯产生深远的影响，因此也会影响我们的思维能力。

— Edsger Dijkstra

在花了几天时间寻找解决多线程错乱失控问题的解决方案后，我找到了答案。我所研究和阅读的一切都指向函数式范式。多年前我在大学课堂上学到的准则现在成为我前进的机理。我使用函数式语言重写图像处理应用程序的核心以应用并行运行。从命令式过渡到函数式最初是一个挑战。我几乎忘记了我在大学中学到的一切，所以我并不自豪地说，在这次经历中，我所编写的代码在函数式语言中看起来是非常面向对象的，但总体来说这是个成功的决定。新程序的编译和运行具有显著的性能改进，硬件资源得到了完全利用并且毫无错误。另外，一个意想不到的惊喜是，函数式编程导致代码行的数量显著减少：比使用面向对象语言的原始实现减少了近50%。

这次经历让我重新考虑 OOP 是否适合作为解决所有编程问题的答案。我意识到这种编程模型和解决问题的方法视野有限。我这次进入函数式编程的旅程就是始于对良好的并发编程模型的要求。

从此之后，我对应用于多线程和并发的函数式编程产生了浓厚的兴趣。在看到复杂问题和问题根源时，我就会想到这些问题在函数式编程中的解决方案，函数式编程是一个功能强大的工具，可以使用可用的硬件来更快地运行。我开始欣赏这门学科是如何以一种连贯的、可组合的、漂亮的方式来编写并发程序的。

我第一次产生写这本书的想法是在 2010 年 7 月，那时微软推出 F# 并将其作为 Visual Studio 2010 的一部分。那时我对业界的趋势就已经很清楚了，越来越多的主流编程语言支持函数式，包括 C#、C++、Java 和 Python。2007 年，C# 3.0 引入了头等函数和新的构造(如 lambda 表达式和类型推断)，从而引入函数式编程概念，并且很快就出现了允许声明式编程风格的语言集成查询(Language Integrate Query，LINQ)。

.NET 平台已经融入了函数式世界。随着 F#的引入，Microsoft 拥有了同时支持面向对象和函数式范式的功能齐全的语言。此外，像 C#这样的面向对象语言变得越来越混合了，弥合了不同编程模式之间的差距，从而允许这两种编程风格共存。

此外，我们正面临着多核时代，在这个时代里，CPU 能力是以可用内核的数量来衡量的，而不是以每秒的时钟周期来衡量的。有了这一趋势之后，单线程应用程序将无法在多核系统上实现更高的速度，除非该应用程序集成了并行性并使用算法将工作分散到多个内核上。

现在已经很清楚了，多线程是必需的，这个观点点燃了我把这种编程方法带给你的热情。本书结合了并发编程和函数式范式的强大功能，并使用 C#和 F#语言来编写可读的、更模块化的和可维护的代码。你的代码将受益于这些技术，以更少的代码在最佳性能下运行，从而提高工作效率和程序的弹性。

开始开发多线程代码是一个激动人心的时刻。在这个过程中，软件公司比以往任何时候都更需要合适的工具和技术以便在不需要做出妥协的情况下选择对应的正确编程风格。在学习并行编程的过程中，最开始的挑战将会很快地减少，而对你毅力的回报则是无限的。

无论你的专业领域是什么，无论你是后端开发人员还是前端 Web 开发人员，无论你是开发基于云的应用程序或视频游戏，使用并行来获得更好的性能并构建可扩展的应用程序，这点都将一直存在。

本书将描述我运用函数式编程使用 C#和 F#编写.NET 并发程序的经验。我相信函数式编程正在成为编写并发代码，协调.NET 中的异步和并行程序的实际方式，本书将为你提供你所需的一切知识，从而让你做好准备并投身这个令人兴奋的多核计算机编程领域。

致　谢

写书对于我来说是一个令人生畏的壮举，尤其是使用我的第二语言来写书更是一个挑战。对于我来说，没有一整村人的支持，我是不敢去实现这样的梦想的，因此我要感谢所有支持我的以及参与其中使本书成为现实的人。

我在 F#的探险始于 2013 年，当时我在纽约参加一个 F#的 FastTrack。我遇到了 Tomas Petricek，他激励我一头扎进 F#的世界里。他欢迎我进入社区，此后更一直是我的导师和知己。

我非常感谢 Manning 出版社如下出色的工作人员。15 个月前，在策划编辑 Dan Maharry 的支持下，我开始了撰写本书这项繁重的工作，后来 Marina Michaels 编辑接手，继续为我提供帮助。撰写本书于我而言是一个很棒的任务，而两位编辑在整个过程中耐心地指导我，提供了许多真知灼见。

感谢众多技术评审人员，特别是编辑 Michael Lund 和校对人员 Viorel Moisei。你们的批评和分析对于确保我能在纸面上传达我头脑中的一切至关重要，从而避免在从脑海到书面这一过程中丢失。还要感谢那些参与 Manning MEAP 计划并作为同行评审人员提供支持的人：Andy Kirsch、Anton Herzog、Chris Bolyard、Craig Fullerton、Gareth van der Berg、Jeremy Lange、Jim Velch、Joel Kotarski、Kevin Orr、Luke Bearl、Pawel Klimczyk、Ricardo Peres、Rohit Sharma、Stefano Driussi 和 Subhasis Ghosh。

我还得到了 F#社区成员不懈的支持，一路走来他们都在我后面支持我，尤其是 Sergey Tihon，他花了无数的时间答复我的咨询。

感谢我的家人和朋友，他们为我加油，耐心地等待我写完这本书，以再次和他们度周末和晚餐出游等。

最重要的是，我要感谢我的妻子，她支持我的所有努力，从来没有让我回避挑战。

我还必须提到我的敬业而又忠诚的小狗，Bugghina 和 Stellina，它们总是在我深夜写作时在我身边陪伴我。它们还陪我在晚上散步，使我能够清醒头脑，从而为这本书找到最好的思路。

关 于 本 书

《.NET 并发编程实战》提供了在.NET 中构建并发和可扩展程序所需最佳实践的深入了解，阐明了函数式范式的优势，为你提供了正确的工具和准则，从而得以轻松地和正确地处理并发。最终，通过这些你所掌握的新技能，你将拥有成为提供成功的高性能解决方案的专家所需的知识。

本书读者对象

如果你正使用.NET 编写多线程代码，本书将对你大有裨益。如果你有兴趣使用函数式范式来简化并发编程体验以最大限度地提高应用程序的性能，本书将是一个重要的指南。本书将使任何希望编写并发、反应式和异步应用程序的.NET 开发人员受益，这些应用程序可以通过自适应当前硬件资源的方式来进行扩展和执行，无论是在何处运行。

本书也适用于那些对利用函数式编程实现并发技术感到好奇的开发人员。并不需要你之前就具备函数式范式知识或经验，基本概念可以查阅附录 A。

本书代码示例将同时使用 C#和 F#两种语言。熟悉 C#的读者看到这里将会立即感到舒适。熟悉 F#语言并不是严格要求的，附录 B 中涵盖了 F#的基本概述。读者也不需要函数式编程经验和知识，因为书中包含了必要的概念。

本书假定你拥有良好的.NET 工作经验，具有使用.NET 集合的适度经验和.NET 框架的知识，至少需要具有.NET 版本 3.5(LINQ、Action< >和 Func< >委托)相关知识和经验。最后，本书适用于.NET 支持的任何平台(包括.NET Core)。

本书的组织结构：路线图

本书共包含 3 个部分(14 章)和 3 个附录。第 I 部分介绍了编写多线程程序在函数式并发编程方面所需要了解的概念和技能。

- 第 1 章重点介绍并发编程背后的主要基础和目的，以及使用函数式编程来编写多线程应用程序的原因。

- 第 2 章探讨几种函数式编程技术，以提高多线程应用程序的性能。本章的目的是提供在本书其余部分中需要使用的概念，并令你熟悉源自函数式范式的强大思想。

- 第 3 章概述不可变性的函数式概念，解释了如何使用不可变性来编写可预测和正确的并发程序，以及如何将其应用于实现和使用函数式数据结构，这些数据结构本质上是线程安全的。

第 II 部分深入介绍函数式范式的不同并发编程模型。我们将探索任务并行库(Task Parallel Library，TPL)等主题，并实现 Fork/ Join、分而治之(Divide and Conquer)以及 MapReduce 等并行模式。该部分还讨论声明式组合、异步操作中的高级抽象、代理编程模型和消息传递语义。

- 第 4 章介绍并行处理大量数据的基础知识，包括 Fork/Join 模式。

- 第 5 章介绍并行处理海量数据的更高级技术，例如并行聚合和归约数据，以及实现并行 MapReduce 模式。

- 第 6 章提供了处理事件(数据)实时流的函数式技术的详细信息，使用具有.NET 反应式扩展的函数式高阶运算符来组合异步事件组合器。在该章所学的技术可用来实现对并发友好的和反应式的发布者-订阅者模式。

- 第 7 章介绍应用于函数式编程的基于任务的编程模型，以实现使用基于延续传递风格的 Monadic 模式的并发操作，然后使用该技术构建基于并发和函数式的管道。

- 第 8 章重点介绍实现无边界并行计算的 C#异步编程模型。该章还将研究异步操作中的错误处理和组合技术。

- 第 9 章重点介绍 F#异步工作流，解释了该模型的延迟和显式求值如何允许更高的组合语义。然后，探讨如何通过实现自定义计算表达式来提高抽象级别，从而实现声明式编程风格。

- 第 10 章总结前面的章节，最后实现了组合和函数、单子和应用函子等模式，以组合和运行多个异步操作并能够处理错误，同时避免副作用。

- 第 11 章使用消息传递编程模型深入研究了反应式编程。它涵盖了使用天然隔离作为一种互补技术概念来构建并发程序的不可变性。该章重点介绍了使用代理模型和无共享方法来分发并行工作的 F# MailboxProcessor。

- 第 12 章介绍使用 C#来做示例的.NET TPL 数据流的代理编程模型。你将使用 C#实现无状态代理和有状态代理，并行运行多个计算，这些计算将使用管道风格传递消息来相互通信。

第III部分将前面章节中学到的所有函数式并发编程技术付诸实践：

- 第13章包含一组可重用的和有用的配方，可用于根据实际经验来解决复杂的并发问题。配方将使用整本书中你所看到的函数式模式。
- 第14章介绍使用本书中所学习的函数式并发模式和技术来设计和实现的完整应用程序。你将构建一个高度可扩展的，响应迅速的服务器应用程序和一个反应式的客户端程序。该客户端程序包括两个版本：一个是使用 Xamarin Visual Studio 开发的 iOS(iPad)程序；另一个则使用 WPF。服务器端应用程序则使用不同编程模型的组合，如异步、基于代理和反应式，以确保最大的可扩展性。

本书还有三个附录：

- 附录 A 总结函数式编程的概念。本附录提供了本书中所使用的函数式技术的基本理论。
- 附录 B 介绍 F#的基本概念。它会帮助你熟悉该编程语言，以便让你阅读本书感到舒适。
- 附录 C 说明一些可以简化 F# 异步工作流和 C#中.NET 任务之间互操作性的技术。

关于代码

在许多情况下，原始源代码会被重新格式化。为了适应书中可用的页面空间，我们会添加换行符和重新设计缩进。在某些情况下，即使这样做也是不够的，我们就会采用行延续标记(➡)。

这本书的配套源代码可从 Manning 出版社的网站(www.manning.com/books/concurrency-in-dot-net)和 github(https://github.com/rikace/fConcBook)下载。大多数代码都提供了 C#和 F#两个版本。存储库根目录中所包含的 Readme 文件中提供了使用此代码的说明。也可扫描封底二维码获取本书源代码。

图书论坛

购买本书的读者可以免费访问由 Manning 出版社管理的私有网络论坛，你可以在论坛上对图书发表评论，提出技术问题以及接受作者和其他用户的帮助。可以在 https://forums.manning.com/forums/concurrency-in-dot-net 访问该论坛，你还可以在 https://forums.manning.com/forums/about 上了解更多关于 Manning 论坛和行为规则的信息。

关于该论坛，Manning 对读者的承诺是提供一个读者之间以及读者与作者之间可以进行有意义的对话的场所。这不是对作者将会全身心投入该论坛的承诺，作者对论坛的贡献仍然是自愿的而且是无偿的。我们建议你试着问作者一些具有挑战性的问题，来激发他的兴趣!只要这本书还在印刷，就可以从 Manning 出版社的网站上查阅论坛和以前讨论帖子的归档。

关于封面插图

《.NET 并发编程实战》封面上的人物来自阿比西尼亚(现在称为埃塞俄比亚)的一个村庄。插图取自于 1799 年在马德里首次出版的由 Manuel Albuerne(1764—1815)雕刻的西班牙地区服装风俗纲要。该书标题页的西班牙语版本描述如下:

Coleccion general de los Trages que usan actualmente todas las Nacionas del Mundo desubierto, dibujados y grabados con la mayor exactitud por R.M.V.A.R. Obra muy util y en special para los que tienen la del viajero universal.

我们尽可能按其字面意思翻译为:

目前在世界各国使用的大多数服装图集，都是由 R.M.V.A.R.精心设计和印刷的。这项工作非常有用，特别是对那些环游世界的人而言。

虽然对这个插图的雕刻师、设计师和工人的信息我们知道得很少，但是他们绘制这幅画的准确性是显而易见的。阿比西尼亚人只是这个丰富多彩的服装图集中的众多人物之一。他们的多样性生动地说明了两百年前世界上各个城镇和地区的独特性。在那个时代，相隔几十英里的两个地区的衣着习惯是截然不同的。这些藏品勾起了我们对那个时代以及所有其他历史时期的距离感。

在我们当前高速发展的年代里，衣着习惯已经改变了，当时如此丰富的地区多样性已经逐渐消失了。如今很难通过衣着来区分不同大陆的居民。也许，尝试从乐观的角度来看，我们已经用过往的文化和视觉上的多样性来换取今天更为多样化的个人生活——或者说是更为丰富以及有趣的知识技术生活。

Manning 出版社崇尚创造性、进取性，这个图集中的图片使得两个世纪以前丰富多彩的地区生活跃然于纸上，以其作为图书封面会让计算机行业多一些趣味性。

目　　录

第 I 部分

函数式编程在并发程序中所体现的优势

　　函数式编程是一种侧重于抽象和组合的编程范式。在前三章中，你将学习如何将计算处理成表达式的求值，以避免数据的可变性。为了增强并发编程，函数式范式提供了编写确定性程序的工具和技术。输出仅取决于输入，而不取决于程序在执行时的状态。函数式范式还通过强调在纯函数方面之间的分离关注点、隔离副作用和控制不必要的行为来帮助编写 bug 更少的代码。

　　本书的第 I 部分介绍了适用于并发程序的函数式编程的主要概念和优势。讨论的概念包括使用纯函数、不可变性、延迟和组合编程。

第 1 章

函数式并发基础

本章主要内容：

- 为什么需要并发
- 并发、并行和多线程之间的差异
- 避开编写并发应用程序时常见的陷阱
- 在线程之间共享变量
- 使用函数式范式开发并发程序

过去，软件开发人员相信，随着时间的推移(硬件的发展)，他们的程序运行速度将比之前更快。由于硬件的改进，使程序能够随着硬件的每一代更新而提高运行速度，多年来已被证明是正确的。

在过去这些年，硬件行业不停地发展。在 2005 年之前，处理器的发展不断提供更快的单核 CPU，直到最终达到了戈登·摩尔预测的 CPU 速度极限。计算机科学家摩尔在 1955 年预测，CPU 速度每两年会翻倍。他的这个预测，即摩尔定律，被证明是正确的。十年之后，1965 年，晶体管的密度和速度达到了每 18 个月翻倍，直到达到技术无法前进的速度极限。摩尔定律有效持续了很多年(超出了他所估计的有效持续时间)。

如今，单核处理器 CPU 几乎达到了光速，同时耗能产生了巨大的热量，这种发热正是进一步改进(CPU 速度)的限制因素。

CPU 已接近光速

光速是电传输速度的绝对物理极限，也是 CPU 中电信号的速度极限。任何数据传播都不能比光介质传播得更快。必然地，信号不能以足够快的速度在芯片表面传播来达到更高的速度。现代芯片的基频约为 3.5GHz，也就是说，每 1/3 500 000 000

秒(即 2.85 纳秒)1 个周期。光速约为每秒 3e8 米，这意味着数据可以在 1 纳秒内传播 30 厘米。但是芯片越大，数据传播所需的时间就越长。

电路长度(CPU 物理尺寸)和处理速度之间存在着一个基本关系：执行操作所需的时间等于电路一个来回的长度除以光速。光速是恒定的，唯一的变量就是 CPU 的大小。也就是说，你需要一个更小尺寸的 CPU 来提高速度，因为更短的电路需要更小和更少的开关。CPU 越小，传输速度越快。实际上，创建更小的芯片是构建具有更高主频更快 CPU 的主要方法。这样做非常有效，依靠这种方法我们把 CPU 主频提高到接近物理极限了。

例如，如果主频增加到 100GHz，则一个周期为 0.01 纳秒，此时信号只会传播 3 毫米。因此，理想情况下，CPU 内核的大小需要约为 0.3 毫米。该路由会导致物理大小限制。此外，在如此小的 CPU 尺寸下这样的高频率引入了一个热问题的方程式。开关晶体管的功率大约是频率的平方，因此在从 4 GHz 提高到 6 GHz 时，能量增加 225%(转换为热量)。除了芯片的尺寸外，还出现了晶体结构变化等热损伤易感性问题。

摩尔对晶体管速度的预测已经实现了(晶体管不能再快了)，但摩尔定律并没有消失(现代晶体管的密度正在增加，在物理极限速度下提供并行机会)。多核架构和并行编程模型的结合使摩尔定律得以延续！由于 CPU 单核性能改进停滞不前，开发人员通过采用多核架构和开发支持并发的软件来适应。

处理器革命已经开始。多核处理器设计的新趋势使并行编程成为主流。多核处理器体系结构提供了更高效计算的可能性，但所有这些功能都需要开发人员做额外的工作。如果程序员希望在代码中获得更高的性能，那么他们必须适应新的设计模式，以最大限度地提高硬件利用率，通过并行和并发来利用多个内核。

在本章中，我们将通过研究并发的一些优点和编写传统并发程序的挑战来介绍有关并发的一般信息。接下来，我们将介绍函数式范式概念，这些概念可以通过使用简单且可维护的代码来克服传统的限制。在本章末尾，你将了解为什么并发是一个有价值的编程模型，以及为什么函数式范式是编写并发程序的正确工具。

1.1   你将从本书中学到什么

在本书中，我将介绍在传统编程范式中编写并发多线程应用程序的注意事项和挑战。我将探讨如何使用函数式范式成功地应对这些挑战和避免并发陷阱。接下来，我将介绍在函数式编程中使用抽象来创建声明式、易于实现和高性能并发程序的好处。在本书的整个过程中，我们将研究复杂的并发问题，为深入了解使用函数式范式在.NET 中构建并发和可扩展程序提供必要的最佳实践。你将熟悉函数式编程如何通过鼓励在线程之间传递不可变的数据结构来帮助开发人员支持并发性，而不需要担心共享状态，同时避免副作用。在本书的结尾，你将掌握如何使用 C#和 F#语言编写更模块化、更可读和更可维护的代码。在编写性能最佳、代码行数更少的程序时，你将更高效、更熟练。最终，通过掌握的新技能，你将拥有成为提供成功高性能解决方案专家所需的知识。

以下是你将学到的：

- 如何组合异步操作与任务并行库。
- 如何避免常见问题并对多线程和异步应用程序进行故障排除。
- 了解采用函数式范式的并发编程模型(函数式、异步、事件驱动、代理和参与者的消息传递)。
- 如何使用函数式范式构建高性能并发系统。
- 如何以声明式风格表达和组合异步计算。
- 如何通过使用数据并行编程，以(简单)纯粹的方式无缝地加速顺序程序。
- 如何使用 Rx 风格的事件流以声明方式实现反应式和基于事件的程序。
- 如何使用函数式并发集合构建无锁多线程程序。
- 如何编写可扩展、高性能和健壮的服务器端应用程序。
- 如何使用并发编程模式解决问题，例如“分叉/ 联合”(Fork/Join)、并行聚合和分而治之。
- 如何使用并行流和并行 Map/Reduce 实现来处理海量数据集。

本书假设你具有通用编程知识，但不具备函数式编程的知识。要在编码中应用函数式并发，只需要函数式编程的概念子集，并且我将解释在此过程中需要了解的内容。重点放在可以在日常编码体验中立即使用的内容，通过这种方式，你将在较短的学习曲线中获得函数式并发的许多好处。

1.2　让我们从术语开始

我们先从共同点开始，本节定义了与本书主题相关的术语。在计算机编程中，某些术语(如并发、并行和多线程)在同一上下文中使用，但具有不同的含义。由于它们的相似性，将这些术语视为同一事物的倾向是常见的，但这是不正确的。当对程序的行为进行推理变得很重要时，区分计算机编程术语是至关重要的。例如，根据定义，并发是多线程的，但多线程不一定是并发的。你可以很容易地使多核 CPU 像单核 CPU 一样工作，但不能反过来。

本节旨在就与本书主题相关的定义和术语建立共识。在本节结束时，你将了解以下术语的含义：

- 顺序编程
- 并发编程
- 并行编程
- 多任务处理
- 多线程

1.2.1 顺序编程——一次执行一个任务

顺序编程是按照步骤逐一完成任务的行为。让我们举一个简单的例子，比如在当地的咖啡店买一杯卡布奇诺。你先排队和单独的咖啡师一起下订单。咖啡师负责接收订单并送饮料，一次只能制作一杯饮料，所以在购买之前你必须耐心地排队等待。制作卡布奇诺需要研磨咖啡，冲煮咖啡，蒸牛奶，使牛奶起泡，把咖啡和牛奶混合，所以在你拿到卡布奇诺咖啡之前需要更多的时间。图 1.1 展示了这一过程。

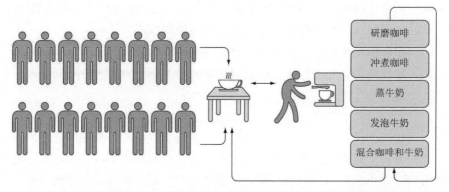

图 1.1　对于排队队伍里的每一个人，咖啡师会按顺序重复相同的指令(研磨咖啡、冲煮咖啡、蒸牛奶、发泡牛奶，并将咖啡和牛奶混合在一起来制作卡布奇诺)

图 1.1 是顺序工作的一个示例，一个任务必须在下一个任务之前完成。

这是一种很方便的方法，有一套明确的系统(逐步)指示，说明该做什么以及何时做。在这个例子中，咖啡师在准备卡布奇诺时可能不会感到困惑，不会犯任何错误，因为步骤清晰有序。逐步制作卡布奇诺的缺点是咖啡师必须在制作过程中等待。要起泡时，咖啡师实际上是不活动的(被阻塞)。同样的概念也适用于顺序和并发编程模型。如图 1.2 所示，顺序编程涉及连续的、逐步有序的过程。过程的执行是以一次一条指令的线性方式进行。

图 1.2　典型的顺序编码，包括连续的、逐步有序的进程执行

在命令式编程和面向对象编程(OOP)中，我们倾向于编写顺序行为的代码，所有注意力和资源都集中在当前正在运行的任务上。我们通过依次执行一组有序的语句来对程序进行建模和执行。

1.2.2 并发编程——同时运行多个任务

假设咖啡师更喜欢启动多个步骤并同时执行它们呢？这将使客户队列移动得更快(并因此增加获得的小费)。例如，一旦咖啡被磨碎，咖啡师就可以开始冲泡浓缩咖啡。在冲煮过程中，咖啡师可以下新的订单，也可以开始蒸牛奶和发泡牛奶的过程。在这个例子中，咖啡师给人一种同时进行多个操作(多任务处理)的感觉，但这只是一种幻觉。有关多任务处理的更多详细信息，请参见第 1.2.4 节。事实上，由于咖啡师只有一台浓缩咖啡机，他们必须停止一项任务才能启动或继续另一项任务，这意味着咖啡师一次只能执行一项任务，如图 1.3 所示。在现代多核计算机中，这是对宝贵资源的浪费。

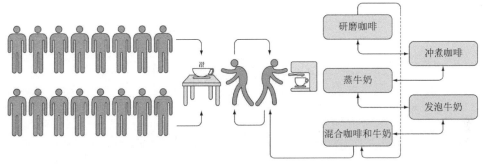

图 1.3 咖啡师在准备咖啡(研磨和冲煮)和准备牛奶(蒸和发泡)等操作(多任务)之间切换。体现出的结果是，咖啡师以交错方式执行多个任务段，给人一种多任务的错觉。但是实际上由于共享公共资源，一次只能执行一个操作

并发描述了同时运行多个程序或程序的多个部分的能力。在计算机编程中，在应用程序中使用并发提供了实际的多任务处理，将应用程序分成多个独立的过程，这些过程在不同的线程中同时(并发)运行。如果有多个 CPU 内核可用，则可以在单个 CPU 内核中进行，也可以并行进行。通过异步或并行执行任务，可以提高程序的吞吐量(CPU 处理计算的速度)和响应能力。例如，流式传输视频内容的应用程序是并发的，因为它同时从网络读取数字数据，对其进行解压缩，并在屏幕上更新其显示。

并发给人的印象是，这些线程是并行运行的，并且程序的不同部分可以同时运行。但是在单核环境中，一个线程的执行会临时暂停并切换到另一个线程，如图 1.3 中的咖啡师所示。如果咖啡师希望同时执行多个任务来加速生产，那么必须增加可用资源。在计算机编程中，这个过程称为并行。

1.2.3 并行编程——同时执行多个任务

从开发人员的角度看,当我们考虑这些问题时,"我的程序可以同时执行多项操作吗?"或"我的程序如何更快地解决一个问题?"我们会想到并行。并行是指同时在不同的内核上执行多个任务,以提高应用程序的速度。尽管所有并行程序都是并发的,但我们(在前文)已经看到并非所有并发都是并行的。这是因为并行取决于实际的运行时环境,并且需要硬件支持(多核)。并行只能在多核设备中实现(见图1.4),是提高程序性能和吞吐量的手段。

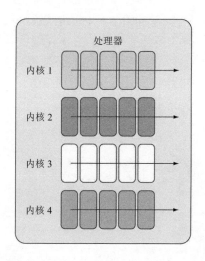

图 1.4   只有多核机器才允许并行处理来一起执行不同的任务。在此图中,每个内核都执行一个独立的任务

回到咖啡店的例子,假设你是经理,希望通过加快饮料生产来减少客户的等待时间。一个直观的解决方案是雇用第二名咖啡师建立第二个咖啡站。两名咖啡师同时工作,客户的队列可以独立和并行处理,卡布奇诺的制作(见图1.5)加快了。

生产没有被中断会带来性能上的好处。并行的目标是最大限度地利用所有可用的计算资源;在这种情况下,两名咖啡师在不同的站点并行工作(多核处理)。

当一个任务被拆分为多个独立的子任务,然后使用所有可用的核心来运行时,就可以实现并行。在图1.5中,多核机器(两个咖啡站)允许并行同时执行不同的任务(两名忙碌的咖啡师)而不会中断。

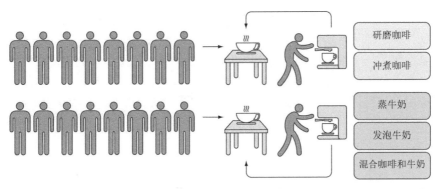

图 1.5　卡布奇诺的制作速度更快了，因为两名咖啡师可以与两个咖啡站并行工作

计时的概念是同时并行执行操作的基础。在图 1.6 这样的程序中，如果它们可以一起执行(不管执行时间片是否重叠)，那么操作是并发的；如果执行在时间片上重叠(同时执行)，那么这些操作是并行的。

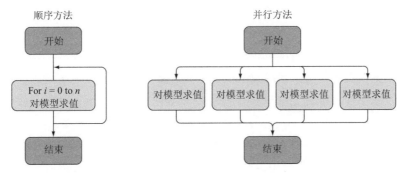

图 1.6　并行计算是一种同时进行许多计算的计算类型。其工作原理是大问题通常可以分成小问题，然后同时解决

并行和并发是相关的编程模型。并行程序也是并发的，但并发程序并不总是并行的，并行编程是并发编程的子集。并发是指系统的设计，而并行则与硬件运行环境有关。并发和并行编程模型直接取决于执行它们的本地硬件环境。

1.2.4　多任务处理——同时在一段时间内执行多个任务

多任务处理是同时在一段时间内执行多个任务的概念。我们对这个概念很熟悉，因为我们在日常生活中一直都是多任务的。例如，在等待咖啡师为我们准备卡布奇诺咖啡的时候，我们使用智能手机查看电子邮件或浏览新闻报道。我们同时做两件事：等待和使用智能手机。

计算机的多任务处理是在计算机只有一个 CPU 以共享同一计算资源来同时执行许多任务的时代设计的。最初，将 CPU 的时间切片，一次只能执行一个任务。

(时间片涉及协调多个线程之间执行的复杂调度逻辑)。调度(程序)允许线程在调度不同的线程之前运行的时间量称为线程量子。CPU 是按时间切片的，在将执行上下文切换到另一个线程之前，每个线程都可以执行一个操作。上下文切换是操作系统处理多任务以优化性能的过程(见图 1.7)。但是在单核计算机中，多任务处理可能会因为线程之间的上下文切换而引入额外开销从而降低程序的性能。

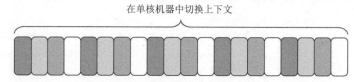

在单核机器中切换上下文

图 1.7   每个任务都有不同的底色，这体现出在单核机器中的上下文切换会产生多个任务并行运行的假象，但实际上一次只处理一个任务

多任务处理操作系统有两种类型:

- **协作式多任务处理系统**。调度程序允许每个任务运行一直到完成，或者显式地将执行控制权返回给调度程序(下一个任务被调度的前提是当前任务主动放弃时间片，操作系统没有主动权)。
- **抢占式多任务系统**(如 Microsoft Windows)。由操作系统考虑任务的优先级，并根据优先级来执行任务，一旦任务用完分配的时间，底层操作系统将切换执行序列，将控制权交给其他任务。

过去十年中设计的大多数操作系统都提供了抢占式多任务处理。多任务处理对于 UI 响应非常有用，有助于避免在长时间后台操作期间冻结 UI。

1.2.5   多线程性能调优

多线程是多任务概念的延伸，旨在通过最大化和优化计算机资源来提高程序的性能。多线程是一种使用多个执行线程的并发形式。多线程意味着并发，但并发并不一定意味着多线程。多线程使应用程序能够将特定任务显式地细分为在同一进程中并行运行的各个线程。

注意 进程是在计算机系统中运行的程序的实例。每个进程都有一个或多个执行线程，并且在进程外不能存在任何线程。

线程是一个计算单元(一组独立的编程指令，用于实现特定的结果)，操作系统调度程序独立地执行和管理这些指令。多线程不同于多任务:与多任务不同，多线程的线程是共享资源的。但是这种"共享资源"设计比多任务带来了更多的编程挑战。我们将在稍后的 1.4.1 节中讨论线程之间共享变量的问题。

　　并行和多线程编程的概念是密切相关的。但是与并行相比，多线程与硬件无关，这意味着无论内核的数量多少，都可以执行多线程处理。并行编程是多线程的超集。例如，可以通过在同一进程中共享资源以使用多线程来并行程序，但也可以通过在多个进程中甚至在不同的计算机中执行计算来并行程序。图 1.8 展示了这些术语之间的关系。

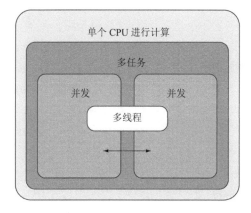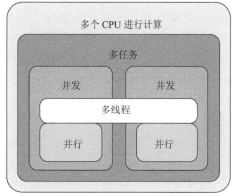

图 1.8　并发、并行、多线程，在单核和多核设备上的多任务之间的关系

总结：

- 顺序编程是指在一个 CPU 时间片中执行的一组有序指令。
- 并发编程一次处理多个操作，不需要硬件支持(使用一个或多个内核)。
- 并行编程在多个 CPU 或多个内核上同时执行多个操作。所有并行程序都是并发的，同时运行的，但并非所有并发都是并行的。原因是并行只能在多核设备上实现。
- 多任务同时执行来自不同进程的多个线程。多任务并不一定意味着并行执行，只有在使用多个 CPU 或多个内核时才能实现并行执行。
- 多线程扩展了多任务处理的思想。它是一种并发形式，它使用来自同一进程的多个独立执行线程。根据硬件支持的不同，每个线程可以并发或并行运行。

1.3　为什么需要并发

　　并发是生活中自然的一部分——就像人类一样，我们习惯于多任务处理。我们可以一边喝咖啡一边看电子邮件，或者一边听我们最喜欢的歌曲的同时一边打字。在应用程序中使用并发的主要原因是为了提高性能和响应能力，并实现低延迟。常识是，如果一个人一个接一个地做两个任务，比两个人同时做同样的这两个任务要花更长的时间。

应用程序也同样如此。问题是绝大多数应用程序都没有根据可用 CPU 去均衡分割任务来编写。计算机被用于许多不同的领域，如分析、金融、科学和医疗保健。分析的数据量逐年增加，两个很好的例子就是谷歌和皮克斯。

2012 年，谷歌每分钟收到超过 200 万条搜索查询；2014 年，这一数字翻了一番。1995 年，皮克斯制作了第一部完全由电脑制作的电影《玩具总动员》。在计算机动画中，必须为每个图像渲染无数的细节和信息，例如阴影和光照。所有这些信息都以每秒 24 帧的速度变化。在 3D 电影中，信息变化的需求呈指数级增长。

《玩具总动员》的创作者们用 100 台相连的双处理器机器来制作他们的电影，并行计算的使用是必不可少的。皮克斯为《玩具总动员 2》开发的工具使用了 1400台计算机处理器进行数字电影编辑，从而大大提高了数字质量。2000 年初，皮克斯的计算机功率进一步增加，达到 3500 个处理器。16 年后，用于处理完全动画电影的计算机功率达到了惊人的 24 000 个内核。对并行计算的需求持续呈指数级增长。

让我们考虑一个运行内核为 N(任意数量)的处理器。在单线程应用程序中，只运行了一个内核。多线程执行的同一应用程序将更快，并且随着对性能的需求增长，对 N 的需求也将增长，使得并行程序成为未来的标准编程模型选择。

如果你在一台多核计算机上运行一个没有考虑到并发的应用程序，那么你就是在浪费计算机的生产力，因为应用程序在顺序处理过程中只能使用一部分可用的计算机能力。在这种情况下，如果你打开任务管理器或任何 CPU 性能计数器，你会发现只有一个内核运行得很快，可能为 100%，而所有其他内核未充分利用或空闲。在具有 8 个内核的计算机中，运行非并发程序意味着资源的总体使用率可低至 15%(见图 1.9)。

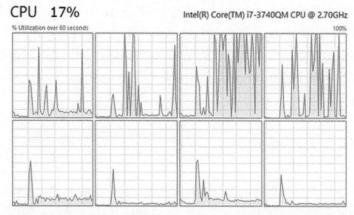

图 1.9   Windows 任务管理器展示了一个把 CPU 资源使用得很差的程序

这种对计算能力的浪费清楚地说明了顺序代码不是多核处理器的正确编程模

型。为了最大限度地利用可用的计算资源，Microsoft 的.NET 平台通过多线程来提供代码的并行执行(能力)。通过使用并行，程序可以充分利用可用资源，如图1.10 中的 CPU 性能计数器所示，所有处理器内核都在高速运行，可能为 100%。因此，开发人员别无选择，只能接受这种演变，成为并行程序员。

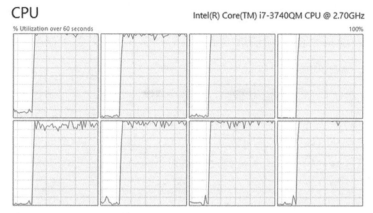

图 1.10　一个按照并发想法编写的程序，可以最大化使用 CPU 资源，接近 100%

并发编程的现状和未来

掌握并发来交付可扩展的程序已经成为一项必需的技能。实际上，编写正确的并行计算程序可以节省时间和金钱。与不断地购买和添加未充分利用的昂贵硬件来达到相同的性能水平相比，构建使用较少服务器提供的计算资源的可扩展程序要便宜得多。此外，更多的硬件需要更多的维护和电力运行。

这是学习编写多线程代码的一个激动人心的时代，用函数式编程(Functional Programming，FP)方法提高程序的性能是值得的。函数式编程是一种编程风格，它将计算处理成表达式的求值，并避免状态更改和数据可变。由于不可变性是默认的，并且添加了出色的组合和声明式编程风格，FP 使得编写并发程序变得很容易。更多细节请见第 1.5 节。

虽然在新的范式中思考有点让人不安，但学习并行编程的最初挑战很快就会减少，对毅力的回报是无限的。你会发现打开 Windows 任务管理器时的神奇和壮观之处，并自豪地注意到，在代码更改后，CPU 使用率将会被最大化，使用率峰值将为 100%。

一旦你熟悉并适应了使用函数式范式编写高度可扩展的系统，就很难回到慢速的顺序代码风格。

并发是下一个将主导计算机行业的创新，它将改变开发人员编写软件的方式。业界软件需求的演变以及对通过非阻塞 UI 提供出色用户体验的高性能软件的需求将继续刺激并发的需求。随着硬件的发展，并发和并行显然是编程的未来。

1.4   并发编程的陷阱

并发和并行编程无疑有助于快速响应和快速执行给定的计算，但这种性能和反应体验的提高是需要付出代价的。使用顺序编程，代码的执行走上了可预测和确定性的快乐之路。相反，多线程编程需要承诺和努力才能实现正确性。另外，对于同时运行的多个执行流的推理是困难的，因为我们习惯于按顺序思考。

> **确定性**
>
> 确定性是构建软件的基本要求，因为通常期望计算机程序每次运行都返回相同的结果。但是这点在并行执行中变得很难解决。外部环境，例如操作系统调度程序或高速缓存一致性(将在第 4 章中介绍)，可能会影响两个或多个线程的执行时间，从而影响访问顺序，并修改相同的内存位置。这个时间变量可能会影响程序的结果。

开发并行程序的过程不仅仅是创建和生成多个线程，编写并行执行的程序要求和需要深思熟虑的设计。在设计时应考虑以下问题：

- 如何使用并发和并行来达到令人难以置信的计算性能和高度响应的应用程序？
- 如何充分利用多核计算机提供的性能？
- 如何在确保线程安全的同时协调对同一内存位置在线程之间的通信和访问？(如果两个或多个线程同时尝试访问和修改数据或状态，而数据和状态不会被破坏，则称为线程安全)。
- 如何确保程序确定地执行？
- 如何在不影响最终结果质量的情况下并行执行程序？

这些问题都不容易回答。但某些模式和技术可以帮助我们。例如，在存在副作用[1]的情况下，计算的确定性将丢失，因为并发任务执行的顺序变得可变。显而易见的解决方案是支持纯函数来避免副作用。你将在本书中学习这些技巧和实践。

1.4.1   并发的危害

编写并发程序并不容易，在程序设计时必须考虑许多复杂的元素。在线程池中创建新线程或将多个作业排队相对简单，但如何确保程序的正确性呢？当许多

---

[1] 当一个方法从其作用域之外更改某些状态，或者与"外部世界"通信(例如调用数据库或写入文件系统)时，就会产生副作用。

线程不断访问共享数据时，你必须考虑如何保护其数据结构以保证其完整性。线程应该不受其他线程的干扰自动地写入和修改内存位置。现实情况是，用命令式编程语言编写的程序或具有值可以改变的变量的语言(可变变量)将始终容易受到数据争用的影响，无论内存同步级别或所使用的并发库如何。

> **注意**　当一个进程中的两个或多个线程同时访问同一个内存位置，并且至少有一个访问更新内存插槽，而其他线程在不使用任何独占锁控制对该内存的访问的情况下读取同一值时，就会发生数据争用。

　　考虑并行运行的两个线程(线程 1 和线程 2)的情况，两者都试图访问和修改共享值 x，如图 1.11 所示。线程 1 修改变量需要多个 CPU 指令：必须从内存中读取该值，然后进行修改并最终写回内存。如果线程 2 在线程 1 写回更新值时尝试从同一内存位置读取，则 x 的值已更改。更确切地说，线程 1 和线程 2 可能同时读取值 x，然后线程 1 修改值 x 并将其写回内存，而线程 2 也修改值 x。结果是数据损坏。这种现象称为竞态条件。

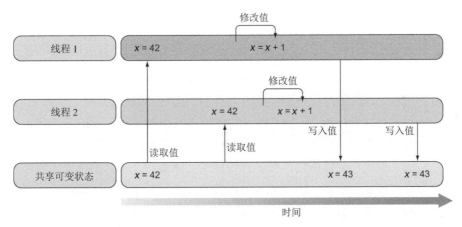

图 1.11　两个线程(线程 1 和线程 2)并行运行，都试图访问和修改共享值 x。如果当线程 1 写回被修改后的 x 值时线程 2 试图从同一内存位置读取，这种结果就是数据损坏或竞态条件

　　程序中可变状态和并行性的组合是出问题的同义词。命令式范式的解决方案是在某一时刻通过锁定对多个线程的访问来保护可变状态。这种技术称为互斥，因为一个线程对给定内存位置的访问会阻止此时其他线程的访问。由于多个线程必须同时访问同一数据才能从这一技术中获益，因此计时的概念非常重要。通过引入锁来同步多个线程对共享资源的访问，解决了数据损坏的问题，但也带来了更多可能导致死锁的复杂性。见图 1.12。

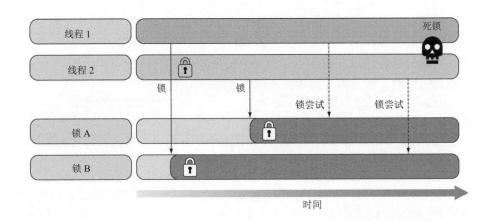

图 1.12   在此场景中，线程 1 获取锁 A，线程 2 获取锁 B。然后，线程 2 尝试获取锁 A，而线程 1 尝试获取线程 2 已经获取的锁 B，线程 2 正在等待获取锁 A，然后释放锁 B。此时，两个线程都在等待永远不会释放的锁。这是死锁的一种情况

以下是并发危险列表，并附有简要说明。稍后，你将了解每种方法的更多详细信息，并特别关注如何避免它们：

- 竞态条件是当多个线程同时访问共享可变资源(例如文件、图像、变量或集合)时，会留下不一致的状态。数据损坏会导致程序不可靠和不可用。

- 当多个线程共享需要同步技术的争用状态时，性能下降是一个常见问题。相互排斥锁(或互斥锁)，顾名思义，通过强制并行运行的其他多个线程暂停工作来防止代码进行通信和同步内存访问。锁的获取和释放会带来性能损失，从而降低所有进程的速度。随着内核数量的增加，锁争用的成本可能会增加。随着更多的任务被引入以共享相同的数据，与锁相关的开销可能会对计算产生负面影响。第 1.4.3 节说明了引入锁同步的后果和开销。

- 死锁是一个由于使用锁引起的并发问题。当存在一个任务周期，其中每个任务在等待另一个任务继续时都被阻塞，就会发生这种情况。因为所有任务都在等待另一个任务执行某些任务，所以它们会无限期地被阻塞。线程之间共享的资源越多，避免争用条件所需的锁就越多，出现死锁的风险就越高。

- 在代码中引入锁会带来一个设计上的问题，组合的缺失。锁不组合。组合通过将一个复杂的问题分解成更小的更容易解决的部分，然后将它们粘在一起，来促进问题的解决。组合是 FP 的一个基本原则。

1.4.2　共享状态的演变

现实世界中的程序需要在任务之间进行交互，例如交换信息以协调工作。如果不共享所有任务都可以访问的数据，则无法实现此功能。处理这种共享状态是与并行编程相关的大多数问题的根源，除非共享数据是不可变的或者每个任务都有自己的数据副本。解决方案是保护所有代码不受这些并发问题的影响。没有任何编译器或工具可以帮助你将这些同步基元锁放到代码中的正确位置，这完全取决于你作为程序员的技能水平。

由于这些潜在的问题，编程社区已经在呼喊，作为回应，解决这些问题的库和框架已经被写入和引入主流的面向对象语言(例如 C#语言和 Java)中，以提供并发保护，而这些都不是语言最初设计的一部分。这种支持是一种设计修正，以命令式和面向对象的通用编程环境中共享内存的存在为例。同时，函数式语言不需要安全措施，因为 FP 的概念能很好地映射到并发编程模型。

1.4.3　一个简单的真实示例：并行快速排序

排序算法通常用于科学计算，并且可能是科学计算中的一个性能瓶颈。这里让我们讨论一个计算密集型的、对数组元素进行排序的算法(快速排序算法)的并行版本。此示例旨在演示将顺序算法转换为并行版本时会遇到的陷阱，并指出在代码中引入并行需要在做出任何决策之前进行额外的思考。否则，性能可能会产生与预期相反的结果。

快速排序是一种分而治之的算法。它首先将一个大数组分成两个子数组，其中一个子数组的所有数据都比另外一个子数组的所有数据都要小。然后，快速排序可以递归地对子数组进行排序，并且易于并行化。它可以在数组上就地操作，只需要少量额外的内存来执行排序。该算法由三个简单步骤组成，如图 1.13 所示：

(1) 选择一个轴元素。

(2) 根据序列相对于轴元素的顺序将序列划分为子序列。

(3) 快速排序子序列。

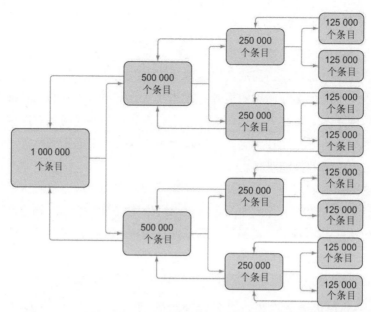

图 1.13   通过递归函数来分而治之。每个块被分成相等的两半，其中透视元素必须是序列的中位数，直到代码的每个部分都可以独立执行。当所有单个块都完成时，它们会将结果发送回上一个调用者进行聚合。快速排序是基于这样一种思想：在递归地对两个较小的序列进行排序之前，先选择一个轴点，然后将序列划分为比轴点小、比轴点大的子序列元素

递归算法，特别是基于分而治之形式的递归算法，是并行和计算密集型的理想选择。

利用在.NET 4.0 发布之后引入的 Microsoft 任务并行库(Task Parallel Library, TPL)使得此类算法的并行更容易实现。使用 TPL，可以划分算法的每个步骤，并以并行、安全的方式执行每个任务。这是一个简单而直接的实现，但是必须注意创建线程的深度，以避免添加比需要更多的任务。

要实现快速排序算法，请使用 FP 语言 F#，这可以使用其原生的递归性质。这种实现背后的思想也可以应用于 C#，通过具有可变状态的命令式风格的 for 循环方法来实现。C#不支持 F#的优化的尾递归函数，因此当调用堆栈指针超出堆栈约束时，存在引发堆栈溢出异常的危险。在第 3 章中，我们将详细介绍如何克服 C#这一限制。

代码清单 1.1 展示了 F#版本的快速排序函数，该函数采用了分而治之之策略。对于每个递归迭代，选择一个轴点并使用它来划分整个数组。使用 List.partition API 围绕轴点对元素进行分区，然后对数据轴点两侧的列表进行递归排序。F#内置了强大的数据结构操作支持。在这里，使用 List.partition API 返回一个包含两个列表的元组：一个满足断言，另一个不满足断言。

```
let rec quicksortSequential aList =
    match aList with
    | [] -> []
    | firstElement :: restOfList ->
      let smaller, larger =
          List.partition (fun number -> number < firstElement) restOfList
          quicksortSequential smaller @ (firstElement ::
  quicksortSequential larger)
```

在我的系统(8 个逻辑内核；2.2 GHz 主频)中，针对 100 万个随机、未排序整数的数组运行此快速排序算法平均需要 6.5 秒。但当你分析这个算法设计时，并行化的机会是显而易见的。在 quicksortSequential 的末尾，你可以对用(fun number->number<firstElement) restOfList 标识的数组的每个分区递归调用 quicksortSequential。通过使用 TPL 生成新任务，可以重写这部分代码实现并行化。

代码清单 1.2 中的算法是并行运行的，现在通过将工作分散到 CPU 所有可用的内核上来使用更多的 CPU 资源。但即使这样提高了资源利用率，整体性能结果也达不到预期。

```
let rec quicksortParallel aList =
    match aList with
    | [] -> []
    | firstElement :: restOfList ->
      let smaller, larger =
          List.partition (fun number -> number < firstElement) restOfList
      let left = Task.Run(fun () -> quicksortParallel smaller)
      let right = Task.Run(fun () -> quicksortParallel larger)
      left.Result @ (firstElement :: right.Result)
```

Task.Run 在可以并行运行的任务中执行递归调用。对于每个递归调用，任务都是动态创建的

把每个任务的结果追加进已排序的数组

执行时间显著增加而不是减少。并行快速排序算法从每次运行平均 6.5 秒变成大约 12 秒，整体处理时间已经放缓。这里的问题是算法过度并行化，每次对内部数组进行分区时，都会生成两个新任务来并行化该算法。这种设计生成了太多与可用内核相关的任务，这产生了并行化开销，在涉及并行递归函数的分而治之算法中尤其如此。不要添加过多的任务，这一点很重要 。这个令人失望的结果证明了并行化的一个重要特征：额外线程或额外处理的数量在帮助特定的算法实现上存在固有的局限性。

为了实现更好的优化，可以在某个点之后停止递归并行化来重构先前的quicksortParallel 函数。通过这种方式，算法的第一次递归仍将并行执行，直到最

深级别的递归，然后恢复为串行方法。这种设计保证了对内核的充分利用。此外，并行化所增加的开销也大大降低了。

代码清单 1.3 展示了这种新的设计方法，它考虑了递归函数运行的级别。如果级别低于预定义阈值，则停止并行化。函数 quicksortParallelWithDepth 有一个额外的参数 depth，其目的是减少和控制递归函数并行化的次数。depth 参数在每个递归调用上都会递减，并创建新任务，直到此参数值达到零。在这里，将传递 Math.Log(float System.Enviroment.ProcessorCount, 2.) + 4 得到的值作为 max depth。这样可以确保每一级递归都会产生两个子任务，直到所有可用的内核都被登记为止。

代码清单1.3　使用TPL的更好的并行快速排序算法

```
let rec quicksortParallelWithDepth depth aList =          ◀──── 使用 depth 参数跟
        match aList with                                        踪函数递归级别
        | [] -> []
        | firstElement :: restOfList ->
            let smaller, larger =
                List.partition (fun number -> number < firstElement)
                restOfList
            if depth < 0 then
                let left = quicksortParallelWithDepth depth smaller
                let right = quicksortParallelWithDepth depth larger
                left @ (firstElement :: right)
            else
                let left = Task.Run(fun () ->
    quicksortParallelWithDepth (depth - 1) smaller)
                let right = Task.Run(fun () ->
    quicksortParallelWithDepth (depth - 1) larger)
                left.Result @ (firstElement :: right.Result)
```

如果 depth 的值是负数，则跳过并行化

使用当前线程顺序执行快速排序

如果 depth 的值是正数，则允许该函数被递归调用，生成两个新任务

选择任务数量的一个相关因素是预测的任务运行时间的相似程度。在 quicksortParallelWithDepth 的情况下，任务的持续时间可能会发生很大变化，因为轴点取决于未排序的数据。它们不一定会产生相同大小的片段。为了补偿任务的大小不均衡，本示例中的计算 depth 参数的公式将生成比内核数量更多的任务。该公式将任务数量限制为内核数量的 16 倍左右，因为任务数量不能超过 $2 \wedge depth$。我们的目标是使快速排序工作负载均衡，并且不会启动超出所需要的任务。在每次迭代(递归)期间启动 Task，直到达到深度级别，从而使处理器饱和工作。

大多数情况下，快速排序会产生不均衡的工作负载，因为生成的片段大小不相等。概念公式 $\log_2(ProcessorCount)+4$ 计算 depth 参数，以限制和调整正在运行的任务的数量，而不考虑任何具体情况。如果替换 $depth = \log_2(ProcessorCount)+4$ 并简化表达式，则会看到任务数是 ProcessorCount 的 16 倍。通过测量递归深度来

限制子任务的数量是一项非常重要的技术。

例如，在四核机器下，深度被计算如下：

```
depth = log₂(ProcessorCount) + 4
depth = log₂(2) + 4
depth = 2 + 4
```

结果是近似 36~64 个并发任务，因为在每个迭代过程中，每个分支都会启动两个任务，而这每个分支又会在每次迭代中加倍。通过这种方式，线程间分区的总体工作对于每个内核都有了公平且合适的分布。

1.4.4　F#中的基准测试

你可以使用F# REPL(又称为F#交互式和性能分析器)执行快速排序，这是一个运行部分目标代码的便利工具，因为它会跳过程序的编译步骤。REPL非常适合原型设计和数据分析开发，因为它使编程过程更便利。另一个好处是内置的#time功能，它可以切换性能信息的显示。启用后，F# Interactive会测量解释和执行代码每个部分的实时、CPU时间和垃圾回收信息。

表 1.1 对一个 3GB 数组进行排序，启用 64 位环境标志以避免(内存)大小限制。它运行在一台有八个逻辑核心(四个具有超线程的物理内核)的计算机上。平均运行 10 次，表 1.1 展示了执行时间 (以秒为单位)。

表 1.1　快速排序的基准测试

顺序	并行	4 线程并行	8 线程并行
6.52	12.41	4.76	3.50

需要指出的是，对于少于 100 个条目的小数组，由于创建和生成新线程的开销，并行排序算法会比串行版本慢。即使你正确编写了一个并行程序，并发构造函数引入的开销也可能会使程序运行时不堪重负，从而降低性能，导致与期望相反的结果。因此，将原始顺序代码基准作为基线进行基准测试，然后继续测量每个更改，以验证并行性是否有益，这一点非常重要。一个完整的策略应该考虑这个因素，并且只有当数组大小大于一个阈值(递归深度)，通常与核心数量相匹配，之后默认返回到串行行为时，才采用并行。

1.5　为什么选择函数式编程实现并发

麻烦的是，所有有趣的并发应用程序基本上都涉及共享状态可变性的谨慎使用和受控，例如画面实时状态、文件系统或程序的内部数据结构。因此，正确的解决方案是提供允许共享状态部分的安全可变性的机制。

FP 是关于最小化和控制副作用的，通常被称为纯函数编程。FP 使用转换的概念，其中函数创建值 x 的副本，然后修改副本，使原始值 x 保持不变并且可以由程序的其他部分自由使用。它鼓励在设计程序时考虑是否需要可变性和副作用。FP 允许可变性和副作用，通过使用方法以策略和显式方式来封装这些区域，将这些区域与代码的其余部分隔离开来。

采用函数式范式的主要原因是为了解决多核时代存在的问题。高度并发的应用程序(如 Web 服务器和数据分析数据库)面临着几个体系结构问题。这些系统必须具有可扩展性，以响应大量的并发请求，这将导致处理最大化资源争用和高调度频率的设计挑战。此外，竞态条件和死锁很常见，这使得故障排除和调试代码变得困难。

在本章中，我们讨论了一些特定于在命令式或 OOP 中开发并发应用程序的常见问题。在这些编程范式中，我们将对象作为基础构造来进行处理。但是在并发化方面是相反的，处理对象在从单个线程程序传递到大规模并行化工作时是一个具有挑战性且完全不同的场景，需要考虑一些注意事项。

注意　线程是一个功能类似于虚拟 CPU 的操作系统构造。在任何给定的时刻，线程都可以在物理 CPU 上运行一段时间。当一个线程的运行时间到期时，它将从 CPU 换成另一个线程。因此，如果一个线程进入无限循环，它就不能独占系统上的所有 CPU 时间。在它的时间片结束时，它将被切换到另一个线程。

针对这些问题的传统解决方案是同步对资源的访问，避免线程之间的争用。但是这些解决方案是一把双刃剑，因为使用基元进行同步，如互斥锁，会导致可能死锁或竞态条件。事实上，变量的状态可能会发生变化。在 OOP 中，变量通常表示一个容易随时间变化的对象。你永远不能依赖它的状态，因此必须检查它的当前值以避免意外的行为(见图 1.14)。

重要的是要考虑到采用 FP 概念的系统组件将不再相互干扰，并且可以在不使用任何锁定策略的情况下在多线程环境中使用它们。

使用共享可变变量和副作用函数来开发安全的并行程序需要程序员大量的努力，他们必须做出关键的决策，通常以锁的形式来实现同步。通过函数式编程消除这些基本问题的同时，还可以消除那些特定于并发性的问题。这就是为什么 FP 可以成为一个优秀的并发编程模型的原因。在 FP 的核心，变量和状态都不可变且不能共享，并且函数可能没有副作用。

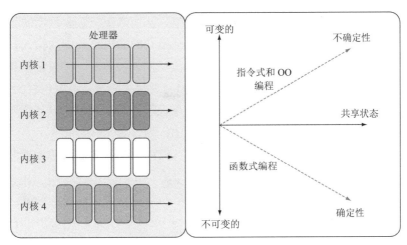

图 1.14　在函数式范式中，由于不可变性是默认构造，并发编程保证了确定性执行，即使在共享状态的情况下也是如此。相反，命令式和 OOP 使用了在多线程环境中难以管理的可变状态，这给程序带来了不确定性

　　FP 是编写并发程序最合适的方式。尝试用命令式语言编写它们不仅困难，而且还会导致难以发现、重现和修复的 bug。

　　你打算如何利用你可以利用的每一台计算机内核？答案很简单：拥抱函数式范式！

函数式编程的好处

　　学习 FP 有很大的好处，即使你不打算在不久的将来采用这种风格。不过，如果没有立竿见影的好处，就很难说服别人把时间花在新的事情上。这些好处以惯用语言特征的形式出现，这些特性一开始看起来很有颠覆性。然而，FP 是一种范式，它将在短暂的学习曲线之后给你的程序带来巨大的编码能力和积极的影响。在使用 FP 技术的几周内，你将提高应用程序的可读性和正确性。

　　FP 在并发方面的优点包括：

● 不可变性——一种防止在创建后修改对象状态的设计。在 FP 中，没有变量赋值这个概念。一旦一个值与一个标识符相关联，它就不能更改。函数式代码的定义就是不可变的。不可变对象可以在线程之间安全地传输，从而带来极大的优化机会。由于没有互斥，不可变性消除了内存损坏(竞态条件)和死锁的问题。

● 纯函数——它没有副作用，这意味着函数不会更改函数体之外的任何类型的输入或数据。如果函数对用户是透明的，则称其为纯函数，并且它们的返回值仅取决于输入参数。将相同的参数传递给纯函数，结果不会改变，并且每个过程将返回相同的值，从而产生一致和预期的行为。
- 引用透明度——这个函数式的概念是指它的输出依赖它的输入，只映射它的输入。换句话说，每次函数接收相同的参数时，结果都是相同的。这个概念在并发编程中很有价值，因为表达式的定义可以用它的值替换，并且具有相同的含义。引用透明度保证了一组函数可以以任意顺序并行地进行计算，而不会改变应用程序的行为。
- 延迟计算——在 FP 中是指按需检索函数的结果，或将大数据流的分析推迟直到需要时。
- 可组合性——用于组合函数并从简单函数中创建更高级的抽象。可组合性是消除复杂性的最强大工具，可让你定义和构建复杂问题的解决方案。

学习函数式编程允许你编写更多模块化、面向表达式和概念上简单的代码。无论代码执行的线程数是多少，这些 FP 资产的组合都可以让你了解你的代码在做什么。

在本书的后面部分，你将学习应用并行化、绕过与可变状态和副作用等相关问题的技术。这些概念的函数式范式方法旨在使用声明式编程风格简化和最大限度地提高编码效率。

1.6   拥抱函数式范式

有时候，改变是困难的。通常，对自己的领域知识感到满意的开发人员缺乏从不同角度看待编程问题的动力。学习任何新的程序范式都是困难的，需要时间过渡到不同的开发风格。编程视角的改变需要思路和方法的改变，而不仅仅是学习新编程语言的新代码语法。

从 Java 语言到 C#并不困难。从概念上讲，它们是一样的。从命令式范式转变为函数式范式是一个困难得多的挑战。核心概念被替换，没有状态了，没有变量了，没有副作用了。

但是你为改变范式所做的努力将带来巨大的回报。大多数开发人员都同意，学习一门新语言会让你成为一名更好的开发人员，并把它比作一个医生规定每天锻炼 30分钟的病人。病人知道锻炼的真正好处，但也知道每天锻炼意味着投入和牺牲。

同样，学习一个新的范式并不难，但需要付出时间。我鼓励每个想成为更优秀程序员的人考虑学习 FP 范式。学习 FP 就像坐过山车一样：学习时你会感到受刺激，当你相信你理解了一个原则时，你就会急剧下降和尖叫，但这样的乘坐是值得的。把学习 FP 看成一次旅行，一次对你个人和职业生涯有保证回报的投资。

请记住，犯错误并培养技能以避免将来出现这些错误是学习的一部分。

在整个过程中，你应该会遇到难以理解的概念，并努力克服这些困难。思考如何在实践中使用这些抽象的概念，来解决简单的问题。我的经验表明，你可以通过使用一个真实的例子来找出一个概念的意图，从而突破一个心理障碍。本书将介绍 FP 应用于并发和分布式系统的好处。这是一条狭窄难行的道路，但另一方面，你将会发现几个伟大的会在日常编程中使用的基本概念。我相信你会对如何解决复杂问题有新的见解，并利用 FP 的强大功能成为优秀的软件工程师。

1.7　为什么选择 F#和 C#进行函数式并发编程

本书的重点是开发和设计高度可扩展和高性能的系统，采用函数式范式来编写正确的并发代码。这并不意味着你必须学习一门新语言，你可以使用你熟悉的工具来应用函数式范式，例如多用途语言 C#和 F#。这些年来，这些语言中添加了一些函数式特性，使你更容易地转向合并这种新范式。

解决问题的方法本质上是不同的，这就是选择这些语言的原因。这两种编程语言都可以用非常不同的方式来解决同一个问题，这为选择适合该工作的最佳工具提供了理由。有了全面的工具集，你可以设计一个更好、更简单的解决方案。实际上，作为软件工程师，你应该把编程语言看作工具。

理想情况下，一个解决方案应该是 C#和 F#项目的结合，它们可以协同工作。首先这两种语言都涵盖了不同的编程模型，可以选择各种工具用于开发，这点在生产力和效率方面提供了巨大的好处。选择这些语言的另一个优点是可以混合使用它们不同的并发编程模型支持。例如：

- 对于异步计算，F#提供了比 C#更简单的模型，称为异步工作流。
- C#和 F#都是强类型的多用途编程语言，支持包括函数式、命令式和 OOP 技术等多种范式。
- 这两种语言都是.NET 生态系统的一部分，并派生出一组丰富的库，两种语言都可以同等地使用这些库。
- F#是一种函数优先的编程语言，可以极大地提高工作效率。事实上，用 F#编写的程序往往更简洁，维护的代码更少。
- F#结合了函数式声明式编程风格的优点和命令式面向对象风格的支持。这使你可以使用现有的面向对象和命令式编程技能来开发应用程序。
- 因为默认的不可变构造函数，F#拥有了一组内置的无锁数据结构。例如，可区分的联合和记录类型。这些类型具有结构相等性，更容易比较，并且不允许导致"信任"数据完整性的 null。

- F#与 C#不同，F#强烈反对使用 null 值，也就是所谓的 10 亿美元错误，相反，它鼓励使用不可变的数据结构。null 引用缺失有助于最大限度地减少编程中 bug 的数量。

---

null 引用起源

Tony Hoare 在 1965 年设计 ALGOL 面向对象语言时引入了 null 引用。大约 44 年后，他为发明它道歉，称它是 10 亿美元的错误。他还说："我无法抗拒引入 null 引用的诱惑，因为它非常容易实现。这导致了无数的错误、漏洞和系统崩溃。"

- F#因为使用不可变的默认类型构造函数，天生就是可并行的。并且由于它的.NET 基础，它可以在语言实现级别上与 C#语言集成最先进的功能。
- C#设计倾向于使用命令式语言，首先完全支持 OOP。我喜欢把这定义为命令式的 OO。自从.NET 3.5 发布以后，函数式范式影响了 C#语言，增加了诸如 lambda 表达式和 LINQ 之类的列表解析功能。
- C#还拥有出色的并发工具，可以让你轻松编写并行程序并轻松解决棘手的实际问题。实际上，C#语言中的卓越多核开发支持是通用的，并且能够对高度并行对称多处理(SMP)应用程序进行快速开发和原型设计。这些编程语言是编写并发软件的绝佳工具，可用解决方案的功能和选项在共存使用时聚合。SMP 是一个由共享公共操作系统和内存的多个处理器处理的程序。
- F#和 C#可以互操作。实际上，F#函数可以调用 C#库中的方法，反之亦然。

在接下来的章节中，我们将讨论其他并发方法，如数据并行性、异步和消息传递编程模型。我们将使用这些编程语言所能提供的最佳工具来构建库，并将它们与其他语言进行比较。我们还将研究诸如 TPL 和反应式扩展(RX)之类的工具和库，这些工具和库通过采用函数式范式成功地设计、启迪和实现，以获得可组合的抽象。

很明显，业界正在寻找一种可靠而简单的并发编程模型，这一点可以从软件公司投资于库中看出，软件公司把库中的抽象级别从传统和复杂的内存同步模型中去除。这些高级库的示例包括 Intel 的线程构建块(TBB)和 Microsoft 的 TPL。

还有一些有趣的开源项目，如 OpenMP[它提供了 pragma(编译器特定的定义，可以用来创建新的预处理器功能或将定义实现的信息发送给编译器)，你可以将这些定义插入程序中，令各部分并行]和 OpenCL[一种和图形处理单元(GPU)打交道的低级语言]。GPU 并行编程很有吸引力，并且已被微软的 C++ AMP 扩展和 Accelerator .NET 所采纳。

1.8　本章小结

- 对于并发和并行编程的挑战和复杂性，不存在银弹。作为一名专业工程师，你需要不同类型的弹药，并且你需要知道如何以及何时使用它们来达到目标。
- 程序的设计必须考虑到并发；程序员不能继续编写顺序代码，而忽视了并行编程的好处。
- 摩尔定律并非不正确。相反，它改变了方向，即每个处理器的内核数量增加，而不是单个 CPU 的速度提高。在编写并发代码时，必须牢记并发、多线程、多任务和并行之间的区别。
- 共享可变状态和副作用是在并发环境中要避免的主要问题，因为它们会导致意外的程序行为和 bug。
- 为了避免编写并发应用程序的陷阱，你应该使用提高抽象级别的编程模型和工具。
- 函数式范式提供了正确的工具和原则，以便在代码中轻松、正确地处理并发。
- 函数式编程在并行计算中表现出色，因为它默认：值是不可变的，这使得数据共享变得更简单。

第 2 章

并发函数式编程技术

本章主要内容：
- 通过组合简单的解决方案来解决复杂的问题
- 使用闭包简化函数式编程
- 通过函数式技术来提高程序性能
- 使用延迟计算

在函数式编程中编写代码可以让你感觉自己就像是开快车的驾驶员，在不需要了解底层机制如何工作的情况下快速前进。在第 1 章中，你学习了采用 FP 方法编写并发应用程序可以更好地应对编写这些应用程序所面临的挑战，例如，面向对象方法所遇到的(挑战)。任何 FP 语言中的关键概念，例如不可变变量和纯度，都意味着尽管编写并发应用程序仍然很困难，但是开发人员可以确信他们不会面临并行编程的几个传统陷阱。FP 的设计意味着竞态条件和死锁等问题不会发生。

在本章中，我们将更详细地介绍主要的 FP 原则，这些原则有助于我们编写高质量的并发应用程序。你将学习它们的原理，它们如何在 C#和 F#中工作，以及它们如何适应并行编程的模式。

本章假设你已经熟悉了 FP 的基本原则。如果你并不熟悉，请参阅附录 A，了解你要继续读下去所需要的详细信息。到本章结束时，你将学会如何使用函数技术组合简单的函数来解决复杂的问题，以及如何在多线程环境中安全地缓存和预计算数据，以加快程序的执行。

2.1   使用函数组合解决复杂的问题

函数组合是函数的组合，其中一个函数的输出作为下一个函数的输入来创建一个新函数。这个过程可以无限地继续，将函数连接在一起，以创建强大的新函数来解决复杂的问题。通过组合，可以实现模块化，从而简化程序的结构。

函数式范式带来了简单的程序设计。函数组合背后的主要动机是提供一种简单的机制来构建易于理解、可维护、可重用和简洁的代码。另外，无副作用的函数组合保持了并行性逻辑代码的纯粹。基本上，基于函数组合的并发程序比不基于函数组合的并发程序更易于设计，复杂性更低。

函数组合使得将一系列简单函数构造成一个更大更复杂的函数变得可行。为什么将代码黏合在一起很重要？想象一下，用自上而下的方式来解决问题。你从大问题开始，然后把它分解成更小的问题，直到最终它足够小，小到你可以直接解决问题。结果是一组小的解决方案，然后你可以将它们黏合在一起以解决最初的大问题。组合是拼凑大解决方案的黏合剂。

把函数组合想象为流水线，一个函数的结果值为后续函数提供第一个参数。不同的地方是：

- 流水线执行一系列操作，其中每个函数的输入是前一个函数的输出，并且是立即调用而不是延迟求值的。
- 函数组合返回一个新函数，该函数是两个或多个函数的组合，有可能不是立即调用的(输入→函数→输出)。

2.1.1   C#的函数组合

C#语言原生不支持函数组合，这会造成语义上的挑战。但是可以以直接的方式引入函数。下面将讨论 C#的一个简单情况(如代码清单 2.1 所示)，使用 lambda 表达式定义两个函数。

代码清单 2.1   高阶函数 grindCoffee 加 brewCoffee 得到 Espresso 的 C#代码

高阶函数 grindCoffee，返回一个以 coffeeBeans 为参数、结果为 CoffeeGround 的 Func 委托

```
Func<CoffeeBeans, CoffeeGround> grindCoffee = coffeeBeans
                => new CoffeeGround(coffeeBeans);
Func<CoffeeGround, Espresso> brewCoffee = coffeeGround
                => new Espresso(coffeeGround);
```

高阶函数 brewCoffee，以 coffeeGround 为参数，返回一个 Espresso 实例

第一个函数 grindCoffee(研磨咖啡)接收一个 coffeeBeans(咖啡豆)对象作为参数，并返回一个新的 CoffeeGround(咖啡豆碎粒)实例。第二个函数 brewCoffee(冲煮咖啡)将 coffeeGround(咖啡豆碎粒)对象作为参数，并返回一个新 Espresso(浓缩咖啡)的实例。这些函数的目的是通过组合计算产生的结果(成分)来制作 Espresso(浓缩咖啡)。如何将这些函数组合在一起呢？在 C#中，可以选择连续执行函数，以链的形式将第一个函数的结果传递给第二个函数。见代码清单 2.2。

代码清单 2.2　C#函数组合(不好的示例)

```
CoffeeGround coffeeGround = grindCoffee(coffeeBeans);
Espresso espresso = brewCoffee(coffeeGround);

Espresso espresso = brewCoffee(grindCoffee(coffeeBeans));
```

展示了可读性糟糕的、不好的 C#函数组合示例

首先，执行函数 grindCoffee(研磨咖啡)，传递参数 coffeeBeans(咖啡豆)，然后将结果 coffeeGround(咖啡豆碎粒)传递给函数 brewCoffee(冲煮咖啡)。第二个等效选项是将 grindCoffee(研磨咖啡)和 brewCoffee(冲煮咖啡)的执行连接起来，这实现了函数组合的基本思想。但在可读性方面是一个糟糕的模式，因为它迫使你从右到左阅读代码，这不是阅读英语的自然方式。最好是从左到右逻辑地阅读代码。

更好的解决方案是创建一个通用的专用扩展方法，该方法可使用一个或多个泛型输入参数来组合任意两个函数。代码清单 2.3 定义了 Compose 函数并重构了前面的示例。(泛型参数以粗体显示)。

代码清单 2.3　C#函数组合

```
static Func<A, C> Compose<A, B, C>(this Func<A, B> f, Func<B, C> g)
                        => (n) => g(f(n));

Func<CoffeeBeans, Espresso> makeEspresso =
    grindCoffee.Compose(brewCoffee);
Espresso espresso = makeEspresso(coffeBeans);
```

为泛型委托 Func<A,B>类型创建扩展方法，以泛型委托 Func<B,C>为输入参数，并返回组合后的函数 Func<A,C>

F#编译器推断出该函数必须对输入和输出使用相同的类型

如图 2.1 所示，高阶函数 Compose 连接函数 grindCoffee(研磨咖啡)和 brewCoffee(冲煮咖啡)，创建一个新的函数 makeEspresso(制造浓缩咖啡)，它接收一个参数 coffeeBeans(咖啡豆)并执行 brewCoffee(grindCoffee(coffeeBeans))。

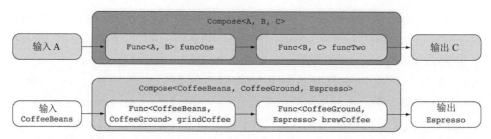

图 2.1 将函数 Func<CoffeeBeans, CoffeeGround> grindCoffee 和函数 Func<CoffeeGround, Espresso> brewCoffee 组合起来。由于函数 grindCoffee 的输出与函数 brewCoffee 的输入相匹配，因此函数可以组成一个新的函数，该新函数将输入的 CoffeeBeans 映射到输出的 Espresso

在函数体中，可以很容易地看到与 lambda 表达式 makeEspresso(制造浓缩咖啡)完全相似的代码行。这个扩展方法封装了函数组合的概念。其思想是创建一个函数，该函数返回调用内部函数 grindCoffee(研磨咖啡)的结果，然后这个结果被外部函数 brewCoffee(冲煮咖啡)调用。这是数学中的一种常见模式，它可以用"grindCoffee 的 brewCoffee"表示，也就是说 grindCoffee 被 brewCoffee 调用。使用扩展方法很容易创建高阶函数(HOF)[1]，从而提高定义可重用和模块化函数的抽象级别。

在语言中内置组合语义(例如 F#)有助于以声明式的方式构造代码。遗憾的是，C#中没有类似精致的解决方案。在本书的源代码中，你可以找到一个具有几个 Compose 扩展方法重载的库，它们可以提供类似的有用和可重用的解决方案。

2.1.2 F#的函数组合

F#本身支持函数组合。事实上，函数组合是用语言内置的 >> 中缀运算符来定义的。在 F#中使用此运算符，可以组合现有函数来构建新函数。让我们讨论一个简单的场景，在这个场景中，你希望将列表中的每个元素增加 4 并乘以 3。代码清单 2.4 演示了使用和不使用函数组合来构造此函数，这样你就可以比较这两种方法。

代码清单 2.4 函数组合在 F#的支持

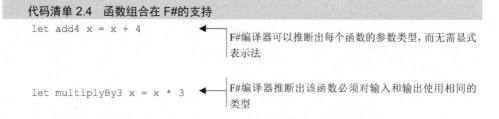

```
let add4 x = x + 4
```
F#编译器可以推断出每个函数的参数类型，而无需显式表示法

```
let multiplyBy3 x = x * 3
```
F#编译器推断出该函数必须对输入和输出使用相同的类型

---

[1] 高阶函数(HOF)将一个或多个函数作为输入，并返回一个函数作为结果。

```
let list = [0..10]
```
◄ —— 定义从 0 到 10 的数字范围。在 F# 中，可以使用由范围运算符分隔的整数指示的范围来定义集合

```
let newList = List.map(fun x ->
➥ multiplyBy3(add4(x))) list
```
◄ —— 在 F#中，可以使用列表解析来应用 HOF 操作。HOF 映射对给定列表的每个元素应用相同的函数投影。在 F# 中，集合模块(如 List、Seq、Array 和 Set)将集合参数放在最后一个位置上

```
let newList = list |>
➥ List.map(add4 >> multiplyBy3)
```
使用函数组合应用组合函数 add4 和 multiplyBy3 的 HOF 操作

示例代码使用 map 将函数 add4 和 multiplyby3 应用于列表的每个元素，map 是 F#中 List 模块的一部分。List.map 等效于 LINQ 中的 Select 静态方法。这两个函数的组合是使用顺序语义方法完成的，该方法强迫从内到外不自然地阅读代码：multiplyBy3(add4(x))。函数式组合风格使用了一个更加符合自然语言习惯的 F#>>中缀运算符，它允许代码像阅读课本那样从左到右阅读，结果更加精炼、简洁和易于理解。

使用简单和模块化的代码语义实现函数组合的另一种方法是使用一种称为闭包的技术。

2.2　闭包简化函数式思考

闭包旨在简化函数式思考，它允许运行时管理状态，从而为开发人员解放额外的复杂性。闭包，又称词法闭包或函数闭包，是一个拥有与词法环境绑定的自由变量的头等函数(又名一级函数)。在这些流行语背后隐藏着一个简单的概念：闭包是一种更方便的可以让函数访问本地状态并将数据传递到后台操作的方法。它们是对所引用的所有非局部变量(也称为自由变量或 upvalue)进行隐式绑定的特殊函数。另外，闭包允许函数访问一个或多个非局部变量，即使在其直接词法范围之外调用时，该特殊函数的主体也可以将这些自由变量作为单个实体在其定义所在的封闭作用域中传输。更重要的是，闭包封装了行为，并将其像其他对象一样传递出去，授予其对创建闭包上下文的访问权限，以读取和更新这些值。

自由变量和闭包

自由变量是指一个既没有局部变量，也没有参数的函数所引用的变量。闭包的目的是使这些变量在执行函数时总是可用，即使该原始变量已经超出了其作用域。

在 FP 或支持高阶函数的其他编程语言中，如果数据作用域没有闭包的支持，

可能会产生问题和缺点。但在 C#和 F#中，编译器使用闭包来增加和扩展变量的范围。因此，数据在当前上下文中是可访问和可见的，如图 2.2 所示。

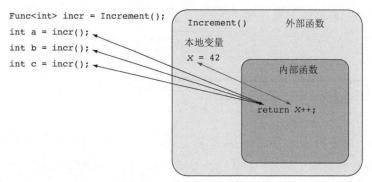

图 2.2　在这个使用闭包的例子中，外部函数 Increment 中的局部变量 X 以内部函数生成的函数 (func<int>)的形式公开。重要的是函数 Increment 的返回类型，它是捕获封闭变量 X 的函数，而不是变量本身。每次运行函数引用 incr 时，捕获的变量 X 的值都会增加

C#从.NET 2.0 开始就可以使用闭包。但是自从在.NET 中引入 lambda 表达式和匿名方法并形成了一个和谐的混合体以后，闭包的使用和定义变得更加容易。

本节使用 C#作为代码示例，但相同的概念和技术也适用于 F#。代码清单 2.5 使用匿名方法定义闭包。

代码清单 2.5　在 C#中使用匿名方法定义闭包

指示自由变量

```
string freeVariable = "I am a free variable";
Func<string, string> lambda = value => freeVariable + " " + value;
```

展示引用了自由变量的匿名函数

在此示例中，匿名函数 lambda 在其封闭作用域内引用了自由变量 freeVariable。闭包使函数能够访问其周围的状态(在本例中为 freeVariable)，从而提供更清晰、更易读的代码。在没有闭包支持的情况下要实现相同的功能可能意味着要专门创建一个类以供该函数使用，然后将该类作为参数传递。在这里，闭包有助于在运行时管理状态，避免了额外和不必要的字段创建代码来管理状态。这是闭包的好处之一：它可以用做将额外上下文传递到高阶函数的便携式执行机制。毫不奇怪，闭包通常与 LINQ 结合使用。你应该将闭包视为 lambda 表达式的积极副作用，它为你的工具箱提供一个很棒的编程技巧。

2.2.1　使用 lambda 表达式捕获闭包中的变量

当同一变量即使超出了声明域也可以被使用时，就体现出闭包的威力了。因

为变量已被捕获,所以不会被垃圾回收。使用闭包的优点是,你可以拥有一个用于实现内存缓存技术的方法级变量,以提高计算性能。这些记忆化和函数式预计算的函数式技术将在本章后面讨论。

代码清单 2.6 以事件编程模型(EPM)下载图像为例演示了如何与闭包一起使用异步捕获的变量。当下载完成后,该过程将继续更新客户端应用程序 UI。这个实现使用了异步语义 API 调用。当请求完成时,将触发已注册的事件 DownloadDataCompleted 并执行剩余的逻辑代码。

代码清单 2.6 使用 lambda 表达式注册事件来捕捉本地变量

```
void UpdateImage(string url)
{
    System.Windows.Controls.Image image = img;    ◀─┤ 将本地图像控件的实例 img
                                                      捕捉进变量 image

     var client = new WebClient();                    使用内联 lambda 表达式来注
    client.DownloadDataCompleted += (o, e)=>    ◀─┤ 册 DownloadDataCompleted
    {                                                 事件
        if (image != null)
            using (var ms = new MemoryStream(e.Result))
            {
                var imageConverter = new ImageSourceConverter();
                image.Source = (ImageSource)
➡ imageConverter.ConvertFrom(ms);
            }
    };                                                异步开始
    client.DownloadDataAsync(new Uri(url));    ◀─┤ DownloadDataAsync
}
```

首先,你将得到一个名为 img 的图像控件的引用,然后使用 lambda 表达式注册事件 DownloadDataCompleted 的回调处理程序,以便在 DownloadDataAsync 完成时进行处理。在 lambda 块内部,代码通过闭包可以直接访问范围外的状态。此访问允许你检查 image 的状态,如果它不为 null,则更新 UI。

这是一个相当简单的过程,但时间线流添加了一些有趣的行为。该方法是异步的,所以当数据从服务返回并且回调更新 image 时,该方法已经完成。

如果方法已经完成,局部变量 image 是否应该超出作用域?那么图像是如何被更新的呢?答案是:变量捕获。lambda 表达式捕获了局部变量 image,因此,即使通常它会被释放,但它仍将停留在作用域中。从这个例子中,应将捕获的变量视为创建闭包时变量值的快照。如果在没有这个被捕获变量的情况下构建相同的过程,则需要一个类级别的变量来保存图像值。

> **注意** lambda 表达式捕获的变量包含计算时的值，而不是包含捕获时的值。实例
> 和静态变量可以在 lambda 主体中不受限制地使用和更改。

为了证明这一点，让我们分析一下，如果在代码清单 2.6 的末尾添加一行代码，将图像引用更改为 null 指针(以粗体显示)会发生什么情况。见代码清单 2.7。

代码清单 2.7   证明捕获变量求值的时间

```
void UpdateImage(string url)
{
    System.Windows.Controls.Image image = img;

    var client = new WebClient();
    client.DownloadDataCompleted += (o, e) =>
    {
        if (image != null) {
            using (var ms = new MemoryStream(e.Result))
            {
                var imageConverter = new ImageSourceConverter();
                image.Source = (ImageSource)
                    imageConverter.ConvertFrom(ms);
            }
        }
    };
    client.DownloadDataAsync(new Uri(url));

    image = null;
}
```

变量 image 被设置为 null，它将在超出作用域时被释放。因为异步函数 DownloadDataAsync 不会阻塞该方法，所以该方法在回调执行之前就完成了，然后再执行回调，从而引发了未被期望的行为

运行修改后的程序，UI 中的图像将不会更新，因为在执行 lambda 表达式主体之前，指针设置为 null。即使图像在捕获时具有值，但在执行代码时它是 null。被捕获变量的生存期将被延长，直到引用这些变量的所有闭包都符合垃圾回收的条件。

在 F#中，不存在 null 对象的概念，因此不可能运行这种未被期望的场景。

2.2.2   多线程环境中的闭包

让我们分析一个用例场景，在这个场景中，你使用闭包为一个任务提供数据，该任务通常运行在与主线程不同的线程中。在 FP 中，闭包通常用于管理可变状态，以限制和隔离可变结构的范围，从而允许线程安全访问。这非常适合多线程环境。

在代码清单 2.8 中，lambda 表达式从 TPL (System.Threading.Tasks.Task) 的新任务中调用 Console.WriteLine 方法。当这个任务开始时，lambda 表达式构造一个

封闭局部变量 iteration 的闭包,该闭包作为参数传递给在另一个线程中运行的方法。在这种情况下,编译器会自动生成一个匿名类,并将该变量作为一个公开的属性。

代码清单 2.8　多线程环境中的闭包捕捉变量

```
for (int iteration = 1; iteration < 10; iteration++)
{
    Task.Factory.StartNew(() => Console.WriteLine("{0} - {1}",
➥ Thread.CurrentThread.ManagedThreadId, iteration));
}
```

闭包会导致奇怪的行为。从理论上讲,这个程序应该是这样工作的:你期望程序打印数字 1 到 10。但是在实践中,情况并非如此。程序将打印数十次,因为你在几个 lambda 表达式中使用同一变量,并且这些匿名函数共享变量值。

让我们再分析一个例子。在代码清单 2.9 中,你使用 lambda 表达式将数据传递到两个不同的线程中。

代码清单 2.9　多线程代码中使用闭包

```
Action<int> displayNumber = n => Console.WriteLine(n);
int i = 5;
Task taskOne = Task.Factory.StartNew(() => displayNumber(i));
i = 7;
Task taskTwo = Task.Factory.StartNew(() => displayNumber(i));

Task.WaitAll(taskOne, taskTwo);
```

即使第一个 lambda 表达式在变量 i 的值更改之前捕获该变量,两个线程也会打印数字 7,因为变量 i 在两个线程开始之前就被更改了。造成这个微妙问题的原因是 C# 的可变性。当闭包通过 lambda 表达式捕获可变变量时,lambda 捕获变量的引用,而不是捕获该变量的当前值。因此,如果任务在变量的引用值更改后运行,则该值将是内存中的最新值,而不是捕获变量时的值。

这就是要采用其他解决方案而不是手动对并行循环进行编码的原因。来自 TPL 的 Parallel.For 解决了这个 bug。C#中的一个可能的解决方案是为每个任务创建和捕获一个新的临时变量。这样,新变量的声明将在新的堆位置中分配,从而保留了原始值。函数式语言则没有这种复杂深奥的行为。让我们看看使用 F#的类似场景。见代码清单 2.10。

代码清单 2.10　F#多线程环境中的闭包捕捉变量

```
let tasks = Array.zeroCreate<Task> 10

for index = 1 to 10 do
```

```
    tasks.[index - 1] <- Task.Factory.StartNew(fun () ->
➡ Console.WriteLine index)
```

运行此版本的代码，结果如预期的那样：程序打印数字 1 到 10。原因是 F#处理 for 循环的过程与 C#不同。F#编译器不会在每次迭代期间使用可变变量并更新其值，而是为每次迭代在内存中的不同位置创建一个新的不可变值。偏好于不可变类型的这种函数行为的结果是 lambda 捕获了对不可变值的引用，该值永远不会更改。

多线程环境通常使用闭包，因为它使在需要额外思考的不同上下文中捕获和传递变量变得简单。代码清单 2.11 说明了.NET TPL 库如何使用闭包来使用 Parallel.Invoke API 执行多个线程。

代码清单 2.11　多线程环境中的闭包捕捉变量

```
public void ProcessImage(Bitmap image) {
    byte[] array = image.ToByteArray(ImageFormat.Bmp);          ◄── 展示了将图像
    Parallel.Invoke(                                               转换为字节数
        () => ProcessArray(array, 0, array.Length / 2),           组格式的函数
        () => ProcessArray(array, array.Length / 2, array.Length));  ◄──
}
                                                      展示了并行处理字节数组
                                                      分半的函数
```

在该示例中，Parallel.Invoke 生成两个独立的任务，每个任务都针对数组的一部分运行 ProcessArray 方法，该部分数组的变量由 lambda 表达式捕获并包含起来。

提示　记住，编译器通过在底层分配一个封装函数及其环境的对象来处理闭包。因此，在内存分配方面，闭包比常规函数更重，并且调用它们的速度也更慢。

在任务并行的上下文中，要注意闭包中的变量捕获：因为闭包捕获变量的引用，而不是它的实际值，所以最终可以共享不明显的变量。闭包是一种强大的技术，你可以使用它来实现模式以提高程序的性能。

2.3　用于程序加速的记忆化缓存技术

记忆化，也称为制表，是一种旨在提高应用程序性能的 FP 技术。程序加速是通过缓存函数的结果来实现的，并且避免了重复相同计算产生的不必要的额外计算开销。这是可行的，因为通过将相同参数(如图 2.3 所示)存储在先前计算的结

果中，记忆化绕过了昂贵的函数调用执行，以便再次遇到相同参数时进行检索。被记忆的函数将计算结果保存在内存中，以便在以后的调用中立即返回。

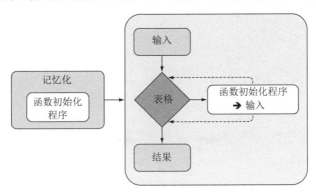

图 2.3　记忆化是一种缓存函数值的技术，可确保只运行一次求值。当输入值传递给已记忆的函数时，内部表存储将验证是否存在关联的结果。如果有，则立即返回该输入关联的结果；否则，函数初始化程序将运行计算，然后更新内部表存储并返回其结果。下次将相同的输入值传递给已记忆的函数时，表存储将跳过计算并直接返回关联的结果

　　这个概念一开始听起来可能很复杂，但一旦用起来，它就是一种简单的技术。记忆化使用闭包帮助将函数转换为便于访问局部变量的数据结构。闭包用作每次调用记忆化函数的包装器。这个局部变量(通常是一个查找表)的用途是将内部函数的结果存储为一个值，并将传递给该函数的参数用作 key 引用。

　　记忆化技术非常适合多线程环境，提供了巨大的性能提升。当一个函数被相同参数重复调用时，主要的好处就体现了。但是，就 CPU 计算而言，运行该函数比访问相应的数据结构更昂贵。例如，要对图像应用颜色过滤器，最好并行运行多个线程。每个线程访问图像的一部分，并修改上下文中的像素。但是滤镜颜色可能应用于具有相同值的一组像素上。在这种情况下，如果计算将得到相同的结果，为什么要重新计算呢？相反，可以使用记忆化来缓存结果，并且线程可以跳过不必要的工作以更快地完成图像处理。

缓存

缓存是一个存储数据的组件，因此可以更快地对未来请求提供该数据。存储在缓存中的数据可能是之前计算或存储在其他位置的重复数据的结果。

　　代码清单 2.12 展示了 C#中记忆化函数的基本实现。

代码清单 2.12　一个展示了记忆化如何工作的简单示例

> 展示了泛型 Memoize 函数，该函数要求泛型类型 T
> 要实现 IComparable，因为该值要用于查找　　←┐

```
static Func<T, R> Memoize<T, R>(Func<T, R> func)
```

```
where T : IComparable
{                                          列出用于存储和查找值的可变集合字典的实例
    Dictionary<T, R> cache = new Dictionary<T, R>();

    return arg => {          ◄──  使用 lambda 表达式闭包捕捉本地表

            if (cache.ContainsKey(arg))   ◄──  验证 arg 值是否已经计算过了并保
                                               存进缓存中
                return cache[arg];   ◄──  如果作为参数传递进来的 key 存在于表中，则
                                          将关联的值作为结果返回

            return (cache[arg] = func(arg));   ◄──
                };                                    如果 key 不存在，而相关
}                                                     值已经在刚才计算过了，
                                                      则将其保存进表中，并作
                                                      为结果返回
```

首先，定义 Memoize 函数，该函数在内部使用 Dictionary 泛型集合作为缓存的查找表变量。闭包捕获局部变量，以便可以从指向闭包的委托和外部函数访问它。当调用高阶函数时，它首先尝试将输入与函数匹配，以验证参数是否已被缓存。如果参数 key 存在，则缓存表将返回结果。如果参数 key 不存在，第一步是用参数对函数进行计算，将参数和对应结果添加到缓存表中，并最终返回结果。值得一提的是，记忆化是一个高阶函数，因为它将一个函数作为输入，并返回一个函数作为输出。

提示 字典查找在恒定的时间内进行，但字典使用的哈希函数在某些情况下执行起来可能会很慢。字符串就是这种情况，其中哈希字符串所需的时间与其长度成正比。在某些情况下，未被记忆的函数性能比被记忆的函数更好。我建议对代码进行分析，以决定是否需要优化，以及记忆化是否提高了性能。

代码清单 2.13 所示是用 F#实现的等效记忆化函数。

代码清单 2.13   F#的函数记忆化

```
let memoize func =
    let table = Dictionary<_,_>()
    fun x -> if table.ContainsKey(x) then table.[x]
            else
                let result = func x
                table.[x] <- result
                result
```

下面是一个使用上面定义的 Memoize 函数的简单示例。在代码清单 2.14 中，Greeting 函数返回一个字符串，其中包含作为参数 name 传递的欢迎消息。该欢迎

消息还包括调用函数的时间，用于跟踪函数运行所花的时间。出于演示目的，该
代码在每次调用之间会有两秒钟的延迟。

代码清单 2.14 Greeting 函数 C#示例

```
public static string Greeting(string name)
{
        return $"Warm greetings {name}, the time is
➡ {DateTime.Now.ToString("hh:mm:ss")}";
}

Console.WriteLine(Greeting ("Richard"));
System.Threading.Thread.Sleep(2000);
Console.WriteLine(Greeting ("Paul"));
System.Threading.Thread.Sleep(2000);
Console.WriteLine(Greeting ("Richard"));

// output
Warm greetings Richard, the time is 10:55:34
Warm greetings Paul, the time is 10:55:36
Warm greetings Richard, the time is 10:55:38
```

接下来，代码将重新执行相同的消息，但使用的是函数 Greeting 记忆化版本，
见代码清单 2.15。

代码清单 2.15 使用了函数记忆化的 Greeting 函数示例

```
var greetingMemoize = Memoize<string, string>(Greeting);      ◄────

Console.WriteLine(greetingMemoize ("Richard"));
System.Threading.Thread.Sleep(2000);
Console.WriteLine(greetingMemoize ("Paul"));
System.Threading.Thread.Sleep(2000);
Console.WriteLine(greetingMemoize("Richard"));

// output
Warm greetings Richard, the time is 10:57:21          ◄────
Warm greetings Paul, the time is 10:57:23
Warm greetings Richard, the time is 10:57:21          ◄────
```

Memoize 是一个高阶函数，所以可以将一个函数作为约束前一个函数签名的参数传递。这样，被记忆的函数就可以替换原来的函数，注入了缓存功能

Greeting 函数输出的时间是相同的，因为其计算只会发生一次，然后其结果被缓存起来了

输出结果表明前两次调用发生在预期的不同时间。但是在第三次调用中会发
生什么呢？为什么第三个函数调用返回消息所花的时间会与第一个函数调用的时
间完全相同呢？答案是：记忆化。

第一个和第三个函数 greetingMemoize ("Richard")调用相同的参数，并且它们
的结果在函数 greetingMemoize 的初始调用过程中只缓存了一次。第三个函数调

用的结果不是它执行的结果,而是具有相同参数的函数的存储结果,因此函数被调用的时间值是相同的。

这就是记忆化的工作原理。记忆化函数的工作是查找内部表中传递的参数。如果找到输入值,则返回先前计算的结果。否则,该函数将结果存储在表中。

2.4 记忆快速网络爬虫的操作

现在,你将使用在上一节中学到的内容来实现一个更有趣的示例。在本例中,将构建一个 Web 爬虫程序,该爬虫程序将提取所访问的每个网站的页面标题并打印到控制台中。代码清单 2.16 是不使用记忆化的代码。然后,将使用记忆化技术重新执行同一程序,并比较结果。最后,将结合并行化执行和记忆化来下载多个网站的内容。

代码清单 2.16　C# Web 爬虫

```
public static IEnumerable<string> WebCrawler(string url) {
        string content = GetWebContent(url);        // 展示了递归抓取与分析网站
        yield return content;                        //    和子网站内容的函数

        foreach (string item in AnalyzeHtmlContent(content))
        yield return GetWebContent(item);
}

static string GetWebContent(string url) {            // 以 string 格式下载网站
        using (var wc = new WebClient())             //    的内容
            return wc.DownloadString(new Uri(url));
}

static readonly Regex regexLink =
        new Regex(@"(?<=href=('|""))https?://.*?(?=\1)");

static IEnumerable<string> AnalyzeHtmlContent(string text) {   // 解析出网
        foreach (var url in regexLink.Matches(text))           // 站内容中
                yield return url.ToString();                   // 的子链接
}

static readonly Regex regexTitle =
        new Regex("<title>(?<title>.*?)<\\/title>", RegexOptions.Compiled);

static string ExtractWebPageTitle(string textPage) {          // 解析出网站的
        if (regexTitle.IsMatch(textPage))                     //   页面标题
                return regexTitle.Match(textPage).Groups["title"].Value;
```

```
        return "No Page Title Found!";
}
```

WebCrawler函数通过调用GetWebContent方法下载作为参数传递的网页URL的内容。接下来，它将分析下载的内容并提取网页中包含的超链接，这些超链接将被发送给初始函数处理，并对每个超链接如此重复操作。代码清单 2.17 所示是网络爬虫程序的运行结果。

代码清单 2.17　Web 爬虫的执行

```
List<string> urls = new List<string> {      ◄──── 初始化网站列表进行分析
    @"http://www.google.com",
    @"http://www.microsoft.com",
    @"http://www.bing.com",
    @"http://www.google.com"
};
                                            使用 LINQ 表达式去分析
                                            URL 集合中的网站
var webPageTitles = from url in urls    ◄──
                    from pageContent in WebCrawler(url)
                    select ExtractWebPageTitle(pageContent);


foreach (var webPageTitle in webPageTitles)
    Console.WriteLine(webPageTitle);


// OUTPUT
Starting Web Crawler for http://www.google.com...
Google
Google Images
  ...
Web Crawler completed for http://www.google.com in 5759ms
Starting Web Crawler for http://www.microsoft.com...
Microsoft Corporation
Microsoft - Official Home Page
Web Crawler completed for http://www.microsoft.com in 412ms
Starting Web Crawler for http://www.bing.com...
Bing
Msn
...
Web Crawler completed for http://www.bing.com in 6203ms
Starting Web Crawler for http://www.google.com...
Google
Google Images
...
Web Crawler completed for http://www.google.com in 5814ms
```

下面将使用 LINQ(Language Integrated Query，语言集成查询)对给定 Url 的

集合运行 Web 爬虫程序。当查询表达式在 foreach 循环中实际执行时，函数 ExtractWebPageTitle 将从每个页面的内容中提取页面标题并将其打印到控制台。由于操作的跨网络特性，GetWebContent 函数需要时间来完成下载。先前代码实现的一个问题是存在重复的超链接。网页有重复的超链接是很常见的，在本例中，这会导致重复的和不必要的下载。更好的解决方案是将 WebCrawler 函数记忆化。见代码清单 2.18。

代码清单 2.18   使用记忆化技术的 Web 爬虫的执行

WebCrawler 函数的记忆化版本

```
static Func<string, IEnumerable<string>> WebCrawlerMemoized =
➥Memoize<string, IEnumerable<string>>(WebCrawler);


var webPageTitles = from url in urls
                    from pageContent in WebCrawlerMemoized(url)
                    select ExtractWebPageTitle(pageContent);
foreach (var webPageTitle in webPageTitles)
            Console.WriteLine(webPageTitle);
```

使用 LINQ 表达式连接记忆化函数去分析网站

```
// OUTPUT
Starting Web Crawler for http://www.google.com...
Google
Google Images
...
Web Crawler completed for http://www.google.com in 5801ms
Starting Web Crawler for http://www.microsoft.com...
Microsoft Corporation
Microsoft - Official Home Page
Web Crawler completed for http://www.microsoft.com in 4398ms
Starting Web Crawler for http://www.bing.com...
Bing
Msn
...
Web Crawler completed for http://www.bing.com in 6171ms
Starting Web Crawler for http://www.google.com...
Google
Google Images
...
Web Crawler completed for http://www.google.com in 02ms
```

在本例中，实现了高阶函数 WebCrawlerMemoized，它是函数 WebCrawler 的记忆化版本。输出结果确认了代码的记忆化版本运行得更快。事实上，第二次从 www.google.com 网站上提取内容只需要 2 毫秒，而没有记忆化的时间超过 5 秒。

进一步的改进应该包括并行下载网页。幸运的是，因为使用 LINQ 处理查询，

所以只需要进行较少的改动即可使用多个线程。自.NET 4.0 框架出现以来，LINQ
有一个扩展方法 AsParallel() 来启用 LINQ 的并行化版本(PLINQ)。PLINQ 的本质
是处理数据并行性；这两个主题将在第 4 章中介绍。

LINQ 和 PLINQ 是使用函数式编程概念设计和实现的技术，特别注重强调声
明式编程风格。这是可以实现的，因为与其他程序范式相比，函数式范式倾向于
提高抽象级别。抽象赞成不需要知道底层库的实现细节来编写代码，如代码清单
2.19 所示。

代码清单 2.19　使用 PLINQ 的 Web 爬虫查询

```
var webPageTitles = from url in urls.AsParallel()          ◄───────
                 from pageContent in WebCrawlerMemoized(url)
                 select ExtractWebPageTitle(pageContent);

                                  实现了一个可以使用 LINQ 来多线程
                                  处理查询的扩展方法
```

PLINQ 易于使用，并且可以为你带来可观的性能优势。虽然我们只展示了一
种方法，即 AsParallel 扩展方法，但是还有更多方法。

在运行该程序之前，还需要重构来应用缓存。因为所有线程都必须可以访问
缓存，所以缓存倾向于是静态的。随着并行的引入，多个线程可能会同时访问记
忆化函数，从而导致由于暴露了底层可变数据结构而产生的竞态条件问题。幸运
的是，修复这个问题很容易，如代码清单 2.20 所示。

代码清单 2.20　线程安全的函数记忆化

```
public Func<T, R> MemoizeThreadSafe<T, R>(Func<T, R> func)
                                           where T : IComparable
{
  ConcurrentDictionary<T, R> cache = new ConcurrentDictionary<T, R>();  ◄──┐
  return arg => cache.GetOrAdd(arg, a => func(a));
}
                              展示了使用并发集合 ConcurrentDictionary
                              的线程安全记忆化

public Func<string, IEnumerable<string>> WebCrawlerMemoizedThreadSafe =
          MemoizeThreadSafe<string, IEnumerable<string>>(WebCrawler);

var webPageTitles =
              from url in urls.AsParallel()
              from pageContent in WebCrawlerMemoizedThreadSafe(url)
              select ExtractWebPageTitle(pageContent);

   使用 PLINQ 表达式来并行分析网站
```

快速回答：用等效的线程安全版本 ConcurrentDictionary 替换当前的 Dictionary
集合。有趣的是，这种重构需要的代码更少。然后使用 LINQ 表达式调用线程安

全记忆化版本中的 GetWebContent 函数。现在，你可以并行运行 Web 爬虫程序。要处理示例中的页面，与最初实现的 18 秒相比，双核机器可以在不到 7 秒的时间内完成分析。升级后的代码除了运行速度更快之外，还减少了网络 I/O 操作。

2.5   延迟记忆化以获得更好的性能

在前面的示例中，Web 爬虫程序允许多个并发线程以最小的开销访问已记忆的函数。但当对表达式进行求值时，它不会在同一个值多次执行函数初始值设定项 func(a)这方面加强。这似乎是一个小问题，但在高度并发的应用程序中，出现的次数会成倍增加(尤其是在对象初始化代价高昂的情况下)。解决方案是将一个对象添加到未初始化的，而是按需初始化该条目的函数中缓存。可以将函数初始值设定项中的结果值包装为 Lazy 类型(在代码清单 2.21 中以粗体突出显示)。该代码清单展示了体现出线程安全性和性能方面的完美设计，同时避免条目初始化因多线程访问而被重复缓存的记忆化解决方案。

代码清单 2.21   使用安全延迟求值的线程安全记忆化

```
static Func<T, R> MemoizeLazyThreadSafe<T, R>(Func<T, R> func)
where T : IComparable
{
    ConcurrentDictionary<T, Lazy<R>> cache =
➥ new ConcurrentDictionary<T, Lazy<R>>();              ◀── 使用线程安全和延
    return arg => cache.GetOrAdd(arg, a =>                  迟求值的记忆化
➥ new Lazy<R>(() => func(a))).Value;
}
```

根据微软的文档，GetOrAdd 方法不会阻止函数 func 被相同给定参数多次调用，但它确保只向集合中添加一个"函数求值"的结果。但它不是线程安全的，会遇到如下用户场景和问题：例如，在添加缓存值之前，可能会有多个线程同时检查缓存；另外，也无法强制函数 func(a)是线程安全的。如果没有这个保证，在多线程环境中，多个线程可能会同时访问同一个函数，这意味着 func(a)本身也应该是线程安全的。建议的解决方案是，应避免使用基元锁，应使用.NET 4.0 中的 Lazy <T>构造。此解决方案为你提供了全面线程安全的保证，无论函数 func 是如何实现的，并确保对函数只进行一次求值。

函数式记忆化的陷阱

前面代码示例中引入的记忆化实现是一种有点幼稚的方法。在一个简单的字典中存储数据的解决方案是可行的，但这不是一个长期的解决方案。字典是没有数量边界限制的，因此，条目永远不会从内存中删除，而只会添加，这可能会在

某些时候导致内存泄漏问题。所有这些问题都有解决方案。其中一个选项是实现一个记忆化函数，该函数使用 WeakReference 类型来存储结果值，它允许这些结果值在垃圾收集器 (GC) 运行时被回收。由于在 .NET 4.0 框架中引入了 CollectionConditionalWeakDictionary，因此这个实现很简单：字典将一个弱引用的类型实例作为 key。只要 key 存在，关联的值就会保留。当 GC 回收这个 key 时，对数据的引用将被删除，使其可被垃圾回收。

弱引用是处理托管对象引用的有用机制。典型的对象引用(也称为强引用)具有确定性行为，在这种情况下，只要对对象有引用，GC 就不会回收，此对象因此保持活动状态。但在某些情况下，你希望将一个不可见的字符串附加到对象上，而不会干扰 GC 回收该对象内存的能力。如果 GC 回收了内存，则你的字符串将被取消连接，你可以检测到这一点。如果 GC 尚未接触到对象，你可以提取字符串并检索对象的强引用以再次使用它。此功能对于自动管理缓存非常有用，它可以保留对最近使用最少的对象的弱引用，而不会阻止它们被收集，也不会不可避免地选择调整内存资源。

另一种选择是使用缓存过期策略，通过存储每个结果的时间戳，来指示其被持久化的时间。在这种情况下，必须定义一个使条目失效的常量时间。当时间到期时，该条目将从集合中移除。本书的可下载源代码包含了这两种实现。

提示　只有当计算结果的成本高于把运行时计算出的所有结果存储起来的成本时，才考虑记忆化，这是一种良好的实践。在做出最终决定之前，请使用不同的值范围对代码进行记忆化和非记忆化的基准测试。

2.6　有效率的并行推测以摊销昂贵计算成本

推测执行(预计算)是利用并发的一个很好的理由。推测执行是一种 FP 模式，在这种模式中，在实际算法运行之前并且函数的所有输入都可用时执行计算。并发推测背后的想法是分摊昂贵计算的成本以提高程序的性能和响应能力。这种技术很容易应用于并行计算中，在并行计算中，多核硬件可用于预先计算产生并发运行任务的多个操作，并使数据随时可以读取。

假设你有一长串输入单词，并且你想要计算一个函数，该函数可以找到列表中单词的最佳模糊匹配[2]。对于模糊匹配算法，你将应用 Jaro-Winkler distance 来测量两个字符串之间的相似性。我们不打算在这里介绍此算法的实现，你可以在

---

[2] 模糊匹配是一种查找文本片段和对应匹配条目的技术，其匹配程度可能小于 100%。

本书下载源代码中找到完整的实现代码。

> **Jaro-Winkler 算法**
>
> Jaro-Winkler distance 是衡量两个字符串之间相似性的指标。Jaro-Winkler distance 越高，字符串越相似。该指标最适合于短字符串，如专有名称。分数是标准化的，因此 0 等于没有相似性，1 是完全匹配的。

代码清单 2.22 展示了使用 Jaro-Winkler 算法(以粗体突出显示)的模糊匹配函数的实现。

代码清单 2.22   模糊匹配的 C#实现

```
public static string FuzzyMatch(List<string> words, string word)
{
    var wordSet = new HashSet<string>(words);

    string bestMatch =
        (from w in wordSet.AsParallel()
         select JaroWinklerModule.Match(w, word))            使用 PLINQ 并行运
        .OrderByDescending(w => w.Distance)                  行最佳匹配算法
        .Select(w => w.Word)
        .FirstOrDefault();                                   返回最佳的匹配
    return bestMatch;
}
```

通过创建 HashSet 集合来避免单词重复。HashSet 是一种
在查找方面高效的数据结构

函数 FuzzyMatch 使用 PLINQ 并行计算作为参数传递给另一个字符串数组的单词的模糊匹配。结果是匹配的 HashSet 集合，然后按最佳匹配排序以返回列表中的第一个值。HashSet 是一种用于查找的高效数据结构。

该逻辑类似于查找。因为 List <string>单词可能包含重复条目，所以函数首先实例化一个更有效的数据结构。然后该函数利用该数据结构来运行实际的模糊匹配。这种实现效率不高，因为设计问题很明显：每次调用 FuzzyMatch 时，它把两个参数都使用了。每次执行 FuzzyMatch 时都会重建内部表结构，从而把其他积极的效果都浪费掉。

如何提高这种效率呢？通过部分函数施用或部分施用与 FP 的记忆化技术的组合，可以实现预计算。有关部分施用的更多详细信息，请参阅附录 A。预计算的概念与记忆化密切相关，在这种情况下，记忆化使用一个包含预计算值的表。代码清单 2.23 展示了一个更快的模糊匹配函数的实现(以粗体突出显示)。

代码清单 2.23　使用预计算的快速模糊匹配

部分施用的函数只使用一个参数，
并返回一个执行查找的新函数

```
static Func<string, string> PartialFuzzyMatch(List<string> words)
{
    var wordSet = new HashSet<string>(words);         ◄── 高效的查找数据结构在实
                                                           例化后保存在闭包中，并
    return word =>                                          被 lambda 表达式使用
        (from w in wordSet.AsParallel()
            select JaroWinklerModule.Match(w, word))
            .OrderByDescending(w => w.Distance)
            .Select(w => w.Word)                       ◄── 为每个调用使用相同查找数据
            .FirstOrDefault();                             的新函数，从而减少重复计算
}

                                                       ◄── 展示了该函数预计算传递过来
                                                           的 List <string> words 参数，并
Func<string, string> fastFuzzyMatch =                      返回一个结果，该结果是一个
➡ PartialFuzzyMatch(words);                                 带有 word 参数的函数

string magicFuzzyMatch = fastFuzzyMatch("magic");
string lightFuzzyMatch = fastFuzzyMatch("light");   ◄── 使用 fastFuzzyMatch
                                                        函数
```

首先，创建 PartialFuzzyMatch 函数的部分施用版本。这个新函数只将
List<string> words 作为参数，并返回一个处理第二个参数的新函数。这是一个聪
明的策略，因为它预先计算好有效的查找结构，在传递第一个参数时立即使用它。

有趣的是，编译器使用闭包来存储数据结构，该结构可以通过函数返回的
lambda 表达式访问。lambda 表达式是提供具有预计算状态的函数的一种特别方便
的方法。然后，可以通过提供参数 List<string> words 来定义 fastFuzzyMatch 函数，
该参数用于准备基础查找表，从而加快计算速度。在提供 List<string> words 后，
fastFuzzyMatch 返回一个函数，该函数采用字符串单词参数，但立即计算查找的
哈希集。

注意　代码清单 2.22 中的 FuzzyMatch 函数被编译为一个静态函数，在每次调用
　　　时构造一组字符串。相反，代码清单 2.23 中的 fastFuzzyMatch 被编译为静
　　　态只读属性，其中值在静态构造函数中初始化。这是一个很好的区别，但
　　　它对代码性能有很大影响。

通过这些更改，对字符串 magic 和 light 执行模糊匹配时，与根据需要计算这
些值的模拟匹配相比，处理时间减少一半。

2.6.1　具有天然函数支持的预计算

现在，让我们看一下使用函数式语言 F#的相同模糊匹配实现。代码清单 2.24 展示了一个因为 F#的内在函数式语义而略有不同的实现(AsParallel 方法以粗体突出显示)。

代码清单 2.24　快速模糊匹配的 F#实现

创建一个高效的查找数据结构 HashSet 并移除重复的单词

```
let fuzzyMatch (words:string list) =
    let wordSet = new HashSet<string>(words)
    let partialFuzzyMatch word =
      query { for w in wordSet.AsParallel() do
                  select(JaroWinkler.getMatch w word)}
      |> Seq.sortBy(fun x -> -x.Distance)
      |> Seq.head


    fun word -> partialFuzzyMatch word

  let fastFuzzyMatch = fuzzyMatch words

  let magicFuzzyMatch = fastFuzzyMatch "magic"
  let lightFuzzyMatch = fastFuzzyMatch "light" "
```

F#中，所有函数默认都是柯里化的：FuzzyMatch 函数的签名是(string set -> string -> string)，这意味着它可以直接部分施用。在这种情况下，通过只提供第一个参数 wordSet，就可以创建部分施用函数 partialFuzzyMatch

通过向函数 fuzzyMatch 提供第一个参数来应用预计算技术，该函数会立即使用传递的值来计算 HashSet

使用 fastFuzzyMatch 函数

返回一个函数，该函数使用 lambda 表达式"闭包"并暴露内部 HashSet

---

fuzzyMatch 的实现强制 F#运行时在每次调用时生成内部字符串集。相反，部分施用函数 fastFuzzyMatch 仅初始化内部集合一次，并将其重用于所有后续调用。预计算是一种缓存技术，它执行初始计算，在本例中，创建一个 HashSet<string> 以供访问。

F#版本使用查询表达式来查询和转换数据。这种方法允许你在代码清单 2.23 中使用类似的 C# 中的 PLINQ。但是在 F#中，有一种更为函数式的方式，可以对采用并行序列(PSeq)的序列进行并行操作。使用此模块，可将 fuzzyMatch 函数改写为组合形式：

```
let fuzzyMatch (words:string list) =
    let wordSet = new HashSet<string>(words)
    fun word ->
        wordSet
        |> PSeq.map(fun w -> JaroWinkler.getMatch w word)
        |> PSeq.sortBy(fun x -> -x.Distance)
        |> Seq.head
```

F#和 C#中的 fuzzyMatch 的代码实现是等价的，但是前一种函数式语言(F#)默认被柯里化。这使得使用部分施用更容易重构。前面代码片段中使用的 F#并行序列 PSeq 将在第 5 章中介绍。

通过查看 fuzzyMatch 签名类型，可以更清楚地看到：

```
string set -> (string -> string)
```

签名读取为一个函数，该函数接收一个字符串集作为参数，返回一个函数，返回的这个函数接收一个字符串作为参数，然后返回一个字符串作为返回类型。通过这个函数链，你可以利用部分施用策略。

2.6.2　使最佳计算获胜

推测执行的另一个例子是由 Conal Elliott(http://conal.net)为其函数式反应型编程(FRP)实现(http://conal.net/papers/push-pull-frp)创建的不含糊的 choice 运算符启发的。这个运算符背后的思想很简单：它是一个函数，它接收两个参数并同时对它们进行求值，返回第一个可用的结果。

这个概念可以扩展到两个以上的并行函数。想象一下，你正在使用多种气象服务来检测城市的气温。你可以同时生成单独的任务来查询每个服务，并在最快的任务返回后，不需要等待另一个完成。该函数等待最快的任务返回并取消剩余的任务。代码清单 2.25 展示了一个不支持错误处理的简单实现。

代码清单 2.25　实现最快的气象任务

```
public Temperature SpeculativeTempCityQuery(string city,
⇒ params Uri[] weatherServices)
{
  var cts = new CancellationTokenSource();          当最快的任务完成时使用
  var tasks =                                        取消令牌来取消任务
  (from uri in weatherServices
      select Task.Factory.StartNew<Temperature>(() =>
          queryService(uri, city), cts.Token)).ToArray();

  int taskIndex = Task.WaitAny(tasks);              等待最快的任务返回
  Temperature tempCity = tasks[taskIndex].Result;
  cts.Cancel();        取消剩余更慢的任务
  return tempCity;
}
```

使用 LINQ 为每个气象服务并行生成一个任务

预计算是实现任何类型的函数和服务的关键技术，从简单到复杂，再到更高级的计算引擎。推测执行旨在消耗原本闲置的 CPU 资源。这在任何程序中都是一种方便的技术，它可以在任何支持闭包以捕获和公开这些局部值的语言中实现。

2.7   延迟是件好事情

并发中的一个常见问题是要能以线程安全的方式正确初始化共享对象。当对象具有昂贵且耗时的构造时，为了改善应用程序的启动时间，这种需求更为突出。

延迟求值是一种编程技术，用于将表达式的求值推迟到尽可能晚——当表达式被访问时。延迟可以带来成功——在这种情况下，它是你工具袋的必备工具。有点违反直觉的是，延迟求值的强大功能使程序运行得更快，因为它只提供查询结果所需的内容，从而防止过多的计算。想象一下，编写一个可能会分析大量数据以生成各种报告，执行多个不同的长时间运行操作的程序。如果同时计算这些操作，系统可能会遇到性能问题并挂起。另外，可能并非所有这些长时间运行的操作都是必要的，如果它们立即开始，就会造成资源和时间的浪费。

更好的策略是按需执行长时间运行的操作，并且仅在需要时执行，这也减少了系统中的内存压力。实际上，延迟求值还导致了高效的内存管理，从而降低内存消耗，提高性能。在这种情况下，延迟更有效率。减少了 C#、Java 和 F#等托管编程语言中不必要且昂贵的垃圾收集清理，使程序运行得更快。

2.7.1   对严格求值语言并发行为的理解

与延迟求值相反的是及早求值，也称为严格求值，这意味着表达式会立即被求值。C#和 F#以及大多数其他主流编程语言都是严格求值的语言。

命令式编程语言没有包含和控制副作用的内部模型，因此对它们进行及早求值是合理的。为了理解程序是如何执行的，严格求值的语言必须知道副作用(如 I/O)的运行顺序，从而更容易理解程序是如何执行的。事实上，严格求值的语言可以分析计算并了解必须完成的工作。

因为 C#和 F#都不是纯粹的 FP 语言，所以不能保证每个值都是引用透明的。因此，它们不能视为延迟求值编程语言。

通常，延迟求值很难与命令式功能混合，后者有时会带来副作用，例如异常和 I/O 操作，因此操作的顺序变得不确定。

在 FP 中，延迟求值和副作用不能共存。尽管有可能在命令式语言中添加延迟求值的概念，但是与副作用的组合使得程序变得复杂。事实上，延迟求值会强制开发人员对程序中求值的部分移除执行约束和依赖关系的顺序。编写具有副作用的程序可能会变得困难，因为它需要程序员要有函数执行顺序的概念，这减少了代码模块化和组合化的机会。函数式编程旨在明确副作用，了解副作用，并提供隔离和控制副作用的工具。例如，Haskell 使用函数式编程语言约定来识别具有 IO 类型的副作用的函数。此 Haskell 函数定义读取文件，产生了副作用：

```
readFile :: IO ()
```

这个显式定义会通知编译器存在副作用，然后编译器根据需要来优化和验证。

延迟求值已经成为多核多线程程序的一项重要技术。为了支持这一技术，微软使用 Framework 4.0 引入了一个名为 Lazy<T>的泛型类型构造函数，它简化了以线程安全的方式来延迟创建的对象的初始化。代码清单 2.26 是延迟对象 Person 的定义。

代码清单 2.26　延迟初始化 Person 对象

```
class Person {        ◄──── 定义 Person 类        展示在构造函数中赋值的人员
    public readonly string FullName;   ◄──   全名的只读字段
    public Person(string firstName, string lastName)
    {
        FullName = firstName + " " + lastName;
        Console.WriteLine(FullName);
    }
}                                        初始化 lazy 对象 Person。
                                         返回值是 Lazy<Person>，
                                         在强制执行之前不会对
Lazy<Person> fredFlintstone = new Lazy<Person>(() =>   其进行求值
➥ new Person("Fred", "Flintstone"), true);   ◄──

Person[] freds = new Person[5];   ◄──── 展示五个人的数组
for(int i = 0;i < freds.Length;i++)
        freds[i] = fredFlintstone.Value;  ◄── 底层 lazy 对象的实例可通过 Value 属
                                             性获得
// output
Fred Flintstone
```

在该示例中，定义了一个简单的 Person 类，它带有一个会打印到控制台上的只读字段 FullName。然后，通过向 Lazy <Person>提供负责对象实例化的工厂委托来为该对象创建一个延迟初始化器。这种情况下，lambda 表达式可以方便地代替工厂委托，图 2.4 说明了这一点。

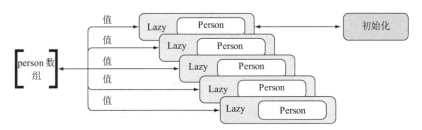

图 2.4　Person 对象的值只在第一次访问 Value 属性时初始化一次。往后的连续调用则返回相同的缓存值。如果你有一个 Lazy <Person>对象数组，则当访问该数组条目时，只会初始化第一个。其他人将重用其缓存结果

当使用底层对象 Person 需要对表达式实际求值时，你访问了标识符 (fredFlintstone)上的 Value 属性，这会强制 Lazy 对象的工厂委托只在该值尚未物化时执行一次。无论有多少连续调用或多少线程同时访问延迟初始化器，它们都会等待同一个实例。为了证明这一点，代码清单 2.26 创建了一个由五个 Person 组成的数组，该数组在 for 循环中初始化。在每次迭代过程中，通过调用标识符属性 Value 来检索 Person 对象，但即使它被调用了五次，输出(Fred Flintstone)也只被调用一次。

2.7.2　延迟缓存技术和线程安全的单例模式

.NET 中的延迟求值被认为是一种缓存技术，因为它会记住已执行的操作的结果，并且通过避免重复和复制操作，程序可以更高效地运行。

因为执行操作是按需执行的，而且更重要的是，只执行一次，所以建议使用 Lazy<T>结构来实现单例模式。单例模式创建给定资源的单个实例，该实例在代码的多个部分中共享。此资源只需要初始化一次，即第一次访问它时，这正是 Lazy<T>的行为。

你有不同的方法在.NET 中实现 Singleton 模式，但其中某些技术有局限性，例如未保证线程安全或者丢失延迟实例化。Lazy<T>结构提供了更好、更简单的单例设计，可确保真正的延迟和线程安全，如代码清单 2.27 所示。

代码清单 2.27　使用 Lazy<T>的单例模式

```
public sealed class Singleton
{
    private static readonly Lazy<Singleton> lazy =         ← 调用单例构
    new Lazy<Singleton>(() => new Singleton(), true);         造函数委托

    public static Singleton Instance => lazy.Value;

    private Singleton()
    { }
}
```

Lazy<T>基元还将一个 Boolean 标志在 lambda 表达式之后作为可选参数传递，以启用线程安全行为。这实现了双重检查锁模式的复杂和轻量级版本。

注意　在软件工程中，双重检查锁(也称为双重检查锁优化)是一种软件设计模式，用于通过先测试锁标准("锁提示")而不获取锁来减少获取锁的开销。

此属性确保对象的初始化是线程安全的。当此标志被启用时(默认模式)，无论有多少线程调用 Singleton LazyInitializer，所有线程都会收到同一实例，该实例在第一次调用后被缓存。这是一个很大的优势，没有它，你将被迫手动保护和确

保共享字段的线程安全。

需要强调的是，即使延迟求值的对象实现是线程安全的，也并不意味着它的所有属性自然也是线程安全的。

LazyInitializer

在.NET 中，LazyInitializer 是一个工作方式类似于 Lazy <T>的替代静态类，但具有优化的初始化性能和更方便的访问。实际上，由于它通过静态方法暴露了同样功能，因此不需要 new 对象初始化来创建 Lazy 类型。下面是一个简单的示例，展示了如何使用 LazyInitializer 延迟初始化一个大图像：

```
private BigImage bigImage;
public BigImage BigImage =>
    LazyInitializer.EnsureInitialized(ref bigImage, () => new
BigImage());
```

2.7.3　F#中的延迟支持

F#支持和 C#相同的延迟求值 Lazy <T>类型，Lazy <T>类型中用于 T 的实际泛型类型是根据表达式的结果来确定的。F#标准库自动强制执行互斥锁，这样在不同线程同时强行读取同一延迟值时，纯函数代码是线程安全的。F# Lazy 类型的使用与 C#稍有不同，你可以将函数围绕着 Lazy 数据类型包装。此代码示例展示了 Person 对象的 F#延迟求值：

```
let barneyRubble = lazy( Person("barney", "rubble") )
printfn "%s" (barneyRubble.Force().FullName)
```

barneyRubble 函数创建一个 Lazy <Person>的实例，该实例的值尚未物化。然后，如要强制执行计算，则按需调用检索值的 Force 方法。

2.7.4　延迟和任务，一个强大的组合

出于性能和可扩展性的原因，在并发应用程序中，使用独立线程组合可按需执行的延迟求值非常有用。可以利用 Lazy 初始化器 Lazy<T>实现一个有用的模式来实例化需要异步操作的对象。让我们继续讨论在上一节使用的类 Person。如果从数据库加载 firstName 和 lastName 字段，则可以应用类型 Lazy<Task<Person >>来延迟 I/O 计算。有趣的是，在 Task <T>和 Lazy <T>之间存在一种共性：两者都只对给定的表达式求值一次，见代码清单 2.28。

代码清单 2.28　延迟异步操作以初始化 Person 对象

```
Lazy<Task<Person>> person =
    new Lazy<Task<Person>>(async () =>
```
展示了 Lazy 类型的异步 lambda 构造器

```
        {
            using (var cmd = new SqlCommand(cmdText, conn))
            using (var reader = await cmd.ExecuteReaderAsync())
            {
                if (await reader.ReadAsync())
                {
                    string firstName = reader["first_name"].ToString();
                    string lastName = reader["last_name"].ToString();
                    return new Person(firstName, lastName);
                }
            }
            throw new Exception("Failed to fetch Person");
        });

async Task<Person> FetchPerson()
{
    return await person.Value;                    ◀——  异步物化 Lazy 类型
}
```

在本例中，委托返回一个 Task <Person>，它只异步求值一次并将值返回给所
有调用者。这些设计从根本上提高了程序的可扩展性。在这个例子中，这个功能
使用在 C#5.0 中引入的 async-await 关键字来实现异步操作。第 8 章将详细介绍异
步和可扩展性的主题。

这是一个有用的设计，可以提高程序的可扩展性和并行性。但有一个微妙的
风险。因为这个 lambda 表达式是异步的，所以它可以在任何调用 Value 的线程上
执行，并且该表达式将在整个上下文中运行。更好的解决方案是将表达式包装在
底层 Task 中，这将强制在线程池线程上进行异步执行。代码清单 2.29 展示了这
个首选模式。

代码清单 2.29   更好的模式

```
Lazy<Task<Person>> person =
    new Lazy<Task<Person>>(() => Task.Run(
        async () =>
        {
            using (var cmd = new SqlCommand(cmdText, conn))
            using (var reader = await cmd.ExecuteReaderAsync())
            {
                if(await reader.ReadAsync())
                {
                    string firstName = reader["first_name"].ToString();
                    string lastName = reader["last_name"].ToString();
                    return new Person(firstName, lastName);
                } else throw new Exception( "No record available" );
            }
```

```
    }
));
```

2.8 本章小结

- 函数组合将一个函数的结果用于另一个函数的输入，从而创建一个新函数。你可以在 FP 中使用它解决复杂的问题，方法是将它们分解为更容易解决的更小更简单的问题，然后将这些解决方案最终组合在一起。

- 闭包是一种附加到其父方法的在线委托/匿名方法，在该方法中，可以从匿名方法中引用在父方法中定义的变量。闭包提供了一种方便的方式，允许用户访问包含在函数中的本地状态，即使它超出了作用域。它是设计函数式编程代码段的基础，其中包括记忆化、延迟初始化和预计算，以提高计算速度。

- 记忆化是一种函数式编程技术，可以维护中途计算的结果，而不是重新计算它们。它被认为是一种缓存形式。

- 预计算是一种执行初始计算生成一系列结果(通常以查找表的形式)的技术。这些预先计算的值可以直接在算法中使用，以避免每次执行代码时出现不必要的、重复的和昂贵的计算。通常，预计算取代了记忆化，并与部分施用函数结合使用。

- 延迟初始化是缓存的另一种变体。具体来说，此技术将工厂函数的计算推迟到需要时才实例化对象，并仅创建对象一次。延迟初始化的主要目的是通过减少内存消耗和避免不必要的计算来提高性能。

第 *3* 章

函数式数据结构和不可变性

本章主要内容:

- 使用函数式数据结构构建并行应用程序
- 使用不可变性来获得高性能、无锁的代码
- 使用函数式递归实现并行模式
- 在 C#和 F#中实现不可变对象
- 使用树型数据结构

数据有多种形式。因此,许多计算机程序围绕两个主要约束——数据和数据操作——来进行组织并不奇怪。函数式编程非常适合这个世界,因为在很大程度上,这种编程范式是数据转换相关的。函数转换允许你将一组结构化数据从其原始形式变更为另一种形式,而不需要担心副作用或状态。例如,你可以使用 map 函数将国家/地区集合转换为城市集合,并保持初始数据不变。副作用是并发编程面临的一个关键挑战,因为在一个线程中引发的作用会影响另一个线程的行为。

在过去几年里,主流编程语言增加了新功能,使多线程应用程序更容易开发。例如,微软已经在.NET 框架中添加了 TPL 和 Async/Await 关键字,以减少程序员在实现并发代码时的忧虑。但是,当涉及多个线程时,保持可变状态不受损坏仍然存在挑战。好消息是 FP 允许你编写可在不产生副作用的情况下转换不可变数据的代码。

在本章中,你将学习使用函数式数据结构和不可变状态编写并发代码,在并发环境中采用正确的数据结构以轻松提高性能。函数式数据结构通过在线程之间共享数据结构和并行运行而不需要同步来提高性能。

作为本章的第一步,你将在C#和F#中开发一个函数式列表。这些都是理解不

可变函数式数据结构如何工作的很好的练习。接下来，我们将介绍不可变树数据结构，你将学习如何在FP中使用递归来并行构建二叉树结构。在示例中将使用并行递归同时从Web下载多个图像。

到本章结束时，你将学会利用不可变性和函数式数据结构来更快地并行运行程序，避免共享可变状态的陷阱，例如竞态条件。换句话说，如果你想要对并发性和正确性有强有力保证，你必须放弃可变性。

3.1　真实世界的例子：捕猎线程不安全的对象

在可控环境中构建软件通常不会导致不受欢迎的意外。遗憾的是，如果你在本地计算机上编写的程序部署到不受你控制的服务器，则可能会引入不同的变量。在生产环境中，程序可能会遇到意想不到的问题和不可预测的重负载。我相信，在你的职业生涯中，你不止一次听到"它在我的机器上是好的啊！"

当软件上线时，可能会由于多种因素出错，从而导致程序的行为不可靠。前段时间，我的老板打电话让我分析一个生产环境上的问题。该应用程序是一个简单的聊天系统，用于客户支持。该程序使用 Web Socket 从前端直接与用 C#编写的 Windows 服务器中心进行通信。在客户端和服务器之间建立双向通信的基础技术是 Microsoft SignalR(http://mng.bz/Fal1)，见图 3.1。

MSDN 文档中的 SignalR

ASP.NET SignalR 是一个面向 ASP.NET 开发人员的库，它简化了向应用程序添加实时 Web 功能的过程。实时 Web 功能使服务器代码在连接的客户端可用时立即将内容推送到连接的客户端，而不是让服务器等待客户端请求新数据。SignalR 可用于向 ASP.NET 应用程序添加任何类型的实时 Web 功能。虽然聊天经常被用作一个例子，但是 SignalR 可以实现的功能比这更多。每当用户刷新网页以查看新数据，或者页面实现长时间池以检索新数据时，都可以使用 SignalR。相关示例包括仪表板和监控应用程序，协作应用程序(如同时编辑文档)，作业进度更新以及实时表单。

在部署到生产环境之前，该程序已经通过了所有测试。然而，一旦部署，服务器资源就会受到压力。CPU 使用率持续在容量的 85%~95%，这将阻止系统响应传入的请求，从而对整体性能产生负面影响。这个结果是不可接受的，这个问题需要快速解决。

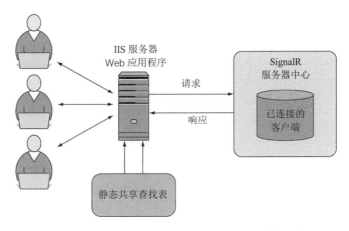

图 3.1　使用 SignalR 集线器的聊天应用程序 Web 服务器架构。连接的客户端注册在共享实例的本地静态字典 (查找表)

正如夏洛克·福尔摩斯说："当你排除了不可能的事情时，剩下的事情不管多么不可能，都必须是真相。"我戴上了超级侦探帽，使用一个有用的放大镜，开始看代码。经过调试和调查，我找到了导致瓶颈的代码部分。

我使用分析工具分析应用程序的性能。对应用程序进行采样和分析是寻找应用程序瓶颈的一个很好的突破口。分析工具在程序运行时对程序进行采样，将其执行时间作为常用数据进行侦察分析。分析工具所收集的数据是应用程序中执行最多工作的各个方法(method)的统计分析表示。最终报告展示了这些方法，可以通过查找应用程序执行中大部分工作的热路径(https://courses.cs.washington.edu/courses/cse590g/01wi/duesterwald.pdf)来检查这些方法。

CPU 内核利用率高这个问题起因于 OnConnected 和 OnDisconnected 方法对共享状态的争用。在这里，共享状态是通用的 Dictionary 类型，用于将连接服务器的用户保存到内存中。线程争用是指一个线程等待一个对象被释放的情况，该对象被另一个线程持有。正在等待的线程无法继续运行，直到其他线程释放已被锁定的对象。代码清单 3.1 展示了有问题的服务器代码。

代码清单 3.1　C#注册上下文连接的 SignalR 集线器

```
static Dictionary<Guid, string> onlineUsers =
    new Dictionary<Guid, string>();            ← 共享静态字典的实例以
                                                  处理联机用户的状态

public override Task OnConnected() {
    Guid connectionId = new Guid (Context.ConnectionId);   ← 每个连接都与唯
    System.Security.Principal.IPrincipal user = Context.User;  一标识符 Guid
    string userName;                                           相关联
```

检查当前用户是否已连接并
存储在字典中

```
    if (!onlineUsers.TryGetValue(connectionId, out userName)){
        RegisterUserConnection (connectionId, user.Identity.Name);
        onlineUsers.Add(connectionId, user.Identity.Name);
    }
     return base.OnConnected();
}
public override Task OnDisconnected() {
    Guid connectionId = new Guid (Context.ConnectionId);
    string userName;
    if (onlineUsers. TryGetValue(connectionId, out userName)){
        DeregisterUserConnection(connectionId, userName);
        onlineUsers.Remove(connectionId);
    }
    return base.OnDisconnected();
}
```

添加和删
除用户的
操作都是
在检查字
典状态之
后执行的

OnConnected 和 OnDisconnected 操作依赖于共享的全局字典，这个字典在这种程序中共同使用，以维护本地状态。请注意，每次执行其中一个方法时，底层集合都会被调用两次。程序逻辑检查用户连接 ID 是否存在，并相应地应用一些行为：

```
string userName;
if (!onlineUsers.TryGetValue(connectionId, out userName)){
```

你能看到这个问题吗？对于每个新的客户端请求，都会建立一个新的连接，并创建一个新的集线器实例。本地状态由静态变量维护，该变量跟踪当前用户连接，并被集线器的所有实例共享。根据微软文档，"静态构造函数只调用一次，在程序所驻留的应用程序域的生存期内，静态类会保留在内存中。"

以下是用于用户连接跟踪的集合：

```
static Dictionary<Guid, string> onlineUsers =
    new Dictionary<Guid, string>();
```

Guid 是 SignalR 在建立客户端和服务器之间的连接时创建的唯一连接标识符。该字符串表示登录期间定义的用户的名称。在这种情况下，程序很显然是运行在多线程环境中的。每个传入的请求都是一个新线程。因此，将有多个请求同时访问共享状态，这最终导致了多线程问题。

在这方面，MSDN 文档是很清晰的。MSDN 说，只要集合没被修改，Dictionary 集合可以同时支持多个读取器。通过集合枚举本质上不是线程安全的，因为一个线程可以在另一个线程更改集合状态时更新字典。

有几种可能的解决方案可以避免这种限制。第一种方法是使用 lock 基元使集合线程安全并可由多个线程进行访问，以进行读写操作。这个解决方案是正确的，但会降低性能。

首选的替代方案是在不同步的情况下实现相同级别的线程安全性。例如，使用不可变集合。

3.1.1 .NET 不可变集合：一种安全的解决方案

微软在 .NET Framework 4.5 引入了不可变集合，可以在名称空间 System.Collections.Immutable 找到。这是继.NET 4.0 TPL、.NET 4.5 async/await 关键字之后线程工具发展的一部分。

不可变集合遵循本章介绍的函数式范式概念，并在多线程应用程序中提供隐式线程安全性，以克服维护和控制可变状态的挑战。与并发集合类似，它们也是线程安全的，但底层实现是不同的。任何更改数据结构的操作都不会修改原始实例。相反，它们返回一个已更改的副本并保持原始实例不变。不可变集合经过了大量的调优以获得最大的性能，并使用结构共享模式将垃圾收集器(GC)需求降至最低。例如，以下代码片段从通用可变序列创建不可变集合(immutable 命令以粗体显示)。然后，通过使用新条目更新集合，将创建一个新集合，使原始集合不受影响：

```
var original = new Dictionary<int, int>().ToImmutableDictionary();
var modifiedCollection = original.Add(key, value);
```

其他线程对一个线程中的集合所做的任何更改都是不可见的，因为它们仍然引用原始的未修改集合，这就是为什么不可变集合本身就是线程安全的原因。

表 3.1 展示了每个可变泛型集合相关的不可变集合的实现。

表 3.1 .NET Framework 4.5 的不可变集合

不可变集合	可变集合
ImmutableList<T>	List<T>
ImmutableDictionary<TKey, TValue>	Dictionary<TKey, TValue>
ImmutableHashSet<T>	HashSet<T>
ImmutableStack<T>	Stack<T>
ImmutableQueue<T>	Queue<T>

注意 以前版本的 .NET 尝试使用泛型 ReadOnlyCollection 和扩展方法 AsReadOnly 为集合提供不可变功能，AsReadOnly 将给定的可变集合转换 为只读集合 。但是这个集合仅仅是一个可防止修改底层集合的包装器。因 此，在多线程程序中，如果线程更改了被包装的集合，则这个只读集合将 体现这些更改。不可变集合解决了这个问题。

代码清单 3.2 所示是创建不可变列表的两种方法。

代码清单 3.2 构建.NET 不可变集合

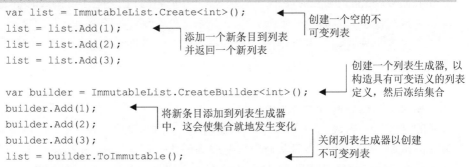

```
var list = ImmutableList.Create<int>();          创建一个空的不
list = list.Add(1);                              可变列表
list = list.Add(2);              添加一个新条目到列表
list = list.Add(3);              并返回一个新列表

                                                 创建一个列表生成器，以
                                                 构造具有可变语义的列表
var builder = ImmutableList.CreateBuilder<int>();  定义，然后冻结集合
builder.Add(1);        将新条目添加到列表生成器
builder.Add(2);        中，这会使集合就地发生变化
builder.Add(3);                                  关闭列表生成器以创建
list = builder.ToImmutable();                    不可变列表
```

第二种方法通过创建临时列表构建器来简化列表的构造，该构建器用于向列表添加元素，然后将元素密封(冻结)到不可变结构中。

关于原始聊天程序中的数据损坏(竞态条件)问题，可以在 Windows 服务器中心使用不可变集合来维护已打开的 SignalR 连接的状态。这完全做到了多线程访问安全。幸运的是，System.Collections.Immutable 名称空间包含用于查找的 Dictionary 的等效版本 ImmutableDictionary。

你可能会问："但是，如果集合是不可变的，那么如何在保持线程安全的同时更新它呢？"你可以在涉及读取或写入集合的操作周围使用 lock 语句。使用锁构建一个线程安全的集合非常简单。但锁的开销很大，这是一种昂贵的方法。一个更好的选择是通过使用单个 Compare-And-Swap(CAS)操作来保护写入，这样就不需要锁，并且不需要保护读取操作。这种无锁技术比对应技术(使用同步基元的技术)更具可扩展性，并且性能更好。

1. CAS 操作

CAS 是一种特殊的指令，是在多线程编程中用作同步的一种形式，在原子级别上对内存位置执行操作。原子操作作为一个单元，要么都成功，要么都失败。

原子性是指: 在一个步骤中改变一个状态的操作，这种操作的结果是自治的，要么为已完成，要么为未完成，没有中间状态。其他并行线程只能看到旧状态或新状态。当对共享变量执行原子操作时，线程在完成之前无法观察到其修改。实际上，原子操作会读取单个时刻出现的值。基元原子操作是机器指令，能通过.NET的 System.Threading.Interlocked 类公开，例如 Interlocked.CompareExchange 和 Interlocked.Increment 方法。

CAS 指令修改共享数据，而不需要获取和释放锁，并允许极端级别的并行性。这就是不可变数据结构真正发挥作用的地方，因为它们最大限度地减少了引发 ABA 问题的可能性(https://en.wikipedia.org/wiki/ABA_problem)。

> **ABA 问题**
>
> 执行原子 CAS 操作时会发生 ABA 问题：一个线程在执行 CAS 之前被挂起，另一个线程修改了 CAS 指令目标的初始值。当第一个线程恢复时，尽管目标值发生了变化，但 CAS 还是成功了。

我们的想法是将必须更改的状态保持为单个，并且是独立的不可变对象(在本例中为 ImmutableDictionary)。因为对象是独立的，所以没有状态共享。因此，也没有要同步的内容。

代码清单 3.3 展示了一个名为 Atom 的助手对象的实现。这个名字的灵感来自 Clojure 原子(https://clojure.org/reference/atoms)，它在内部使用 Interlocked.Compare-Exchange 运算符来执行原子 CAS 操作。

代码清单 3.3　Atom 对象执行 CAS 指令

```
public sealed class Atom<T> where T : class     ◄── 为原子 CAS 指令创
{                                                     建助手对象
    public Atom(T value)
    {
        this.value = value;
    }
    private volatile T value;
    public T Value => value;                     ◄── 获取实例的当前值

    public T Swap(Func<T, T> factory)            ◄── 基于实例的当前值
    {                                                 计算新值
        T original, temp;
        do {
            original = value;
            temp = factory (original);
        }
        while (Interlocked.CompareExchange(ref value, temp, original)
    != original);                                ◄── 重复 CAS 指令直到
        return original;                              其成功
    }
}
```

　　Atom 类封装了一个标记为 volatile 的类型为 T 的引用对象，该对象必须是不可变的，才能实现正确的值交换行为。Value 属性用于读取被包装对象的当前状态。Swap 函数的目的是执行 CAS 指令，使用工厂委托将基于前一个值的新值传递给此函数的调用者。CAS 操作接收一个旧值和一个新值，并且仅当当前值等于传入的旧值时，才会以原子方式将 Atom 设置为新值。如果 Swap 函数无法使用 Interlocked.CompareExchange 设置新值，则会继续重试，直到成功为止。

　　代码清单3.4展示了如何在 SignalR 服务器中心的上下文中使用带有 ImmutableDictionary 对象的 Atom 类。该代码仅实现了 OnConnected 方法。相同的概念也适用于 OnDisconnected 函数。

代码清单 3.4　使用 Atom 对象的线程安全 ImmutableDictionary

```
Atom<ImmutableDictionary<Guid, string>> onlineUsers =
    new Atom<ImmutableDictionary<Guid, string>>
        (ImmutableDictionary<Guid, string>.Empty);
```
将一个空的 Immutable-Dictionary 作为参数传递给 Atom 对象来初始化第一个状态

```
public override Task OnConnected() {
    Grid connectionId = new Guid (Context.ConnectionId);
    System.Security.Principal.IPrincipal user = Context.User;

    var temp = onlineUsers.Value;
    if(onlineUsers.Swap(d => {
            if (d.ContainsKey(connectionId)) return d;
            return d.Add(connectionId, user.Identity.Name);
            }) != temp) {
        RegisterUserConnection (connectionId, user.Identity.Name);
    }
    return base.OnConnected();
}
```
创建原始不可变字典的临时副本，并调用 Value 属性

如果原始 ImmutableDictionary 与从 Swap 函数返回的集合不同并且已执行修改，则注册新用户连接

如果 key 中找不到连接 Id，则使用交换操作以原子方式修改底层不可变集合

　　Atom Swap 方法包装了更新底层 ImmutableDictionary 的调用。可以随时访问 Atom Value 属性以检查当前打开的 SignalR 连接。此操作是线程安全的，因为它是只读的。Atom 类是泛型的，它可以用于原子地更新任何类型。不过不可变集合有一个专门的 helper 类(接下来将介绍)。

2. ImmutableInterlocked 类

　　由于需要以线程安全的方式更新不可变集合，微软引入了 ImmutableInterlocked 类，该类可以在 System .Collections.Immutable 名称空间中找到。此类提供了一组函数，这些函数使用前面提到的 CAS 机制来处理不可变集合

的更新。它公开了 Atom 对象的相同功能。在代码清单 3.5 中，ImmutableDictionary
取代了 Dictionary。

代码清单 3.5　使用 ImmutableDictionary 集中维护已打开的连接

```
static ImmutableDictionary<Guid, string> onlineUsers =
    ImmutableDictionary<Guid, string>.Empty;        ◄── 展示一个空 ImmutableDictionary
                                                          实例
public override Task OnConnected() {
    Grid connectionId = new Guid (Context.ConnectionId);
    System.Security.Principal.IPrincipal user = Context.User;
                                                        ImmutableInterlocked
                                                        尝试以线程安全的方
    if(ImmutableInterlocked.TryAdd (ref onlineUsers,    式将新条目添加到不
➡ connectionId, user.Identity.Name)) {          ◄────  可变集合中
        RegisterUserConnection (connectionId, user.Identity.Name);
    }
    return base.OnConnected();
}
public override Task OnDisconnected() {
    Grid connectionId = new Guid (Context.ConnectionId);  ImmutableInterlocked
    string userName;                                      删除条目。如果该条
    if(ImmutableInterlocked.TryRemove (ref onlineUsers,   目存在，则该函数返
➡ connectionId, out userName)) {               ◄────    回 true
        DeregisterUserConnection(connectionId, userName);
    }
    return base.OnDisconnected();
}
```

　　更新 ImmutableDictionary 是以原子方式执行的，这意味着在这种情况下，只
有在用户连接不存在的情况下才会添加用户连接。通过此更改，SignalR 集线器可
以正常工作并且无锁，并且服务器的 CPU 利用率没有达到很高的百分比。但是
使用不可变集合进行频繁更新是有代价的。例如，使用 ImmutableInterlocked 将
100 万用户添加到 ImmutableDictionary 所需的时间是 2.518 秒。这个值在大多数
情况下是可以接受的，但如果你的目标是制造一个高性能的系统，那么进行研究
并使用适合该工作的工具将非常重要。

　　通常，当更新次数较少时，不可变集合非常适合用于不同线程之间的共享状
态。它们的值(状态)保证是线程安全的。它可以在其他线程之间安全地传递。如
果需要一个同时处理许多更新的集合，更好的解决方案是利用.NET 并发集合。

3.1.2　.NET 并发集合：更快的解决方案

　　在.NET 框架中，System.Collections.Concurrent 名称空间提供了一组线程安全
的集合，旨在简化对共享数据的线程安全访问。并发集合是可变集合实例，旨在

提高多线程应用程序的性能和可扩展性。因为它们可以同时由多个线程安全地访问和更新，所以建议将它们用于多线程程序，而不是 System.Collections.Generic 中的类似集合。表 3.2 展示了.NET 中可用的并发集合。

表 3.2　并发集合详情

并发集合	实现详情	同步技术
ConcurrentBag<T>	像泛型列表一样工作	如果检测到多个线程，则基元监控器将协调其访问。否则，将避免同步
ConcurrentStack<T>	使用单链表实现的泛型堆栈	无锁使用 CAS 技术
ConcurrentQueue<T>	使用数组段的链表实现的泛型队列	无锁使用 CAS 技术
ConcurrentDictionary<K, V>	使用哈希表实现的泛型字典	读操作无锁。修改使用锁同步

回到 SignalR 集线器的"捕猎线程不安全的对象"的例子，Concurrent-Dictionary 是比非线程安全的字典更好的选择，并且由于频繁和大量的更新，它也是比 ImmutableDictionary 更好的选择。实际上，System.Collections.Concurrent 是为高性能而设计的，它使用了细粒度和无锁模式的组合。这些技术可确保访问并发集合的线程被阻塞的时间最短，或者在某些情况下完全避免阻塞。

ConcurrentDictionary 可以确保每秒处理多个请求时的可扩展性。可以使用方括号索引来分配和检索值，就像传统的通用字典一样，但 ConcurrentDictionary 还提供了许多兼容并发的方法，如 AddOrUpdate 或 GetOrAdd。AddOrUpdate 方法接收一个 key 和一个值参数，以及另一个委托参数。如果 key 不在字典中，则使用值参数插入该 key。如果 key 在字典中，则调用委托，并使用结果值更新字典。委托提供的所做的操作也是线程安全的，这样就消除了另一个线程进入并在主线程读取值和写回值之间更改字典的危险。

> 注意　无论 ConcurrentDictionary 公开的方法是否是原子级还是线程安全的，该类都无法控制 AddOrUpdate 和 GetOrAdd 调用的委托，而这些委托可以在没有线程安全防护的情况下实现。

在代码清单 3.6 中，ConcurrentDictionary 保存 SignalR 集线器中的打开连接状态。

代码清单 3.6　使用 ConcurrentDictionary 集中维护已打开的连接

```
static ConcurrentDictionary<Guid, string> onlineUsers =
    new ConcurrentDictionary<Guid, string>();    ◄── 展示一个空
                                                     ConcurrentDictionary 实例
```

```
public override Task OnConnected() {
    Grid connectionId = new Guid (Context.ConnectionId);
    System.Security.Principal.IPrincipal user = Context.User;

    if(onlineUsers.TryAdd(connectionId, user.Identity.Name)) {
        RegisterUserConnection (connectionId, user.Identity.Name);
    }
    return base.OnConnected();
}

public override Task OnDisconnected() {
    Grid connectionId = new Guid (Context.ConnectionId);
    string userName;
    if(onlineUsers.TryRemove (connectionId, out userName)) {
        DeregisterUserConnection(connectionId, userName);
    }
    return base.OnDisconnected();
}
```

onlineUsers ConcurrentDictionary 尝试添加一个新条目。如果该条目不存在，则添加条目，然后该 user 就被注册了

onlineUsers ConcurrentDictionary 删除 connectionId，前提是其已存在

该代码看起来类似于使用 ImmutableDictionary 的代码清单 3.5，但添加和删除许多连接的性能更快。例如，与 ImmutableDictionary 的 2.518 秒相比，向 ConcurentDictionarry 添加 100 万用户所需的时间仅为 52 毫秒。这个值在大多数情况下都是可以接受的，但如果你的目标是制造一个高性能的系统，那么进行研究并使用适合该工作的工具将非常重要。

你需要了解这些集合的工作原理。最初，由于集合的可变特性，集合似乎没有使用任何 FP 风格。但是这些集合创建了一个内部快照，该快照模拟临时的不可变性，以便在迭代过程中保持线程安全，从而安全地枚举快照。

并发集合适用于考虑生产者/消费者实现的算法。生产者/消费者模式旨在在一个或多个生产者和一个或多个消费者之间划分和平衡工作负载。生产者在独立的线程中生成数据并将其插入队列中。消费者同时运行一个单独的线程，该线程使用来自队列的数据。例如，生产者可以下载图像并将它们存储在由执行图像处理的消费者访问的队列中。这两个实体独立工作，如果来自生产者的工作负载增加，你可以生成一个新的消费者来平衡工作负载。生产者/消费者模式是最广泛使用的并行编程模式之一，将在第 7 章中讨论和实现。

3.1.3　代理消息传递模式：更快、更好的解决方案

"捕猎线程不安全的对象"的最终解决方案是将本地代理引入 SignalR 集线器，该代理提供异步访问，以在大容量访问期间保持较高的可扩展性。代理是一个计算单元，一次处理一条消息，消息是异步发送的，这意味着发送者不必等待应答，因此不存在阻塞。在这种情况下，字典是隔离的，只能由代理访问，代理

以单线程方式更新集合，消除了数据损坏的风险和对锁的需要。这个解决方案是可扩展的，因为代理的异步语义操作每秒可以处理 300 万条消息，并且代码运行速度更快，因为它消除了使用同步的额外开销。

第 11 章讨论了使用代理和消息传递进行编程。如果你不能完全理解代码清单 3.7 所示的代码，请不要担心。在第 11 章的学习旅程中，代码会变得清晰，并且可以始终参考附录 B。与先前的解决方案相比，这种方法需要的代码更改更少，但应用程序性能不会受到威胁。代码清单 3.7 展示了 F#中代理的实现。

代码清单 3.7　F#代理确保线程安全访问可变状态的代理

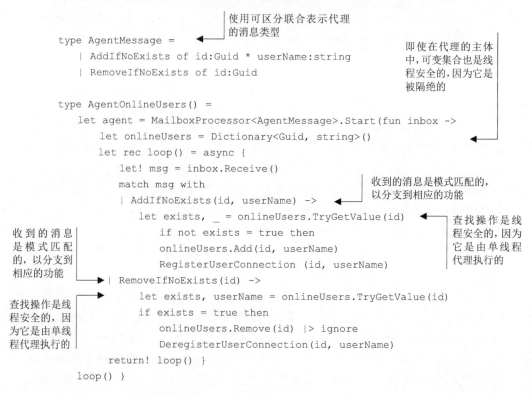

使用可区分联合表示代理的消息类型

即使在代理的主体中，可变集合也是线程安全的，因为它是被隔绝的

收到的消息是模式匹配的，以分支到相应的功能

查找操作是线程安全的，因为它是由单线程代理执行的

收到的消息是模式匹配的，以分支到相应的功能

查找操作是线程安全的，因为它是由单线程代理执行的

```
type AgentMessage =
    | AddIfNoExists of id:Guid * userName:string
    | RemoveIfNoExists of id:Guid

type AgentOnlineUsers() =
    let agent = MailboxProcessor<AgentMessage>.Start(fun inbox ->
        let onlineUsers = Dictionary<Guid, string>()
        let rec loop() = async {
            let! msg = inbox.Receive()
            match msg with
            | AddIfNoExists(id, userName) ->
                let exists, _ = onlineUsers.TryGetValue(id)
                    if not exists = true then
                    onlineUsers.Add(id, userName)
                    RegisterUserConnection (id, userName)
            | RemoveIfNoExists(id) ->
                let exists, userName = onlineUsers.TryGetValue(id)
                if exists = true then
                    onlineUsers.Remove(id)  |> ignore
                    DeregisterUserConnection(id, userName)
            return! loop() }
        loop() )
```

代码清单 3.8 是最终解决方案的 C#重构代码。由于.NET 编程语言之间的互操作性，因此可以使用一种语言开发库，使用另外一种语言访问该库。在这里，C#访问使用 MailboxProcessor(Agent)代码的 F#库。

代码清单 3.8　在 C#中使用 F#代理的 SignalR 集线器

使用引用库中的 F#代理的静态实例

```
static AgentOnlineUsers onlineUsers = new AgentOnlineUsers()

public override Task OnConnected() {
```

```
    Guid connectionId = new Guid (Context.ConnectionId);
    System.Security.Principal.IPrincipal user = Context.User;

    onlineUsers.AddIfNoExists(connectionId, user.Identity.Name);
    return base.OnConnected();
}
public override Task OnDisconnected() {
    Guid connectionId = new Guid (Context.ConnectionId);

    onlineUsers.RemoveIfNoExists(connectionId);
    return base.OnDisconnected();
}
```

异步不阻塞向代理
发送消息以执行线程
安全修改操作的方法

　　总之，最终解决方案通过将 CPU 大幅消耗降低到几乎为零来解决问题(见图 3.2)。

　　从这种体验中可以看出，在多线程环境中共享可变状态并不是一个好主意。最初，Dictionary 集合必须维护当前在线的用户连接，可变性几乎是必要的。你可以使用具有不可变结构的函数式方法，但反倒为每个更新创建一个新的集合，这可能是过度的杀伤威力。更好的解决方案是使用代理来隔离可变性，并使代理可以被调用者方法访问。这是一种使用代理天生的线程安全性的函数式方法。

　　这种方法的结果是提高了可扩展性，因为访问是异步的，没有阻塞，并且它允许你轻松地在代理主体中添加逻辑，例如日志记录和错误处理。

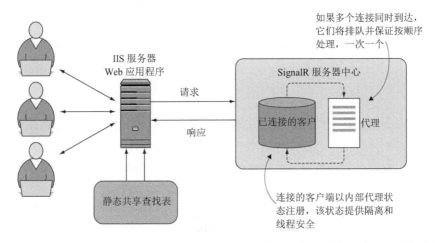

图 3.2　使用 SignalR 集线器的聊天应用程序 Web 服务器架构。与图 3.1 相比，此解决方案删除了在多个线程之间共享以处理传入请求的可变字典。为替换这个字典，用一个本地代理来保证这个多线程场景的高可扩展性和线程安全性

3.2   在线程之间安全地共享函数式数据结构

可持久化数据结构也称为函数式数据结构。在这种结构中，没有任何操作会导致对底层结构的永久修改。持久性意味着被修改的结构的所有版本都会随着时间的推移而持续存在。换句话说，这样的数据结构是不可变的，因为修改操作不会修改数据结构，而是返回具有修改值的新数据结构。

就数据而言，持久化通常被误解为将数据存储在物理实体(例如数据库或文件系统)中。在 FP 中，函数式数据结构是持久的。大多数传统的命令式数据结构(例如来自 System.Collections.Generic:Dictionary、List、Queue、Stack 等的结构)都是短暂的，因为它们的状态仅在修改之间存在很短的时间。修改具有破坏性，如图3.3 所示。

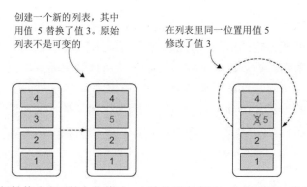

图 3.3   列表的破坏性修改和可持久化修改。右边的列表在同一位置用值 5 修改了值 3，没有保存原始列表。这个过程也称破坏性修改。左边的函数式列表不修改列表的值，但会用修改后的值创建一个新的列表

无论是由不同的执行线程访问，还是由不同的进程访问，函数式数据结构都可以保证一致的行为，而不需要考虑数据的潜在变化。可持久化数据结构不支持破坏性修改，而是保留数据结构的旧版本。

可以理解的是，与传统的命令式数据结构相比，纯函数式数据结构是众所周知的内存密集型结构，这将导致性能的大幅下降。幸运的是，可持久化数据结构的设计考虑到了效率，方法是在数据结构的版本之间仔细重用公共状态。这可以通过使用函数式数据结构的不可变性质来实现：因为它们永远不会被修改，所以重用不同的版本是很容易的。通过引用现有数据而不是复制现有数据，可以从旧数据结构的部分组成新的数据结构。这种技术称为结构共享。与每次执行修改时创建新的数据副本相比，此实现更加精简，从而提高了性能。

3.3　修改的不可变性

在有效地使用遗留代码时，Michael Feathers 将 OOP 和 FP 进行了如下比较：

面向对象编程通过封装运动部件使代码易于理解。

函数式编程通过最小化运动部件使代码易于理解。

这意味着不可变性最大限度地减少了代码中修改的部分，从而更容易对这些部分的行为方式进行推理。不可变性使得函数代码没有副作用。共享变量是一个副作用的例子，它是创建并行代码的严重障碍，并导致不确定的执行。通过消除副作用，你可以获得良好的编码方法。

例如，在.NET 中，框架设计者决定使用函数式方式将字符串构造为不可变对象，以便更容易编写更好的代码。不可变对象是在创建后无法修改其状态的对象。在你的编码风格和学习曲线中采用不可变性需要额外的注意力。但是由此产生的更清晰的代码语法和权限(减少不必要的样板代码)将是非常值得的。此外，采用这种数据转换与数据变化的结果显著降低了代码中出现错误的可能性，并且代码库的不同部分之间的交互和依赖性变得更容易管理。

将不可变对象用作编程模型的一部分会强制每个线程根据自己的数据副本进行处理，这有助于编写正确的并发代码。此外，如果访问是只读的，则多个线程同时访问共享数据是安全的。事实上，因为不需要锁或同步技术，所以永远不会发生可能出现死锁和竞态条件的危险(见图 3.4)。我们在第 1 章中讨论了这些技术。

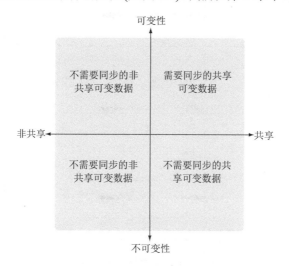

图 3.4　将可变或不可变状态与共享或非共享状态结合使用的笛卡儿坐标表示

函数式语言(如 F#)默认是不可变的,这使它们非常适合并发。不可变性不会立即导致代码运行得更快或使程序具有巨大的可扩展性,但它确实为代码的并行化和代码库中的微小变化做好了准备。

在面向对象语言中,例如 C#和 Java,编写并发应用程序可能很困难,因为可变性是默认行为,并且没有工具可以帮助防止或抵消它。在命令式编程语言中,可变数据结构被认为是完全正常的,尽管不建议使用全局状态,但可变状态通常在程序的各个区域之间共享。这是并行编程中灾难的导火索。幸运的是,正如前面提到的,C#和 F#在编译时共享相同的中间语言,这使得共享功能变得容易。例如,可以在 F#中定义程序的域和对象,以利用其类型和简洁性(最重要的是,默认情况下,其类型是不可变的)。然后,在 C#中使用 F#库来开发程序,这可以保证不可变的行为,而不需要额外的工作。

不可变性是构建并发应用程序的重要工具,但使用不可变性不会使程序运行得更快。但它确实使代码为并行性做好了准备; 不可变性有助于提高并发度,在多核计算机中,这将提高性能和速度。不变对象可以在多个线程之间安全地共享,从而避免了锁同步的需要,从而防止程序并行运行。

.NET 框架提供了几种不可变类型,有些是函数式的,有些可用于多线程程序,有些两者都可以。表 3.3 列出了这些类型的特征,本章稍后将对其进行介绍。

表 3.3   .NET 框架不可变类型的特性

类型 名称	.NET 语言	是否是 函数式	特性	是否线程 安全	用途
F#列表	F#	是	可快速追加插入的不可变链表	是	与递归结合使用以构建和遍历 n 元素列表
数组	C#和 F#	否	索引以 0 开始的可变数组类型,存储在连续的内存位置上	分区线程安全	面向快速访问的高效数据存储
并发集合	C#和 F#	否	针对多线程读/写访问优化的集合集	是	在多线程程序中共享数据。完美契合生产者/消费者模式
不可变集合	C#和 F#	是	一组可以更轻松地使用在并行计算环境中的集合。它们的值可以在不同线程之间自由传递,而不会产生数据损坏	是	当涉及多线程时可控地保存状态

(续表)

类型 名称	.NET 语言	是否是 函数式	特性	是否线 程安全	用途
可区分联 合(DU)	F#	是	表示存储多个可能选 项之一的数据类型	是	通常用于对领域进行建 模并表示层次结构,如 抽象语法树
元组	C#和 F#	是	对任何可能不同类型 的两个或多个值进行 分组的类型	否	用于从函数中返回多 个值
F# 元组	F#	是		是	
记录类型	F#	是	表示命名值属性的聚 合。可以被视为具有 命名成员的元组,可 以使用点表示法访问	是	用于取代提供不可变语 义的常规类。很适合像 DU 这样的领域设计, 可以在 C# 中使用

3.3.1 数据并行的函数式数据结构

不可变数据结构非常适合数据并行,因为它们有助于以高效的零拷贝方式在其他独立任务之间共享数据。事实上,当多个线程并行访问可分区的数据时,不可变性的作用对于安全地处理属于相同结构但看起来是独立的数据块是至关重要的。采用"函数式纯度"可以实现相同等级的正确数据并行,这意味着使用避免副作用的函数而不是不可变性。

例如,PLINQ 的基本功能可以提高纯度。当一个函数没有副作用并且它的返回值只由它的输入值决定时,该函数就是纯函数。PLINQ 是一种更高级别的抽象语言,位于多线程组件之上,它抽象了较低级别的详细信息,同时仍然暴露了简化的 LINQ 语义。PLINQ 旨在使用所有可用的计算机资源,减少执行时间并提高查询的整体性能(PLINQ 将在第 5 章讲述)。

3.3.2 使用不可变性的性能影响

某些程序员认为,使用不可变对象编程效率低下,并且具有严重的性能影响。例如,将某些内容附加到列表的纯函数方法是返回列表的新副本,该新副本添加了新元素,而原始列表保持不变。这可能会增加 GC 的内存压力。因为每次修改都会返回一个新值，所以 GC 必须处理大量的短期变量。但是，由于编译器知道现有数据是不变的，并且因为数据不会改变，所以编译器可以通过部分或整体重用集合来优化内存分配。因此，使用不可变对象的性能影响最小，几乎无关紧要，因为用对象的典型副本代替传统的直接变化会创建浅副本。在这种方式中，原始对象引用的对象不会被复制，而只复制引用，这种复制只是原始对象的一个小的按位复制。

> **GC 在函数式编程中的起源**
>
> 1959 年，为了应对在 Lisp 中发现的内存管理问题，John McCarthy 发明了 GC。GC 尝试回收对程序不再有用的对象所占用的内存。这是一种自动内存管理的形式。40 年后，主流语言，如 Java 和 C#等，采用了 GC。GC 提供了共享数据结构方面的增强功能，这在 C 和 C++等非托管编程语言中很难正确地完成，因为必须要有具体代码片段来负责释放内存，而因为元素是共享的，所以系统不清楚具体哪段代码应该负责释放内存。在内存托管的编程语言(如 C#和 F#)中，垃圾收集器(GC)会自动执行此过程。

以今天 CPU 的速度，和作为线程安全保证所获得的好处相比，这种性能损耗几乎是一个无关紧要的代价。需要考虑的一个减轻因素是，现在，性能问题转化到并行编程里，这需要更多的对象复制和更多的内存压力，但因为多核并行，CPU 压力更小了。

3.3.3　C#的不可变性

在 C#中，不可变性不是受支持的构造。但是在 C#中创建不可变对象并不困难。问题是编译器不强制执行此风格，程序员必须使用代码执行此操作。在 C#中采用不可变性需要额外的努力。在 C#中，可以使用关键字 const 或 readonly 来创建不可变对象。

任何字段都可以用 const 关键字修饰；唯一的前提是赋值和声明同在一个单行语句中。一旦声明并分配，const 值就不能被修改，它属于类级别，由类直接访问它，而不是由实例来访问。

另一个选项是用 readonly 关键字修饰一个值，可以在实例化类时内联或通过构造函数完成赋值或初始化。标记为 readonly 的字段初始化后，字段值不能被修改，并且可以通过类的实例访问。更重要的是，要在需要修改属性或状态时将对象保持不可变，应使用修改后的状态来创建原始对象的新实例。请记住，C#中的只读对象只是第一级不可变和浅不可变。在 C#中，当不能保证对象的所有字段和属性都不变，而只能保证对象本身不变时，对象是浅不可变的。如果对象 Person 具有只读属性 Address，这是一个复杂的对象，它公开了诸如街道、城市和邮政编码之类的属性，那么如果这些属性没有被标记为只读，则这些属性不会继承不可变行为。相反，所有这些字段和属性都标记为只读的不可变对象是深不可变的。

代码清单 3.9 展示了 C#的不可变类 Person。

代码清单 3.9　C#的浅不可变类 Person

```
class Address{
    public Address(string street, string city, string zipcode){
        Street = street;
        City = city;
        ZipCode = zipcode;
    }
    public string Street;
    public string City;                没有标记为只读的 Address
    public string ZipCode;             对象字段
}
class Person {
    public Person(string firstName, string lastName, int age,
➥ Address address){
        FirstName = firstName;
        LastName = lastName;
        Age = age;
        Address = address;
    }
    public readonly string FirstName;
    public readonly string LastName;      标记为只读的 Person 对
    public readonly int Age;              象字段
    public readonly Address Address;
}
```

在此代码中，Person 对象是浅不可变的，因为，尽管字段 Address 不能被修改(它被标记为只读)，但它的底层字段可以被修改。实际上，可以创建对象 Person 和 Address 的实例。

```
Address address = new Address("Brown st.", "Springfield", "55555");
Person person = new Person("John", "Doe", 42, address);
```

现在，如果尝试修改字段 Address，编译器将抛出异常(粗体部分)，但仍可以更改对象 address.ZipCode 字段。

```
person.Address = // Error
person.Address.ZipCode = "77777";
```

这是一个浅不可变对象的例子。微软认识到了在现代环境中使用不可变编程的重要性，并引入了一个功能，可以轻松地用 C# 6.0 创建一个不可变类。这个功能被称为 getter-only 的自动属性，允许你在不使用 setter 方法的情况下声明自动属性，该方法隐式创建一个只读的支持字段。但是，这实现的是浅不可变行为。见代码清单 3.10。

代码清单 3.10　使用 getter-only 自动属性的 C#不可变类

```
class Person {
    public Person(string firstName, string lastName, int age,
➡ Address address){
        FirstName = firstName;
        LastName = lastName;
        Age = age;
        Address = address;
    }

    public string FirstName {get;}
    public string LastName {get;}        ┐ 这些getter-only属性从构造函
    public int Age {get;}                │ 数直接赋值给底层字段
    public Address Address {get;}        ┘

    public Person ChangeFirstName(string firstName) {
        return new Person(firstName, this.LastName, this.Age, this.Address);
    }
    public Person ChangeLstName(string lastName) {
        return new Person(this.FirstName, lastName, this.Age, this.Address);
    }
    public Person ChangeAge(int age) {
        return new Person(this.FirstName, this.LastName, age, this.Address);
    }
    public Person ChangeAddress(Address address) {
        return new Person(this.firstName, this.LastName, this.Age, address);
    }
}
```
展示了通过创建新实例而不是修改原始实例来更新 Person 对象字段的函数

在 Person 类的这个不可变版本中，重要的是要注意负责修改 FirstName、LastName、Age 和 Address 的方法不会改变任何状态。相反，他们创建了一个新的 Person 实例。在 OOP 中，通过调用构造函数来实例化对象，然后通过修改属性和调用方法来设置对象的状态。这种方法会导致不方便和冗长的构造语法。这就是添加的用于修改 Person 对象属性的函数发挥作用的地方。可以采用链式编程模式，即所谓的 Fluent 接口，来使用这些函数。以下是通过此类模式创建 Person 类实例并修改年龄和地址的示例：

```
Address newAddress = new Address("Red st.", "Gotham", "123459");
Person john = new Person("John", "Doe", 42, address);
Person olderJohn = john.ChangeAge(43).ChangeAddress(newAddress);
```

总之，要使 C#的类不可变，必须

- 始终这样设计一个类：该类的构造函数接收用于设置对象状态的参数。
- 将字段定义为只读，并使用不带 public setter 的属性。值将通过构造函数来赋值。
- 避免任何旨在改变类内部状态的方法。

3.3.4　F#的不可变性

如前所述，默认情况下，编程语言 F#是不可变的。因此，变量的概念并不存在，因为根据定义，如果变量是不可变的，那么它就不是变量。F#使用标识符来代替变量，该标识符使用关键字 let 关联(绑定)一个值。在此关联之后，该值不能被修改。除了一整套完整的不可变集合外，F#还有一系列专为纯函数式编程而设计的、内置的、有用的不可变构造，如代码清单 3.11 所示。这些内置类型是元组和记录，与 CLI 类型相比，它们具有许多优点：

- 它们是不可变的。
- 它们不能为空。
- 它们具有内置的结构平等和比较。

代码清单 3.11 展示了 F#不可变类型的使用。

代码清单 3.11　F#不可变类型

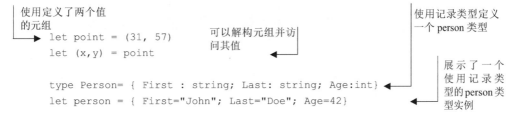

元组的优点是可以即兴使用，非常适合定义包含任意数量元素的临时和轻量级结构。例如，(true，"Hello"，2，3.14)是一个四元组。

记录类型类似于元组，就是带标记的元组，其中每个元素都被标记，每个值都有一个可以用来访问它的名字。与元组相比，记录的优点是标记有助于区分和记录每个元素的用途。此外，记录的属性是根据记录所定义的字段自动创建的，这很方便，因为它可以节省击键次数。F#的记录可以被视为一个所有属性都是只读的 C#类。最有价值的是能够通过使用这种类型在 C#中正确并快速地实现不可变类。实际上，可以在解决方案中创建 F#库，该库通过使用记录类型来创建领域

模型，然后将该库引用到 C#项目中。以下是 C#代码引用具有记录类型的 F#库时
的样子：

```
Person person = new Person("John", "Doe", 42)
```

这是创建不可变对象的一种简单有效的方法。此外，与 C#的等效代码(使用
只读字段的那 11 行代码)相比，F#实现只需要一行代码。

3.3.5   函数式列表：连接一条链中的单元格

最常见且通常采用的函数式数据结构是列表，它用于存储一系列任意数量的
同类型条目。在 FP 中，列表是由两个链接元素组成的递归数据结构：头部(Head)
或 Cons 和尾部(Tail)。Cons 的目的是提供一种机制以包含一个值(数据域)和一个
链到其他 Cons 元素的连接(指针域)，这个连接是通过对象引用指针实现的。这种
引用指针称为 Next 指针。

列表还具有一个名为 nil 的特殊状态，用于表示没有条目的列表，这是连接到
任何条目的最后一个链接。在递归遍历列表以确定其结尾的过程中，可以通过 nil
或 Empty 分支很方便地确定列表结束。每个单元格(head)都包含一个数字和对剩
余列表(tail)的引用，直到最后一个 cons 单元格定义一个空列表。此数据结构类似
于单链表(https://en.wikipedia.org/wiki/Linked_list)，表示一系列连接在一起形成一
条链的节点，其中链中的每个节点都有一个连接到另一个节点的链接，见图 3.5。

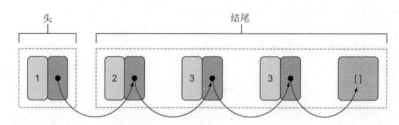

图 3.5   由四个数字和一个空列表(右侧的最后一个方框[])组成的整型函数式列表。每个条目都
有一个引用，即黑色箭头，连接到列表的其余部分。左边的第一个条目是列表的头部(head)，
它连接到列表的其余部分，即尾部(tail)

在函数式列表中，添加新元素或删除现有元素的操作不会修改当前结构，而
返回具有修改值的新结构。在引擎盖下，不可变集合可以安全地共享公共结构，
内存消耗因此得到了控制。这种技术称为结构共享。图3.6展示了结构共享如何最
小化内存消耗以生成和更新函数式列表。

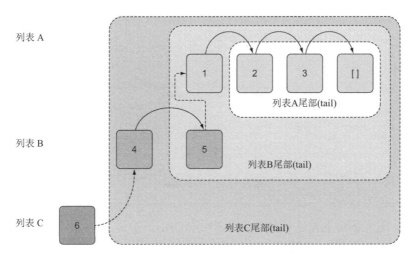

图 3.6　通过结构共享技术来创建新列表以优化内存空间。总体而言，列表 A 有三个条目加上一个空单元格，列表 B 有条目 5，列表 C 有条目 6。每个条目都连接到列表的其余部分。例如：列表 B 的头部(head)条目是数字 4，它连接到尾部(tail)(数字 5、1、2、3 和[])

在图 3.6 中，列表 A 由三个数字和一个空列表组成。通过向列表 A 添加两个新条目，结构共享技术给人的印象是创建了一个新的列表 B，但实际上它将两个条目之间的指针连接到上一个未修改的列表 A。列表 C 重复相同的场景。此时，可以访问所有三个列表(A，B 和 C)，每个列表都有自己的元素。

显然，函数式列表的设计是为了通过在头部(head)添加或删除条目来提供更好的性能。实际上，列表适用于线性遍历，追加是以常量时间 O(1)执行的，因为新条目是被添加到前一个列表的头部。但是，对于随机访问来说，效率不高，因为每次查找都必须从左侧遍历列表，执行时间为 O(n)，其中 n 是集合中元素的数量。

大 O 表示法

大 O 表示法，也称为渐近表示法，是一种基于问题大小来总结算法性能的方法。渐近描述函数的行为，因为它的输入大小接近无穷大。如果有一个包含 100 个元素的列表，则在列表前面附加一个新条目为常量时间 O(1)，因为无论列表大小如何，操作都只涉及一个步骤。相反，如果搜索一个条目，那么操作的成本是 O(100)，因为最坏的情况需要在列表中进行 100 次迭代才能找到该元素。问题大小通常指定为 n，并且度量被概括为 O(n)。

并行程序的复杂性如何？

大 O 符号度量了按顺序运行算法的复杂性，但在并行程序的情况下，此度量不适用。但是，通过引入一个参数 P 来表示一个并行算法的复杂性是可行的，该参数 P 表示一台机器上的 CPU 内核数量。例如，并行搜索的成本复杂度为 O(n / P)，因为可以将列表分解为每个 CPU 内核的一个段，以便同时执行搜索。

以下列表列出了最常见的时间复杂度类型，这些时间复杂度是按顺序排列的，从最便宜的开始:

- O(1)常量——无论输入的大小如何，时间始终为 1。
- O(log *n*)对数——时间随着输入大小的分数而增加。
- O(*n*)线性——时间随着输入大小线性而增加。
- O(*n* log *n*)log 线性——时间随着输入大小乘以其分数而增加。
- O(n^2)平方——时间随着输入大小的平方而增加。

通过将空列表作为初始值，然后将新元素连接到现有列表结构，从而创建新列表。对所有条目重复地对列表头(head)进行 Cons 操作，因此，每个列表将以空状态结束。

函数式列表最大的吸引力之一是它们可以轻松地用于编写线程安全代码。事实上，函数式数据结构可以通过引用传递给被调用者而不会有被破坏的风险，如图 3.7 所示。

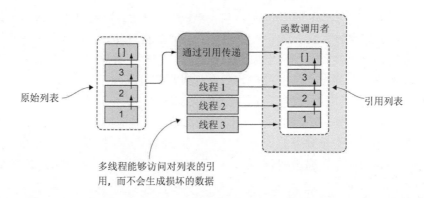

图 3.7　列表通过引用传递给函数调用者(和被调用者)。因为列表是不可变的，多线程能够访问对列表的引用，而不会产生任何数据损坏

根据定义，为了保证线程安全，对象每次被观察时都必须保持一致的状态。例如，不应观察到数据结构集合在调整大小时从中删除条目。在多线程程序中，将执行应用于函数式数据结构的隔离部分是避免共享数据的极好且安全的方法。

1. F#的函数式列表

F#内置了不可变列表结构的实现，该列表结构表示为一个链表(一个线性数据结构，由一组连接在一条链中的条目组成)。每个程序员都在某个时间点上编写过一个链表。然而，就函数式列表而言，实现它需要付出更多的努力来保证列表创建后永远不会修改的不可变行为。幸运的是，F#中列表的表示很简单，利用对代数数据类型(Algebraic Data Type，ADT)的支持，可以定义通用的递归 List 类型。

　　ADT 是一个复合类型，这意味着它的结构是结合其他类型的结果。在 F#中，ADT 被称为可区分联合(DU)，它们是一种精确的建模工具，用于表示同一类型下明确定义的数据模型集。这些不同的模型被称为 DU 的分支。

　　设想一下机动车领域的表示法，其中类型 Car(汽车)和 Truck(卡车)——属于同一基类 Vehicle(车辆)。DU 非常适合构建复杂的数据结构(如链表和各种树)，因为它们是小型对象层次结构的简单替代方案。例如，这是域 Vehicle(车辆)的 DU 定义：

```
type Vehicle=
    | Motorcycle of int
    | Car of int
    | Truck of int
```

你可以将 DU 视为一种在类型上提供额外语义含义的机制。例如，先前的 DU 可以被理解为"一种可以是汽车、摩托车或卡车的车辆类型"。

　　C#的相同表示应该使用 Vehicle 基类，它含有 Car(汽车)、Truck(卡车)和 Motorcycle(摩托车)等派生类型。DU 的真正能力是，它与模式匹配结合起来，以分配到适当的计算分支，这取决于所传递的可区分情况。以下是用 F#函数打印通过车辆的车轮数量：

```
let printWheels vehicle =
    match vehicle with
    | Car(n) -> Console.WriteLine("Car has {0} wheels", n)
    | Motorcycle(n) -> Console.WriteLine("Motorcycle has {0} wheels", n)
    | Truck(n) -> Console.WriteLine("Truck has {0} wheels", n)
```

代码清单 3.12 展示了一个满足上一节中给出的定义的 F#DU 递归列表。列表可以为空(empty)，也可以由元素和现有列表组成。

代码清单 3.12　F#使用可区分联合的列表表示

```
type FList<'a> =
    | Empty                                  ← 空(Empty)分支
    | Cons of head:'a * tail:FList<'a>       ← Cons 分支含有头部(head)
                                               元素和尾部(tail)

let rec map f (list:FList<'a>) =            ← 递归函数，它使用模式匹配来
    match list with                           解构列表并对每项执行转换
    | Empty -> Empty
    | Cons(hd,tl) -> Cons(f hd, map f tl)

let rec filter p (list:FList<'a>) =
    match list with
```

```
| Empty -> Empty
| Cons(hd,tl) when p hd = true -> Cons(hd, filter p tl)
| Cons(hd,tl) -> filter p tl
```

现在，你可以创建一个新的整数列表，如下所示：

```
let list = Cons (1, Cons (2, Cons(3, Empty)))
```

F#已经有一个内置的通用 List 类型，允许你使用以下两个等效选项重写以前实现的 FList：

```
let list = 1 :: 2 :: 3 :: []
let list = [1; 2; 3]
```

F#列表实现为单链表，它提供对列表头部 O(1)即时访问，对元素线性时间 O(n)访问，其中(n)是条目的索引。

2. C#的函数式列表

在 OOP 中有几种表示函数式列表的方法。C#采用的解决方案是泛型类 FList<T>，因此它可以存储任何类型的值。此类暴露了 getter-only 自动属性，用于定义列表的头部(head)元素和 FList <T>尾部(tail)链表。IsEmpty 属性指出当前实例是否至少包含一个值。代码清单 3.13 展示了完整的实现。

代码清单 3.13   C#的函数式列表

```
public sealed class FList<T>
{
    private FList(T head, FList<T> tail)          ◄──  使用一个值和一个尾部(tail)的
    {                                                  引用来创建一个列表
        Head = head;
        Tail = tail.IsEmpty
                 ? FList<T>.Empty : tail;
        IsEmpty = false;
    }
    private FList()                               ◄──  创建一个空(empty)列表
    {
        IsEmpty = true;
    }
    public T Head { get; }                        ◄──  头部(Head)属性
                                                       返回列表的第一
                                                       个元素
    public FList<T> Tail { get; }                 ◄──  尾部(Tail)属性返回列表的
                                                       其他部分
    public bool IsEmpty { get; }                  ◄──  这个属性指出列表的状态
    public static FList<T> Cons(T head, FList<T> tail)  ◄──  静态方法提供更
    {                                                       好的语法来创建
        return tail.IsEmpty                                 列表
            ? new FList<T>(head, Empty)
            : new FList<T>(head, tail);
```

```
        }
    public FList<T> Cons(T element)        ◄———  此 Cons 函数提供了一个流畅的语义来
    {                                             将条目连接到给定的列表
        return FList<T>.Cons(element, this);
    }
    public static readonly FList<T> Empty = new FList<T>();    ◄——┐
}                                                                  │
                                              此静态构造函数实
                                              例化一个空列表
```

FList<T>类有一个私有构造函数，可以使用静态 helper 方法 Cons 或静态字段 Empty 来强制实例化。最后一个选项如果为空，则返回 FList <T>对象的一个空实例，该实例可用于使用实例方法 Cons 附加新元素。可以在 C#中使用 FList <T>数据结构来创建函数式列表，如下所示：

```
FList<int> list1 = FList<int>.Empty;
FList<int> list2 = list1.Cons(1).Cons(2).Cons(3);
FList<int> list3 = FList<int>.Cons(1, FList<int>.Empty);
FList<int> list4 = list2.Cons(2).Cons(3);
```

以上代码示例展示了用于生成整数的 FList 的几个重要属性。第一个 list1 是使用字段 Empty FList <int> .Empty 从空列表的初始状态创建的，这是在不可变数据结构中使用的常见模式。然后，使用这个初始状态，你可以使用流畅的语义方法连接一系列 Cons 来构建集合，如代码示例中的 list2 所示。

3. 函数式列表中的延迟值

在第 2 章中，你了解了延迟计算是如何通过记住操作结果来避免过多重复操作的出色解决方案。此外，延迟计算的代码受益于线程安全实现。通过推迟计算并因此获得性能，这种技术在函数式列表的上下文中是很有用的。在 F#中，使用 lazy 关键字来创建延迟 thunk(已被延迟的计算)：

```
let thunkFunction = lazy(21 * 2)
```

代码清单 3.14 定义了一个通用的延迟列表实现。

代码清单 3.14　使用 F#延迟列表实现

```
                                                          使用可区分联合(DU)定义
                                                          一个带延迟计算尾部(tail)
type LazyList<'a> =                                        的列表
    | Cons of head:'a * tail:Lazy<'a LazyList>    ◄————
    | Empty
let empty = lazy(Empty)    ◄————  使用 helper 函数表示一个
                                  空(empty)列表

let rec append items list =    ◄——┐  展示在给定列表顶部追加
    match items with                │  条目的函数
```

```
   | Cons(head, Lazy(tail)) ->
        Cons(head, lazy(append tail list))
   | Empty -> list

let list1 = Cons(42, lazy(Cons(21, empty)))
// val list1: LazyList<int> = Cons (42,Value is not created.)

let list = append (Cons(3, empty)) list1
// val list : LazyList<int> = Cons (3,Value is not created.)

let rec iter action list =
    match list with
    | Cons(head, Lazy(tail)) ->
        action(head)
        iter action tail

    | Empty -> ()

list |> iter (printf "%d .. ")
// 3 .. 42 .. 21 ..
```

用两个元素 42 和 21 创建
一个列表

把值 3 追加到前
面创建的 list1

使用函数递归遍
历列表

使用 iter 函数打
印列表的值

append 函数递归地添加一个条目到列表中。
它可用于追加两个列表

为了更有效地处理空状态，延迟列表实现将延时性转移到 Cons 构造函数的尾部，从而提高了连续数据结构的性能。例如，追加操作被延迟，直到从列表中检索到头部。

3.3.6　构建可持久化数据结构：不可变二叉树

在本节中，你将学习如何使用递归和多线程进程在 F#中构建二叉树(B 树)。用外行人的话说，树结构是一组节点的集合，这些节点以不允许循环的方式连接。树通常用于性能重要的地方。奇怪的是，.NET 框架从未在其集合名称空间中附带树。树是计算机编程中最常用和最有用的数据结构，是函数式编程语言中的核心概念。

树是包含任意数量的树(树中的树)的多态递归数据结构。这种数据结构主要用于基于 key 类组织数据，这使得它成为一个有效的搜索工具。由于其递归定义，树最适合用于表示层次结构，例如文件系统或数据库。此外，树被认为是高级数据结构，通常用于机器学习和编译器设计等主题。FP 提供递归作为主要构造器来迭代数据结构，使之成为这方面的补充。

树结构允许表示层次结构并从简单关系中组合复杂结构，并用于设计和实现各种有效算法。树在 XML/标记中的常见用途是解析、搜索、压缩、排序、图像处理、社交网络、机器学习和决策树。最后一个示例被广泛用于预测、财务和游戏等领域。

通过每个节点都可能有任意数量的分支来表达树，如 n 叉树和 B 树，被证明是一种障碍，而不是一种益处。本节介绍 B 树，它是一个自平衡树，其中每个节点最多有 0 到 2 个子节点，任何叶子之间树的深度差(称为高度)最多为 1。节点的深度定义为从节点到根节点的边数。在 B 树中，每个节点指向另外两个节点，分别称为左子节点和右子节点。

图 3.8 提供了更好的树定义，它展示了数据结构的关键属性。

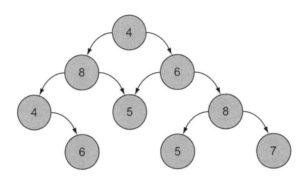

图 3.8　二叉树表示法，其中每个节点都有 0 到 2 个子节点。在这个图中，节点 4 是节点 8 和 6 这两个分支开始的根。左侧分支是指向左子树的链接，右侧分支是指向右子树的链接。没有子节点的 6、5、5 和 7 节点被称为叶子

树有一个特殊的节点称为根，它没有父节点(图 3.8 中的节点 4)，并且可以是一个叶子或者一个有两个或更多子节点的节点。父节点至少有一个子节点，每个子节点都有一个父节点。没有子节点的节点被视为叶子(图中的节点 6，5，5，7)，同一父节点的子节点称为兄弟节点。

函数式 F#的 B 树

使用 F#，由于 ADT 和可区分联合(DU)的支持，很容易表示树结构。在这种情况下，DU 提供了一种表示树的惯用函数式方式。代码清单 3.15 展示了一个基于 DU 的通用二叉树定义，其中包含空分支特殊情况。

代码清单 3.15   F#中的不可变 B 树表示

```
type Tree<'a> =                       使用可区分联合(DU)定义
    | Empty                           泛型树
    | Node of leaf:'a * left:Tree<'a> * right:Tree<'a>
                                                      使用节点分支定
                                                      义泛型值叶子,并
let tree =          展示了整型树的一个实例            递归地分支到左、
    Node (20,                                         右子树
        Node (9, Node (4, Node (2, Empty, Empty), Empty),
                    Node (10, Empty, Empty)),
        Empty)
展示了空分支
```

B 树中的元素使用 Node 类型构造函数存储,而 Empty 分支标识符表示不指定任何类型信息的空节点。Empty 分支用作占位符标识符。使用这个 B 树定义,你可以创建 helper 函数来插入或验证树中的条目。这些函数使用 F#惯用的递归和模式匹配来实现,见代码清单 3.16。

代码清单 3.16   B 树递归函数 helper

```
let rec contains item tree =
    match tree with
    | Empty -> false
    | Node(leaf, left, right) ->
        if leaf = item then true                          使用递归定义函
        elif item < leaf then contains item left          数以遍历树结构
        else contains item right

let rec insert item tree =
    match tree with
    | Empty -> Node(item, Empty, Empty)
    | Node(leaf, left, right) as node ->
        if leaf = item then node
        elif item < leaf then Node(leaf, insert item left, right)
        else Node(leaf, left, insert item right)

let ``exist 9`` = tree |> contains 9
let ``tree 21`` = tree |> insert 21
let ``exist 21`` = ``tree 21`` |> contains 21
```

因为树是不可变的,所以函数 insert 返回一个新的树,其中仅包含插入节点路径中的节点的副本。在函数式编程中遍历 DU 树以查看所有节点涉及递归函数。遍历树的三种主要方法是:先序、中序和后序遍历 (https://en.wikipedia.org/wiki/Tree_traversal)。例如,在中序树遍历中,首先处理根的左侧节点,然后处理根,最后处理其右侧的节点,如代码清单 3.17 所示。

代码清单 3.17　中序遍历函数

```
let rec inorder action tree =
    seq {
        match tree with
        | Node(leaf, left, right) ->
            yield! inorder action left
            yield action leaf
            yield! inorder action right
        | Empty -> ()
    }

tree |> inorder (printfn "%d") |> ignore
```

使用函数遍历处理根的左侧节点，然后处理根，最后处理其右侧的节点

使用 inorder 函数打印存储在树中的所有节点值

函数 inorder 将一个函数作为参数应用于树的每个值。在该示例中，此函数是一个匿名 lambda，用于打印存储在树中的整数。

3.4　递归函数：一种自然的迭代方式

递归就是在自身上调用自身，这是一个看似简单的编程概念。你有没有曾经站在两面镜子之间？这些反射似乎永远持续下去——这就是递归。函数递归是在 FP 中迭代的自然方式，因为它避免了状态的变化。在每次迭代期间，新值将被传递到循环构造器中，而不是修改(变化)。此外，还可以组成递归函数，使程序更模块化，并引入利用并行的机会。

递归函数具有表现力，并通过将复杂问题分解为更小但相同的子任务来提供解决复杂问题的有效策略。类似于俄罗斯套娃，每个套娃与之前的套娃相同，只是更小。虽然整个任务可能看起来令人生畏，但拆分成较小的任务，并通过对每个任务应用相同的函数，更容易直接解决。将任务拆分为可以单独执行的较小任务的能力使得递归算法成为并行化的候选算法。这种模式也称为分而治之[1]，它导致任务动态并行化，其中随着迭代的进展将任务添加到计算中。递归数据结构相关的问题由于递归数据结构固有的并发性潜力，自然会使用分而治之策略。

在考虑递归时，许多开发人员担心大量迭代所用的执行时间会带来性能损耗，并且会收到 Stackoverflow 异常。编写递归函数的正确方法是使用尾部递归和 CPS 技术。正如你将在后面的示例中看到的那样，这两种策略都是最小化堆栈消耗和提高速度的好方法。

---

[1] 分而治之之模式通过将问题递归地划分为子问题，再分别解决每个子问题，然后将子问题的解决方案重新组合为原始问题的解决方案来解决问题。

3.4.1 正确递归函数尾部：尾部调用优化

尾部调用，也称为尾调用优化(TCO)，是作为过程的最终动作执行的子例程调用。如果尾部调用可能会导致在调用链中再次调用相同的子例程，则该子例程被称为尾部递归，这是递归的一种特殊情况。尾部调用递归是一种将常规递归函数转换为优化版本的技术，它可以处理大输入，而不会产生任何风险和副作用。

注意 对尾部调用进行优化的主要原因是为了改善数据局部性、内存使用和缓存使用。通过执行尾部调用，被调用者使用与调用者相同的堆栈空间。这会降低内存压力。它略微改善了缓存，因为相同的内存可供后续调用者重用，并且可以保留在缓存中，而不是移出旧的缓存线，为新的缓存线腾出空间。

对于尾部调用递归，它返回的函数中没有要执行的未完成操作，函数的最后一个调用是对自身的调用。你将把阶乘函数的实现重构为一个尾部调用优化函数。代码清单 3.18 展示了尾部调用优化的递归函数实现。

代码清单 3.18   F#阶乘的尾部调用递归实现

```
let rec factorialTCO (n:int) (acc:int) =
    if n <= 1 then acc
    else factorialTCO (n-1) (acc * n)          函数的最后一个操作递归地调用自
                                               身，而不计算任何其他操作

let factorial n = factorialTCO n 1
```

在递归函数的这个实现中，参数 acc 充当一个累加器。通过使用累加器并确保递归调用是函数中的最后一个操作，编译器优化执行以重用单栈帧，而不是将递归的每个中间结果存储到不同的堆栈帧上，如图 3.9 所示。

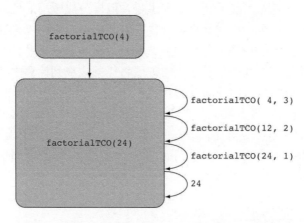

图 3.9   阶乘的尾部递归定义，它可以重用单个堆栈帧

图 3.9 说明了阶乘的尾部递归定义。虽然 F#支持尾部调用递归函数，但是，C#编译器并不是为优化尾部调用递归函数而设计的。

3.4.2　延续传递风格以优化递归函数

有时，优化的尾部调用递归函数不是正确的解决方案，或者难以实现。在这种情况下，一种可能的替代方法是 CPS，这是一种将函数的结果传递到延续中的技术。CPS 用于优化递归函数，因为它避免了堆栈分配。此外，CPS 被用于微软 TPL，被用于 C#的 async/await 中，以及被用于 F#的异步工作流中。

CPS 在并发编程中起着重要的作用。以下代码示例展示了如何在函数 GetMaxCPS 中使用 CPS 模式：

```
static void GetMaxCPS(int x, int y, Action<int> action)
                                   => action(x > y ? x : y);

GetMaxCPS (5, 7, n => Console.WriteLine(n));
```

延续传递的参数定义为委托 Action<int>，可以方便地使用它来传递 lambda 表达式。有趣的是，具有此设计的函数永远不会直接返回结果；相反，它将结果提供给延续过程。CPS 还可用于使用尾部调用实现递归函数。

1. CPS 的递归函数

此时，根据 CPS 的基础知识，你将重构代码清单 3.18 中的阶乘示例，以在 F#中使用 CPS 方法，见代码清单 3.19。你可以在本书的可下载源代码中找到 C# 实现。

代码清单 3.19　F#中使用 CPS 的尾调用递归实现

```
let rec factorialCPS x continuation =
   if x <= 1 then continuation()
   else factorialCPS (x - 1) (fun () -> x * continuation())

let result = factorialCPS 4 (fun () -> 1)
```
结果的值是 24

此函数类似于先前使用累加器的实现。区别在于传递函数而不是传递累加器变量。在这种情况下，函数 factorialCPS 的动作将 continuation 函数应用于其结果。

2. B 树结构递归并行

代码清单 3.20 展示了一个通过树结构递归迭代以对每个元素执行操作的示例。第 2 章中的函数 WebCrawler 构建了来自给定网站的 Web 链接的层次结构表示。然后，它扫描每个网页的 HTML 内容，查找并行下载的图像链接。第 2 章中的代码清单 2.16、2.17、2.18 和 2.19 旨在介绍并行技术，而不是典型的基于任务的并行程序。从互联网下载任何类型的数据是 I/O 操作；你将在第 8 章中了解到，异步执行 I/O 操作是最佳实践。

代码清单 3.20   并行递归分而治之函数

```
let maxDepth = int(Math.Log(float System.Environment.ProcessorCount,
➥ 2.)+4.)                          使用阈值，以避免创建与内
                                     核数量相比过多的任务

let webSites : Tree<string> =
    WebCrawlerExample.WebCrawler("http://www.foxnews.com")
    |> Seq.fold(fun tree site -> insert site tree ) Empty
                                     使用折叠构造器创建表示网
                                     站层次结构的树结构
let downloadImage (url:string) =
    use client = new System.Net.WebClient()
    let fileName = Path.GetFileName(url)
    client.DownloadFile(url, @"c:\Images\" + fileName)
                                     将图像下载到
                                     本地文件中
let rec parallelDownloadImages tree depth =
    match tree with                  展示并行遍历树结构以同时下
                                     载多个图像的递归函数
    | _ when depth = maxDepth ->
        tree |> inorder downloadImage |> ignore
    | Node(leaf, left, right) ->
        let taskLeft = Task.Run(fun() ->
            parallelDownloadImages left (depth + 1))
        let taskRight = Task.Run(fun() ->
            parallelDownloadImages right (depth + 1))
        let taskLeaf = Task.Run(fun() -> downloadImage leaf)
        Task.WaitAll([|taskLeft;taskRight;taskLeaf|])
                                     等待任务完成
    | Empty -> ()
```

Task.Run 构造函数用于创建和生成任务。并行递归函数 parallelDownloadImages 采用参数 depth(深度)，该 depth 参数用于限制为优化资源消耗而创建的任务数。

在每一个递归调用中，depth 值增加一个，当它超过阈值 maxDepth 时，树的其余部分按顺序处理。如果为每个树节点创建一个单独的任务，则创建新任务的开销将超过并行运行计算所获得的好处。如果你的计算机具有八个处理器，那么产生 50 个任务将极大地影响性能，因为共享相同处理器的任务产生了争用。TPL 调度程序旨在处理大量并发任务，但其行为并不适用于任务动态并行(http://mng.bz/ww1i)的每种情况，并且在某些情况下，如前面的并行递归函数，首选手动调整。

最终，Task.WaitAll 构造用于等待任务完成。图 3.10 展示了并行运行的衍生任务的层次结构表示。

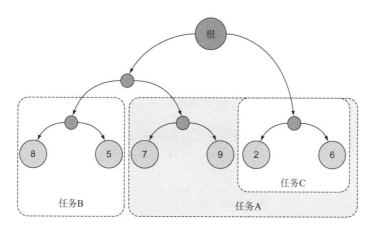

图 3.10　从根节点创建任务 C 来处理子树的右侧。对运行任务 A 的子树重复此过程。完成后，任务 B 处理子树的左侧。对于所有子树重复此操作，并且对于每个迭代，都会创建一个新任务

完成递归并行操作 parallelDownloadImages 的执行时间已根据顺序版本进行测量。基准是三次下载 50 张图像的平均值(见表 3.4)。

表 3.4　使用递归并行下载 50 张图片的性能测试

Serial	Parallel
19.71	4.12

3. 并行计算器

另一种使用树结构的有趣方法是构建并行计算器。在以上你所学到的内容之后，这样一个程序的实现并非无足轻重。可以使用 F#DU 形式的 ADT 来定义要执行的操作类型：

```
type Operation = Add | Sub | Mul | Div | Pow
```

然后，计算器可以表示为一个树结构，其中每个操作都是一个节点，具有执行计算的详细信息：

```
type Calculator =
    | Value of double
    | Expr of Operation * Calculator * Calculator
```

显然，从这段代码中，你可以看到与以前使用的树结构的相似之处：

```
type Tree<'a> =
```

```
| Empty
| Node of leaf:'a * left:Tree<'a> * right:Tree<'a>
```

唯一的区别是树结构中的 Empty 分支被计算器中的值分支替换。要执行任何数学运算，需要一个值。树的叶子变成 Operation 类型，左右分支递归地引用计算器类型本身，就像树一样。

接下来，可以实现一个递归函数，该函数迭代计算器树并并行执行操作。代码清单 3.21 展示了 eval 函数的实现及其用法。

代码清单 3.21   并行计算器

```
let spawn (op:unit->double) = Task.Run(op)  ◄──── 使用 helper 函数生成
                                                   任务以运行操作

let rec eval expr =
    match expr with  ◄──── 与计算器 DU 模式匹配以分支其演化

    | Value(value) -> value  ◄──── 如果 expr 分支是一个值，则提
                                    取该值并返回它

    | Expr(op, lExpr, rExpr) -> ◄──── 如果 expr 分支是一个 Expr，则提取操作
                                       并递归地重新计算分支以提取值


        let op1 = spawn(fun () -> eval lExpr)  ──── 为每个重新求值生成一个
        let op2 = spawn(fun () -> eval rExpr)  ──── 任务，这可能是另一项计算
                                                    操作

        let apply = Task.WhenAll([op1;op2])  ◄──── 等待操作完成
    let lRes, rRes = apply.Result.[0], apply.Result.[1]
    match op with  ◄──── 在对可能是其他操作
      | Add -> lRes + rRes           结果的值求值之后，
    | Sub -> lRes - rRes             执行当前操作
    | Mul -> lRes * rRes
    | Div -> lRes / rRes
    | Pow -> System.Math.Pow(lRes, rRes)
```

函数 eval 递归地并行计算一组定义为树结构的操作。在每次迭代期间，传递的表达式是模式匹配的，如果大小写是值类型，则提取值;如果大小写是 Expr 类型，则计算操作。有趣的是，节点 case   Expr 的每个分支的递归重新演化是并行进行的。每个分支 Expr 返回一个值类型，该值在每个子节点操作中计算。然后，这些值用于最后一个操作，这是作为最终结果的参数传递的操作树的根。下面是一组简单的计算器树形式的操作，计算操作 2^10/2^9+2*2:

```
let operations =
  Expr(Add,
    Expr(Div,
      Expr(Pow, Value(2.0), Value(10.0)),
```

```
        Expr(Pow, Value(2.0), Value(9.0))),
      Expr(Mul, Value(2.0), Value(2.0)))
let value = eval operations
```

本节中，展示了用于定义树型数据结构和执行基于任务的递归函数的 F#代码。但是在 C#中实现也是可行的。与其在这里展示所有代码，不如你从本书的网站下载完整代码。

3.5　本章小结

- 不可变数据结构使用智能方法，如结构共享，以最小化复制共享元素和最小化 GC 压力。

- 花一些时间分析应用程序性能是很重要的，以避免程序在生产环境中运行负载较重时出现瓶颈和意外情况。

- 延迟计算可用于保证对象实例化过程中的线程安全，并通过将计算延迟到最后一刻来获得函数式数据结构的性能。

- 函数递归是在 FP 中迭代的自然方式，因为它避免了状态的变化。此外，还可以组合递归函数，使你的程序更加模块化。

- 尾部调用递归是一种将常规递归函数转换为优化版本的技术，它可以处理大输入，而不会产生任何风险和副作用。

- 在这种情况下，一种可能的替代方法是延续传递风格(CPS)，这是一种将函数的结果传递到延续中的技术。CPS 用于优化递归函数，因为它避免了堆栈分配。此外，CPS 被用于微软 TPL，被用于 C#中的异步/等待，以及被用于 F#中的异步工作流。

- 递归函数是实现分而治之技术的很好的候选者，它引导了任务动态并行。

第 II 部分

如何处理并发程序的不同部分

本书的第 II 部分深入探讨了函数式编程的概念和适用性。我们将探讨各种并发编程模型，重点介绍这种范式的优势。主题包括 TPL(Task Parallel Library，任务并行库)和 Fork/Join，分而治之以及 MapReduce 等并行模式。我们还将讨论声明式组合、异步操作中的高级抽象、代理编程模型和消息传递语义。你将看到函数式编程如何允许你在不求值程序元素的情况下组合程序元素。这些技术将工作并行，使程序更容易推理，并且由于最佳的内存消耗而更高效地运行。

第 *4* 章

处理大数据的基础：数据并行，第1部分

本章主要内容：
- 数据并行在大数据世界中的重要性
- 应用 Fork/Join 模式
- 编写声明式并行程序
- 理解并行 for 循环的局限性
- 通过数据并行提高性能

想象一下，你正在为四个人的晚餐做一顿意大利面，假设准备和供应意大利面需要 10 分钟。你可以先在一个中等大小的锅里加水煮沸，然后开始准备。然后，又有两个朋友来你家吃饭。显然，你需要制作更多的意大利面。你可以换一个更大的水锅，加入更多的意大利面，这会花费更长的时间来烹饪，或者你可以同时使用第二个锅和第一个锅，这样两个锅的意大利面就可以同时完成烹饪。数据并行的工作方式大致相同。如果并行烹饪，可以处理大量数据。

在过去 10 年中，生成的数据量呈指数级增长。2017 年，每分钟 Facebook 上有 4 750 000 个"赞"，将近 400 000 条推文；Instagram 上有超过 250 万个帖子，以及超过 400 万次 Google 搜索。这些数字继续以每年 15%的速度增长。这种加速影响了现在必须快速分析大量大数据的企业 (https://en.wikipedia.org/wiki/big_data)。如何在保持快速响应的同时分析大量数据？答案来自一种新的技术，

这种技术的设计考虑到了数据并行，特别是在数据不断增加的情况下注重保持性能的能力。

在本章中，你将学习快速处理大量数据的概念、设计模式和技术。你将分析源自并行循环结构的问题并了解解决方案。你还将了解到，通过将函数式编程与数据并行结合使用，可以在代码更改最少的情况下，显著提高算法的性能。

4.1   什么是数据并行

数据并行是一种编程模型，它对大量数据并行执行相同的操作集。这种编程模型之所以受到关注，是因为它在面对各种大数据问题时能够快速处理大量数据。并行可以计算一个算法而不需要重组其结构，从而逐步提高可扩展性。

数据并行的两种模型是单指令单数据和单指令多数据：

- 单指令单数据(SISD)用于定义单核体系结构。单核处理器系统每个 CPU 时钟周期执行一个任务。因此，执行是顺序的和确定的。它接收一条指令(单指令)，执行单个数据所需的工作，并返回计算结果。本书将不涉及这种处理器体系结构。

- 单指令多数据(SIMD)是一种并行的形式，通过将数据分布在可用的多核中，并在任何给定的 CPU 时钟周期应用相同的操作来实现。多核 CPU 架构通常用这种类型的并行来执行数据并行。

为了实现数据的并行，数据被分割成块，每块都要经过密集计算和独立处理，以生成要聚合的新数据或归约到标量值。如果你不熟悉这些术语，不用着急，等到本章结束时你就会清楚了。

独立计算数据块的能力是显著提高性能的关键，因为消除数据块之间的依赖关系消除了同步访问数据的需要以及对竞态条件的任何关注，如图4.1所示。

通过将工作划分为多个节点，可以在分布式系统中实现数据并行，或在一台计算机中将工作划分为单独的线程。本章主要介绍如何植入和使用多核硬件来执行数据并行。

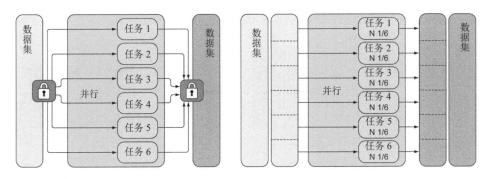

图 4.1　数据并行是通过将数据集拆分为多个块并独立并行处理每个分区，将每块分配给单独的任务来实现的。任务完成后，将重新组装数据集。在此图中，左侧的数据集由多个任务处理，使用锁同步它们对整个数据的访问。在这种情况下，同步是线程之间争用的来源，并产生性能开销。右侧的数据集被分为六部分，每个任务执行数据集总大小 N 的 1/6。这种设计消除了使用锁进行同步的必要性

4.1.1　数据和任务并行

数据并行的目标是分解给定的数据集并生成足够数量的任务，以最大限度地利用 CPU 资源。此外，每个任务都应该被调度来计算足够的操作，以保证更快的执行时间。这与上下文切换形成鲜明对比，上下文切换可能会带来负面开销。

数据并行有两种形式：

- **任务并行**。其目标是跨多个处理器执行计算机程序，其中每个线程负责同时执行不同的操作。它是在多个内核上跨相同或不同数据集同时执行许多不同的函数。

- **数据并行**。其目标是将给定数据集分布到多个任务中的较小分区，其中每个任务并行执行相同的指令。例如，数据并行可以指向一个图像处理算法，其中每个图像或像素由独立任务并行更新。相反，任务并行将并行计算一组图像，对每个图像应用不同的操作。请参阅图 4.2。

总结：任务并行专注于执行多个函数(任务)，旨在通过同时运行这些任务来减少计算的总体时间。数据并行通过在并行执行的多个 CPU 之间拆分数据集并用相同的算法计算来减少处理数据集所花费的时间。

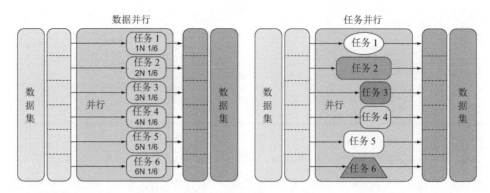

图 4.2　数据并行是在数据集的元素之间同时执行同一个函数。任务并行是在相同或不同的数
据集上同时执行多个不同的函数

4.1.2 "尴尬并行"概念

在数据并行中,用于处理数据的算法有时被称为"尴尬并行"(又称"令人尴尬的并行"),具有天生可扩展的特殊属性。随着可用硬件线程数量的增加,此属性会影响算法中的并行度。该算法在越强大的计算机上运行得越快。在数据并行中,该算法应设计为在与硬件内核相关联的单独任务中独立运行每个操作。该结构的优点是在运行时自动调整工作负载,并根据当前计算机调整数据分区。此行为可确保在所有可用内核上运行该程序。

思考一下汇总一个大数字数组。这个数组的任何部分可以独立于任何其他部分进行汇总。然后可以将这部分和本身加在一起,并获得与数组串联求和结果相同的结果。在同一个处理器上计算还是在同一时间上计算对于局部求和并不重要。像这样具有高度独立性的算法被称为尴尬并行问题:你投入的处理器越多,它们运行的速度就越快。在第 3 章中,你看到了天生并行的分而治之模式。它将工作分配给众多任务,然后再次组合(归约)结果。其他尴尬并行设计也不需要复杂的协调机制来提供天生的自动可扩展性。使用此方法的设计模式示例包括 Fork/Join、并行聚合(归约)和 MapReduce。我们将在本章后面讨论这些设计。

4.1.3 .NET 中的数据并行支持

在程序中识别出可并行的代码并不是一项简单的任务,但是常见的规则和实践可以有所帮助。首先要做的是分析应用程序。对程序的这种分析确定了何处代码比较耗时,这是你应该从何处开始深入研究以提高性能和检测并行机会的线索。作为指南,当源代码的两个或多个部分可以在不更改程序输出的情况下,以确定的并行方式执行,这里就是一个可以并行的机会。如果引入并行会改变程序的输出,则该程序不具备确定性并且可能变得不可靠,在这里,并行是不可用的。

为了确保并行程序结果的确定性，同时运行的源代码块之间应该没有依赖关系。事实上，当没有依赖项或者现有依赖项可以被消除时，程序可以很容易地并行。例如，在分而治之模式中，函数的递归执行之间没有依赖关系，因此可以实现并行。

并行的首选是这样的一个大型数据集：在这个数据集中，CPU 密集型操作可以独立地在每个元素上执行。通常，任何形式的循环(for 循环、while 循环和 for-each循环)都是利用并行的很好的候选者。使用微软的 TPL，将一个顺序的循环重塑为一个并行的循环是一个简单任务。该库提供了一个抽象层，简化了与数据并行相关的常见可并行模式的实现。这些模式可以使用 TPL Parallel 类提供的并行构造Parallel.For 和 Parallel.ForEach 来实现。

以下是能在程序中找到提供并行机会模块的一些模式：

● 　迭代步骤之间没有依赖关系的顺序循环。

● 　步骤之间的计算结果部分合并的地方，即归约和/或聚合操作。这个模型可以用 MapReduce 模式体现。

● 　计算单元，其中显式依赖关系可以转换为 Fork /Join 模式以并行运行每个步骤。

● 　每个迭代可以在不同的线程中并行地独立执行的模块，可应用分而治之方法的递归算法类型。

在.NET 框架中，数据并行可通过 PLINQ 来支持，我建议这样做。与 Parallel类相比，查询语言为数据并行提供了更具声明式的模型，并用于针对数据源对任意查询进行并行求值。声明式表明了你希望对数据做什么，而不是你希望如何做。在内部，TPL 使用复杂的调度算法在可用的处理内核之间有效地分配并行计算。C#和 F#都以类似的方式利用这些技术。在下一节中，你将在两种编程语言中看到这些技术，它们可以很好地相互混合和补充。

4.2　Fork / Join 模式：并行 Mandelbrot

了解如何将顺序程序转换为并行程序的最佳方法是通过一个示例。在本节中，我们将使用 Fork/Join 模式转换一个程序，利用并行计算获得更快的性能。

在 Fork/Join 模式中，单个线程分叉成多个独立的并行工作者并协调工作，然后在完成时合并各个结果。Fork/Join 并行表现在两个主要步骤中：

(1) 将给定的任务拆分为一组计划独立并行运行的子任务。

(2) 等待分叉并行操作完成，然后依次加入子任务将结果转换到原始工作中。

关于数据并行，图 4.3 展示了与图 4.1 非常相似的地方。不同之处在于最后一步，在这里 Fork/Join 模式将结果合并回一个结果。

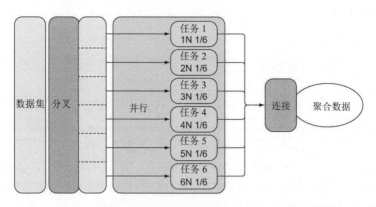

图 4.3   Fork / Join 模式将任务拆分为可以并行独立执行的子任务。操作完成后，将再次连接子
        任务。这种模式经常被用来实现数据并行，这不是巧合。它们有明显的相似之处

正如你所见，这种模式非常适合数据并行。Fork/Join 模式通过将工作分区为块(fork)并分别并行运行每块来加速程序的执行。在每个并行操作完成之后，将块再次合并(join)。通常，Fork/Join 是编码结构化并行的一种很好的模式，因为 Fork 和 Join 只发生一次(与调用者同步)，但是并行(从性能和速度的角度来看)。使用.NET Parallel 类中的 Parallel.For 循环可以轻松完成 Fork/Join 抽象。这个静态方法透明地处理数据的划分和任务的执行。

让我们用一个例子分析 Parallel.For 循环结构。首先，实现一个顺序 for 循环来绘制 Mandelbrot 图像(参见图 4.4)，然后重构代码以更快地运行。我们将评估这种方法的优缺点。

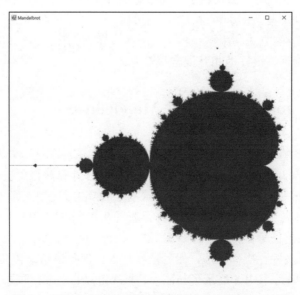

图 4.4   通过运行本节中的代码得到的 Mandelbrot 绘图

Mandelbrot

Mandelbrot 图像集是通过对复数进行采样来生成的。对于每个复数，当一个特定的数学运算在其上迭代时，确定结果是否趋向于无穷大。复数是实数和虚数的组合，其中你可以想到的任何数字都是实数，而虚数是指其平方值是负数的数。如果将每个数字的实部和虚部视为图像坐标，像素根据序列发散的速度(如果有的话)进行着色。Mandelbrot 集的图像显示了一个精细的边界，在不断增大的放大倍数下显示出越来越精细的递归细节。这是数学可视化最著名的例子之一。

对于这个例子，实现算法的细节并不重要。重要的是，对于图片(图像)中的每个像素，将为每个颜色赋值运行计算。该计算是独立的，因为每个像素颜色不依赖于其他像素颜色，并且赋值可以并行地完成。事实上，无论图像中其他像素的颜色如何，每个像素都可以赋值不同的颜色。这种依赖关系的缺失导致这个执行策略；每个计算都可以并行运行。

在这种情况下，Mandelbrot 算法用于绘制体现复数模值的图像。该程序很自然地体现为使用 for 循环迭代笛卡儿平面的每个值，为每个点赋值相应的颜色。Mandelbrot 算法决定其颜色。在深入研究核心实现之前，你需要一个复数对象。代码清单 4.1 展示了用于对其他虚数复数进行操作的复数的简单实现。

代码清单 4.1　复数对象

```
class Complex
{
    public Complex(float real, float imaginary)
    {
        Real = real;
        Imaginary = imaginary;
    }

    public float Imaginary { get; }          使用 auto-getter 属
    public float Real { get; }               性强制不可变性

    public float Magnitude                   Magnitude(复数的模)
      => (float)Math.Sqrt(Real * Real + Imaginary * Imaginary);   属性确定复数的相对
                                                                  大小
    public static Complex operator +(Complex c1, Complex c2)
      => new Complex(c1.Real + c2.Real, c1.Imaginary + c2.Imaginary);
    public static Complex operator *(Complex c1, Complex c2)
      => new Complex(c1.Real * c2.Real - c1.Imaginary * c2.Imaginary,
                    c1.Real * c2.Imaginary + c1.Imaginary * c2.Real);
}                                                运算符在复数类型上
                                                重载执行加法和乘法
```

Complex 类包含 Magnitude 属性的定义。这段代码的有趣部分是 Complex 对象的两个重载运算符。这些运算符用于加和乘 Mandelbrot 算法中使用的复数。代码清单 4.2 展示了 Mandelbrot 算法的两个核心函数。函数 isMandelbrot 确定复数是否属于 Mandelbrot 集。

代码清单 4.2　顺序 Mandelbrot

```
Func<Complex, int, bool> isMandelbrot = (complex, iterations) =>     ◄
{                                                          使用函数确定复数是否是 Mandelbrot 集
                                                           的一部分
    var z = new Complex(0.0f, 0.0f);
    int acc = 0;
    while (acc < iterations && z.Magnitude < 2.0)
    {
        z = z * z + complex;
        acc += 1;
    }
    return acc == iterations;
};

                                                    在图像的列和行上使
                                                    用外部和内部循环
for (int col = 0; col < Cols; col++) {
    for (int row = 0; row < Rows; row++) {
        var x = ComputeRow(row);
        var y = ComputeColumn(col);                 展示了将当前像素点转换为值
        var c = new Complex(x, y);                  以构造复数的操作
        var color = isMandelbrot(c, 100) ? Color.Black : Color.White;
        var offset = (col * bitmapData.Stride) + (3 * row);
        pixels[offset + 0] = color.B; // Blue component      使用这段代码
        pixels[offset + 1 ] = color.G; // Green component    将 color 属性赋
        pixels[offset + 2] = color.R; // Red component       值给图像像素
    }
}
使用这个函数确定一个像素的
颜色
```

代码清单 4.2 省略了有关位图生成的细节，这与示例的目的无关。你可以在在线可下载源代码中找到完整的解决方案。

在这个例子中，有两个循环：外部循环遍历图片框的列，内部循环遍历其行。每次迭代分别使用 ComputeColumn 和 ComputeRow 函数将当前像素坐标转换为复数的实数部分和虚数部分。然后，函数 isMandelbrot 计算复数是否属于 Mandelbrot 集。此函数将复数和迭代次数作为参数，返回一个体现该复数是否为 Mandelbrot 集成员的布尔值。函数体包含一个循环，该循环将累积一个值并递减一个计数。返回的值是一个布尔值，如果累加器 acc 等于迭代计数，则为 true。

在代码实现中，程序需要 3.666 秒来求值函数 isMandelbrot 100 万次，即组成 Mandelbrot 图像的像素数。一个更快的解决方案是并行运行 Mandelbrot 算法中的循环。如前所述，TPL 提供了可用于不需要过多思考的并行程序结构，这将带来令人难以置信的性能提升。在这个例子中，高阶 Parallel.For 函数被用来代替顺序循环。代码清单 4.3 展示了转换成并行的版本代码，只需要进行最小的更改，从而保持代码的顺序结构。

代码清单 4.3　并行 Mandelbrot

```
Func<Complex, int, bool> isMandelbrot = (complex, iterations) =>
{
    var z = new Complex(0.0f, 0.0f);
    int acc = 0;
    while (acc < iterations && z.Magnitude < 2.0)
    {
        z = z * z + complex;
        acc += 1;
    }
    return acc == iterations;                            ┌─ 并行 for 循环结构仅应
};                                                       │  用于外部循环，以防止
                                                         │  CPU 资源过饱和
System.Threading.Tasks.Parallel.For(0, Cols - 1, col => {  ◄─┘
    for (int row = 0; row < Rows; row++) {
        var x = ComputeRow(row);
        var y = ComputeColumn(col);
        var c = new Complex(x, y);
        var color = isMandelbrot(c, 100) ? Color.DarkBlue : Color.White;
        var offset = (col * bitmapData.Stride) + (3 * row);
        pixels[offset + 0] = color.B; // Blue component
        pixels[offset + 1] = color.G; // Green component
        pixels[offset + 2] = color.R; // Red component
    }
});
```

注意，只有外部循环是并行的，以防止内核与工作项发生过饱和。只需要简单的更改，四核机器的执行时间就会减少到 0.699 秒。

过饱和是一种源于并行编程的额外开销形式，指的是调度程序创建和管理的执行计算的线程数量大大超过可用的硬件内核数。在这种情况下，并行可能使应用程序比顺序实现版本更慢。

根据经验，我建议你在最高级别并行昂贵的操作。例如，图 4.5 展示了嵌套的 for 循环，我建议你只将并行应用于外部循环。

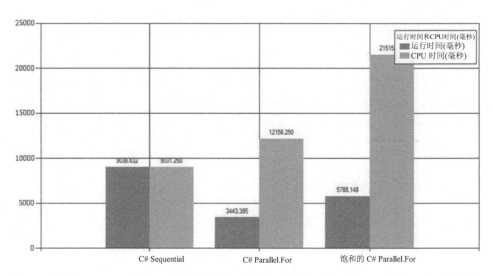

图 4.5   使用 Parallel.For 构造，此基准测试将顺序循环的执行时间(在 9.038 秒内运行)与在并行的执行时间(在 3.443 秒内运行)进行比较。Parallel.For 循环的速度大约是顺序代码的三倍。此外，右边的最后一列是过饱和并行循环的执行时间，其中外部和内部循环都使用 Parallel.For 构造。过饱和的并行循环运行时间为 5.788 秒，比非饱和版本慢 50%

运行时间与 CPU 时间的关系

从图 4.5 中的图表可以看出，CPU 时间是 CPU 执行给定任务的时间。运行时间是操作完成所用的总时钟时间(不考虑资源延迟或并行执行)。通常，运行时间高于 CPU 时间；但是这个值在多核机器中会发生变化。

当一个并发程序在多核机器上运行时，可以实现真正的并行。在这种情况下，CPU 时间将成为在同一给定时间内在不同 CPU 中运行的每个线程的所有执行时间的总和。例如，在四核计算机中，当你运行单线程(顺序)程序时，运行时间几乎等于CPU 时间，因为只有一个内核工作。当使用所有四个内核并行运行同一个程序时，由于程序运行得更快，运行时间变短，但CPU 使用时间增加，因为它是由所有四个并行线程的执行时间之和计算得出的。当一个程序使用一个以上的CPU 来完成任务时，CPU 时间可能比运行时间长。

总之，运行时间是指程序在进行所有并行操作时所花费的时间，而 CPU 时间则衡量所有线程所花费的时间，忽略了并行运行时线程重叠的事实。

通常，并行任务的最佳工作线程数应等于可用硬件内核的数量除以每个任务的内核利用率的平均分数。例如，在每个任务平均内核利用率为 50%的四核计算机中，最大吞吐量的完美工作线程数为 8：[4 核×(100%最大 CPU 利用率/ 50%每个任务平均内核利用率)]。由于额外的上下文切换，任何数量超过此值的工作线程都可能引入额外的开销，这会降低性能和处理器利用率。

4.2.1　当 GC 是瓶颈时：结构与类对象

Mandelbrot 示例的目标是将顺序算法转换为更快的算法。毫无疑问，你已经实现了速度提升，在四核机器上，3.443 秒的速度约是 9.038 秒的三倍。是否有进一步优化性能的可能呢？TPL 调度程序正在对图像进行分区并自动将工作分配给不同的任务，那么如何提高速度呢？在这种情况下，优化涉及减少内存消耗，特别是通过最小化内存分配来优化垃圾收集。当 GC 运行时，程序的执行将停止，直到垃圾收集操作完成。

在 Mandelbrot 示例中，在每次迭代中创建一个新的 Complex 对象，以确定像素坐标是否属于 Mandelbrot 集。Complex 对象是引用类型，这意味着在堆上分配此对象的新实例。堆上的这些对象的堆积会导致内存开销，从而迫使 GC 进行干预以释放空间。

与值类型相比，由于访问堆中分配的对象的内存位置所需的指针大小，引用对象具有额外的内存开销。类的实例总是在堆上分配并通过指针间接引用访问。因此，在内存分配方面，由于引用对象是指针的副本，因此传递这些对象的成本很低：根据硬件体系结构，大约 4 或 8 字节。另外，需要记住的是，对于 32 位进程，对象的固定开销为 8 字节；对于 64 位进程，固定开销为 16 字节。相比之下，值类型不是在堆中分配，而是在堆栈中分配，这样就可以去掉内存分配和垃圾回收的任何开销。

请记住，如果将值类型(struct)声明为方法中的局部变量，则会在堆栈上分配它。相反，如果将值类型声明为引用类型(class)的一部分，则结构分配将成为该对象内存布局的一部分并存储于堆上。

注意　在许多情况下，使用引用类型与值类型可能会导致性能的巨大差异。例如，将一个对象数组与一个 32 位机器中的结构类型数组进行比较。给定一个包含 100 万个条目的数组，每个条目由一个包含 24 个字节数据的对象体现，带有引用类型，数组的总大小为 72 MB[8 字节的数组开销+(4 字节用于指针×1 000 000) +(8 字节对象开销+ 24 字节数据)×1 000 000= 72 MB]。对于使用结构类型的同一个数组，大小是不同的：它只有 24 MB[数组的 8 字节开销+(24 字节数据)×1 000 000=24 MB]。有趣的是，在 64 位计算机中，使用值类型的数组大小不会改变；但是对于使用引用类型的数组，额外指针字节开销的大小增加到 40 MB 以上。

Mandelbrot 算法在 for 循环中创建并销毁 100 万个 Complex 对象，这种高分

配率为 GC 创建了显著的工作。通过将 Complex 对象从引用类型替换为值类型，执行速度应该会增加，因为向堆栈分配结构将永远不会导致 GC 执行清理操作，从而不会导致程序暂停。事实上，在将值类型传递给方法时，它是逐字节复制的，因此分配一个结构(struct)，该结构(struct)不会导致垃圾回收，因为它不在堆上。

　　将 Complex 对象从引用类型转换为值类型的优化很简单，只需要将关键字 class 改为 struct，如下所示(故意省略了 Complex 对象的完整实现)。struct 关键字将引用类型(class)转换为值类型：

```
class Complex {                        struct Complex {
public Complex(float real,             public Complex(float real,
            float imaginary)                       float imaginary)
{                                      {
    this.Real = real;                      this.Real = real;
    this.Imaginary =                       this.Imaginary =
    imaginary;                             imaginary;
}                                      }
```

　　在这个简单的代码更改之后，绘制 Mandelbrot 算法的执行时间将速度提高了大约 20%，如图 4.6 所示。

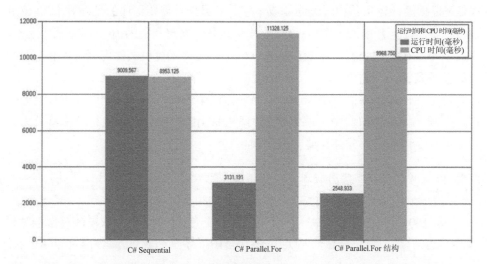

图 4.6　Parallel. For 构造在具有 8 GB RAM 的四核机器中计算的 Mandelbrot 算法的基准比较。顺序代码运行时间为 9.009 秒，而并行版本运行时间为 3.131 秒，几乎三倍。在右列中，使用值类型代替引用类型作为复数的并行版本代码可实现更好的性能。此代码在 2.548 秒内运行，比原始并行代码快 20%，因为执行过程中不涉及 GC 生成导致减慢进程

真正的改进是释放内存的 GC 生成次数，使用结构类型而不是类引用类型将
GC 生成次数减少为零。表 4.1 展示了使用多个引用类型(类)的循环与使用多个值
类型(结构)的循环之间的 GC 生成次数比较。

表 4.1   GC 生成次数比较

操作	GC 在 G0 代生成次数	GC 在 G1 代生成次数	GC 在 G2 代生成次数
Parallel.For	1390	1	1
结构值类型的 Parallel.For	0	0	0

使用 Complex 对象作为引用类型运行的代码版本会对堆进行许多短期分配：
超过 400 万。一个短期对象存储在第一代 GC 中(即 G0 代)，并且计划在 G1 代和
G2 代之前从内存中删除。这种高分配率会强制运行 GC，导致停止了所有正在运
行的线程，除了 GC 所需的线程。GC 操作完成后，中断的任务才会恢复。显然，
GC 生成的数量越少，应用程序执行的速度就越快。

4.2.2   并行循环的缺点

在上一节中，运行了 Mandelbrot 算法的顺序版本和并行版本来比较性能。并
行代码是使用 TPL Parallel 类和 Parallel.For 构造实现的，它可以显著提高普通顺
序循环的性能。

通常，并行 for 循环模式对于执行可以独立地为集合的每个元素(其中元素彼
此不依赖)执行的操作是有用的。例如，可变数组完全适合并行循环，因为每个元
素都位于内存中的不同位置，并且修改可以在没有竞态条件的情况下实现。并行
循环的工作引入了复杂性，这可能导致在顺序代码中不常见的问题。例如，在顺
序代码中，通常有一个变量扮演累加器的角色来读取或写入。如果尝试并行使用
累加器的循环，则很可能遇到竞态条件问题，因为多个线程同时访问该变量。

在并行 for 循环中，默认情况下，并行度取决于可用内核的数量。并行度是
指可以在计算机中同时运行的迭代次数。通常，可用内核的数量越多，并行 for
循环执行的速度就越快。这一点确实存在，直到 Amdahl 定律(并行循环的速度取
决于它所做的工作的速度)预测达到的收益递减点。

4.3   测量性能速度

毫无疑问，提高性能是编写并行代码的主要原因。后文里的"加速比"是指
与单核计算机相比，在多核计算机上并行执行程序所获得的性能。

　　在求值加速比时，应考虑几个不同的方面。获得加速比的常用方法是在可用内核之间划分工作。这样，当每个处理器运行一个具有 n 个内核的任务时，期望运行程序的速度比原始程序快 n 倍，这一结果称为线性加速。在现实世界中，由于线程创建和协调带来的开销，这一点不可能达到。在并行的情况下，这种开销被放大，这涉及多个线程的创建和分区。为了度量应用程序的加速比，将使用单个核心基准作为基线。

　　计算移植到并行版本的顺序程序的线性加速的公式是：加速比=顺序时间/并行时间。例如，假设在单核机器上运行的应用程序的执行时间是 60 分钟，当应用程序在双核计算机上运行时，该时间将减少到 40 分钟。在这种情况下，加速比是 1.5=60/40。

　　为什么执行时间没有下降到 30 分钟？因为并行应用程序需要引入一些开销，这会阻止根据内核数量的线性加速。这些开销包括创建新的线程，涉及争用，上下文切换和线程调度。

　　衡量性能和预测加速比是并行程序的基准测试、设计和实施的基础。因此，并行执行是一种昂贵的奢侈品——它不是免费的，是需要投入时间做计划的。固有的开销成本与线程的创建和协调有关。有时，如果工作量太小，并行带来的开销可能会超过收益，因此会影响性能提升。通常，问题的范围和数量会影响代码设计和执行代码所需的时间。有时，通过使用不同的、更可扩展的解决方案来解决同一个问题，可以获得更好的性能。

　　计算投资是否值得回报的另一个工具是 Amdahl 定律，这是一个计算并行程序加速比的流行公式。

4.3.1　Amdahl 定律定义了性能改进的极限

　　此时，很明显，为了提高程序的性能并缩短代码的总体执行时间，有必要利用并行编程和可用的多核资源。几乎每个程序都有一部分代码必须按顺序运行才能协调并行执行。比如在 Mandelbrot 示例中，渲染图像就是一个顺序过程。另一个常见的例子是 Fork/Join 模式，它开始并行执行多个线程，然后在继续流程之前等待它们完成，这个等待也是顺序过程。

　　1965 年，Gene Amdahl 得出结论，程序中存在顺序代码会危及整体性能的提升。这个概念与线性加速的概念相反。线性加速意味着用 P 处理器执行问题所需的时间 T(时间单位)是 T/P(用一个处理器执行问题所花费的时间)。这可以解释为程序不能完全并行运行。因此，预期性能的增加不是线性的，并且受到顺序(串行)代码约束的限制。

　　Amdahl 定律指出，给定固定的数据集大小，使用并行实现的程序的最大性能提升受到程序顺序部分所需时间的限制。根据 Amdahl 定律，无论并行计算涉及多少个内核，程序所能达到的最大加速比取决于在顺序处理中花费的时间百分比。

Amdahl 定律通过使用三个变量来确定并行程序的加速比：

- 在单核计算机中执行程序的基准持续时间
- 可用内核的数量
- 并行代码的百分比

下面是根据 Amdahl 定律计算加速比的公式：

$$加速比 = 1 / (1 - P + (P / N))$$

等式的分子始终为 1，因为它代表基本持续时间。

在分母中，变量 N 是可用内核的数量，P 表示并行代码的百分比。

例如，如果四核机器中的可并行代码为 70%，则最大预期加速比为 2.13：

$$加速比 = 1 / (1 - 0.70 + (0.70 / 4)) = 1 / (0.30 + 0.17) = 1 / 0.47 = 2.13$$

一些条件可能会使这个公式的结果失信。对于与数据并行相关的代码，随着大数据的出现，并行处理数据分析的代码部分对整体性能影响更大。由于并行而计算性能改进的更精确的公式是 Gustafson 定律。

4.3.2　Gustafson 定律：进一步衡量性能改进

Gustafson 定律被认为是 Amdahl 定律的演变，并考虑到可用内核数量的增加和要处理数据量的增加，以一种不同的和更现代的观点来检验加速增益。

Gustafson 定律考虑了 Amdahl 定律中缺少的性能改进计算变量，使该公式更适用于现代场景，例如由于多核硬件而增加并行处理。

每年要处理的数据量呈指数级增长，从而影响到并行、分布式系统和云计算的软件开发。在今天，这是一个重要的因素，使 Amdahl 定律失效，并使 Gustafson 定律生效。

以下是根据 Gustafson 定律计算加速比的公式：

$$加速比 = S + (N \times P)$$

S 表示顺序工作单元，P 表示可并行执行的工作单元数，N 表示可用内核数。

最终说法是：Amdahl 定律预测通过并行顺序代码可以实现的加速，但 Gustafson 定律计算从现有并行程序可达到的加速比。

4.3.3　并行循环的局限性：素数之和

本节介绍了并行循环的顺序语义所产生的一些限制，以及克服这些缺点的技术。让我们首先考虑一个简单的例子，并行求和集合中的质数。代码清单 4.4 计

算了包含 100 万个条目的集合的素数之和。这种计算是并行的完美候选者，因为
每次迭代都会完全执行相同的操作。代码的实现跳过了顺序版本，该版本执行计
算的执行时间是 6.551 秒。这个值将用作基线来比较代码的并行版本的速度。

代码清单 4.4   使用 Parallel.For 循环结构的素数的并行求和

```
int len = 10000000;                        total 变量用作累
long total = 0;                            加器

Func<int, bool> isPrime = n => {           isPrime 函数确定一
    if (n == 1) return false;             个数字是否是素数
    if (n == 2) return true;
    var boundary = (int)Math.Floor(Math.Sqrt(n));
    for (int i = 2; i <= boundary; ++i)
            if (n % i == 0) return false;
    return true;
};
                                           Parallel.For 循环构造使用匿名
                                           lambda 访问当前计数器
Parallel.For(0, len, i => {
                if (isPrime(i))            如果当前计数器 i 是一个素数，将被加
                    total += i;            进累加器 total 中
});
```

函数 isPrime 是一个简单的实现，用于验证给定的数字是否为素数。for 循环
使用 total 变量作为累加器来汇总集合中的所有素数。在四核计算机中运行代码的
执行时间是 1.049 秒。与顺序代码相比，并行代码的速度是其 6 倍。很完美！但
是，仅仅快是不行的。

如果再次运行代码，则会获得一个不同的总累加器值。代码不具备确定性，因
此每次代码运行时，输出都会不同，因为累加器变量 total 在不同的线程之间共享。

一个简单的解决方案是使用锁同步线程对 total 变量的访问，但这个解决方案
中的同步成本会损害性能。更好的解决方案是使用 ThreadLocal <T>变量在循环执
行期间存储线程的本地状态。幸运的是，Parallel.For 提供了一个重载，该重载为
实例化线程本地对象提供了内置构造。每个线程都有自己的 ThreadLocal 实例，
消除了共享状态带来负面影响的任何机会。ThreadLocal<T> 类型是
System.Threading 名称空间的一部分，如代码清单 4.5 中的粗体所示。

代码清单 4.5   用 ThreadLocal 变量使用 Parallel.For

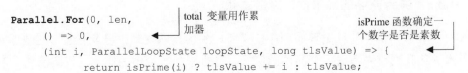

```
Parallel.For(0, len,                       total 变量用作累      isPrime 函数确定一
    () => 0,                               加器                个数字是否是素数
    (int i, ParallelLoopState loopState, long tlsValue) => {
        return isPrime(i) ? tlsValue += i : tlsValue;
```

```
    },
    value => Interlocked.Add(ref total, value));
```
种子初始化函数,用于给每个线程创建 tlsValue 变量的防御性副本。
每个线程将使用 ThreadLocal 变量来访问其拥有的副本

代码仍然使用可变的全局变量 total，但使用的方式不同。在这个版本的代码中，Parallel.For 循环的第三个参数初始化一个本地状态，该状态的生命周期与当前线程上通过最后一个线程的第一次迭代相对应。通过这种方式，每个线程使用一个线程局部变量对状态的独立副本进行操作，该状态副本可以以线程安全的方式单独存储和检索。

当一段数据存储在托管的线程本地存储(Thread-Local Storage，TLS)中时，如示例中所示，它对于线程是唯一的。在这种情况下，线程被称为数据的所有者。使用线程本地数据存储的目的是避免由于访问共享状态的锁同步而产生的开销。在本例中，每个线程都分配并使用局部变量 tlsValue 的副本来计算由并行分区器算法分区的集合的给定范围的总和。并行分区程序使用一个复杂的算法来决定在线程之间划分和分布集合块的最佳方法。

在线程完成所有迭代之后，将调用 Parallel.For 循环中的最后一个参数，即 join 操作。然后，在 join 操作期间，将聚合来自每个线程的结果。这个步骤使用 Interlocked 类来进行高性能和线程安全的添加操作。第 3 章介绍了这个类来执行 CAS 操作，以便在多线程环境中安全地修改(实际上是交换)对象的值。Interlocked 类提供了其他有用的操作，例如变量的递增、递减和交换。

本节提到了数据并行中的一个重要术语：聚合。聚合概念将在第 5 章中介绍。

代码清单 4.5 是代码的最终版本，它产生一个确定性结果，执行速度为 1.178 秒：几乎等同于前一个结果。为了获得正确性，你需要额外支付一些开销。在并行循环中使用共享状态时，由于共享状态访问上的同步，通常会失去可扩展性。

4.3.4　简单循环可能会出现什么问题

现在我们思考一个简单的代码块，它对给定数组中的整数进行求和。使用任何 OOP 语言，你都可以写出这样的东西。见代码清单 4.6。

代码清单 4.6　普通的循环
```
int sum = 0;
for (int i = 0; i < data.Length; i++)
{
    sum += data[i];
}
```
sum 变量用作累加器，其值将会在
每次迭代中更新

在你的程序员职业生涯中，你可能写过一些类似的东西。几年前，程序是单线程执行的，那时候这段代码很好，但是现在，你正在处理不同的场景以及同时执行多项任务的复杂系统和程序。有了这些挑战，以前代码的 sum 的那一行会有一个微妙的 bug：

```
sum += data[i];
```

如果数组的值在遍历时是可变的，会发生什么？在多线程程序中，该代码存在可变性问题，并且无法保证一致性。

注意，并非所有的状态变化都是同样有害的，如果仅在函数范围内可见的状态变化是不优雅，但无害。例如，假设前面 for 循环中的 sum 在函数中被隔离，如下所示：

```
int Sum(int[] data)
{
    int sum = 0;
    for (int i = 0; i < data.Length; i++)
    {
        sum += data[i];
    }
}
```

尽管修改了 sum 值，但是从函数范围之外看不到它的变化。因此，sum 的这种实现可以被视为纯函数。

为了减少程序的复杂性和错误，必须提高代码的抽象级别。例如，要计算一个数字值的总和，请在"你想要的"中表达你的意图，而不是重复"怎么做"。通用功能应该是语言的一部分，从而能够表达你的意图。

```
int sum = data.Sum();
```

实际上，Sum 扩展方法(http://mng.bz/f3nF)是.NET 中 System .Linq 名称空间的一部分。在这个名称空间中，许多方法(如 List 和 Array)扩展了任何 IEnumerable 对象的功能(http://mng.bz/2bBv)。LINQ 背后的思想源于函数式概念，这并非巧合。LINQ 名称空间提升了不可变性，它基于转换而不是变化的概念进行操作，在这种情况下，LINQ 查询(和 lambda)允许你将一组结构化数据从其原始形式转换为另一种形式，而不必担心副作用或状态。

4.3.5　声明式并行编程模型

在代码清单 4.5 中的素数总和示例中，Parallel.For 循环构造函数与顺序代码相比绝对符合加速的目的并且有效地执行，尽管与顺序版本相比，实现更难以理解和维护。对于首次查看最终代码的开发人员来说，并不能很清晰地理解最终代码：代码的最终目的是对集合的质数进行求和。如果能表达程序的意图，逐步定义如何实现算法，那就再好不过了。

这就是 PLINQ 发挥作用的地方。代码清单 4.7 是使用 PLINQ(以粗体显示)代替 Parallel.For 循环的并行 Sum 的等效实现。

代码清单 4.7　使用声明式 PLINQ 并行求和一个集合

```
long total = 0;
Parallel.For(0, len,          ◀── 使用 Parallel.For 构造并行求和
    () => 0,
    (int i, ParallelLoopState loopState, long tlsValue) => {
        return isPrime(i) ? tlsValue += i : tlsValue;
},
value => Interlocked.Add(ref total, value));


        long total = Enumerable.Range(0, len).AsParallel()
                          .Where(isPrime).Sum(x => (long)x);  ◀──
使用 PLINQ 并行求和
                                求和这些值，将其结果转换为 long
                                类型以避免溢出异常
```

函数式声明式方法只有一行代码。显然，与 for 循环实现相比，它易于理解，简洁，可维护，并且没有任何状态变化。PLINQ 构造将代码体现为一系列函数，每个函数都提供一小部分功能来完成任务。该解决方案采用 LINQ/PLINQ API 聚合部分的高阶函数，在本例中是函数 Sum()。这个聚合函数将一个函数应用于集合的每个连续元素，提供了所有以前元素的聚合结果。其他常见的聚合函数有 Average()、Max()、Min()和 Count()。图 4.7 展示了并行 Sum 的执行时间的基准比较。

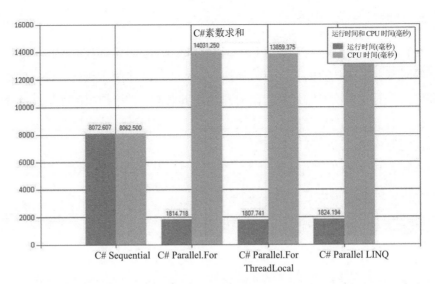

图 4.7   素数求和的基准比较。基准测试运行在具有 8 GB RAM 的八核机器上。顺序版本在 8.072 秒内运行。此值用作其他版本代码的基础。Parallel.For 版本耗时 1.814 秒，大约比顺序代码快 4.5 倍。Parallel.For ThreadLocal 版本比并行循环快一点。最终，PLINQ 程序在并行版本中最慢，运行花了 1.824 秒

聚合值以避免算术溢出异常

之前的 PLINQ 查询未进行优化。很快，你将学习使该代码更具性能的技术。此外，要求和的序列的大小被减少到 10 000，而不是前面使用的 100 万，因为 PLINQ 中的 sum()函数被编译为在 checked 块中执行，这会引发算术溢出异常。因此，解决方案是将基数从 32 位整数转换为 64 位整数，或者使用 Aggregate 函数，格式如下：

```
Enumerable.Range(0, len).AsParallel()
          .Aggregate((acc, i) => isPrime(i) ? acc += i : acc);
```

函数 Aggregate 将在第 5 章中详细介绍。

4.4   本章小结

- 数据并行旨在通过对每个块分别进行分区和执行，然后在完成后对结果进行重新组合，从而处理大量数据。这允许你并行分析块，从而获得速度和性能。

- 本章中使用的适用于数据并行的思维模型有 Fork / Join，并行数据归约和并行聚合。这些设计模式共享了一种分离数据的通用方法，并在每个分开的部分上并行运行相同的任务。
- 利用函数式编程结构，可以编写复杂的代码，以声明和简单的方式处理和分析数据。这种范式可以让你在代码变化很小的情况下实现并行。
- 分析程序是一种理解并确保在代码中采用并行所做的更改有益的方法。为此，测量程序按顺序运行的速度，然后使用基准作为对比代码更改效果的基线。

第 5 章

PLINQ和MapReduce：数据并行，第2部分

本章主要内容：
- 使用声明式编程语义
- 隔离和控制副作用
- 实现并使用并行 Reduce 函数
- 硬件资源利用率最大化
- 实现可重用的并行 MapReduce 模式

　　本章介绍了 MapReduce，它是软件工程中使用最广泛的函数式编程模式之一。在深入研究 MapReduce 之前，我们将使用 PLINQ 和惯用的 F#，PSeq 来分析函数式范式强调和强制执行的声明式编程风格。这两种技术都在运行时分析查询语句，并根据可用的系统资源做出有关如何执行查询的最佳策略决策。因此，添加到计算机的 CPU 功率越大，代码运行的速度就越快。使用这些策略，可以为下一代计算机开发代码。接下来，你将学习如何在.NET 中实现并行 Reduce 函数，你可以在日常工作中重用该函数来提高聚合函数的执行速度。

　　与传统编程相比，使用 FP，你可以在程序中使用数据并行，而不会增加复杂性。与过程式语义相比，FP 更喜欢用声明式语义来表达程序的意图，而不是描述实现任务的步骤。这种声明式编程风格简化了代码中并行的采用。

5.1　PLINQ 简介

在深入研究 PLINQ 之前，我们先重温一下它的顺序定义，LINQ——它是.NET 框架的扩展，它通过提高抽象级别并将应用程序简化为一组丰富的操作来转换任何实现了 IEnumerable 接口的对象以提供声明式编程风格。最常见的操作是映射、排序和筛选。LINQ 运算符接受通常可以以 lambda 表达式形式传递的行为作为参数。在这种情况下，所提供的 lambda 表达式将被应用于序列的每个单独条目。随着 LINQ 和 lambda 表达式的引入，FP 在.NET 中得以落地。

你可以通过向查询添加.AsParallel()扩展来将 LINQ 转换为 PLINQ，以使用开发系统的所有内核来并行运行查询。PLINQ 可以定义为执行 LINQ 查询的并发引擎。并行编程的目标是通过增加多核架构的吞吐量来最大限度地提高处理器利用率。对于多核计算机，你的应用程序应该识别并将性能扩展到可用处理器内核的数量。

编写并行应用程序的最佳方法是不用考虑并行，而 PLINQ 完全适合这种抽象，因为它考虑了所有的底层需求，例如将序列划分成更小的块单独运行，并将逻辑应用于每个子序列的每个条目。这听起来是否很耳熟？那是因为 PLINQ 在底层实现了 Fork / Join 模型，如图 5.1 所示。

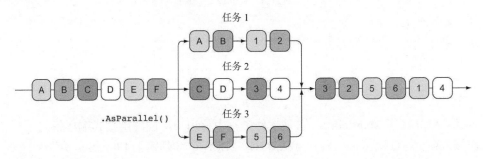

图 5.1　PLINQ 执行模型。将 LINQ 查询转换为 PLINQ 就像应用 AsParallel()扩展方法一样简单，该方法使用 Fork / Join 模式并行执行。在此图中，输入字符被并行地转换成数字。注意! 输入元素的顺序不会保留

根据经验，每当代码中有一个 for 或 for-each 循环使用集合执行某些操作，并且没有在循环外执行副作用时，可以考虑将循环转换为 LINQ。然后对执行进行基准测试，并评估查询是否适合使用 PLINQ 并行运行。

注意　这是一本关于并发的书，因此从现在开始它只会提到 PLINQ，但对于大多数情况，用于定义查询的相同构造、原则和高阶函数也适用于 LINQ。

与并行 for 循环相比，使用 PLINQ 的优势在于其在执行查询的每个运行线程中自动聚合临时处理结果的能力。

5.1.1　PLINQ 如何更具函数式

PLINQ 被认为是理想的函数式库，但为什么呢？为什么认为 PLINQ 版本的代码比原始 Parallel.For 循环更具函数式呢？

使用 Parallel.For，你告诉了计算机要做什么：

- 循环访问集合。
- 验证数字是否为素数。
- 如果数字是素数，则将其添加到本地累加器中。
- 当所有迭代完成后，将累加器添加到共享值中。

通过使用 LINQ/PLINQ，你可以用一句话的形式告诉计算机你想要什么："给定范围 0~1 000 000，找出其中的素数，将它们求和。"

FP 强调编写声明式代码而不是命令式代码。声明式代码侧重于你想要实现的目标，而不是如何实现它。PLINQ 倾向于强调代码的意图而不是机制，因此更函数式。

> **注意**　在第 13.9 节中，你将使用 Parallel.ForEach 循环构建一个结合了函数 filter(筛选器)和 map(映射)的高性能和可重用运算符。在这种情况下，因为函数的实现细节被抽象并且在开发人员眼里隐藏了，因此并行函数 FilterMap 成为满足声明式编程概念的高阶运算符。

此外，FP 倾向于使用函数提高抽象级别，以隐藏复杂性。在这方面，PLINQ 通过处理查询表达式并分析结构以决定如何并行运行，从而提高了并发编程模型的抽象性，从而最大限度地提高了性能速度。

FP 还鼓励将小型和简单的组合结合在一起来解决复杂问题。PLINQ 管道通过将扩展方法的各个部分连接在一起，完全满足了这一原则。

PLINQ 的另一个函数式方面是没有变化。PLINQ 运算符不会改变原始序列，而是返回一个新序列作为转换的结果。因此，即使任务并行执行，PLINQ 函数式实现也可为你提供可预测的结果。

5.1.2　PLINQ 和纯函数：并行字计数器

现在让我们思考一个例子，程序从给定文件夹中加载一系列文本文件，然后解析每个文档以提供 10 个最常用单词的列表。流程如下(如图 5.2 所示)：

(1) 从给定的文件夹路径中收集文件。

(2) 迭代文件。

(3) 从每个文本文件阅读内容。

(4) 把每一行分解为单词。

(5) 将每个单词转换为大写，这对比较很有用。

(6) 按单词对集合进行分组。

(7) 按计数从高到低进行排序。

(8) 取前 10 个结果。

(9) 将结果投影成表格格式(字典)。

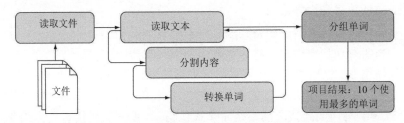

图 5.2   计算每个单词被提及次数的流程表示。首先，从给定的文件夹中读取文件，然后读取
每个文件的文本，并将内容拆分为行和单个单词以进行分组

代码清单 5.1 在 WordsCounter 方法中定义了这个功能：该方法将文件夹的路径作为输入，然后计算在所有文件每个词的使用次数。代码清单 5.1 以粗体展示了 AsParallel 命令。

代码清单 5.1   有副作用的并行单词计数程序

```
public static Dictionary<string, int> WordsCounter(string source)
{
    var wordsCount =
        (from filePath in                                    ← 读取文件系统的副
            Directory.GetFiles(source, "*.txt")                作用
                        .AsParallel()                        ← 并行文件
        from line in File.ReadLines(filePath)                  序列
        from word in line.Split(' ')
        select word.ToUpper())
    .GroupBy(w => w)
    .OrderByDescending(v => v.Count()).Take(10);             ←
    return wordsCount.ToDictionary(k => k.Key, v => v.Count());
}                                                            对单词被提及次数进行
                                                             排序，然后取前 10 个值
```

程序的逻辑逐步遵循以前定义的流程。它是声明式的，可读的，并行运行，但是存在一个隐藏的问题，它有副作用。该方法从文件系统读取文件，产生 I/O 副作用。如前所述，如果一个函数或表达式在其作用域之外修改了一个状态，或

者它的输出不仅仅依赖于它的输入，那么它就被称为具有副作用。在这种情况下，将相同的输入传递给具有副作用的函数并不能保证始终产生相同的输出。这些类型的函数在并发代码中是有问题的，因为副作用意味着某种形式的变化。不纯函数的例子包括：获取一个随机数，获取当前系统时间，从文件或网络读取数据，将某些内容打印到控制台等。为了更好地理解为什么从文件中读取数据是副作用，请考虑文件的内容可能随时更改，并且只要文件内容发生更改，它就会返回不同的内容。此外，如果此时文件被删除，则读取文件也会产生错误。说了这么多，重点就是要预期到该函数每次调用时都可能返回不同的东西。

由于存在副作用，因此需要考虑以下复杂性：

- 在并行运行此代码时，它真的安全吗？
- 其结果是否具有确定性？
- 你如何测试此方法？

如果该目录不存在或者正在运行的程序没有读取该目录所需的权限，则引用了文件系统路径的函数可能会抛出错误。另一个需要考虑的问题是，使用 PLINQ 并行运行函数时，查询执行将推迟到其物化之后。"物化"在函数式编程中是用于特指查询被实际执行并生成结果的这一过程的术语。因为上述原因，包含副作用的 PLINQ 查询的连续物化可能会由于基础数据可能已更改而生成不同的结果。结果是不确定的。如果在不同的调用之间从目录中删除文件，则会发生上述这种情况，然后抛出异常。

另外，具有副作用(也称为不纯)的函数很难测试。一种可能的解决方案是创建一个测试目录，其中包含一些无法被修改的文本文件。这种方法要求你知道这些文件中有多少单词，以及它们已被用于验证函数正确性的次数。另一个解决方案是模拟目录和包含的数据，这可能比以前的解决方案更加复杂。还有一种更好的方法：消除副作用并提高抽象级别，简化代码，同时将其与外部依赖项分离。

但什么是副作用？什么是纯函数？你为什么要关心它们？

5.1.3　使用纯函数避免副作用

函数式编程的一个原理是纯粹性。纯函数是指那些没有副作用的函数，其结果与可以随时间而变化的状态无关。也就是说，当给定相同的输入时，纯函数总是返回相同的值。代码清单 5.2 展示了 C#中的纯函数。

代码清单 5.2　C#纯函数

```
public static string AreaCircle(int radius) =>
                Math.Pow(radius, 2) * Math.PI;        ◄──── 输出永远不会改
                                                            变，因为该函数
                                                            没有副作用
public static int Add(int x, int y) => x + y;         ◄────
```

该代码清单是没有副作用的一个例子，函数中没有改变状态，没有设置全局变量值。因为变量会活在声明它们的块中，所以全局定义的变量可能会引入冲突并影响程序的可读性和可维护性。这需要在任何时候和每次调用时额外检查变量的当前值。处理副作用的主要问题是它们使程序在并发代码中变得不可预测和有问题，因为副作用意味着一种变化形式的存在。

想象一下，将相同的参数传递给一个函数，每次都会得到不同的结果。如果函数执行以下任一操作，则称该函数具有副作用：

- 执行任何 I / O 操作(包括读/写文件系统、数据库或控制台)。
- 改变全局状态和函数范围之外的任何状态。
- 抛出异常。

首先，从程序中移除副作用的收益初看起来极其有限，但是以这种方式编写代码其实是有很多好处的：

- 很容易推断你的程序的正确性。
- 易于编写用于创建新行为的函数。
- 易于隔离，因此易于测试，并且不易出错。
- 易于并行执行。因为纯函数没有外部依赖关系，所以它们的执行顺序(计算)并不重要。

正如上面你所看到的，将纯函数作为工具集的一部分引入会立即使你的代码受益。而且，纯函数的结果精确地依赖于它们的输入，这就引入了引用透明的特性。

引用透明

引用透明对于无副作用的函数具有根本的意义。它是一个理想的属性，因为它表示能够用函数返回的值来替换已定义参数集的函数调用而不改变程序的含义。使用引用透明，可以用其值替换其表达式，而不会更改任何内容。该概念是直接用求值结果来表示任何纯函数的结果相关的。求值的顺序并不重要，并且多次求值函数总是会得出同一结果——执行很容易被并行化。

例如，数学总是引用透明的。给定一个函数和一个输入值，函数映射始终具有相同的输出和相同的输入。例如，任何函数 $f(x) = y$ 都是纯函数，对于相同的值 x，最终得到相同的结果 y，没有任何内部或外部状态变化。

当然，程序不可避免地需要副作用来做一些有用的事情，因此函数式编程不会禁止副作用，而是鼓励最小化和隔离它们。

5.1.4　隔离和控制副作用：重构并行字计数器

让我们重新回顾代码清单 5.1，WordsCounter 示例。如何在这段代码中隔离和控制副作用？

```
static Dictionary<string, int> WordsCounter(string source) {
    var wordsCount = (from filePath in
            Directory.GetFiles(source, "*.txt")
                            .AsParallel()
        from linein File.ReadLines(filePath)
            from word in line.Split(' ')
            select word.ToUpper())
        .GroupBy(w => w)
        .OrderByDescending(v => v.Count()).Take(10);

        return wordsCount.ToDictionary(k => k.Key, v => v.Count());
}
```

粗体显示代码展示了从文件系统读取文件的副作用

该函数可以分解为一个核心的纯函数和一对有副作用的函数。I/O 副作用是无法避免的，但它可以从纯粹的逻辑中分离出来。在代码清单 5.3 中，提取了对每个文件中提到的每个词进行计数的逻辑，并隔离了副作用。

代码清单 5.3　解耦和隔离副作用

这个纯函数没有副作用。在这里，I/O 操作已经被移除

```
static Dictionary<string, int> PureWordsPartitioner
                        (IEnumerable<IEnumerable<string>> content) =>
    (from lines in content.AsParallel()
        from line in lines
        from word in line.Split(' ')
        select word.ToUpper())
        .GroupBy(w => w)
        .OrderByDescending(v => v.Count()).Take(10)
        .ToDictionary(k => k.Key, v => v.Count());

static Dictionary<string, int> WordsPartitioner(string source)
{
    var contentFiles =
        (from filePath in Directory.GetFiles(source, "*.txt")
            let lines = File.ReadLines(filePath)
            select lines);

        return PureWordsPartitioner(contentFiles);
}
```

这个无副作用函数的结果可以没有问题地被并行

此处代码将结果合并到一个字典中，避免重复

从不纯函数中调用无副作用函数

新函数 PureWordsPartitioner 是纯函数,其结果仅取决于输入参数。这个函数没有副作用且易于验证。相反,WordsPartitioner 方法负责从文件系统读取文本文件,这是一个副作用操作,然后对分析的结果进行聚合。

从示例中可以看出,将代码的纯部分与不纯部分分离不仅有助于测试和优化纯部分,而且还将使你更加了解程序的副作用,并帮助你避免使不纯部分变得比所需要的更大。使用纯函数进行设计并从纯逻辑中解耦副作用是函数式思维带来的最前沿的两个基本原则。

5.2   并行聚合和归约数据

在 FP 中,fold(也称为归约和累加)是一个高阶函数,它将给定的数据结构(通常是一系列元素)归约为单个值。这里的归约具体是指,可以返回一系列数字的平均值,计算求和,最大值或最小值。

fold 函数接收一个初始值,通常称为累加器,用作中间结果的容器。作为第二个参数,它采用一个二进制表达式来作为归约函数,对序列中的每个元素应用,以返回累加器的新值。通常,在归约中,你使用一个二元运算符,即一个有两个参数的函数,然后通过一个向量或一组大小为 n 的元素(通常从左到右)来计算它。有时,对于第一个元素的第一个操作,会使用一个特殊的种子值,因为没有以前的值可以使用。在迭代的每个步骤中,二进制表达式将序列中的当前元素和累加器值作为输入,然后返回值并覆盖累加器。最终结果是最后一个累加器的值,如图 5.3 所示。

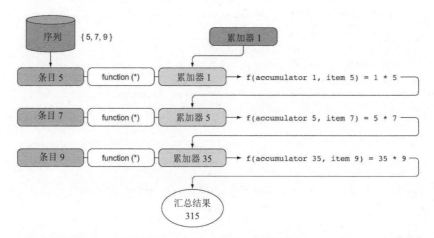

图 5.3   fold 函数将一个序列归约到一个值。在这里,函数(f)是乘法,它接收一个初始值为 1 的累加器。对于序列(5, 7, 9)中的每次迭代,函数将计算应用于当前条目和累加器。然后,将结果作为新值来更新累加器

　　fold 函数有两种形式，右折叠和左折叠，这取决于要处理的序列的第一个条目所在的位置。右折叠从列表中的第一个条目开始向前迭代；左折叠从列表中的最后一个条目开始向后迭代。本节介绍右折叠，因为它最常用。在本节的余下部分，术语"折叠"特指右折叠。

注意　在右折叠函数和左折叠函数之间进行选择时，要考虑几个性能方面的影响。在对列表进行折叠的情况下，右折叠复杂度是 O(1)，因为它将条目添加到列表的前面是恒定时间的。左折叠则需要 O(n)，因为它必须遍历整个列表才能添加一个条目。左折叠不能用于处理或生成无限列表，因为从最后一个条目开始向前折叠需要知道列表的大小。

　　fold 函数特别有用和有趣：它可以用聚合的形式表示各种操作，例如筛选 (filter)、映射(map)和求和(sum)。fold 函数可能是列表解析中最难学习的函数，但也是最强大的函数之一。

　　如果你还没有读过，我推荐 John Hughes 撰写的 *Why Functional Programming Matters*(www.cs.kent.ac.uk/people/staff/dat/miranda/whyfp90.pdf)。此文详细论述了 fold 函数在 FP 中的高度适用性和重要性。代码清单 5.4 使用 F# fold 函数来演示一些有用函数的实现。

代码清单 5.4　使用 F# fold 函数实现 max 和 map

使用 F# fold 函数实现的 max 函数

使用 F# fold 函数实现的 map 函数

```
let map (projection:'a -> 'b) (sequence:seq<'a>) =
    sequence |> Seq.fold(fun acc item -> (projection item)::acc) []

let max (sequence:seq<int>) =
    sequence |> Seq.fold(fun acc item -> max item acc) 0

let filter (predicate:'a -> bool) (sequence:seq<'a>) =
    sequence |> Seq.fold(fun acc item ->
            if predicate item = true then item::acc else acc) []

let length (sequence:seq<'a>) =
    sequence |> Seq.fold(fun acc item -> acc + 1) 0
```

使用 F# fold 函数实现的 filter 函数

使用 F# fold 函数实现的计算集合长度的 length 函数

　　F#的 fold 函数在 C# LINQ 中的等价物是 Aggregate 函数。代码清单 5.5 使用 C# Aggregate 函数实现其他有用的函数。

代码清单 5.5   使用 C# LINQ Aggregate 函数实现的 Filter 和 Length

```
IEnumerable<T> Map<T, R>(IEnumerable<T> sequence, Func<T, R> projection){
    return sequence.Aggregate(new List<R>(), (acc, item) => {          ◀──────
                    acc.Add(projection(item));              使用 C# LINQ Aggregate
                    return acc;                             函数实现的 Map 函数
    });
}
                                          使用 C# LINQ Aggregate
                                          函数实现的 Max 函数
int Max(IEnumerable<int> sequence) {    ◀──
    return sequence.Aggregate(0, (acc, item) => Math.Max(item, acc));
}


IEnumerable<T> Filter<T>(IEnumerable<T> sequence, Func<T, bool> predicate){
    return sequence.Aggregate(new List<T>(), (acc, item) => {        ◀────
        if (predicate(item))                        使用 C# LINQ Aggregate
            acc.Add(item);                          函数实现的 Filter 函数
            return acc;
    });
}
                                          使用 C# LINQ Aggregate
                                          函数实现的 Length 函数
int Length<T>(IEnumerable<T> sequence) {    ◀──
    return sequence.Aggregate(0, (acc, _) => acc + 1);
}
```

由于 LINQ Aggregate 和 Seq.fold 运算符都包含了.NET 列表解析在并行上的
支持,因此可以轻松地将这些函数在 C#和 F#的实现转换为并发运行。有关这个
转换的更多详细信息将在下一节中讨论。

5.2.1 择伐(Deforesting):折叠的诸多优点之一

可重用性和可维护性是 fold 函数提供的一些优点。但是这个函数默许的一个
特殊特性需要提及。fold 函数可用于提高列表解析查询的性能。列表解析是一个
类似于 C# LINQ/PLINQ 的构造,用于方便地对现有列表进行基于列表的查询
(https://en.wikipedia.org/wiki/List_comprehension)。

fold 函数是如何提高列表查询性能速度而无须考虑并行的呢?为了回答这个
问题,让我们分析一个简单的 PLINQ 查询。你看到,使用函数结构(如.NET 中的
LINQ/PLINQ)会转换原始序列以避免变化,在严格求值的编程语言中(如F#和C#),
这通常会导致生成不必要的中间数据结构。代码清单 5.6 展示了一个 PLINQ 查
询,该查询筛选并转换一个数字序列以计算偶数值乘以 2 的总和。并行执行代码
部分以粗体显示。

代码清单 5.6　PLINQ 查询并行地对偶数的两倍求和

```
var data = new int[100000];
for(int i = 0; i < data.Length; i++)
    data[i]=i;

long total =                        由于并行，无法保证值的处理顺序。但结果是确定的，因
    data.AsParallel()      ◀────    为 Sum 操作是可交换的
        .Where(n => n % 2 == 0)
        .Select(n => n + n)         在 Sum(x => (long)x)中，值被转换为 long 类型以避
        .Sum(x => (long)x);  ◀────  免溢出异常
```

在这几行代码中，对于 PLINQ 查询的每个 Where 和 Select，都会有一代中间序列不必要地增加了内存分配。在大型序列转换的情况下，为了释放内存而支付给 GC 的惩罚越来越高，从而对性能产生负面影响。对象在内存中的分配是昂贵的。因此，避免额外分配的优化对于加快函数式程序的运行是有价值的。幸运的是，这些不必要的数据结构的创建通常是可以避免的。消除这些中间数据结构以减小临时内存分配的大小被称为"择伐"(Deforesting)。这种技术很容易被高阶函数 fold 所利用，该函数在 LINQ 中称为 Aggregate。该函数能够通过在单个步骤中组合多个操作(如 filter 和 map)来消除中间数据结构分配，否则每个操作都将有一个分配。以下代码示例展示了一个 PLINQ 查询，使用 Aggregate 运算符并行地对偶数的两倍求和。

```
long total = data.AsParallel().Aggregate(0L, (acc, n) =>
                        n % 2 == 0 ? acc + (n + n) : acc);
```

PLINQ 函数 Aggregate 有几个重载。在这种情况下，第一个参数 0 是累加器 acc 的初始值，每次迭代都会传递和更新该值。第二个参数是对序列中的条目执行操作并更新累加器 acc 值的函数。这个函数的主体合并了先前定义的 Where，Select 和 Sum PLINQ 扩展的行为，从而生成相同的结果。唯一的区别就是执行时间。原始代码运行花了 13 毫秒。更新后的代码版本，择伐后的函数运行花了 8 毫秒。

当与及早求值的数据结构(例如列表和数组)一起使用时，择伐是一种高效的优化工具。但延迟求值的集合则表现得有点不同。延迟求值序列不生成中间数据结构，而是存储要映射的函数和原始的数据结构。但是与没有择伐的函数相比，你仍然可以获得更好的性能速度改进。

5.2.2　PLINQ 中的 fold：Aggregate 函数

你在 fold 函数中学到的相同概念可以应用于 F#和 C#中的 PLINQ。如前所述，PLINQ 具有与 fold 函数等效的函数称为 Aggregate。PLINQ Aggregate 是一个右折叠。下面是它的重载签名之一：

```
public static TAccumulate Aggregate<TSource, TAccumulate>(
    this IEnumerable<TSource> source,
    TAccumulate seed,
    Func<TAccumulate, TSource, TAccumulate> func);
```

该函数采用三个参数映射到序列源：要处理的序列源、初始累加器种子和函数 func，函数 func 为每个元素更新累加器。

了解 Aggregate 如何工作的最佳方法是使用示例。在下面的示例中，将使用 PLINQ 和 Aggregate 函数并行 k 均值聚类算法。该示例展示了使用这个构造如何使程序变得简单和高性能。

k 均值聚类

k 均值，又称为 Lloyd 算法，是一种无监督的机器学习算法，它将一组数据点分类为聚类，每个聚类都以其自身的质心为中心。聚类的质心是其中点的总和除以总点数。它表示具有均匀密度的几何模型的质量中心。

k 均值聚类算法获取一个输入数据和一个表示要设置的聚类数的值 k，然后将质心随机放置在这些聚类中。该算法以要查找的聚类数作为参数，并在每个聚类的中心进行初始猜测。这样做的目的是产生一系列的质心来产生星系团的质心。数据中的每个点都与其最近的质心相连。使用简单的欧几里得距离函数 (https://en.wikipedia.org/wiki/Euclidean_distance)计算距离，然后将每个质心移动到与其相关联点的平均位置。质心的计算方法是取质心各点之和，然后将结果除以聚类的大小。

迭代包括以下步骤：

(1) 求和或归约，计算每个聚类中的点的总和。

(2) 将每个聚类和除以该聚类中的点数。

(3) 重新分配或映射每个聚类的点到最近的质心。

(4) 重复这些步骤，直到集群位置稳定为止。

在任意选择的迭代次数后，你将中断处理，因为有时算法不会收敛。这个过程是迭代的，这意味着它会重复，直到算法达到最终结果或超过最大步数。算法运行时，它不断修正并更新每次迭代中的质心，以更好地对输入数据进行聚类。

对于 k 均值聚类算法中用作输入的数据源，将使用"白葡萄酒质量"公共记录(见图 5.4)，可从 http://mng.bz/9mdt 下载。

由于代码太长，这里省略了 k 均值程序的完整实现。代码清单 5.7 和 5.8 中仅展示了相关的代码摘录。F#和 C#的完整代码实现可以在本书的源代码中找到并可下载。

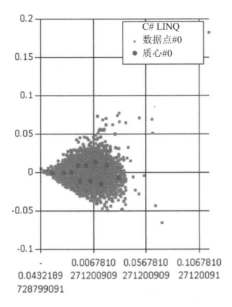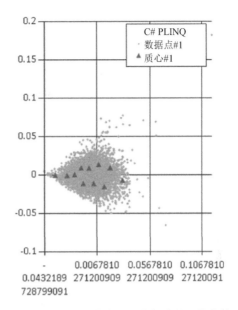

图 5.4　这是使用 C# LINQ 作为代码的串行版本，使用 C# PLINQ 作为并行化版本的 k 均值算法的运行结果。质心是两个星团中的大点。每个图像代表 k 均值算法的一次迭代，在集群中有 11 个质心。算法的每次迭代计算每个聚类的质心，然后将每个点分配给具有最近质心的聚类

让我们回顾一下两个核心函数：GetNearestCentroid 和 UpdateCentroids。GetNearestCentroid 用于更新聚类，如代码清单 5.7 所示。对于每个数据输入，这个函数查找分配给输入所属的聚类的最近质心(粗体部分)。

代码清单 5.7　寻找最近的质心(更新聚类)

```
double[] GetNearestCentroid(double[][] centroids, double[] center){
        return centroids.Aggregate((centroid1, centroid2) =>    ◄
        Dist(center, centroid2) < Dist(center, centroid1)
        ? centroid2                                    使用 Aggregate LINQ 函数去寻找
        : centroid1);                                  最近的质心
}
```

GetNearestCentroid 实现使用 Aggregate 函数比较质心之间的距离以找到最近的距离。在这个步骤中，如果由于找不到更近的质心而没有更新任何聚类中的输入，则算法完成并返回结果。

下一步，如代码清单 5.8 所示，在聚类更新之后，则是更新质心位置。UpdateCentroids 计算每个聚类的中心并将质心移动到该点。然后，使用更新后的质心值，该算法重复上一步，运行 GetNearestCentroid，直到找到最接近的结果。这些操作将继续运行，直到满足收敛条件，使聚类中心的位置变得稳定。粗体代码突出显示了相关命令，将在代码清单后更深入讨论它们。

下面的 k 均值聚类算法实现使用了 FP，带有 PLINQ 的序列表达式，以及用于操纵数据的众多内置函数中的几个。

代码清单 5.8　更新质心的位置

```
double[][] UpdateCentroids(double[][] centroids)
{
    var partitioner = Partitioner.Create(data, true);
    var result = partitioner.AsParallel()
      .WithExecutionMode(ParallelExecutionMode.ForceParallelism)
      .GroupBy(u => GetNearestCentroid(centroids, u))
      .Select(points =>
        points
        .Aggregate(
           seed: new double[N],
           func: (acc, item) =>
                 acc.Zip(item, (a, b) => a + b).ToArray())
        .Select(items => items / points.Count())
      .ToArray());
    return result.ToArray();
}
```

> 使用自定义的分区器来最大限度地提高性能
>
> 从分区程序并行运行查询
>
> 使用 Aggregate 函数查找集群中质心的中心。种子初始值是一个大小为 N(数据的维度)的 double 数组
>
> 使用 Zip 函数来线程化质心位置和累加器序列

无论查询的模型如何，都会强制并行，绕过可能决定按顺序运行部分操作的默认 PLINQ 分析

使用 UpdateCentroids 函数，需要进行大量的计算处理，因此使用 PLINQ 可以有效地并行化代码，从而提高速度。

注意　即使质心不在平面上移动，由于 GroupBy 和 AsParallel 的性质，它们也可能更改生成数组中的索引。

UpdateCentroids 主体中的 PLINQ 查询分两步执行聚合。第一步使用 GroupBy 函数，GroupBy 函数将一个函数作为参数，作为参数的这个函数会提供用于聚合的 key。在这里，key 由前一个函数 GetNearestCentroid 计算。第二步，运行 Select 函数的映射，计算每个给定点的新聚类的中心。这个计算由 Aggregate 函数执行，该函数将点列表(每个质心的位置坐标)作为输入，并使用本地累加器 acc 计算映射到同一聚类的中心，如代码清单 5.8 所示。

累加器是一个大小为 N 的 double 数组，N 是要处理的数据的维度(特征/度量的数量)。值 N 在父类中被定义为常量，因为它永远不会更改，从而可以安全地共享。Zip 函数将最近的质心(点)和累加器序列连接在一起。然后，通过平均聚类中点的位置来重新计算该聚类的中心。

算法的实现细节并不重要。关键点在于使用 Aggregate 将算法的描述精确地

直接转换到 PLINQ 中。如果你尝试在不使用 Aggregate 函数的情况下重新实现相同的功能，则程序将在具有可变共享变量的丑陋且难以理解的循环中运行。

代码清单 5.9 展示了不借助 Aggregate 函数的 UpdateCentroids 函数的等价实现。粗体代码将在代码清单之后进一步讨论。

代码清单 5.9　不借助 Aggregate 的 UpdateCentroids 函数实现

```
double[][] UpdateCentroidsWithMutableState(double[][] centroids)
{
    var result = data.AsParallel()
        .GroupBy(u => GetNearestCentroid(centroids, u))
        .Select(points => {
            var res = new double[N];           使用命令式循环来计算聚
            foreach (var x in points)          类中质心的中心
                for (var i = 0; i < N; i++)
                    res[i] += x[i];
            var count = points.Count();
            for (var i = 0; i < N; i++)        使用可变状态
                res[i] /= count;
            return res;
        });
    return result.ToArray();
}
```

图 5.5 展示了运行 k 均值聚类算法的基准测试结果。基准测试是在一个具有 8GB 内存的四核机器中执行的。测试的算法包括顺序 LINQ、并行 PLINQ 和使用自定义分区程序的并行 PLINQ。

注意　在多处理器上使用多个线程时，有可能使用了多个 CPU 来完成任务。这种情况下，CPU 时间可能比运行时间要长。

基准测试结果令人印象深刻。在四核机器中，k 均值聚类算法的使用 PLINQ 的并行版本运行速度是顺序版本的三倍。代码清单 5.8 中展示的 PLINQ 分区程序版本比 PLINQ 版本快 11%。函数 UpdateCentroids 中使用了一个有趣的 PLINQ 扩展——WithExecutionMode(ParallelExecution Mode.ForceParallelism)扩展。该扩展用于告知 TPL 调度程序必须并发执行查询。

配置 ParallelExecutionMode 的两个选项是 ForceParallelism 和 Default。ForceParallelism 枚举强制并行执行。Default 值则延迟到 PLINQ 查询，以便对执行做出适当的决定。

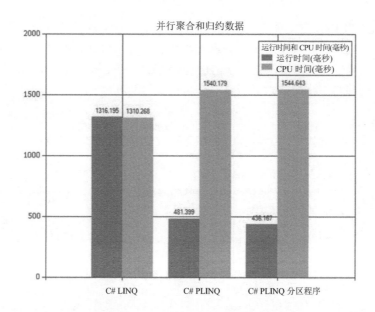

图 5.5　使用具有 8 GB RAM 的四核计算机对 k 均值聚类算法进行基准测试。算法分别在顺序LINQ 、并行 PLINQ、具有自定义分区程序的并行 PLINQ 变体上测试。并行 PLINQ 运行耗时为 0.481 秒，速度比顺序 LINQ 版本快三倍，后者运行耗时为 1.316 秒。具有自定义分区程序的并行 PLINQ 变体稍有改进，运行耗时为 0.436 秒，比原始 PLINQ 版本快 11%

通常，PLINQ 查询并非绝对保证并行运行。TPL 调度程序不会自动并行化每个查询，但它可以根据操作的大小和复杂性以及可用计算机资源的当前状态等因素，去决定整个查询都按顺序运行或只有一部分查询按顺序运行。当你想要强制并行时，就存在这种情况——启用并行执行所涉及的开销比所获得的加速收益要大，因此需要你对查询执行的了解比 PLINQ 从其分析中确定的东西要多。例如，当查询中有委托时，你可能知道委托的开销很大，因此查询绝对会受益于并行化。

UpdateCentroids 函数中使用的另一个有趣的扩展是自定义分区器。当并行化 k 均值时，将输入数据划分为块，以避免创建粒度过细的并行性：

```
var partitioner = Partitioner.Create(data, true)
```

Partitioner<T> 类是一个允许静态和动态分区的抽象类。默认的 TPL Partitioner(分区器)具有自动处理分区的内置策略，可为各种数据源提供良好的性能。TPL Partitioner 的目标是在分区太多(这将带来开销)和分区太少(这将不能充分地利用可用资源)之间找到平衡点。但是，在默认分区可能不合适的情况下，你可以使用自定义的分区策略从 PLINQ 查询中获得更好的性能。

在刚才的代码片段中，使用 Partitioner.Create 方法的重载版本来创建自定义分区器，该方法将数据源和指示要使用的分区策略(动态或静态)的标志作为参数。当标志为 true 时，分区策略是动态的，否则是静态的。静态分区通常在具有少量内核(两个或四个)的多核计算机上提供加速。动态分区旨在通过分配任意大小的块来平衡任务之间的工作，然后在每次迭代后逐渐扩展长度。可以使用复杂的策略来构建复杂的分区程序(http://mng.bz/48UP)。

了解分区是如何工作的

在 PLINQ 中，有四种分区算法：

- **范围分区**。适用于大小确定的数据源。数组就属于这种类别：

```
int[] data = Enumerable.Range(0, 1000).ToArray();
data.AsParallel().Select(n => Compute(n));
```

- **剥离分区**。与范围分区相反。数据源大小不确定，因此靠 PLINQ 查询每次提取一个条目并将其分配给任务，直到数据源变空。该策略的主要好处是可以在任务之间平衡负载：

```
IEnumerable<int> data = Enumerable.Range(0, 1000);
data.AsParallel().Select(n => Compute(n));
```

- **哈希分区**。使用值的哈希代码将具有相同哈希代码的元素分配给同一任务(例如，当 PLINQ 查询执行 GroupBy 时)。
- **区块分区**。适用于增量块大小，其中每个任务从数据源获取一个条目块，其长度随迭代次数的增加而扩展。在每次迭代中，较大的块会使任务尽可能保持忙碌。

5.2.3　为 PLINQ 实现并行 Reduce 函数

现在，你已经了解了聚合操作的强大功能，由于内存消耗低和择伐优化，这些操作特别适合多核硬件上的可扩展并行化。内存带宽较低是因为聚合函数产生的数据比它们接收的要少。例如，其他聚合函数(如 Sum()和 Average())将条目集合归约为单个值。这就是归约的概念：它用一个函数将一个元素序列归约为一个值。PLINQ 列表扩展没有像 F#列表解析或其他函数式编程语言(如 Scala 和 Elixir)一样有着特定的 Reduce(归约)函数。但是，在熟悉了 Aggregate 函数之后，实现可重用的 Reduce(归约)函数是一件容易的事。代码清单 5.10 展示了 Reduce 函数实现的两个变体。注释的代码用粗体突出显示。

代码清单 5.10   使用 Aggregate 的并行 Reduce 函数实现

```
使用函数确定数字是否为素数
                                                     对于每次迭代，函数 func 被应用于当
                                                     前条目，前一个值则被用作累加器
    static TSource Reduce<TSource>(this ParallelQuery<TSource> source,
                                   Func<TSource, TSource, TSource> reduce) =>
    ParallelEnumerable.Aggregate(source,
                        (item1, item2) => reduce(item1, item2));

    static TValue Reduce<TValue>(this IEnumerable<TValue> source, TValue seed,
        Func<TValue, TValue, TValue> reduce) =>
        source.AsParallel()
        .Aggregate(
            seed: seed,
            updateAccumulatorFunc: (local, value)=>reduce(local,value),
            combineAccumulatorsFunc: (overall, local) =>
                                        reduce(overall, local),
            resultSelector: overall => overall);          合并每个线程的中间结果
                                                          (分区结果)
    int[] source = Enumerable.Range(0, 100000).ToArray();
    int result = source.AsParallel()
            .Reduce((value1, value2) => value1 + value2);    使用 Reduce 函数，
返回最终结果。在这个地方你可以                                     传递匿名 lambda 作
对输出进行转换                                                    为归约函数来应用
```

第一个 Reduce 函数有两个参数：要归约的序列和要应用于归约的委托(函数)。委托有两个参数：局部结果和集合的下一个元素。底层实现使用 Aggregate 将源序列中的第一个条目视为累加器。

Reduce 函数的第二个变种接收一个额外的参数种子，该种子用作初始值，从要聚合的序列的第一个值开始归约。这个版本的函数合并多个线程的结果。这个操作将创建对源集合和结果的潜在依赖关系。因此，每个线程都使用非共享内存的线程本地存储来缓存局部结果。当每个操作完成后，将单独的局部结果合并为最终结果。

updateAccumulatorFunc 计算线程的局部结果。combineAccumulatorsFunc 函数将局部结果合并为最终结果。最后一个参数是 resultSelector，用于对最终结果执行用户定义的操作。在这种情况下，它返回原始值。代码的剩余部分是应用 Reduce 函数并行计算给定序列之和的示例。

1. 确定性聚合的关联性和可交换性

使用 PLINQ(或 PSeq)并行运行应用 Reduce 函数版本的聚合的计算顺序与顺

序版本不同。在代码清单 5.8 中，顺序结果的计算顺序与并行结果的计算顺序不同，但两个输出被保证是相等，因为用于更新质心距离的运算符+(加号)具有关联性和可交换性的特殊属性。这是用于查找最近质心的代码行：

```
Dist(center, centroid2) < Dist(center, centroid1)
```

这是用于查找质心更新的代码行：

```
points
   .Aggregate(
        seed: new double[N],
        func: (acc, item) => acc.Zip(item, (a, b) => a + b).ToArray())
   .Select(items => items / points.Count())
```

在 FP 中，数学运算符都是函数。+(加号)是一个二元运算符，因此它对两个值执行运算以返回结果。

当函数的应用顺序调换而不会改变其结果时，该函数就是关联的。这个属性对于归约操作很重要。+(加号)运算符和*(乘法)运算符是关联的，因为：

$(a + b) + c = a + (b + c)$

$(a * b) * c = a * (b * c)$

只要每个操作数都被计算在内，当操作数的顺序调换而不会改变其输出时，该函数就是可交换的。这个属性对于组合器操作非常重要。+(加号)运算符和*(乘法)运算符是可交换的，因为：

$a + b + c = b + c + a$

$a * b * c = b * c * a$

2. 为什么这些很重要

使用这些属性，可以对数据进行分区，并使多个线程在其自己的块上独立运行，从而实现并行，并最终返回正确的结果。这些属性的组合得以实现并行模式，例如分而治之、Fork / Join 或 MapReduce。

为了使 PLINQ PSeq 中的并行聚合正常工作，所应用的操作必须同时具有关联性和交换性。好消息是，许多最流行的归约函数都同时具有关联性和交换性。

5.2.4　F#的并行列表解析：PSeq

本书读到这里时，你了解到声明式编程有助于实现数据并行，而 PLINQ 使这一点变得特别容易。PLINQ 提供了可以在 C#和 F#中使用的扩展方法和高阶函数。但是，针对 F#围绕 PLINQ 所提供功能的包装模块使得代码比直接使用 PLINQ 更符合 F#的常用语言习惯。这个模块称为 PSeq，它提供了 Seq 计算表达式模块的函数部分的并行等价实现。在 F#中，Seq 模块是.NET IEnumerable<T>类的一个精简包装器，用于模拟类似的功能。在 F#中，所有内置的顺序容器(如数组、列表和集)都是 Seq 类型的子类型。

总之，如果并行 LINQ 是在代码中使用的正确工具，那么 PSeq 模块则是在 F#中使用它的最佳方式。代码清单 5.11 展示了在 F#中以常用语言习惯使用 PSeq 实现 updateCentroids 函数(以粗体显示)。

代码清单 5.11　在 F # 中以常用语言习惯使用 PSeq 实现 updateCentroids

```
let updateCentroids centroids =
    data
    |> PSeq.groupBy (nearestCentroid centroids)
    |> PSeq.map (fun (_,points) ->
       Array.init N (fun i ->
            points |> PSeq.averageBy (fun x -> x.[i])))
    |> PSeq.sort
    |> PSeq.toArray
```

该代码使用 F#管道运算符|>来构造管道语义，以将一系列操作作为表达式链来计算。使用 PSeq.groupBy 和 PSeq.map 函数应用的高阶运算遵循与原始 updateCentroids 函数相同的模式。map 函数相当于 PLINQ 中的 Select。Aggregate 函数 PSeq.averageBy 非常有用，因为它取代了没有内置这个功能的样板代码(在 PLINQ 中是必需的)。

5.2.5　F#的并行数组

尽管 PSeq 模块提供了许多熟悉且有用的函数结构，例如 map 和 reduce，但这些函数本质上受限于它们必须作用于序列而不是可分割范围的这个事实。因此，当你增加计算机中的内核数量时，来自 F#标准库的 Array.Parallel 模块提供的函数通常可以比 PSeq 模块更有效地扩展。见代码清单 5.12。

代码清单 5.12　使用 F# Array.Parallel 并行求和素数

```
let len = 10000000
                                    使用函数确定数字
                                    是否为素数
let isPrime n =
   if n = 1 then false
   elif n = 2 then true
   else
     let boundary = int (Math.Floor(Math.Sqrt(float(n))))
     [2..boundary - 1]
     |> Seq.forall(fun i -> n % i <> 0)

let primeSum =
```

```
[|0.. len|]
  |> Array.Parallel.filter (fun x-> isPrime x)  ◄──────────┐
  |> Array.sum            在 F# 中使用内置的并行数组模块。函数 filter 是
                          使用 Array.Parallel.choose 函数开发的
```

Array.Parallel 模块提供了许多使用 TPL Parallel 类并行化的普通高阶数组函数的版本。这些函数通常比它们的 PSeq 等效函数更高效，因为它们是在连续范围的可分割成块的数组上而不是线性序列上操作的。F#标准库提供的 Array.Parallel 模块包括几个有用的聚合运算符的并行化版本，最值得一提的是 map。代码清单中的函数 filter 是使用 Array.Parallel.choose 函数开发的。

数据并行中的不同策略：向量检查

我们已经介绍了基于函数式编程的，用于快速并行处理数据的基本编程设计模式。现在我们再复习一下，这些模式如表 5.1 所示。

表 5.1　迄今为止分析过的并行数据模式

模式	定义	优缺点
分而治之	递归地将问题分解成更小的问题，直到这些问题变得足够小，小到可以直接解决。对于每个递归调用，将创建一个独立任务以并行执行子问题。"分而治之"算法最流行的示例是快速排序	如果有许多递归调用，这种模式可能会产生与并行处理相关的额外开销从而使处理器饱和
Fork/Join	这种模式旨在将给定数据集拆分或分叉为工作块，以便并行执行每个单独的数据块。完成每个并行工作部分后，并行区块将被合并或连接在一起。 并行部分分叉可以使用递归来实现，类似于分而治之，直到达到特定任务的粒度为止	这种模式提供了高效的负载均衡
聚合/归约	这种模式旨在通过求值独立处理元素上的任务，并行地将给定数据集的所有元素组合成一个值。 这是在并行化具有共享状态的循环时要考虑的第一级优化	要并行归约的数据集的元素应满足关联性。使用关联运算符，可以将数据集的任意两个元素组合成一个

表 5.1 中的并行编程抽象可以使用.NET 提供的多核开发功能快速实现。其他模式将在本书的其余部分进行分析。在下一节中，我们将研究并行 MapReduce 模式。

5.3　并行 MapReduce 模式

MapReduce 是 2004 年在 Jeffrey Dean 和 Sanjay Ghemawat 撰写的"MapReduce：大型集群上的简化数据处理"一文中所引入的模式(https://research.google.com/archive/mapreduce-osdi04.pdf)。

MapReduce 为大数据分析和使用并行处理来处理大量数据提供了特别有趣的解决方案。它具有极高的可扩展性，可用于世界上一些最大的分布式应用程序。此外，它还可用于处理和生成要分布在多台机器上的大型数据集。Google 的实现运行在一个大型的机器集群上，一次可以处理数 TB 的数据。其设计和原理既适用于小规模的单台机器(单核)，也适用于功能强大的多核机器。

本章重点介绍如何在单个多核计算机中应用数据并行，但同样的概念也可以应用于网络中多台计算机之间的工作划分。在第 11 章和第 12 章中，我们将介绍代理(和参与者)编程模型，它可以用来实现这种任务网络分配。

MapReduce 模型的思想(如图 5.6 所示)源于函数式范式，其名称源自 map 和 reduce 组合器的概念。使用这种更具函数式风格编写的程序可以在大型机器集群上并行而不需要并发编程知识。然后，实际运行时可以对数据进行分区、调度和处理任何潜在的故障。

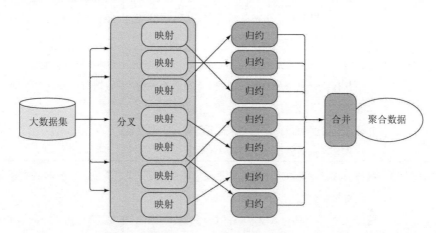

图 5.6　MapReduce 计算阶段的原理示意图。MapReduce 模式主要由两个步骤组成：映射(map)和归约(reduce)。Map 函数应用于所有条目并生成中间结果，这些结果使用 Reduce 函数进行合并。这种模式类似于 Fork/Join 模式，因为将数据拆分为块后，它会并行应用任务映射并独立归约。在原理示意图中，给定的数据集被分区为块，由于没有依赖性，可以独立执行。然后，使用 Map 函数将每个块转换为不同的模型。每个 Map 执行同时运行。当每个映射块操作完成时，结果将被传递到下一步，以使用 Reduce 函数进行聚合

MapReduce 模型在需要并行执行大量操作的领域非常有用。机器学习，图像处理，数据挖掘和分布式排序是 MapReduce 被广泛使用的领域的几个例子。

通常，该编程模型基于五个简单的概念。顺序不是固定不变的，可以根据你的需要进行更改：

(1) 迭代输入。

(2) 计算每个输入的 key/value 对。

(3) 按照 key 对所有中间值进行分组。

(4) 对结果组进行迭代。

(5) 归约每个组。

MapReduce 的总体思想是使用映射(map)和归约(reduce)的组合来查询数据流。为此，可以将可用数据映射到不同的格式，为每个原始数据生成不同格式的新数据条目。在 Map 操作期间，还可以在映射条目之前或之后对其重新排序。保留元素数量的操作是 Map 操作。如果你有许多元素，你可能希望减少它们的数量以解答问题。可以通过丢弃不关心的元素来过滤输入流。

> **MapReduce 模式和 GroupBy**
>
> Reduce 函数将输入流归约到单个值。有时，需要根据条件对输入元素进行分组来归约大量输入元素，来取代(归约到)单个值。这实际上并没有减少元素的数量，它只是对元素进行了分组，但你可以通过将组聚合到单个值来归约每个组。例如，如果组中包含可以求和的值，则可以计算每个组中的值总和。

可以将元素组合到单个聚合元素中，并仅返回能提供你所寻求答案的元素。先映射再归约是一种方法，但也可以先归约再映射，甚至可以"归约-映射-再归约"等更多方法。总之，MapReduce 映射(将数据从一种格式转换为另一种格式并对数据进行排序)并归约(筛选、分组或聚合)数据。

5.3.1　Map 和 Reduce 函数

MapReduce 由两个主要阶段组成：

- **Map** 接收输入并执行 map 函数以产生中间 key/value 对的输出。然后将具有相同 key 的值连接并传递到第二阶段。

- **Reduce** 通过将函数应用于相同的中间 key 关联的值来聚合 Map 阶段的结果，以生成一组可能更小的值的集合。

MapReduce 的重要方向是 Map 阶段的输出与 Reduce 阶段的输入兼容。这种特性带来了函数组合。

5.3.2   在 NuGet 包库中使用 MapReduce

在本节中，你将学习如何使用程序从联机库下载和分析 NuGet 包来实现和应用 MapReduce 模式。NuGet 是微软开发平台(包括.NET)的包管理器，也是所有包开发人员使用的包存储库中心。在本文撰写时，已经有超过 80 万个 NuGet 包。该程序的目的是通过添加包和其所有依赖项的分数值来计算每个包的重要性，从而排名和确定五个最重要的 NuGet 包。

由于 MapReduce 和 FP 之间的内在关系，将使用 F#和 PSeq 来实现代码清单 5.13 以支持数据并行。C# 版本的代码可以在本书可下载源代码中找到。

可以使用相同的基本思想来查找其他信息，例如你正在使用的包的依赖关系，这些依赖关系的依赖关系等。

注意 下载所有 NuGet 软件包版本的所有信息需要一些时间。在解决方案中，在可下载源代码里有一个压缩文件(nuget-latest-versions.model)。如果要更新最新值，请删除这个文件，运行应用程序，并耐心等待。最新更新的文件将被压缩并保存以备下次使用。

代码清单5.13定义了Map函数和Reduce函数。Map函数将NuGet包输入转换为Key/Value对数据结构，其中Key是包的名称，Value是其评分值(float)。该数据结构被定义为一系列的Key/Value类型，因为每个包都可能具有依赖关系，这将作为总分的一部分进行求值。Reduce函数将包含相关分数/值序列的包名称作为参数。此输入匹配了上一个 Map 函数的输出。

代码清单 5.13   封装了 Map 和 Reduce 函数的 PageRank 对象

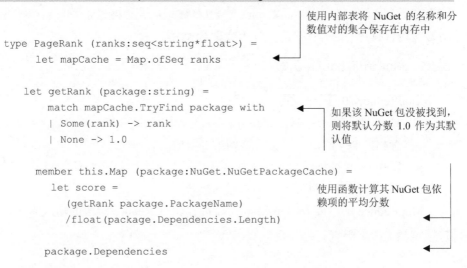

```
type PageRank (ranks:seq<string*float>) =
    let mapCache = Map.ofSeq ranks
```
使用内部表将 NuGet 的名称和分数值对的集合保存在内存中

```
  let getRank (package:string) =
      match mapCache.TryFind package with
      | Some(rank) -> rank
      | None -> 1.0
```
如果该 NuGet 包没被找到，则将默认分数 1.0 作为其默认值

```
    member this.Map (package:NuGet.NuGetPackageCache) =
      let score =
        (getRank package.PackageName)
        /float(package.Dependencies.Length)
```
使用函数计算其 NuGet 包依赖项的平均分数

```
      package.Dependencies
```

```
|> Seq.map (fun (Domain.PackageName(name,_),_,_) -> (name, score))

member this.Reduce (name:string) (values:seq<float>) =
        (name, Seq.sum values)
```
使用函数将一个包的所有相
关分数归约成一个值

PageRank 对象封装了 Map 和 Reduce 函数，可以轻松地访问相同的底层数据结构。接下来，需要构建程序的核心 MapReduce。使用 FP 风格，可以为可重复使用的 MapReduce 函数建模，将该函数传递为 Map 和 Reduce 阶段的输入。代码清单 5.14 是 mapF 的实现。

代码清单 5.14　MapReduce 模式第一阶段的 mapF 函数

将并行度设置为任意值 M

```
let mapF M (map:'in_value -> seq<'out_key * 'out_value>)
              (inputs:seq<'in_value>) =
    inputs
    |> PSeq.withExecutionMode ParallelExecutionMode.ForceParallelism

    |> PSeq.withDegreeOfParallelism M

    |> PSeq.collect (map)

    |> PSeq.groupBy (fst)

    |> PSeq.toList
```

强制并行度

映射输入集合里的条目

按 map 函数生成的 key 对映射
条目进行分组

强制实现序列的物化，以确保应
用并行度

mapF 函数将第一个参数作为整数值 M，它决定了要应用的并行度。这个参数是被有意放在第一位的，因为这样可以更容易地局部应用该函数来重用相同的值。在 mapF 主体内部，使用 PSeq.withDegreeOfParallelism M 来设置并行度。这个扩展方法同样也在 PLINQ 中使用。这样配置的目的是限制可以并行运行的线程数，并且在执行最后一个函数 PSeq.toList 中及早地物化查询时不能并存。如果你删除 PSeq.withDegreeOfParallelism，则并行度不保证会强制执行。

对于单台多核计算机，有时限制每个函数正在运行的线程数是很有用的。在并行 MapReduce 模式中，由于 Map 和 Reduce 同时执行，你可能会发现限制每个步骤专用的资源是有益的。例如，通过如下代码定义 maxThreads 的值可以将 MapReduce 两个阶段的每一个阶段使用的最大线程数都限制为系统线程的一半。

```
let maxThreads = max (Environment.ProcessorCount / 2, 1)
```

mapF 的第二个参数是此模式的核心——map 函数，它对每个输入值进行操作

并返回输出序列 key/value 对。输出序列的类型可以与输入的类型不同。最后一个
参数是要操作的输入值序列。

在 map 函数之后，实现了 reduce 聚合。代码清单 5.15 展示了聚合函数 reduceF
的实现，以运行第二个阶段和最终的结果。

代码清单 5.15　MapReduce 模式第二阶段的 reduceF 函数

```
let reduceF R (reduce:'key -> seq<'value> -> 'reducedValues)      强制并行度
              (inputs:('key * seq<'key * 'value>) seq) =
    inputs
      |> PSeq.withExecutionMode ParallelExecutionMode.ForceParallelism

      |> PSeq.withDegreeOfParallelism R      将并行度设置为任意值 R

      |> PSeq.map (fun (key, items) ->       以 key/value 对的形式映射输入集合
         items                               中的条目
         |> Seq.map (snd)
         |> reduce key)                      从输入序列中提取值以应用 reduce
    |> PSeq.toList                           函数
```

reduceF 函数的第一个参数 R 与前一个 mapF 函数中的参数 M 设置并行度是
同样的目的。第二个参数是 reduce 函数，它对输入参数的每个 key/value 对进行操
作。在 NuGet 包示例中，key 是包名称的字符串，value 的序列是与包关联的排
名列表。最后，输入参数是 key/value 对的序列，它与 mapF 函数的输出相匹配。
reduceF 函数生成最终输出。

在定义了函数 map 和 reduce 之后，最后一步很简单：将所有内容组合在一起
(以粗体显示)。见代码清单 5.16。

代码清单 5.16　组合 mapF 和 reduceF 函数的 mapReduce

```
let mapReduce
        (inputs:seq<'in_value>)
        (map:'in_value -> seq<'out_key * 'out_value>)
        (reduce:'out_key -> seq<'out_value> -> 'reducedValues)
        M R =

inputs |> (mapF M map >> reduceF R reduce)      使用 F# 正向组合运算符>>
                                                来组合 map 和 reduce 函数
```

因为 map 函数的输出与 reduce 函数的输入相匹配，所以可以轻松地将它们组
合在一起。代码清单 5.16 展示了这种函数式方法在 mapReduce 函数中的实现。
mapReduce 函数参数使用了底层的 mapF 和 reduceF 函数，同样的解释也适用于此。
这段代码的重要部分是最后一行。使用 F#内置管道运算符(|>)和正向组合运算符

(>>)，可以将所有内容组合在一起。

以下代码展示了如何使用代码清单 5.16 中的 mapReduce 函数来计算 NuGet 包的排名。

```
let executeMapReduce (ranks:(string*float)seq) =
let M,R = 10,5
let data = Data.loadPackages()
let pg = MapReduce.Task.PageRank(ranks)
mapReduce data (pg.Map) (pg.Reduce) M R
```

代码清单 5.13 定义了类 pg(PageRank)和提供了 map 和 reduce 函数的实现。通过任意值 M 和 R 可以设置 MapReduce 每个步骤所创建的工作者数量。在实现了 mapF 和 reduceF 函数之后，你可以将它们组合起来实现 mapReduce 函数，可以方便地用作新函数。

正如预期的那样，图 5.7 中的串行实现是最慢的。由于并行版本 F# PSeq 和 C# PLINQ 使用相同的底层库，因此速度值几乎相等。F# PSeq 版本稍微慢一点，CPU 时间更长，这是因为包装器带来了额外的开销。最快的 MapReduce 是具有自定义分区器的 PLINQ 并行版本，具体实现可以在本书的源代码中找到。

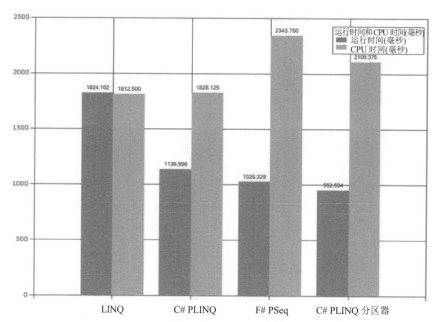

图 5.7　使用 8GB RAM 的四核计算机运行 MapReduce 算法的基准测试。算法分别在顺序 LINQ、并行 F# Pseq，具有自定义分区程序的 PLINQ 变体上测试。MapReduce 的并行版本运行耗时为 1.136 秒，比使用 C#普通 LINQ 顺序版本快 38%。正如预期的那样，F# PSeq 性能几乎等同于 PLINQ，因为它们在底层共享相同的技术。并行 C# PLINQ 与自定义分区器是最快的解决方案，运行耗时为 0.952 秒，比普通 PLINQ 快 18%，速度是基线(顺序版本)的两倍

以下是五个最重要的 NuGet 包的结果：

```
Microsoft.NETCore.Platforms :      6033.799540
Microsoft.NETCore.Targets :        5887.339802
System.Runtime :                   5661.039574
Newtonsoft.Json :                  4009.295644
NETStandard.Library :              1876.720832
```

在 MapReduce 中，如果操作不具备关联性，那么并行执行的任何形式的归约都可能会提供与序列版本不同的结果。

1. MapReduce 和一点点数学

本章前面介绍的关联性和可交换性保证了聚合函数的正确性和确定性行为。在并行和函数式编程中，采用数学模式是为了保证程序实现的准确性。但是，没有必要深入了解数学。

你能在以下公式中确定 x 的值吗？

$9 + x = 12$

$2 < x < 4$

如果你对这两个函数都回答了 3，好消息是，你已经了解使用线性代数技术以函数式编写确定性并发程序所需的所有数学知识。

2. 数学可以做些什么来简化并行：幺半群(monoid)

关联性这个属性带来了一种称为幺半群(https://wiki.haskell.org/Monoid)的通用技术，它以简单的方式处理许多不同类型的值。术语幺半群(monoid)[不要与单子(monad)混淆])来自数学，但这个概念适用于没有任何数学知识的计算机编程。本质上，幺半群是输出类型与输入类型相同的操作，它必须满足一些规则：结合律(associativity)、单位元(identity)和封闭性(closure)。

你在上一节中看到了结合律的相关内容。单位元属性表示可以多次执行计算，而不会影响结果。例如，关联和可交换的聚合可以应用于最终结果的一个或多个归约步骤，而不会影响输出类型。封闭性规则强制给定函数的输入和输出类型必须相同。例如，加法以两个数字作为参数，并返回第三个数字作为结果。这个规则在.NET 中可以这样表示：函数签名为 Func <T，T，T>，与 Func <T1，T2，R>等函数签名相比，它确保了所有参数属于同一类型。

在 k 均值示例中，函数 UpdateCentroids 满足了这些定律，因为算法中使用的运算是幺半群的——一个隐藏了简单概念的可怕的单词。这个操作是加法(用于归约)。

加法函数采用两个数字并产生相同类型的输出。在这种情况下，单位元为 0，因为可以将值 0 加到操作结果而不会改变其结果。乘法也是一个幺半群，其单位元为 1。任何数值乘以 1 其值都不变。

为什么操作返回与输入相同类型的结果很重要？因为它允许你使用幺半群操作连接和组合多个对象，使得为这些运算引入并行性变得简单。

例如，一个操作具有关联性，这意味着你可以折叠数据结构以按顺序归约列表。但是，如果你有一个幺半群，则可以使用 fold (Aggregate)归约列表，该列表对于某些操作可能更高效，还允许并行性。

要计算数字 8 的阶乘，在双核 CPU 上并行运行的乘法运算应该类似于表 5.2。

表 5.2　并行计算数字 8 的阶乘

	内核 1	内核 2
步骤 1	M1 = 1 * 2	M2 = 3 * 4
步骤 2	M3 = M2 * 5	M4 = 6 * M1
步骤 3	M5 = M4 * 7	M6= 8 * M3
步骤 4	空闲	M7= M6 * M5
结果	40320	

无论是使用 F#还是 C#的并行聚合都可以实现相同的结果，将数字 1 到 8 的列表归约为单个值：

```
[1..8] |> PSeq.reduce (*)
Enumerable.Range(1, 8).AsParallel().Reduce((a, b)=> a * b);
```

因为乘法是整数类型的幺半群运算，所以可以确保并行运行该运算的结果是确定的。

注意　在利用并行时涉及许多因素，因此使用顺序版本作为基线来持续地进行基准测试和测量算法的加速是非常重要的。实际上，在某些情况下，并行循环的运行速度可能比其顺序等效循环慢。如果序列太小而无法并行运行，则为任务协调引入的额外开销可能会产生负面影响。在这种情况下，顺序循环更适合这种场景。

5.4　本章小结

- 并行 LINQ 和 F# PSeq 都是源于函数式范式，专为数据并行所设计的、代码简单和高性能的技术。默认情况下，这些技术将逻辑处理器数量作为并

　　行度。这些技术处理以较小块分区序列的有关底层过程，设置计算机逻辑
　　内核的并行度，并单独运行以处理每个子序列。

- PLINQ 和 F# PSeq 是位于多线程组件之上的更高级抽象技术。这些技术
  旨在充分利用可用的计算机资源，减少查询执行的时间。

- .NET 框架允许自定义技术最大限度地提高数据分析的性能。考虑值类型
  而非引用类型，以减少内存问题，否则会由于生成太多 GC 而导致瓶颈。

- 编写纯函数或无副作用的函数可以更容易地解释程序的正确性。此外，因
  为纯函数是确定性的，所以当传递相同的输入时，输出不会改变。执行顺
  序无关紧要，因此无副作用的函数可以轻松地被并行执行。

- 使用纯函数进行设计并从纯逻辑中解耦副作用是函数式思维带来的两个
  基本原则。

- 择伐是一种消除中间数据结构生成的技术，以减少临时内存分配的大小，
  这有利于应用程序的性能。使用 LINQ 中的高阶函数 Aggregate 可以轻松
  地利用这个技术。它将多个操作组合在一个步骤中，例如 filter 和 map，
  否则这些操作中的每个操作都将有一个中间数据结构分配。

- 编写具有关联性和可交换性的函数允许实现并行模式，例如分而治之、
  Fork/Join 或 MapReduce。

　　MapReduce 模式主要由两个步骤组成：map(映射)和 reduce(归约)。Map 函数
应用于所有条目并生成中间结果，这些结果将使用 Reduce 函数进行合并。这个模
式类似于 Fork/Join，因为在将数据拆分为块之后，它将并行地应用 Map 和 Reduce
任务。

第 **6** 章

实时事件流：函数式
反应式编程

本章主要内容：

- 了解可查询的事件流
- 使用反应式扩展(Rx)
- 将 F #和 C#结合起来，使事件成为头等值
- 处理高速数据流
- 实现发布者-订阅者模式

我们习惯于每天回应生活中的事件。如果开始下雨，我们就打把伞。如果房间开始变暗，我们将打开电灯。我们的应用程序也是如此，程序必须对应用程序中发生的其他事情或与之交互的用户所产生的事件作出反应，或处理事件。几乎每个程序都必须处理事件，无论是收到服务器上网页的 HTTP 请求，来自你最喜欢的社交媒体平台的通知，文件系统的更改，还是单击按钮。

今天对应用程序的挑战不再是对一个事件作出反应，而是对接近实时的、持续的、大量的事件作出反应。想想不起眼的智能手机。我们依靠这些设备不断地连接到互联网，不断地发送和接收数据。这种多设备互连与数十亿正在获取和共享信息并需要进行实时分析的传感器相比，实在是小巫见大巫。此外，这种不可阻挡的大规模通知流将继续从互联网消防水龙带流出，因此系统需要针对并行处理背压(https://en.wikipedia.org/wiki/Back_pressure)和通知来设计。

背压是指生成事件的生产者远远领先于处理事件的消费者的情况。这可能会在内存消耗中产生潜在的峰值，并可能需要为消费者保留更多的系统资源，直到消费者追上来。关于背压的更多细节将在本章后面介绍。

据预测，到 2020 年，将有超过 500 亿台设备连接到互联网。更令人震惊的是，这种数字信息的扩充在任何时候都没有显示出放缓的迹象！因此，实时操作和分析高速数据流的能力将继续主导数据(大数据)分析和数字信息领域。

使用传统的编程范式来实现这类实时处理系统存在许多挑战。你可以使用哪些技术和工具来简化事件编程模型呢？如何并发处理多个事件而不需要刻意思考并发呢？答案是：使用反应式编程。

·   在计算中，反应式编程是一种编程范式，它保持与环境持续交互，但其速度取决于环境，而不是程序本身。

反应式编程使用永久的异步事件流来进行编程，使其变得简单。最重要的是，它结合了前面章节中所见的并发函数式编程的优点，以及反应式编程工具包，使得事件驱动编程好处多多、平易近人和安全。此外，通过在流上应用各种高阶运算符，你可以轻松实现不同的计算目标。

到本章结束时，你将了解到反应式编程是如何避免在使用命令式技术构建反应式系统时出现的问题。你将设计和实现事件驱动的，支持异步的，具有反应式、可扩展性和低耦合的应用程序。

6.1   反应式编程：大事件处理

反应式编程，不要与函数式反应型编程混淆了，反应式编程指的是一种编程范式，这种编程范式将事件作为数据流异步地监听和处理，在这种编程范式中，是由新信息的可用性来驱动程序逻辑前进，而不是由执行线程来驱动控制流。

反应式编程的一个常见示例是电子表格，其中单元格包含文字值或公式，例如 C1 = A1 + B1，或者按照 Excel 术语来说是：C1 = Sum(A1：B1)。在这种情况下，单元格 C1 中的值是基于其他单元格的值进行计算的。当其他单元格 B1 或 A1 的值改变时，公式的值将会自动重新计算以更新 C1 的值，如图 6.1 所示。

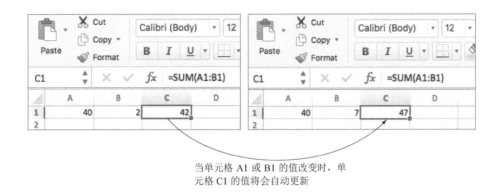

当单元格 A1 或 B1 的值改变时，单
元格 C1 的值将会自动更新

图 6.1　这个 Excel 电子表格是反应式的，意味着单元格 C1 将会随着单元格 A1 或 B1 的值的改
变而通过公式 Sum(A1:B1)来作出反应

同样的原理也适用于处理数据，以在其状态发生变化时通知系统。分析数据
集合是软件开发中一个常见的需求。在许多情况下，你的代码可以从使用反应式
事件处理中受益。与只能处理灵活性有限的简单场景的常规事件处理相比，反应
式事件处理允许组合反应式语义以优雅和简洁的方式来表达操作(例如 Filter 和
Map)。

使用反应式编程方法的事件处理与传统方法不同，事件被视为流。这提供了
以声明式和有表现力的方式轻松操作具有不同功能 (如筛选、映射和合并) 的事
件的能力。例如，可以设计一个 Web 服务，来根据指定的规则将事件流过滤成事
件的子集。最终解决方案使用反应式编程通过以声明式描述操作来捕获预期的行
为，这也是 FP 的原则之一。这也是它通常被称为函数式反应型编程的原因之一，
但是这个术语需要进一步的解释。

什么是函数式反应型编程(Functional Reactive Programming，FRP)？从技术上
讲，FRP 是一种基于时间变化的编程范式(最根本的自变量是时间)，它使用一
组简单的组合反应式运算符(行为和事件)，这些运算符反过来又用于构建更复
杂的运算符。这种编程范式通常用于开发 UI、机器人和游戏，以及解决分布式
和网络化系统的难题。由于 FRP 简化的组合和强大，一些现代技术使用 FRP
原理来开发复杂的系统。例如，编程语言 Elm(http://elm-lang.org)和 Yampa
(https://wiki.haskell.org/Yampa)就是基于 FRP 的。

从行业的角度来看，FRP 是一组不同但相关的函数式编程技术，在事件处理
的框架下结合在一起。混乱来自相似性和失实陈述——在不同的组合中使用了相
同的单词：

- 函数式编程是一种将计算视为表达式的求值并避免状态发生变化和可变数据的范式。
- 反应式编程是一种实现了具有实时组件的任何应用程序的范式。

在大数据分析的实时流处理环境中，反应式编程变得越来越重要。反应式编程的好处是通过提供一种简单且可维护的方法来处理异步、无阻塞计算和 IO，从而增加了对多核和多 CPU 硬件上计算资源的使用。同样，FRP 提供了正确的抽象，让事件驱动编程好处多多、平易近人、安全和可组合的。通过这些，可以用清晰易读的代码来构建实时的、反应式的程序，这些代码易于维护和扩展，而不会牺牲性能。

反应式编程概念是基于非阻塞异步的，将事件的控制从“请求”变为“等待”，如 图 6.2 所 示 。 这 个 原 则 被 称 为 控 制 反 转 (http://martinfowler.com/bliki/InversionOfControl.html)，也被称为好莱坞原则(别打电话给我，有事我会打电话给你的)。

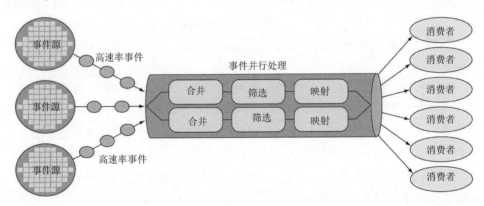

图 6.2　实时反应式编程可促进非阻塞(异步)操作，这些操作旨在通过同时处理多个事件(可能并行)来处理高容量、高速事件序列

反应式编程旨在随着时间的推移来对高速事件序列进行操作，简化了同时(并行)处理多个事件的并发方面。

编写能够快速反应事件的应用程序变得越来越重要。图 6.3 展示了一个每分钟处理大量推文的系统。这些消息由数百万台设备(表示为事件源)发送到该系统中，该系统分析，转换，然后将推文发送给订阅的用户。通过使用主题标签来注释推文消息以创建专用的频道和兴趣组是很常见的。该系统则使用主题标签来按主题进行筛选和分区通知。

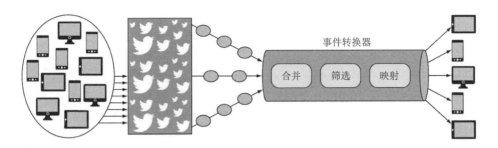

图 6.3　数百万台设备体现为丰富的事件源，能够每分钟发送大量推文。实时反应系统可以通过应用非阻塞(异步)操作(合并、筛选和映射)将大量的推文作为事件流处理，然后将推文分配给侦听器(消费者)

　　每天，数以百万计的设备发送和接收通知，如果系统不是为了处理如此大量的持续事件而设计的，这些通知可能会溢出并可能使系统崩溃。你会怎么写这样的一个系统呢？

　　FP 与反应式编程之间存在着密切的关系。反应式编程使用函数式构造器来实现可组合的事件抽象。如前所述，可以在事件上利用 map(映射)、filter(筛选)和(归约)等高阶操作。FRP 一词通常指反应式编程，但这并不完全正确。

注意　FRP 是一个综合性主题。但本章仅涉及基本原则。有关 FRP 的更深入解释，我推荐 Stephen Blackheath 和 Anthony Jones 撰写的 *Functional Reactive Programming*(Manning，2016)。

6.2　用于反应式编程的.NET 工具

　　.NET 框架支持基于委托模型的事件。订阅者的事件处理程序注册一系列事件，并在调用时触发事件。使用命令式编程范式，事件处理程序需要一个可变状态来跟踪订阅以注册回调，该回调将行为包装在函数内以限制可组合性。

　　下面是一个注册按钮单击事件的典型示例，使用了事件处理程序和匿名 lambda：

```
public MainWindow()
{
    myButton.Click += new System.EventHandler(myButton_Click);

    myButton.Click += (sender, args) => MessageBox.Show("Bye!");
}
void myButton_Click(object sender, RoutedEventArgs e)
```

```
    {
        MessageBox.Show("Hello!");
    }
```

这种模式是.NET 事件难以编排，几乎不可能转换的主要原因，也是最终导致意外内存泄漏的原因。通常，使用命令式编程模型需要一个共享可变状态来进行事件之间的通信，这可能会隐藏不希望出现的副作用。在实现复杂事件组合时，命令式编程方法往往会令人费解。此外，提供显式回调函数会限制你以声明式风格来表达代码功能的选项。其结果是一个难以理解的程序，随着时间的推移，会变得无法扩展和调试。此外，.NET 事件不支持并发程序在单独的线程上引发事件，使它们不适合当今的反应式和可扩展应用程序。

> **注意**　事件流是无边界的数据处理流，源自多个源，这些源通过组合操作的管道来异步分析和转换。

.NET 中的事件是实现反应式编程的第一步。事件从一开始就是.NET 框架的一部分。在.NET 框架的早期，事件主要用于处理图形用户界面(GUI)。今天，它们的潜力正在得到更充分的发挥。借助.NET 框架，微软引入了一种方法，通过使用 F#事件(和 Observable)模块和.NET 反应扩展(Rx)，将事件解释和视为头等值。Rx 允许你以强大的方式轻松地以声明式编排事件。此外，可以将事件作为能够封装逻辑和状态的数据流来处理，确保代码没有副作用和可变变量。现在，代码能够完全接受函数式范式，该范式专注于异步监听和处理事件。

6.2.1　事件组合器——更好的解决方案

目前，大多数系统都会在发生这些事件时进行回调并处理这些事件。但是，如果将事件视为流，类似于列表或其他集合，则可以使用处理集合或处理事件的技术，这样就不需要回调。第 5 章介绍的 F#列表解析提供了一组高阶函数，例如 filter 和 map，以声明式风格处理列表：

```
let squareOfDigits (chars:char list)
    |> List.filter (fun c -> Char.IsDigit c && int c % 2 = 0)
    |> List.map (fun n -> int n * int n)
```

在以上代码中，函数 squareOfDigits 获取一个字符列表，并返回列表中数字的平方。第一个函数 filter 返回包含给定谓词为 true 的元素的列表。在本例中，这些返回的字符是偶数。第二个函数 map 将每个元素 n 转换为一个整数，并计算其平方值 n*n。管道运算符(|>)将这些操作排序为求值链。换句话说，方程式左侧的操作结果将用作管道中下一个操作的参数。

相同的代码可以转换为 LINQ，以便更友好地在 C#中使用：

```
List<int> SquareOfDigits(List<char> chars) =>
    chars.Where(c => char.IsDigit(c) && char.GetNumericValue(c) % 2 == 0)
        .Select(c => (int)c * (int)c).ToList();
```

这种富有表现力的编程风格非常适合用来处理事件。与 C#不同，F#具有将事件本质上(原生地)视为头等值的优势，这意味着你可以像传递数据一样来传递事件。此外，你可以编写一个函数，将事件作为参数来生成新的事件。因此，事件可以像任何其他值一样通过管道操作符(|>)传递到函数中。这种在 F#中使用事件的设计和方法是基于组合器的，它看起来像是对序列使用列表解析的编程。事件组合器是在可用于组合事件的 F# Event 模块中暴露的：

```
textBox.KeyPress
|> Event.filter (fun c -> Char.IsDigit c.KeyChar && int c.KeyChar % 2 = 0)
|> Event.map (fun n -> int n.KeyChar * n.KeyChar)
```

在这段代码中，KeyPress 键盘事件被视为一个流，它被过滤以忽略不感兴趣的事件，因此只有当按下的键是数字时才进行最终计算。使用高阶函数的最大好处是可以更清晰地关注点分离[1]。C#可以使用.NET Rx 达到相同级别的表现力和组合，本章后面将对此进行简要介绍。

6.2.2　.NET 与 F#组合器的互操作性

使用 F#事件组合器，可以使用旨在将复杂事件与简单事件分开的事件代数来编写代码。那是否可以利用 F#事件组合器模块的优点来编写声明式的 C#代码呢？是可以的。

.NET 编程语言 F#和 C#都使用相同的公共语言运行库(CLR)，并且都编译为符合公共语言基础结构(CLI)规范的中间语言(IL)。这使得共享相同代码成为可能。

通常，所有.NET 语言都能理解事件，但 F#事件在语言中是被用作头等值的，因此只需要少量的额外注意。为了确保 F#事件可以被其他.NET 语言使用，必须通过使用[<CLIEvent>]属性修饰事件来告知编译器。使用 F#事件组合器的固有组合层面来构建可以在 C#代码中使用的复杂事件处理程序是方便和高效的。

让我们看一个例子来更好地理解 F#事件组合器的工作方式，以及它们是如何被其他.NET 编程语言轻松使用的。代码清单 6.1 展示了如何使用 F#事件组合器来

---

[1] 关注点分离原则的设计原理是将计算机程序分为几个部分，每部分都针对特定的问题。其价值在于简化了计算机程序的开发和维护(https://en.wikipedia.org/wiki/Separation_of_concerns)。

实现一个简单的猜单词游戏。

该代码注册两个事件：传递给 KeyPressedEventCombinators 构造的来自 WinForms 控件的 KeyPress 事件，以及来自 System.Timers.Timer 的 Elapsed 时间事件。用户输入文本——在这里，只允许输入字母(无数字) ——直到猜中单词或计时器(给定的时间 interval)结束。当用户按下一个键时，过滤器和事件组合器通过一系列表达式将事件源转换成一个新的事件。如果在猜中单词之前时间到期，则通知触发"游戏结束"消息。否则，当谜底和输入匹配时，它会触发"你赢了！"消息。

代码清单 6.1　使用 F# 事件组合器来管理 key-down 事件

Event 模块中的 map 函数注册并转换 timer 事件，
以便在触发时通知字符 X

创建和开始 System.Timers.Timer 实例

```
type KeyPressedEventCombinators(secretWord, interval,
⮡  control:#System.Windows.Forms.Control) =
    let evt =
      let timer = new System.Timers.Timer(float interval)
      let timeElapsed = timer.Elapsed |> Event.map(fun _ -> 'X')
      let keyPressed = control.KeyPress
                    |> Event.filter(fun kd -> Char.IsLetter kd.KeyChar)
                    |> Event.map(fun kd -> Char.ToLower kd.KeyChar)
      timer.Start()

      keyPressed
      |> Event.merge timeElapsed
      |> Event.scan(fun acc c ->
        if c = 'X' then "Game Over"
        else
          let word = sprintf "%s%c" acc c
          if word = secretWord then "You Won!"
          else word
      ) String.Empty

    [<CLIEvent>]
    member this.OnKeyDown = evt
```

使用 F# Event 模块注册 KeyPress 事件，只筛选和发布小写字母

合并筛选器以作为一个整体进行处理。当触发 timer 事件或 keypress 事件时，事件将触发通知

scan 函数保存按键的内部状态，并将每次调用的结果推送到累加器函数

通过指定 CLIEvent 属性将 F# 事件暴露给其他 .NET 编程语言

KeyPressedEventCombinators 类型的构造函数中有一个参数 control，它可以引用从 System.Windows.Forms.Control 派生的任何对象。F# 的 # 批注被称为可变类型，表示参数与指定的基类(http://mng.bz/FSp2)兼容。

KeyPress 事件连接从类型构造函数传递过来的 System.Windows.Forms. Control 基本控件，其事件流流入 F# 事件组合器管道以进行进一步操作。

OnKeyDown 事件使用属性[<CLIEvent>]进行修饰，从而公开(发布)并对其他.NET
语言可见。通过这种方式，可以用 C#代码订阅和使用事件，通过引用 F#库项目
来获得反应式可编程性。图 6.4 展示了 F#事件组合器管道，其中 KeyPress 事件流
贯穿链接中的一系列函数。

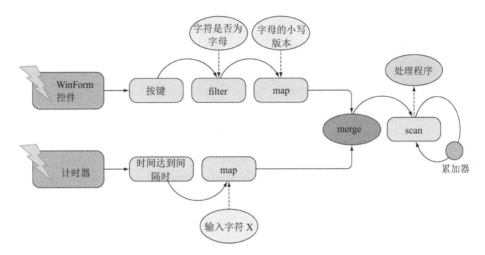

图 6.4　事件组合器管道展示了两个事件流在合并和传递到累加器之前如何管理其自己的事件
集。当在 WinForm 控件上按下某个键时，filter 事件将检查按下的键是否为字母，然后 map 将
检索该字母的小写版本以进行 scan。当计时器上的时间达到间隔时，map 运算符将 X 取代 no
value 传递给 scan 函数

　　图 6.4 中的事件组合器链很复杂，但它演示了使用事件作为头等值来表示这
种复杂的代码设计的简单性。F#事件组合器提高了抽象级别，以便于对事件进行
高阶操作，与以命令式编写的等效程序相比，这使得代码更易于阅读和理解。使
用典型命令式风格实现程序需要创建两个不同的事件来传达计时器的状态，并使
用共享可变状态来维护文本的状态。事件组合器的函数式方法消除了对共享可变
状态的需要，而且，事件是可组合的。

　　总而言之，使用 F#事件组合器的主要好处是：

- 可组合性——你能够用简单事件进行组合来定义捕获复杂逻辑的事件。
- 声明式——使用 F#事件组合器编写的代码是基于函数式原则的。因此，
  事件组合器表达的是要完成的任务，而不是如何完成任务。
- 互操作性——F#事件组合器可以跨.NET 语言共享，因此复杂性可以隐藏
  在 F#库中。

6.3　.NET 中的反应式编程：反应式扩展(Rx)

　　.NET Rx 库使用可观察(observable)的序列简化了基于事件的异步程序的组合。Rx 结合了用于操作集合的 LINQ 风格语义的简单性，以及异步编程模型使用 .NET 4.5 干净的 async/await 模式的强大功能。这种强大的组合支持了一个工具集 (Rx)，该工具集允许你像处理数据集合(例如列表和数组)一样用简单、可组合和声明式的风格来处理事件流。Rx 提供了一种领域特定语言(Domain-Specific Language，DSL)，它为处理复杂的、异步的、基于事件的逻辑提供了一种更简单、更流畅的 API。Rx 可用于开发响应式 UI 或提高服务器端应用程序的可扩展性。

　　简而言之，Rx 是为 IObservable<T>和 IObserver<T>接口构建的一组扩展，它们基于四人组(GoF)书中的观察者模式，为基于推送的通知提供了一种通用机制。

　　观察者设计模式是基于事件的，它是 OOP 中最常见的模式之一。此模式将对一个对象状态(observable)所做的更改发布给订阅了该对象任何更改通知的其他对象(observer)，如图 6.5 所示。

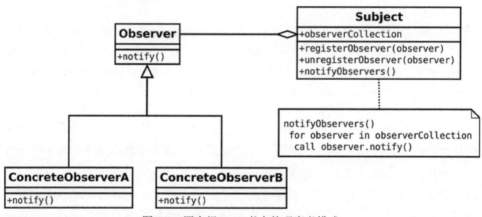

图 6.5　四人组(GoF)书中的观察者模式

　　用 GoF 的术语来说，IObservable 接口是主题，而 IObserver 则是观察者。这些接口在.NET 4.0 中作为 System 名称空间的一部分引入，是反应式编程模型中的重要组件。

> **四人组(GoF)的书**
> 这本由 Martin Fowler 等人编写的软件工程书讲述了 OOP 中的软件设计模式。其书名《设计模式：可复用面向对象软件的基础》实在是太长了，特别是在电子邮件中，因此其外号("四人组"的书)就成为引用它的常用方式。因为该书，作者们通常被称为四人组(GoF)。

以下是 C#中 IObserver 和 IObservable 接口签名的定义：

```
public interface IObserver<T>
{
    void OnCompleted();
    void OnError(Exception exception);
    void OnNext(T value);
}
public interface IObservable<T>
{
    IDisposable Subscribe(IObserver<T> observer);
}
```

这些接口实现了观察者模式，允许 Rx 从现有的.NET CLR 事件中创建 observable。图 6.6 尝试阐明 GoF 书中观察者模式的原始统一建模语言(UML)。

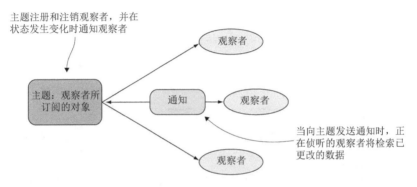

图 6.6 观察者模式基于一个名为主题(Subject)的对象，该对象维护一个依赖项列表(称为 observer)，并自动将状态的任何更改通知给观察者。此模式定义了观察者与订阅者之间的一对多关系，这样当对象更改状态时，它的所有依赖项都会自动得到通知和更新

IObservable<T>函数式接口(www.lambdafaq.org/what-is-a-functional-interface) 只实现了方法 Subscribe。当该方法被观察者调用时，将会触发一个通知，以通过 IObserver<T>.OnNext 方法发布新条目。顾名思义，IObservable 接口可以被视为一个被实时观察的数据源，它会自动通知所有注册的观察者任何状态变化。同样，错误和完成的通知将分别通过 IObserver<T>.OnError 和 IObserver<T>.OnCompleted 方法发布。Subscribe 方法返回一个 IDisposable 对象，该对象用作已订阅的观察者的句柄。当 Dispose 方法被调用时，相应的观察者与 Observable 分离，并停止接收通知。综上所述：

- IObserver <T> .OnNext 为观察者提供新数据或状态信息。
- IObserver <T> .OnError 表示提供者遇到错误。
- IObserver <T> .OnCompleted 表示向观察者发送通知的操作已完成。

同样的接口(在F#中)被用于F# IEvent <T>的基本定义，IEvent <T>就是用于实现先前讨论的F#事件组合器的接口。如你所见，在F#中同样的原则被略有不同的方法运用来实现相同的设计。Rx的主要优点是能够对多个异步事件源进行编程。

注意 可以使用 Install-Package System.Reactive 命令下载.NET Rx，并通过 NuGet 包管理器在项目中引用。

6.3.1　从 LINQ/PLINQ 到 Rx

如第 5 章所述，.NET LINQ / PLINQ 查询提供器作为一种针对内存序列的机制运行。从概念上而言，该机制是基于拉模型的，这意味着集合的条目是在求值期间从查询中拉取的。该行为体现为 IEnumerable <T> - IEnumerator <T>的迭代器模式，它可能在等待数据迭代时导致阻塞。相反，Rx 将事件视为数据流，通过定义查询在事件到达时随时间作出反应。这是一个推模型，事件到达时自动通过查询将数据传给消费者。图 6.7 展示了这两种模型。

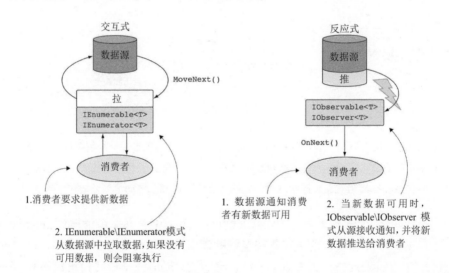

图 6.7　推和拉模型。IEnumerable/IEnumerator 模式基于拉模型，该模型从数据源请求新数据。而 IObservable/IObserver 模式则基于推模型，当新数据可以发送给使用者时，推模型将接收通知

在反应式里，应用程序是被动的，不会在数据检索过程中造成阻塞。

F#：Rx 的灵感来源

在微软第 9 频道(http://bit.ly/2v8exjV)的采访中，Rx 的设计者 Erik Meijer 提到

F#是创造反应式扩展(Rx)的灵感来源。反应式框架背后的一个激动人心的想法，可组合事件，就是来自 F#。

6.3.2　IObservable：对偶 IEnumerable

Rx 基于推送的事件模型是由 IObservable<T>接口抽象而出，该接口是 IEnumerable<T>接口的对偶接口。虽然对偶性的专业术语"二元性"听起来令人生畏，但它是一个简单而强大的概念。你可以将对偶性二元性与硬币的两面进行比较，从暴露的一面可以推断出其反面。

在计算机科学的背景下，对偶性二元性这个概念已经被德摩根定律所利用，德摩根定律实现了合取&&(AND)和析取||(OR)之间的二元性，以证明否定在合取和析取上的分布：

```
!(a || b) == !a && !b
!(a && b) == !a || !b
```

LINQ 为 IEnumerable 接口公开了一组扩展方法，以实现基于拉取的集合模型，与 LINQ 的对偶一样，Rx 也为 IObservable 接口公开了一组扩展方法，以实现基于推送的事件模型。图 6.8 展示了这些接口之间的对偶关系。

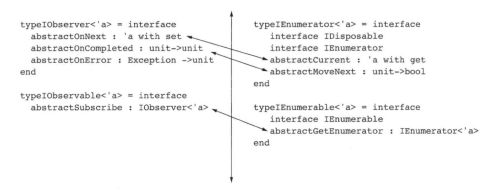

图 6.8　IObserver 和 IEnumerator 接口以及 IObservable 和 IEnumerable 接口之间的二元关系。这种二元关系是通过反转函数中的箭头得到的，这意味着交换输入和输出

如图 6.8 所示，通过反转相应的 IEnumerable 和 IEnumerator 接口的箭头，就可以得出 IObservable 和 IObserver 接口。反转箭头意味着交换方法的输入和输出。例如，IEnumerator 接口的 Current 属性具有以下签名：

```
Unit (or void in C#) -> get 'a
```

反转该属性的箭头，则可以获得 Unit<- set 'a 的对偶。该对偶的签名对应
IObserver 接口并与 OnNext 方法相匹配，该对偶的签名如下：

```
set 'a -> Unit (or void in C#)
```

GetEnumerator 函数不接收任何参数并返回 IEnumerator<T>，它通过
MoveNext 和 Current 函数返回列表中的下一个条目。其反转的 IEnumerable 方法
则可用于遍历 IObservable，IObservable 通过调用其方法将数据推送到订阅的
IObserver。

6.3.3 Action 中的反应式扩展

组合现有事件是 Rx 的一个基本特征，它允许一定程度的抽象和组合，否则
无法实现这点。在.NET 中，事件是异步数据源的一种形式，能够被 Rx 消费。为
了将现有事件转换为可观察事件(observable)，Rx 接收一个事件并返回一个
EventPattern 对象，该对象包含发送者和事件参数。例如，按键事件被转换为反应
式可观察事件(以粗体显示)：

```
Observable.FromEventPattern<KeyPressedEventArgs>(this.textBox,
                              nameof(this.textBox.KeyPress));
```

如你所见，Rx 允许以丰富且可重复使用的形式来处理事件。

让我们通过将 Rx 框架放进 Action 来实现先前使用 F#事件组合器
KeyPressedEventCombinators 定义的猜字游戏的 C#等价实现。代码清单 6.2 展示
了使用该模式和相应的反应式框架的实现。

代码清单 6.2 KeyPressedEventCombinators 的 Rx C#实现

Rx 方法 FromEventPattern 将.NET 事件转换为可观察事件(observable)

类似 LINQ 语义的 Select 和 Where 函数来注册、组合和转换事件以通知订阅者

```
var timer = new System.Timers.Timer(timerInterval);
var timerElapsed = Observable.FromEventPattern<ElapsedEventArgs>
                        (timer, "Elapsed").Select(_ => 'X');
var keyPressed = Observable.FromEventPattern<KeyPressEventArgs>
                    (this.textBox, nameof(this.textBox.KeyPress));
                    .Select(kd => Char.ToLower(kd.EventArgs.KeyChar))
                    .Where(c => Char.IsLetter(c));
timer.Start();

timerElapsed
      .Merge(keyPressed)
```

这些筛选器被合并成一个整体来处理。当任一事件触发时，该事件将触发通知

```
    .Scan(String.Empty, (acc, c) =>
    {
    if (c == 'X') return "Game Over";
    else
    {
        var word = acc + c;
        if (word == secretWord) return "You Won!";
        else return word;
    }
}).
.Subscribe(value =>
   this.label.BeginInvoke(
      (Action)(() => this.label.Text = value)));
```

◀ Scan 函数维护按下的键的内部
状态，并将每次调用的结果推送
给累加器函数

　　Observable.FromEventPattern 方法在.NET 事件和 Rx IObservable 之间创建了
一个链接，该链接包含了 Sender 和 EventArgs。在代码清单 6.2 中，用于处理按键
(KeyPressEventArgs)和达到计时间隔的计时器(ElapsedEventArgs)的命令式 C#事
件被转换为可观察事件，然后合并为整个事件流。现在，可以将所有事件处理构
建为一个简洁的表达式链。

> **反应式扩展是函数式的。**
> Rx 框架提供了一种以流的形式异步处理事件的函数式方法。函数式外观是指
> 使用较少的变量来维护状态和避免变化的声明式编程风格，因此可以将事件组成
> 一个表达式链。

6.3.4　Rx 实时流

　　事件流是一个通道，在该通道上，一系列正在进行的事件以值的形式按时间
顺序到达。事件流来自各种不同的来源，如社交媒体、股票市场、智能手机或计
算机鼠标。实时流处理旨在消费一个可以建模成其他形式的实时数据流。消费这
些在很多情况下是以很高(可能是压倒性的)速度传递的数据，就像直接从消防水
龙头喝水一样。例如，对不断变化的股票价格进行分析，并将结果发送给多个消
费者，如图 6.9 所示。

　　Rx 框架非常适合处理这种情况，因为它能处理多个异步数据源，同时提供高
性能操作来组合、转换和筛选所有这些数据流。Rx 的核心是使用 IObservable <T>
接口维护 IObserver<T>接口的依赖列表，以自动通知任何事件或数据更改。

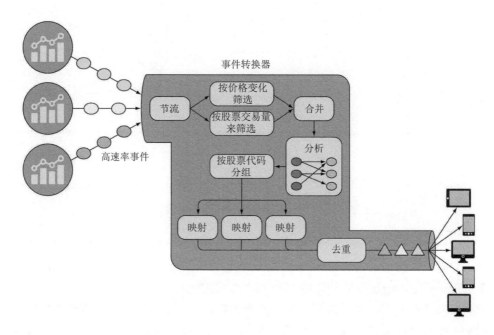

图 6.9　来自不同来源的事件流将数据推送到事件转换器，该事件转换器应用各种高阶操作，
然后通知订阅的观察者

6.3.5　从事件到 F# Observable

你可能还记得，F#将事件用于可配置的回调构造。此外，它还支持一种可选的和更高级的用于可配置回调的机制，这种机制比事件更具组合性：F#语言将.NET 事件视为 IEvent < 'T >接口的值。IEvent < 'T >继承自与 Rx 使用类型相同的 IObservable< 'T >接口。因为这个原因，主要的 F#程序集 FSharp.Core 提供了 Observable 模块，该模块公开了一组有用的针对 IObservable 接口值的函数。这被认为是 Rx 的子集。

例如，在下面的代码片段中，F# Observable(粗体)用于处理来自 KeyPressedEventCombinators 示例(代码清单 6.2)的按键和计时器事件：

```
let timeElapsed = timer.Elapsed |> Observable.map(fun _ -> 'X')
let keyPressed = control.KeyPress
                        |> Observable.filter(fun c -> Char.IsLetter c)
                        |> Observable.map(fun kd -> Char.ToLower kd.KeyChar)
let disposable =
keyPressed
|> Observable.merge timeElapsed
|> Observable.scan(fun acc c ->
    if c = 'X' then "Game Over"
    else
```

```
            let word = sprintf "%s%c" acc c
            if word = secretWord then "You Won!"
            else word
) String.Empty
|> Observable.subscribe(fun text -> printfn "%s" text)
```

当使用 F#构建反应式系统时，可以选择并使用 Observable 或 Event。但为了避免内存泄漏，首选的选择是 Observable。使用 F# Event 模块时，组合事件将附加到原始事件上，并且它们没有取消订阅机制从而可能会导致内存泄漏。相反，Observable 模块提供了 subscribe 运算符来注册回调函数。该运算符返回一个 IDisposable 对象，该对象可以通过调用 Dispose 方法来停止事件流处理，取消注册管道中所有订阅的可观察(或事件)处理。

6.4　驯服事件流：使用 Rx 编程进行 Twitter 情绪分析

在这个数以十亿计的设备连接到互联网的数字信息时代，程序必须关联、合并、筛选数据并对数据运行实时分析。处理数据的速度已经进入了实时分析领域，在访问信息时要求将延迟降低到几乎为零。反应式编程是处理高性能需求的极好方法，因为它具有并发友好性和可扩展性，并且它提供了可组合的异步数据处理语义。

据估计，在美国，平均每小时就有2400万条新的推文产生，相当于每秒近7000条消息。这是一个庞大的数据量求值，消费如此高流量的流是一个严峻的挑战。因此，系统应该设计成可以驯服背压的发生。例如，在 Twitter 的这个例子里，这种背压是因为实时数据流的消费者无法跟上生产者发出事件的速度而产生的。

> **背压**
>
> 当计算机系统无法足够快地处理输入的数据时，就会发生背压，因此它开始缓冲到达的数据，直到缓冲的空间减小到使系统响应能力恶化的程度，或者更糟，引发了"内存不足"异常。在迭代 IEnumerable 中的条目的情况下，条目的消费者是去"拉"。这些条目是以受控的速度去处理的。而使用 IObservable，条目是被"推"给消费者的。在这种情况下，IObservable 可能比订阅观察者能够处理的速度更快地生成值。这种场景会产生过大的背压，从而对系统造成压力。为了减轻背压，Rx 提供了诸如 Throttle(节流)和 Buffer(缓冲器)的运算符。

图 6.10 中的 F#示例图阐明了一个测定在美国发布的推文的当前感觉(情绪)的实时分析流。

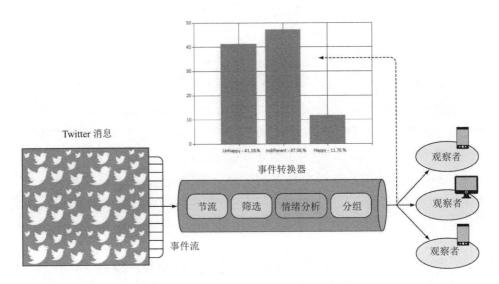

图 6.10   Twitter 消息向消费者推送了高速率的事件流，因此拥有诸如 Rx 的工具来驯服连续不断的通知爆发是很重要的。首先，对流进行节流，然后按情绪筛选、分析和分组消息。其结果是一个来自新发推文的，表示了最新情绪状态的数据流，其值会不断地更新图表并通知订阅的观察者

这个示例使用 F#演示了对可观察者的现有内置支持，这些是 C#所缺少的。但是，同样的功能可以在 C#中重现，或者可以使用.NET Rx，也可以通过引用和使用代码中暴露了已实现的可观察者的 F#库。

对推文流的分析是通过消费和提取每条消息中的信息来完成的。情绪分析是使用 Stanford CoreNLP 库进行的。该分析的结果将被发送到实时动画图表，该图表将 IObservable 作为输入，并随着数据的变化自动更新。

> **Stanford CoreNLP**
>
> Stanford CoreNLP(http://nlp.stanford.edu)是一个用 Java 编写的自然语言分析库，它可以使用 IKVM 桥(www.ikvm.net)集成到.NET 中。该库有几个工具，包括情绪分析工具，可以预测一个句子的情绪。可以使用 NuGet 包 Install- Package Stanford.NLP.CoreNLP(www.nuget.org/packages/Stanford.NLP.CoreNLP) 来安装配置 IKVM 桥的 Stanford CoreNLP 库。有关 CoreNLP 库如何工作的更多详细信息，我推荐阅读其在线资料。

代码清单 6.3 展示了情绪分析函数以及启用 Stanford CoreNLP 库的属性设置。

代码清单 6.3　使用 CoreNLP 库求值句子的情绪

```
let properties = Properties()
properties.setProperty("annotators", "tokenize,ssplit,pos,parse,emotion")
➥ |> ignore

IO.Directory.SetCurrentDirectory(jarDirectory)
let stanfordNLP = StanfordCoreNLP(properties)
```
设置属性并创建 StanfordCoreNLP 的实例

```
type Emotion =
    | Unhappy
    | Indifferent
    | Happy
```
对每条文本消息进行情绪分类的可区分联合

```
let getEmotionMeaning value =
    match value with
    | 0 | 1 -> Unhappy
    | 2 -> Indifferent
    | 3 | 4 -> Happy
```
给出一个 0~4 的值来确定情绪

```
let evaluateEmotion (text:string) =
    let annotation = Annotation(text)
    stanfordNLP.annotate(annotation)

    let emotions =
      let emotionAnnotationClassName =
          SentimentCoreAnnotations.SentimentAnnotatedTree().getClass()
      let sentences=annotation.get(CoreAnnotations.SentencesAnnotation().
getClass())
➥ :?> java.util.ArrayList
      [ for s in sentences ->
          let sentence = s :?> Annotation
          let sentenceTree = sentence.get(emotionAnnotationClassName)
➥ :?> Tree
          let emotion = NNCoreAnnotations.getPredictedClass(sentenceTree)
          getEmotionMeaning emotion]
    (emotions.[0])
```
分析文本消息，提供相关的情绪值

在以上代码中，F# DU 定义了不同的情绪级别(类型值)：不快乐(Unhappy)、无所谓(Indifferent)和快乐(Happy)，我们将计算这些类型值在推文中的分布百分比。函数 evaluateEmotion 调用了 Stanford CoreNLP 库的文本分析，并返回类型值(情绪)结果。

为了检索 tweet 流，我使用了 Tweetinvi 库(https://github.com/linvi/tweetinvi)。它提供了文档齐备的 API，更重要的是，它被设计为当管理多线程场景时会并发运行流。你可以从 NuGet 包 TweetinviAPI 下载并安装此库。

注意　Twitter 为使用其 API 构建应用程序的开发人员提供了强大的支持。只需要一个 Twitter 账户和一个应用程序管理(https://apps.twitter.com)账户就可以获得密钥和加密访问信息。有了这些信息,可以与 Twitter API 进行交互来发送和接收推文。

代码清单 6.4 展示了如何创建 Tweetinvi 库实例,以及如何访问设置它以启用与 Twitter 的交互。

代码清单 6.4　启用 Twitterinvi 库的设置

```
let consumerKey = "<your Key>"
let consumerSecretKey = "<your secret key>"
let accessToken = "<your access token>"
let accessTokenSecret = "<your secret access token>"

let cred = new TwitterCredentials(consumerKey, consumerSecretKey,
➥ accessToken, accessTokenSecret)
let stream = Stream.CreateSampleStream(cred)
stream.FilterLevel <- StreamFilterLevel.Low
```

上面这段简单易懂的代码创建了一个 Twitter 流的实例。Rx 编程的核心——Rx 和 F# Observable 模块组合使用以处理和分析事件流,在代码清单 6.5 中以粗体突出显示。

代码清单 6.5　使用 Observable 管道分析推文

```
let emotionMap =
    [(Unhappy, 0)                          从 Twitter API 生成事件流
      (Indifferent, 0)
    (Happy, 0)] |> Map.ofSeq

let observableTweets =                     控制事件速率,避免
    stream.TweetReceived ◄─                使消费者不堪重负
    |> Observable.throttle(TimeSpan.FromMilliseconds(50.)) ◄
    |> Observable.filter(fun args ->
        args.Tweet.Language = Language.English) ◄   筛选传入消息以仅
                                                    针对英语消息
    |> Observable.groupBy(fun args ->
        evaluateEmotion args.Tweet.FullText) ◄    通过情绪分析对消息
                                                  进行分区
    |> Observable.selectMany(fun args ->
            args |> Observable.map(fun i ->
            (args.Key, (max 1 i.Tweet.FavoriteCount)))) ◄   用收藏夹计数
                                                            将消息展平为
    |> Observable.scan(fun sm (key,count) ->              一系列情绪
        match sm |> Map.tryFind key with
        | Some(v) -> sm |> Map.add key (v + count)    通过情绪维持消
        | None -> sm ) emotionMap              ◄      息的总分区状态
    |> Observable.map(fun sm ->
```

```
        let total = sm |> Seq.sumBy(fun v -> v.Value)  ◄──────
    sm |> Seq.map(fun k ->
        let percentageEmotion = ((float k.Value) * 100.)
⇒ / (float total)
        let labelText = sprintf "%A - %.2f.%%" (k.Key)
⇒ percentageEmotion
        (labelText, percentageEmotion)
))
```

计算情绪的总百分比并返回一个可观察对象以实时更新图表

observableTweets 管道的结果是一个 IDisposable，用于停止收听推文并从所订阅的可观察者中删除订阅。Tweetinvi 暴露了事件处理程序 TweetReceived，它会在新推文到达时通知订阅者。这些可观察数据被结合成一个链，形成可观察的推文管道。每个步骤都返回一个新的可观察者，它监听原始的可观察者，然后从给定的函数触发结果事件。

可观察通道的第一步是管理背压，背压是到达事件太快的结果。在编写 Rx 代码时，要注意当事件流进入得太快时，进程可能会不堪重负。

在图 6.11 中，左侧的系统处理传入的事件流没有问题，因为随着时间的推移，通知的频率具有可持续的吞吐量(期待的流量)。右边的系统很难跟上随着时间的推移收到的大量通知(背压)，这可能会使系统崩溃。在这种情况下，系统通过限制事件流来应对，以避免崩溃。这就是可观察者和观察者之间的通知速率不同的结果。

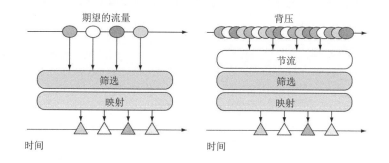

图 6.11　背压可能会对系统的响应性产生负面影响，但是可以通过使用节流函数来管理可观察对象和观察者对象之间的不同速率，来降低事件传入的速率以保持系统正常运行

为了避免背压问题，throttle(节流)函数提供了一层保护，可以控制消息的速率，防止消息流动过快：

```
stream.TweetReceived
    |> Observable.throttle(TimeSpan.FromMilliseconds(50.))
```

throttle(节流)函数将数据的快速发送减少到一个子集，对应图 6.9 和图 6.10 所示的特定节奏。throttle 函数在指定的时间段里从上一个被提取的值之后的可观察序列数据中提取该序列的最后一个值，把其他值都忽略掉。在代码清单 6.5 中，事件传播的频率被节流为每 50 毫秒不超过一次。

用于驯服大量事件的 throttle(节流)和 buffer (缓冲)Rx 运算符

需要注意的是，throttle 函数可能会产生破坏性影响，因为其意味着以高于给定频率的速率到达的信号会丢失，而不是被缓冲。出现这种情况的原因是，在给定时间到期之前，throttle 函数会从上一个发出去的信号之后的可观察序列中释放信号。throttle(节流)运算符也称为防抖动(debounce)，它通过设置消息之间的间隔(interval)来阻止消息以更高的速率流入。

buffer 函数在一次处理一个信号会成本太高的情况下很有用，因此它更适合批量处理信号，代价就是要接受延迟。将 buffer 用于大量事件时，需要考虑一个问题。在大量事件中，信号会在内存中存储一段时间，系统因此可能会遇到内存溢出问题。buffer 运算符的目的是存储一系列特定的信号，然后在给定的时间到期或缓冲区已满时重新发布它们。

例如，下面的 C#代码获取每秒或每 50 个信号内发生的所有事件(具体取决于哪个规则首先被满足)。

```
Observable.Buffer(TimeSpan.FromSeconds(1), 50)
```

在推文情绪分析的例子中，可以按照如下所示应用 Buffer 扩展方法:

```
stream.TweetReceived.Buffer(TimeSpan.FromSeconds(1), 50)
```

管道中的下一步是过滤掉不相关的事件(该命令以粗体显示):

```
|> Observable.filter(fun args -> args.Tweet.Language = Language.English)
```

该 filter 函数可确保仅处理使用英语语言发起的推文。Tweet 对象来自推文消息，具有一系列属性，包括消息的发送者、哈希标记和坐标(位置)。

接下来，Rx groupBy 运算符提供了将序列分区为与选择器函数相关的一系列可观察组的能力。这些子可观察者中的每一个都对应于一个唯一的 key 和相关的所有元素，这种做法和 SQL 以及 LINQ 是一样的:

```
|> Observable.groupBy(fun args -> evaluateEmotion args.Tweet.FullText)
|> Observable.selectMany(fun args -> args |> Observable.map(fun i ->
   (args.Key, i.Tweet.FavoriteCount)))
```

在这里，情绪 key-value 划分了事件流。evaluateEmotion 函数作为一个组选择器，计算每个传入消息的情绪并对其进行分类。每个嵌套的可观察者都可以有自己独特的操作。selectMany 运算符用于通过将它们展平为一个对象来进一步订阅这些可观察者组。然后，使用 map 函数，将该序列转换为一个新的成对序列(tuple)，该序列由 Tweet-Emotion 值和该推文被连接(或收藏)的次数组成。

对数据进行分区和分析后，必须将其聚合为有意义的格式。可观察 scan 函数通过将每次调用的结果推送到 accumulator(累加器)函数来实现这一点。返回的可观察者将触发每个计算状态值的通知，如图 6.12 所示。

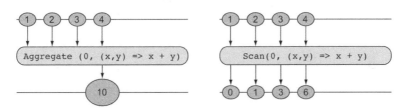

图 6.12　aggregate 函数返回单个值，该值是运行给定函数(x，y)后从初始累加器 0 开始的每个值的一次性累积。scan 函数则为集合中的每个条目都返回一个值，该值是在当前迭代中对累加器执行给定函数的结果

scan 函数类似于 fold 或 LINQ 的 Aggregate，但它不是返回单个值，而是返回每次迭代的中间求值结果(如下面的代码片段中的粗体所示)。此外，它满足函数式范式，以不可变的方式来维持状态。聚合函数(例如 scan 和 fold)在 FP 中被描述为通用概念 catamorphism(https://wiki.haskell.org/Catamorphisms)：

```
< code here that passes an Observable of tweets with emotions analysis >
|> Observable.scan(fun sm (key,count) ->
        match sm |> Map.tryFind key with
        | Some(v) -> sm |> Map.add key (v + count)
        | None -> sm) emotionMap
```

该 scan 函数有三个参数：一个可观察者——传递情绪分析用的推文流的形式，一个匿名函数——用于将可观察者的底层值应用于累加器，以及一个累加器 emotionMap。scan 函数的结果是一个更新后的累加器，它将被注入下一次迭代中。前面代码中 scan 函数使用的初始累加器状态是一个空的 F# Map，这相当于一个不可变的.NET 泛型字典(System.Collections.Generic.Dictionary<K，V>)，其中 key 是一个情绪，value 是其相关推文的数量。累加器函数 scan 使用新的求值类型来更新集合里的条目，并将更新后的集合作为新的累加器返回。

管道中的最后一个操作是运行 map 函数，该函数用于将数据源的可观察数据

转换为推文情绪分析的总百分比表示:

```
|> Observable.map(fun sm ->
   let total = sm |> Seq.sumBy(fun v -> v.Value)
   sm |> Seq.map(fun k ->
     let percentageEmotion = ((float k.Value) * 100.) / (float total)
     let labelText = sprintf "%A - %.2f.%%" (k.Key) percentageEmotion
     (labelText, percentageEmotion)
))
```

转换函数对每个订阅的观察者都会执行一次。map 函数根据可观察者传递的包含了上一个 scan 函数中的累加器值来计算推文的总数:

```
sm |> Seq.sumBy(fun v -> v.Value)
```

返回结果的格式表示为到目前为止从映射表接收到的每个情绪的百分比。最后一个可观察的数据将被传递到一个会实时更新的 LiveChart 中。现在代码已经开发完毕,可以使用 StartStreamAsync()函数来启动监听和接收推文的过程,并将由可观察者通知订阅者:

```
LiveChart.Column(observableTweets,Name=sprintf"Tweet Emotions").ShowChart()
do stream.StartStreamAsync()
```

冷和热的可观察者

可观察者有两种形式: 热的和冷的。热可观察者体现为无论是否有订阅者都会推送通知的数据流。例如, 推文流就是热流数据, 因为无论订阅者的状态如何, 数据都将保持流动(而不是从流的开头开始)。而冷可观察者是一个事件流, 无论订阅者是否在事件推送后才开始收听, 它都总是从流的开头推送通知。

与 F#的 Event 模块非常相似,Observable 模块定义了一组使用 IObservable <T> 接口的组合器。F# Observable 模块包括了 add, filter, map, partition, merge, choose 和 scan。更多相关详细信息请参阅附录 B。

在前面的示例中, 可观察函数 groupBy 和 selectMany 是 Rx 框架的一部分。该示例阐明了 F#提供的实用工具, 为开发人员提供了混合和匹配工具的选项, 以定制最适合任务的工具。

SelectMany: monadic 绑定运算符

SelectMany 是一个功能强大的运算符,对应于其他编程语言中的bind(或flatMap) 运算符。该运算符从另一个运算符构造一个 monadic 值, 并具有通用的 monadic 绑定签名:

```
M a -> (a -> M b) -> M b
```

其中 M 表示任何表现为容器的提升类型。在可观察者的情况下，它具有以下签名：

```
IObservable<'T> -> ('T -> IObservable<'R>) -> IObservable<'R>
```

在.NET 中，有几种类型与该签名匹配，例如 IObservable，IEnumerable 和 Task。单子(monad)(http://bit.ly/2vDusZa)，虽然以复杂性著称，但可以简单地理解为：它们是封装和抽象给定功能的容器，目的是促进提升类型之间的组合和避免副作用。基本上，在使用单子时，你可以想象成：在最后需要的时候才展开包装的容器来使用。

monadic计算的主要目的是使组合在原本无法实现的地方变为可能。例如，通过在C#中使用单子，可以直接对整数和来自System.Threading.Tasks名称空间的Task 类型进行求和成Task<int>(以粗体高亮显示)：

```
Task<int> result = from task in Task.Run<int>(() => 40)
                   select task + 2;
```

bind 或 SelectMany 操作采用提升类型并将函数应用于其底层值，返回另一个提升类型。提升类型是另一种类型的包装，如 IEnumerable <int>，Nullable <bool> 或 IObservable <Tweets>。bind 的含义取决于 monadic 类型。对于 IObservable，对可观察者输入中的每个事件进行求值，以创建新的可观察者。然后将得到的可观察者展平以产生可观察的输出，如图 6.13 所示。

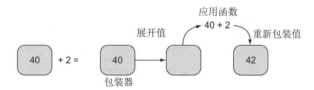

图 6.13　提升类型可以被视为一个特殊的容器，可以将函数直接应用于底层类型(在本例中为40)。提升类型的工作方式类似于包含值的包装器，可以提取该值以应用给定的函数，然后将结果放回容器中

SelectMany 绑定器不仅可以展平数据值，而且作为运算符，它还可以转换然后展平嵌套的 monadic 值。LINQ 使用了单子的基础理论，它被.NET 编译器用来解释 SelectMany 模式以应用 monadic 行为。例如，通过在 Task 类型上实现 SelectMany 扩展方法(在下面的代码片段中以粗体突出显示)，编译器识别该模式并将其解释为 monadic 绑定，以允许特殊组合：

```
Task<R> SelectMany<T, R>(this Task<T> source, Func<T, Task<R>> selector) =>
        source.ContinueWith(t => selector(t.Result)).Unwrap();
```

使用此方法，前面基于 LINQ 的代码将编译并求值为返回 42 的 Task<int>。
单子在函数式并发中起着重要作用，在第 7 章中将对此进行更详细的介绍。

6.5   Rx 发布者-订阅者

发布/订阅模式允许任意数量的发布者通过事件通道与任意数量的订阅者进
行异步通信。通常，为了完成这一通信，将使用一个中间集线器来接收通知，然
后将通知转发给订阅者。使用 Rx，可以通过使用内置的工具和并发模型高效地定
义发布/订阅模式。

Subject 类型是该实现的完美候选者。它实现了 ISubject 接口，ISubject 接口
是 IObservable 和 IObserver 的组合。这使得 Subject 同时表现为观察者和可观察者，
这使得它可以像一个经纪人一样操作，先以观察者的身份拦截通知，再将这些通
知广播给所有观察者。将 IObserver 和 IObservable 分别视为消费者和发布者接口，
如图 6.14 所示。

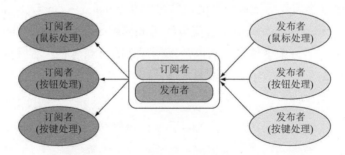

图 6.14   发布者-订阅者集线器管理任意数量的订阅者(观察者)与任意数量的发布者(可观察者)
        之间的通信。集线器(又称为经纪人)接收来自发布者的通知，然后将其转发给订阅者

使用 Rx 中的 Subject 类型来表示发布/订阅模式的优势在于，允许你在发布通
知之前将额外的逻辑(例如 merge 和 filter)注入通知中。

6.5.1   为强大的发布者-订阅者集线器使用 Subject 类型

Subject 是 Rx 的组件，它们的目的是同步可观察者产生的值和消耗它们的观
察者。Subject 并不完全接受函数式范式，因为他们维护或管理可能发生变化的状
态。然而，尽管如此，它们对于创建作为字段的一个仿事件的可观察者非常有用，
这非常适合发布/订阅模式实现。

Subject 类型实现了 ISubject 接口(在以下代码片段中以粗体突出显示)，ISubject 接口位于 System.Reactive.Subjects 名称空间：

```
interface ISubject<T, R> : IObserver<T>, IObservable<R> { }
```

或者是 ISubject<T>，如果源(上面代码中的 T)和结果(上面代码中的 R)是相同类型的话。

因为 Subject<T>和 ISubject<T>是观察者，所以它们暴露了 OnNext、OnCompleted 和 OnError 方法。因此，当它们被调用时，所有订阅的观察者都会调用相同的方法。

Rx 开箱即用地拥有 Subject 类的不同实现，每个实现具有不同的行为。此外，如果现有 Subject 不能满足你的需求，那么你可以实现自己的 Subject。实现自定义 Subject 类的唯一要求是满足 ISubject 接口的实现。

以下是其他 Subject 变体：

- **ReplaySubject**。其行为类似于普通 Subject，但它存储了收到的所有消息，使得能够为当前和未来的订阅者提供消息。
- **BehaviorSubject**。始终保存最新的可用值，这使其可供未来的订阅者使用。
- **AsyncSubject**。体现为异步操作，它仅路由在等待 OnComplete 消息时收到的最后一个通知。

注意 Subject 类型是热可观察者，这使得它很容易在没有监听观察者的情况下丢失源可观察者推送的通知消息。为了抵消这一点，请仔细考虑要使用的 Subject 类型，特别是需要订阅之前的所有消息的情况下。热可观察的一个示例是鼠标移动，不管是否有监听观察者，鼠标移动仍会发生并发出通知。

6.5.2 与并发相关的 Rx

Rx 框架是基于支持多线程的推模型。但重要的是，要记住，默认情况下 Rx 是单线程的，必须使用 Rx 调度程序启用允许组合异步源的并行构造。

在 Rx 编程中引入并发的主要原因之一是为了方便和管理卸载事件流的有效负载。这样就允许执行一组并发任务，例如维护 UI 响应，以释放当前线程。

注意 反应式扩展(Rx)允许使用并行计算来组合异步源。这些异步源的生成可能独立于并行计算。Rx 处理合成这些源所涉及的复杂性，从而让你可以专注于以声明式风格来组合它们。

此外，Rx 允许将传入消息的流作为特定线程来控制，以实现高并发计算。Rx 是一个异步查询事件流的系统，需要一定程度的并发控制。

启用多线程时，Rx 编程会增加多核硬件上计算资源的使用，从而提高计算性能。在这种情况下，不同的消息可能同时从不同的执行上下文中到达。事实上，几个异步源可以是独立和并行计算的输出，合并到同一个 Observable 管道中。换句话说，可观察者和观察者处理推模型中一系列值的异步操作。最终，Rx 通过管理对这些通知的访问来处理所涉及的所有复杂性，以避免常见的并发问题，就像它们在单个线程中运行一样。

使用 Subject 类型(或来自 Rx 的任何其他可观察者)，代码不会自动被转换以运行得更快或者并发。默认情况下，Subject 将消息推送到多个订阅者的操作都在同一个线程中执行。此外，通知消息按照订阅顺序发送给所有订阅服务器，并且可能会阻塞操作，直到完成为止。

Rx 框架通过暴露 ObserveOn 和 SubscribeOn 方法来解决这个限制，它允许你注册一个 Scheduler 来处理并发。Rx 调度程序旨在并发生成和处理事件，提高响应能力和可扩展性，同时降低复杂性。它们提供了对并发模型的抽象，这些抽象允许你针对移动的数据流执行操作，而不需要直接暴露给底层并发实现。此外，Rx 调度程序集成了对任务取消、错误处理和状态传递的支持。所有 Rx 调度程序都实现了 IScheduler 接口，该接口可以在 System.Reactive.Concurrency 名称空间中找到。

注意 .NET 4.0 之后的.NET 框架推荐内置调度程序是 TaskPoolScheduler 或 ThreadPoolScheduler。

SubscribeOn 方法确定启用哪个 Scheduler 来对在不同线程上运行的消息进行排队。ObserveOn 方法确定将在哪个线程中运行回调函数。该方法以该 Scheduler 为目标处理输出消息和 UI 编程(例如，更新 WPF 界面)。ObserveOn 主要用于 UI 编程和 Synchronization-Context(http://bit.ly/2wiVBxu)交互。

在 UI 编程中，组合 SubscribeOn 和 ObserveOn 运算符能够更好地控制哪个线程将在可观察管道的每个步骤中运行。

6.5.3　实现可重用的 Rx 发布者-订阅者

有了 Rx 和 Subject 类的知识，定义一个可重用的通用 Pub-Sub 对象就要容易得多，该对象将发布和订阅组合到同一个源中。在本节中，将首先使用 Rx 中的 Subject 类型来构建并发的发布者-订阅者集线器。然后，将使用这个基于 Rx 的发布者-订阅者集线器来重构之前的 Twitter 情绪分析器代码示例，以利用这些新的、更简单的功能。

该反应式发布者-订阅者集线器的实现是使用 Subject 来订阅，然后将值路由给观察者，允许源向观察者发出多播通知。代码清单 6.6 展示了 RxPubSub 类的实现，该类使用 Rx 构建通用 Pub-Sub 对象。

代码清单 6.6　C#版反应式发布者-订阅者

展示了观察者的内部状态

当可观察对象的状态发生变化时，这个私有的 subject 会通知所有已注册的观察者

```
public class RxPubSub<T> : IDisposable
{
  private ISubject<T> subject;
  private List<IObserver<T>> observers = new List<IObserver<T>>();
  private List<IDisposable> observables = new List<IDisposable>();

  public RxPubSub(ISubject<T> subject)
  {
      this.subject = subject;
  }
  public RxPubSub() : this(new Subject<T>()) { }

  public IDisposable Subscribe(IObserver<T> observer)
  {
    observers.Add(observer);
    subject.Subscribe(observer);
    return new Subscription<T>(observer, observers);
  }

  public IDisposable AddPublisher(IObservable<T> observable) =>
  observable.SubscribeOn(TaskPoolScheduler.Default).Subscribe(subject);


  public IObservable<T> AsObservable() => subject.AsObservable();
  public void Dispose()
  {
    observers.ForEach(x => x.OnCompleted());
        observers.Clear();
  }
}


class ObserverHandler<T> : IDisposable
{
  private IObserver<T> observer;
  private List<IObserver<T>> observers;

  public ObserverHandler(IObserver<T> observer,
➥ List<IObserver<T>> observers)
```

展示了可观察对象的内部状态

构造函数创建内部 subject 的实例

Subscribe 方法注册要通知的观察者，然后返回 IDisposable 以删除该观察者

AddPublisher 使用默认的 TaskPoolScheduler 订阅可观察对象来处理并发通知

暴露来自内部 ISubject 的 IObservable<T>以对事件通知应用高阶操作

释放对象时删除所有订阅者

内部类 ObserverHandler 包装 IObserver 以生成 IDisposable 对象，该对象用于停止通知流并将其从观察者集合中删除

```
    {
        this.observer = observer;
        this.observers = observers;
    }

    public void Dispose()
    {
        observer.OnCompleted();
        observers.Remove(observer);
    }
}
```

RxPubSub 类的实例可以由指定 Subject 版本的构造函数定义，也可以由主构造函数定义，主构造函数定义将使用默认的 Subject 版本。除了私有 Subject 字段之外，还有两个私有集合字段：observers 集合和订阅的 observables。

首先，observers 集合通过 Subscription 类的新实例来维护订阅 Subject 的观察者的状态。该类通过接口 IDisposable 提供 Dispose 方法来注销订阅，然后在调用时移除特定的观察者。

第二个私有集合是 observables。observables 维护一个 IDisposable 接口列表，该列表源于 AddPublisher 方法对每个 Observables 的注册。然后，每个可观察者都可以使用暴露的 Dispose 方法来注销。

在该实现中，Subject 被 TaskPoolScheduler 调度程序订阅：

```
observable.SubscribeOn(TaskPoolScheduler.Default)
```

TaskPoolScheduler 使用当前提供的 TaskFactory(http://bit.ly/2vaemTA)来调度每个观察者的工作单元以在不同线程中运行。可以轻松地修改代码以接受任意调度程序。

通过调用来自内部 Subject 的 AsObservable 方法获得可观察者 observable，然后通过 IObservable 接口对外暴露。该属性用于对事件通知应用高阶操作：

```
public IObservable<T> AsObservable() => subject.AsObservable();
```

在 Subject 上暴露 IObservable 接口的原因是，为了确保没有人能够执行向上转换回 ISubject 从而将事情搞砸。Subject 是有状态的组件，因此最好通过封装来隔离对它们的访问；否则，Subject 将可能会被直接重新初始化或更新。

6.5.4　使用 Rx Pub-Sub 类分析推文情绪

在代码清单 6.7 中，将使用 C#反应式 Pub-Sub 类(RxPubSub)来处理一组推文情绪。这个代码清单还是另外一个说明使两种编程语言 C#和 F#可以互操作并允许它们在同一解决方案中共存是多么简单的例子。通过第 6.4 节中实现的 F#库对外暴露，推送推文情绪流的可观察者很容易被外部观察者订阅。(可观察者的命令以粗体显示)。

代码清单 6.7　实现推文情绪可观察对象

```
let tweetEmotionObservable(throttle:TimeSpan) =

    Observable.Create(fun (observer:IObserver<_>) ->
        let cred = new TwitterCredentials(consumerKey, consumerSecretKey,
    accessToken, accessTokenSecret)
        let stream = Stream.CreateSampleStream(cred)
        stream.FilterLevel <- StreamFilterLevel.Low
        stream.StartStreamAsync() |> ignore

        stream.TweetReceived
        |> Observable.throttle(throttle)
        |> Observable.filter(fun args ->
            args.Tweet.Language = Language.English)
        |> Observable.groupBy(fun args ->
                evaluateEmotion args.Tweet.FullText)
        |> Observable.selectMany(fun args ->
            args |> Observable.map(fun tw ->
                            TweetEmotion.Create tw.Tweet args.Key))
        |> Observable.subscribe(observer.OnNext)
    )
```

> Observable.Create 通过一个给定函数创建一个可观察对象，该函数以一个订阅了返回的可观察对象的观察者对象为参数

> 可观察对象订阅了观察者对象的 OnNext 方法以推送更新

代码清单 6.7 展示了使用可观察者的 Create 工厂运算符的 tweetEmotionObservable 的实现。该运算符接受一个以观察者为参数的函数，该函数通过调用其方法作为可观察者。

Observable.Create 运算符注册传递给该函数的可观察者，并在它们到达时开始推送通知。该可观察者是从 subscribe 方法定义的，并将通知推送给调用 OnNext 方法的观察者。代码清单 6.8 展示了 tweetEmotionObservable 的 C#等效实现(以粗体显示)。

代码清单 6.8　使用 C#实现 tweetEmotionObservable

```
var tweetObservable = Observable.FromEventPattern<TweetEventArgs>(stream,
    "TweetReceived");

Observable.Create<TweetEmotion>(observer =>
{
    var cred = new TwitterCredentials(
        consumerKey, consumerSecretKey, accessToken, accessTokenSecret);
```

```
        var stream = Stream.CreateSampleStream(cred);
        stream.FilterLevel = StreamFilterLevel.Low;
        stream.StartStreamAsync();

        return Observable.FromEventPattern<TweetReceivedEventArgs>(stream,
➥    "TweetReceived")
            .Throttle(throttle)
            .Select(args => args.EventArgs)
            .Where(args => args.Tweet.Language == Language.English)
            .GroupBy(args =>
                    evaluateEmotion(args.Tweet.FullText))
            .SelectMany(args =>
                    args.Select(tw => TweetEmotion.Create(tw.Tweet, args.Key)))
            .Subscribe(o=>observer.OnNext(o));
    });
```

FromEventPattern 方法将.NET CLR 事件转换为可观察者。在这里，它将 TweetReceived 事件转换为 IObservable。

C#和 F#实现之间的一个区别是 F#代码不需要使用 FromEventPattern 来创建一个 Observable tweetObservable。实际上，当传递进管道 stream.TweetReceived |> Observable 时，事件处理程序 TweetReceived 将自动成为 F#中的一个可观察者。粗体显示的 TweetEmotion 是一个值类型结构，它携带了推文情绪的信息。见代码清单 6.9。

代码清单 6.9   用于维护推文详情的 TweetEmotion 结构

```
[<Struct>]
type TweetEmotion(tweet:ITweet, emotion:Emotion) =
        member this.Tweet with get() = tweet
        member this.Emotion with get() = emotion

        static member Create tweet emotion =
                        TweetEmotion(tweet, emotion)
```

代码清单 6.10 展示了 RxTweetEmotion 的实现，它继承自 RxPubSub 类并订阅了一个 IObservable 来管理推文情绪通知(以粗体显示)。

代码清单 6.10   RxPubSub TweetEmotion 的实现

```
                                        继承来自 RxPubSub 类的 RxTweetEmotion
class RxTweetEmotion : RxPubSub<TweetEmotion>
{                                                      将 throttle 值传递给构造
    public RxTweetEmotion(TimeSpan throttle)    ◀     函数，然后传递到
    {                                                  tweeteEmotionObservable
        var obs = TweetsAnalysis.tweetEmotionObservable(throttle)   定义中
```

```
                    .SubscribeOn(TaskPoolScheduler.Default);
                  base.AddPublisher(obs);
        }
}
```

使用 TaskPoolScheduler 并发运
行 Tweet-Emotion 通知。这在处理
并发消息和多个观察者时很有用

　　RxTweetEmotion 类使用 AddPublisher 方法传入 obs 可观察者，为基类创建并
注册 tweetEmotionObservable 可观察者，从而提升内部 TweetReceived 的通知。
下一步，要完成一些有用的事情，就是注册观察者。

6.5.5　action 中的观察者

　　RxTweetEmotion 类的实现已经完成。但是，如果没有任何观察者订阅，就无
法在事件发生时通知或对其作出反应。要创建 IObserver 接口的实现，应该创建一
个继承并实现 IObserver 接口中每个方法的类。幸运的是，Rx 有一组辅助函数可
以使这项工作更容易。Observer.Create()方法可以定义新的观察者：

```
IObserver<T> Create<T>(Action<T> onNext,
                       Action<Exception> onError,
                       Action onCompleted)
```

　　该方法具有一系列重载，传递 OnNext、OnError 和 OnCompleted 方法的任意
实现，并返回调用提供的函数的 IObserver <T>对象。

　　这些 Rx helper 函数最大限度地减少了程序中要创建的类型数量以及不必要
的类扩散。下面是一个 IObserver 的例子，它只向控制台打印正面情绪的推文：

```
var tweetPositiveObserver = Observer.Create<TweetEmotion>(tweet => {
    if (tweet.Emotion.IsHappy)
        Console.WriteLine(tweet.Tweet.Text);
});
```

　　在创建 tweetPositiveObserver 观察者之后，其实例被注册到先前实现的
RxTweetEmotion 类的实例上。如果收到具有正面情绪的推文，RxTweetEmotion
类将通知每个订阅的观察者：

```
var rxTweetEmotion = new RxTweetEmotion(TimeSpan.FromMilliseconds(150));
IDisposable posTweets = rxTweetEmotion.Subscribe(tweetPositiveObserver);
```

　　为每个订阅的观察者返回 IDisposable 接口的实例。此接口可用于停止观察者
接收通知，并通过调用 Dispose 方法从发布者注销(删除)观察者。

6.5.6   方便的 F#对象表达式

F#对象表达式是一种方便的方法，可以动态实现基于已知现有接口(或多个接口)的任何匿名对象实例。F#对象表达式与 Observer.Create()方法的工作方式类似，但可以应用于任何给定的接口。此外，由于受支持的互操作性，由 F#对象表达式创建的实例也可以提供给其他.NET 编程语言使用。

下面的代码展示了如何在 F#中使用对象表达式创建 IObserver<TweetEmotion>的实例，以仅向控制台显示不愉快的情绪：

```
let printUnhappyTweets() =
    { new IObserver<TweetEmotion> with
        member this.OnNext(tweet) =
            if tweet.Emotion = Unhappy then
                    Console.WriteLine(tweet.Tweet.text)

        member this.OnCompleted() = ()
        member this.OnError(exn) = () }
```

对象表达式的目的是避免定义和创建新的命名类型所需的额外代码。通过引用 F#库并导入相关名称空间，可以在 C#项目中使用上面对象表达式生成的实例。下面介绍如何在 C#代码中使用 F#对象表达式：

```
IObserver<TweetEmotion> unhappyTweetObserver = printUnhappyTweets();

IDisposable disposable = rxTweetEmotion.Subscribe(unhappyTweetObserver);
```

unhappyTweetObserver 观察者的实例是使用 F#对象表达式定义的，然后由 rxTweetEmotion 订阅，现在 rxTweetEmotion 已准备好接收通知。

6.6   本章小结

- 反应式编程范式采用非阻塞异步操作来处理高速率的随着时间推移的事件序列。该编程范式专注于异步地将一系列事件作为事件流来进行侦听和处理。
- Rx 将事件流视为一个事件的序列。Rx 允许你使用与 LINQ 相同的表达式编程语义，并对事件应用高阶操作，如 filter，map 和 reduce。
- .NET 版 Rx 完全支持多线程编程。事实上，Rx 能够同时处理多个事件，可能是并行处理的。此外，它还与客户端编程集成，允许直接进行 GUI 更新。

- Rx 调度程序旨在并发生成和处理事件，提高响应能力和可扩展性，同时降低复杂性。提供了对并发模型的抽象，这些抽象允许你针对移动的数据流执行操作，而不需要直接暴露给底层并发实现。
- 编程语言 F#将事件视为头等值，这意味着你可以将它们作为数据传递。这种方法是事件组合器的根本，它允许你将事件作为常规序列进行编程。
- F#所特有的事件组合器可以暴露给其他.NET 编程语言使用，使用这种强大的编程风格可以简化传统的基于事件的编程模型。
- 反应式编程擅长在组件创建和工作流组合中充分利用异步执行。此外，Rx 驯服背压的能力对于避免过度使用或无限制地消耗资源至关重要。
- Rx 驯服了连续发送通知产生的背压，从而允许你控制可能会使消费者不堪重负的高速事件流。
- Rx 提供了一组有用的实现了反应式模式(例如发布者-订阅者)的工具。

第7章

基于任务的函数式并行

本章主要内容：

- 任务并行和声明式编程语义
- 使用函数式组合器组合并行操作
- 使用任务并行库(Task Parallel Library，TPL)最大化资源利用率
- 实现并行函数式管道模式

　　任务并行范式拆分程序执行并通过并行运行每个部分以减少运行时间。该范式的目标是在不同的处理器之间分配任务，以最大限度地提高处理器利用率以提高性能。传统上，为了并行运行程序，代码被分成不同的功能区域，然后由不同的线程计算。在这些场景下，基元锁用于在存在多个线程的情况下同步对共享资源的访问。锁的目的是通过确保并发互斥来避免竞态条件和内存损坏。使用锁的主要原因是在资源可用于继续运行线程之前需要等待当前线程完成的这个设计遗留问题。

　　一种更新更好的机制是将剩余的计算传递给(在线程完成执行后运行的)回调函数以继续工作。这种技术在 FP 中被称为延续传递风格(Continuation-Passing Style，CPS)。在本章中，你将学习如何采用此机制来并行运行多个任务而不会阻塞程序的执行。通过这种技术，你还将学习如何通过隔离副作用和掌握函数组合来实现基于任务的并行程序，从而简化代码中的任务并行实现。组合是 FP 中最重要的特性之一，它简化了声明式编程风格的采用。易于理解的代码也易于维护。与传统编程相比，使用 FP，可以在程序中使用任务并行而不会增加复杂性。

7.1 任务并行的简短介绍

任务并行是指跨多个处理器并行运行一组独立任务的过程。该范式将计算划分为一组较小的任务，并在多个线程上执行这些较小的任务。通过同时处理多个函数来缩短执行时间。

通常，并行作业从相同的点开始，具有相同的数据，并且可以以一种即发即忘的方式终止，或者在任务组延续中完全完成。每当计算机程序使用相同的起始数据同时求值不同的和自治的表达式时，就具有了任务并行性。这个概念的核心是基于被称为 futures 的小型计算单位。图 7.1 展示了数据并行和任务并行之间的比较。

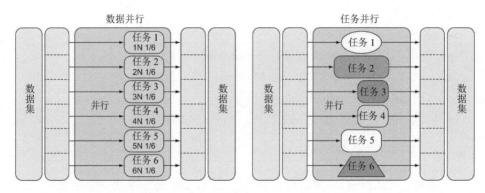

图 7.1   数据并行是在数据集的元素之间同时执行同一个函数。任务并行是在相同或不同的数据集上同时执行多个不同的函数

任务并行不是数据并行

第 4 章解释了任务并行和数据并行之间的差异。现在我们再复习一下，这些范式在光谱的两端。当一个操作应用于多个输入时，就会出现数据并行。当多个不同的操作应用于其自己的输入时，就会发生任务并行。它用于同时查询和调用多个 Web API，或者针对不同的数据库服务器存储数据。简言之，任务并行是并行函数；数据并行是并行数据。

任务并行通过调整正在运行的任务数量来实现其最佳性能，这取决于系统上可用的并行性数量，该数量对应于可用内核的数量，可能还对应于它们的当前负载。

7.1.1 为什么要进行任务并行和函数式编程

在前面的章节中，你已经看到了使用数据并行和任务组合的代码示例。这些数据并行模式，如分而治之、Fork/Join 和 MapReduce，旨在解决拆分和计算较小的、独立的任务的计算问题。最终，当作业终止时，它们的输出将被合并到最终结果中。

然而，在实际的并行编程中，通常会处理不同的、更复杂的结构，这些结构不容易被拆分和归约。例如，处理输入数据的任务的计算可能依赖于其他任务的结果。在这种情况下，协调多个任务之间的工作的设计和方法与数据并行模型不同，有时还可能具有挑战性。这一挑战是由于任务依赖关系造成的，这些依赖关系可能会造成复杂的连接，执行时间可能会有所不同，从而使作业分配难以管理。

任务并行的目的是处理好这些场景，为开发人员提供一个实践和模式工具箱，以及.NET 框架下一个丰富的、简化了基于任务并行编程的库(如果要编程的情况下)。此外，FP 通过控制副作用并以声明式编程风格管理其依赖性来简化任务的组合方面。

函数式范式原则在编写有效的、确定性的基于任务的并行程序中起着至关重要的作用。这些函数式概念在本书的前几章中已经讨论过了。总而言之，以下是编写并行代码的建议列表：

- 任务应该计算无副作用的函数，这会带来引用透明和确定性代码。纯函数使程序更具可预测性，因为无论外部状态如何，函数始终以相同的方式运行。
- 记住，纯函数可以并行运行，因为执行顺序无关。
- 如果需要副作用，可以通过在带有运行隔离的函数中执行计算来在本地控制副作用。
- 通过使用防御性拷贝方法，避免在任务之间共享数据。
- 当无法避免任务之间的数据共享时，使用不可变结构。

注意 防御性拷贝是一种减少(或消除)修改共享可变对象的负面副作用的机制。其思想是创建一个可以安全共享的原始对象的副本，它的修改不会影响到原始对象。

7.1.2 .NET 中的任务并行化支持

从第一个版本(.NET 1.0)开始，.NET 框架就支持通过多线程并行执行代码。多线程程序基于一个称为线程的独立执行单元，这是一个轻量级进程，在单个应用程序中负责多任务处理(Thread 类可以在基类库 System.Threading 名称空间中找到)。线程由 CLR 进行处理。创建新线程的开销和内存非常昂贵。例如,在基于 x86 体系结构的处理器中,与创建线程相关联的内存堆栈大小约为 1 MB,因为它涉及堆栈、线程本地存储和上下文切换。

幸运的是,.NET 框架提供了一个 ThreadPool 类,有助于克服这些性能问题。实际上,它能够优化与复杂操作相关的成本,例如创建、启动和销毁线程。此外,.NET 线程池旨在尽可能多地重用现有线程,以最大限度地降低与新线程实例化相关的成本。图 7.2 比较了这两个过程。

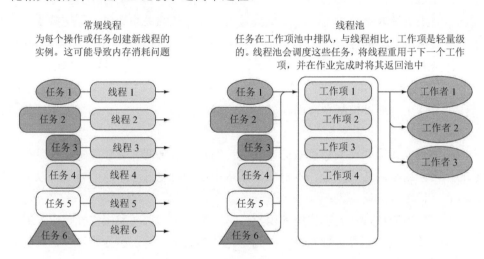

图 7.2   如果使用常规线程,则必须为每个操作或任务创建新线程的实例。这会产生内存消耗问题。相反,如果使用线程池,则可以在工作项池中对任务进行排队,与线程相比,工作项是轻量级的。然后,线程池会调度这些任务,将线程重用于下一个工作项,并在作业完成时将其返回池中

ThreadPool 类

.NET 框架提供了一个 ThreadPool 静态类,它在多线程应用程序初始化期间就加载了一组线程,然后重用这些线程,而不是通过创建新线程来运行新任务。通过这种方式,ThreadPool 类可以限制在任何给定点运行的线程数,从而避免创建和销毁应用程序线程的开销。在并行计算的情况下,ThreadPool 通过避免上下文切换来优化性能并提高应用程序的响应能力。

ThreadPool 类暴露了 QueueUserWorkItem 静态方法,该方法接受表示异步操作的函数(委托)。

代码清单 7.1 比较了以传统方式和使用 ThreadPool.QueueUserWorkItem 静态方法启动线程这两种方法。

代码清单 7.1　生成线程和 ThreadPool.QueueUserWorkItem

```
Action<string> downloadSite = url => {        ◄────────
    var content = new WebClient().DownloadString(url);
    Console.WriteLine($"The size of the web site {url} is
➥ {content.Length}");
};                                            使用函数去下载给定网站

var threadA = new Thread(() => downloadSite("http://www.nasdaq.com"));
var threadB = new Thread(() => downloadSite("http://www.bbc.com"));

threadA.Start();
threadB.Start();       ◄─────   线程必须显式启动,并提供等
threadA.Join();                  待(join)完成的选项
threadB.Join();

ThreadPool.QueueUserWorkItem(o => downloadSite("http://www.nasdaq.com"));
ThreadPool.QueueUserWorkItem(o => downloadSite("http://www.bbc.com"));  ◄──
```

ThreadPool.QueueUserWorkItem 会立即启动一个被认为是"即发即忘"的操作,这意味着工作项需要产生副作用才能使计算可见

使用传统方式线程必须显式启动,并提供等待(join)完成的选项。每个线程都会创建一个额外的内存负载,这对运行时环境有害。使用 ThreadPool 的 QueueUserWorkItem 启动异步计算则很简单,但是在开发基于任务的并行系统时,使用这种技术会带来严重的复杂性,存在如下限制:

- 异步操作完成时没有内置的通知机制。
- 没有简单的方法可以从 ThreadPool 工作者那里获得结果。
- 没有内置机制将异常传递给原始线程。
- 没有简单的方法来协调依赖的异步操作。

为了克服这些限制,Microsoft 引入了 TPL 任务概念,可通过 System.Threading. Tasks 名称空间访问。任务概念是在.NET 构建基于任务的并行系统的推荐方法。

7.2　.NET 任务并行库

.NET TPL 在 ThreadPool 之上实现了许多额外的优化,包括复杂的 TaskScheduler 工作窃取算法(http://mng.bz/j4K1),以动态扩展并发度,如图 7.3 所示。该算法保

证了高效使用可用的系统处理器资源，以最大限度地提高并发代码的整体性能。

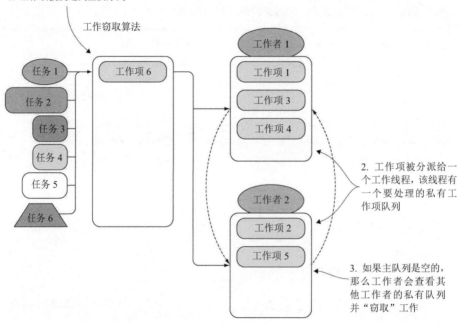

图 7.3　TPL 使用工作窃取算法来优化调度程序。最初，TPL 将作业发送到主队列(步骤 1)。然后，它将工作项分派给一个工作线程，该线程有一个要处理的私有工作项队列(步骤 2)。如果主队列为空，那么工作者会查看其他工作者的私有队列并"窃取"工作。(步骤 3)

　　随着任务概念的引入，取代了传统的有限线程模型，Microsoft TPL 简化了向具有一组新类型的程序添加并发性和并行性的过程。此外，TPL 还通过 Task 对象提供支持，以取消和管理状态，处理和传播异常，以及控制工作线程的执行。TPL 将实现细节从开发人员手中抽象出来，提供对并行执行代码的控制。

　　当使用基于任务的编程模型时，在程序中引入并行和将并发执行部分的代码转化为任务变得几乎毫不费力。

注意　TPL 提供了必要的基础设施，以实现 CPU 资源的最佳利用，而不管你是在单核还是多核计算机上运行并行程序。

　　你有多种方法可以调用并行任务。本章回顾了实现任务并行的相关技术。

用 TPL Parallel.Invoke 并行运行操作

使用.NET TPL，可以通过多种方式来调度任务，Parallel.Invoke 方法是最简单的方法。此方法接受任意数量的 action (委托)作为 params 数组形式的参数，并为传递的每个委托创建任务。但是，action 委托签名没有输入参数，并且返回 void，这违背了函数式原则。在命令式编程语言中，返回 void 的函数会产生副作用。

当所有任务终止时，Parallel.Invoke 方法将控制权交回给主线程以继续执行流程。Parallel.Invoke 方法的一个重要区别是异常处理、同步调用和调度等处理对开发人员是透明的。

让我们假设一个场景，你需要整体并行执行一组独立的异构任务，然后在所有任务完成后继续工作。遗憾的是，在这里不能使用 PLINQ 和并行循环(在前面的章节中讨论过)，因为它们不支持异构操作。这就是使用 Parallel.Invoke 方法的典型场景。

注意 异构任务是一组操作，无论具有不同的结果类型或不同的输出，都可以作为一个整体进行计算。

代码清单 7.2 针对三个给定图像并行运行函数，然后将结果保存在文件系统中。每个函数都会创建原始图像的本地防御性拷贝，以避免不必要的变化。代码示例使用 F#语言，但是相同的概念适用于所有.NET 编程语言。

代码清单 7.2 Parallel.Invoke 执行多个异构任务

从给定图像创建具有三维效果的图像   从给定的文件路径创建一个 image 的副本

```
let convertImageTo3D (sourceImage:string) (destinationImage:string) =
  let bitmap = Bitmap.FromFile(sourceImage) :?> Bitmap
  let w,h = bitmap.Width, bitmap.Height
  for x in 20 .. (w-1) do
      for y in 0 .. (h-1) do
        let c1 = bitmap.GetPixel(x,y)
        let c2 = bitmap.GetPixel(x - 20,y)
        let color3D = Color.FromArgb(int c1.R, int c2.G, int c2.B)
        bitmap.SetPixel(x - 20 ,y,color3D)
      bitmap.Save(destinationImage, ImageFormat.Jpeg)
```

嵌套的 for 循环访问图像的像素

将最新创建的 image 保存到文件系统中

创建图像，将颜色转换为灰度模式

```
  let setGrayscale (sourceImage:string) (destinationImage:string) =
```

```
    let bitmap = Bitmap.FromFile(sourceImage) :?> Bitmap
        let w,h = bitmap.Width, bitmap.Height
        for x = 0 to (w-1) do
        for y = 0 to (h-1) do
            let c = bitmap.GetPixel(x,y)
            let gray = int(0.299 * float c.R + 0.587 * float c.G + 0.114 *
➥ float c.B)
            bitmap.SetPixel(x,y, Color.FromArgb(gray, gray, gray))
        bitmap.Save(destinationImage, ImageFormat.Jpeg)
```

嵌套的 for 循环访问图像的像素

从给定的文件路径创建一个 image 的副本

通过应用红色滤镜来创建图像

```
let setRedscale (sourceImage:string) (destinationImage:string) =
    let bitmap = Bitmap.FromFile(sourceImage) :?> Bitmap
    let w,h = bitmap.Width, bitmap.Height
    for x = 0 to (w-1) do
        for y = 0 to (h-1) do
            let c = bitmap.GetPixel(x,y)
            bitmap.SetPixel(x,y, Color.FromArgb(int c.R,
➥ abs(int c.G - 255), abs(int c.B - 255)))
    bitmap.Save(destinationImage, ImageFormat.Jpeg)
```

嵌套的 for 循环访问图像的像素

```
System.Threading.Tasks.Parallel.Invoke(
    Action(fun ()-> convertImageTo3D "MonaLisa.jpg" "MonaLisa3D.jpg"),
    Action(fun ()-> setGrayscale "LadyErmine.jpg" "LadyErmineRed.jpg"),
    Action(fun ()-> setRedscale "GinevraBenci.jpg" "GinevraBenciGray.jpg"))
```

将最新创建的 image 保存到文件系统中

在代码中，Parallel.Invoke 独立地创建和启动三个任务，每个函数一个任务，并阻塞主线程的执行流，直到所有任务完成。

注意 源代码故意使用 GetPixel 和 SetPixel 方法修改位图。这些方法(特别是 GetPixel)很慢。但是为了这个例子，我们想要测试并行，需要产生额外的开销，以引起额外的 CPU 压力。在生产代码中，如果需要遍历整个图像，最好将整个图像编组成一个字节数组来遍历它。

有趣的是，可以使用 Parallel.Invoke 方法来实现 Fork/Join 模式，多个操作并行运行，然后在所有操作完成后进行连接。图 7.4 展示了处理之前和之后的图像。

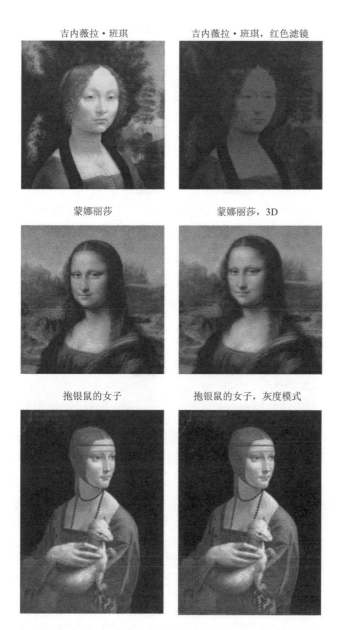

吉内薇拉·班琪　　　　　　　吉内薇拉·班琪，红色滤镜

蒙娜丽莎　　　　　　　　　蒙娜丽莎，3D

抱银鼠的女子　　　　　　　抱银鼠的女子，灰度模式

图 7.4　运行代码清单 7.2 的代码生成的映像。可以在可下载的源代码中找到完整的实现

　　尽管并行执行多个任务很方便，但由于 void 签名类型，Parallel.Invoke 限制了并行操作的控制。此方法没有暴露任何资源以提供有关每个单独任务的状态和结果(成功或失败)的详细信息。Parallel.Invoke 要么是成功完成，要么就以 AggregateException 实例的形式抛出异常。在后一种情况下，在执行过程中发生的

任何异常都会被延迟到在所有任务完成后重新抛出。在 FP 中，异常是应该避免的副作用。因此，FP 提供了一种更好的机制来处理错误，这将在第 11 章中介绍。

最后，使用 Parallel.Invoke 方法时需要考虑两个重要的限制：

- 该方法的签名返回 void，这点会阻止组合。
- 任务执行的顺序不受保证，这限制了具有依赖关系的计算的设计。

7.3   C# void 的问题

在命令式编程语言(如 C#)中，通常将不返回值的方法和委托定义为 void，就像 Parallel.Invoke 方法一样。此方法的签名导致了不能组合。只有当一个函数的输出与另一个函数的输入相匹配时，这两个函数才能够组合。

在函数优先编程语言(如 F#)中，每个函数都有一个返回值，包括与 void 类似情况的 unit 类型，(但是与 void 不同的是)该值被视为一个值，概念上与布尔值或整数没有太大区别。

unit 是缺少其他特定值的表达式的类型。想想用于打印到屏幕的函数。没有特定的内容需要返回，因此函数需要返回 unit，以便代码仍然有效。unit 就是 C# 的 void 在 F#中的等价物。F#不使用 void 的原因是每个有效的代码都要有一个返回类型，而 void 没有返回类型。与 void 的概念相比，函数式程序员应该想到的是 unit。在 F#中，unit 类型写作()。这种设计使函数组合成为可能。

原则上，编程语言不需要支持具有返回值的方法。但是没有定义输出(即 void)的方法表明该函数执行了一些副作用，这使得并行运行任务变得困难。

C# void 的解决方案：unit 类型

在函数式编程中，函数定义其输入和输出之间的关系 。这类似于数学定理的编写方式。例如，在纯函数的情况下，返回值仅由其输入值确定。

在数学中，每个函数都返回一个值。在 FP 中，函数是一个映射，映射必须有一个要映射的值。这个概念在主流的命令式编程语言中丢失了，例如 C#、C++ 和 Java，它们把 void 视为方法不返回任何内容，来代替可以返回有意义内容的函数。

在 C#中，可以将 Unit 类型实现为具有单个值的结构(struct)，该值可以用作返回类型来代替返回 void。或者，第 6 章讨论的 Rx 作为其库的一部分提供了一个 unit 类型。代码清单 7.3 展示了 C#中 Unit 类型的实现，它是从 Microsoft Rx (http://bit.ly/2vEzMeM)中借用的。

代码清单 7.3　Unit 类型在 C#中的实现

Unit 结构通过实现 IEquatable 接口这种方式来强制所有 Unit 的值都相等

```
public struct Unit : IEquatable<Unit>
{
```

使用 helper 静态方法检索 Unit 类型的实例

重写方法以强制 Unit 类型之间的相等性

```
    public static readonly Unit Default = new Unit();
    public override int GetHashCode() => 0;
    public override bool Equals(object obj) => obj is Unit;
    public override string ToString() => "()";

    public bool Equals(Unit other) => true;
    public static bool operator ==(Unit lhs, Unit rhs) => true;
    public static bool operator !=(Unit lhs, Unit rhs) => false;
}
```

Unit 类型之间始终为 true

Unit 结构通过实现 IEquatable 接口这种方式来强制所有 Unit 的值都相等。但是在语言类型系统中，将 Unit 作为值有什么真正的好处呢？它的实际用途是什么呢？

以下是两个主要答案：

● Unit 可用于发布函数已完成的确认。

● 拥有 Unit 类型或结构对于编写通用代码很有用，包括需要通用的头等函数的地方，这样可以减少代码重复。

例如，使用 Unit 类型，可以避免重复代码来实现 Action<T>或 Func<T，R>，或返回 Task 或 Task <T>的函数。让我们思考一个运行 Task <TInput>并将计算结果转换为 TResult 类型的函数：

```
TResult Compute<TInput, TResult>(Task<TInput> task,
            Func<TInput, TResult> projection) => projection(task.Result);

Task<int> task = Task.Run<int>(() => 42);
bool isTheAnswerOfLife = Compute(task, n => n == 42);
```

该函数有两个参数。第一个参数 Task <TInput>是一个求值表达式，其结果被传递给第二个参数，即 Func <TInput，TResult>委托，以应用转换，然后返回最终值。

> **注意**　此代码实现仅用于演示目的。不建议像上面代码片段中的 Compute 函数那
> 样阻塞任务的求值检索结果。第 7.4 节介绍了正确的方法。

如何将 Compute 函数转换为打印结果的函数? 你必须编写一个新函数来将
Func<T>委托 projection 替换为 Action 委托类型。新方法具有以下签名:

```
void Compute<TInput>(Task<TInput> task, Action<TInput> action) =>
                     action(task.Result);

Task<int> task = Task.Run<int>(() => 42);
Compute(task, n => Console.WriteLine($"Is {n} the answer of life?
➡ {n == 42}"));
```

同样重要的是要指出 Action 委托类型正在执行副作用:在控制台上打印结果。

对于以 Action 委托类型为参数的函数,最好是重用同一个函数,而不是重复
代码。为此,你需要将 void 传递给 Func 委托,而这在 C#中是不可能的。这就是
使用 Unit 删除重复代码的时候。通过使用 Unit 结构(struct)定义,你可以使用具有
Func 委托的函数来生成与具有 Action 委托类型的函数相同的行为:

```
Task<int> task = Task.Run<int>(() => 42);

Unit unit = Compute(task, n => {
    Console.WriteLine($"Is {n} the answer of life? {n == 42}");
    return Unit.Default;});
```

通过在 C#语言中引入 Unit 类型,你可以编写一个能够处理返回值或计算副
作用这两种情况的 Compute 函数。最终,返回表示存在副作用的 Unit 类型的函数,
将带有编写并发代码所需的有用信息。此外,还有一些 FP 语言,例如 Haskell,
其 Unit 类型会通知编译器,然后编译器区分纯函数和不纯函数,以应用更细粒度
的优化。

7.4　延续传递风格(CPS):函数式控制流程

在第 3 章中讨论过任务延续是基于 CPS 范式的函数式概念。该方法通过将当
前函数的结果传递给下一个函数,以延续的形式为你提供执行控制。本质上,函
数延续是一个表示"接下来会发生什么"的委托。CPS 是命令式编程风格的传统
控制流的替代方案,在传统方案里,命令都是一个接一个地执行的。相反,使用
CPS,一个函数作为参数传递到一个方法中,显式定义下一个要在其计算之后执
行的操作。这样就允许你可以设计自己的控制流命令。

7.4.1　为什么要利用 CPS

在并发环境中应用 CPS 的主要好处是避免了线程阻塞，这些线程阻塞会对程序的性能产生负面影响。例如，一个方法要等待一个或多个任务完成是低效的，它会阻塞主执行线程，直到其子任务完成。通常，父任务(在本例中是主线程)可以继续，但不能立即继续，因为其线程仍在执行其他任务。解决方案是 CPS，它允许线程立即返回调用方，而不需要等待其子线程。这样可以确保在完成时调用该延续。

使用显式 CPS 的一个缺点是，由于 CPS 使程序更长，更不可读，代码的复杂性可能会迅速升级。在本章后面，你将看到如何通过结合 TPL 和函数式范式来抽象代码背后的复杂性，使代码灵活且易于使用，从而解决这个问题。CPS 具有以下几个有用的任务优势：

- 函数延续可以组合成一个操作链。
- 延续可以指定函数被调用的条件。
- 延续函数可以调用一组其他延续。
- 延续函数在计算过程中，甚至在开始之前，都可以很容易地取消。

在.NET 框架中，任务是对传统.NET 线程(http://mng.bz/dk6k)的抽象，表示为独立的异步工作单元。Task 对象是 System.Threading.Tasks 名称空间的一部分。Task 类型提供的更高级别的抽象旨在简化并发代码的实现，并便于控制每个任务操作的生命周期。例如，可以验证计算的状态并确认操作是否已终止，失败或取消。此外，任务可以在操作链中使用延续进行组合，从而允许具有声明式和流畅式的编程风格。

代码清单 7.4 展示了如何使用 Task 类型创建和运行操作。该代码使用代码清单 7.2 中的函数。

代码清单 7.4　创建和开始任务

使用 StartNew Task 静态 helper 方法运行 ConvertImageTo3D 方法

```
Task monaLisaTask = Task.Factory.StartNew(() =>
    convertImageTo3D("MonaLisa.jpg", "MonaLisa3D.jpg"));


Task ladyErmineTask = new Task(() =>
    setGrayscale("LadyErmine.jpg", "LadyErmine3D.jpg"));
ladyErmineTask.Start();


Task ginevraBenciTask = Task.Run(() =>
    setRedscale("GinevraBenci.jpg", "GinevraBenci3D.jpg"));
```

通过创建新的任务实例来运行 setGrayscale 方法，然后调用任务实例的 Start()方法

使用简化的静态方法 Run()运行 setRedscale 方法，Run()方法运行具有默认公共属性的任务

该代码展示了创建和执行任务的三种不同的方法：

- 第一种技术使用内置的 Task.Factory.StartNew 方法创建并立即启动新任务。
- 第二种技术创建一个新的任务实例，它需要一个函数作为构造函数参数来充当任务的主体。然后，调用 Start 实例方法，该 Task 则开始计算。这种技术提供了延迟任务执行的灵活性，直到调用 Start 函数为止。通过这种方式，Task 对象可以传递给另一个方法，该方法决定何时安排任务执行。
- 第三种方法创建 Task 对象，然后立即调用 Run 方法来安排任务。这是一种使用标准选项值的默认的构造函数来创建和处理任务的便捷方法。

如果你需要一个特定的选项来实例化任务(例如设置 LongRunning 选项)，那么前两个选项是更好的选择。通常，任务提供了一种自然的方式来隔离依赖于函数的数据，以便与相关的输入和输出值进行通信，如图 7.5 中的概念示例所示。

图 7.5   当两个任务组合在一起时，第一个任务的输出成为第二个任务的输入。这与函数组合相同

注意   Task 对象可以使用不同的选项进行实例化，以控制和自定义其行为。例如，TaskCreationOptions.LongRunning 选项通知底层调度程序该任务将是一个长期运行的任务。在这种情况下，可以绕过任务调度程序以创建一个额外的专用线程，该线程的工作不会受到线程池调度的影响。有关 TaskCreationOptions 的详细信息，请参阅 Microsoft MSDN 联机文档 (http://bit.ly/2uxg1R6)。

7.4.2   等待任务完成：延续模型

你已经了解了如何使用任务来并行化独立的工作单元。但是在通常情况下，代码的结构比以即发即忘的方式启动操作要复杂得多。大多数基于任务的并行计算需要在并发操作之间进行更复杂的协调，其执行顺序可能会受到程序的底层算法和控制流的影响。幸运的是，.NET TPL 库提供了协调任务的机制。

让我们从一个顺序运行多个操作的例子开始，并逐步重新设计和重构程序，以提高代码的组合性和性能。你将从顺序实现开始，然后逐步应用不同的技术来改进和最大限度地提高整体计算性能。

代码清单7.5实现了一个人脸检测程序，该程序可以检测给定图像中的特定人脸。在这个例子中，你将使用20美元、50美元和100美元钞票上的总统图像那一面里的美国总统图像。程序将检测每个图像中的总统面部，并返回一个新图像，在检测到的人脸周围会有一个方框。在此示例中，请重点关注重要的代码，而不要被 UI 实现的细节分散注意力。完整的源代码可从本书的网站下载。

代码清单 7.5   C#人脸检测函数

```
Bitmap DetectFaces(string fileName) {
    var imageFrame = new Image<Bgr, byte>(fileName);        用于与 OpenCV 库
      var cascadeClassifier = new CascadeClassifier();       交互的 Emgu.CV
    var grayframe = imageFrame.Convert<Gray, byte>();        图像的实例
    var faces = cascadeClassifier.DetectMultiScale(
        grayframe, 1.1, 3, System.Drawing.Size.Empty);       人脸检测处理
    foreach (var face in faces)
        imageFrame.Draw(face,
                new Bgr(System.Drawing.Color.BurlyWood), 3);
    return imageFrame.ToBitmap();                           检测到的人脸将被框住
}                                                           以突出显示


void StartFaceDetection(string imagesFolder) {
    var filePaths = Directory.GetFiles(imagesFolder);
        foreach (string filePath in filePaths) {
            var bitmap = DetectFaces(filePath);            处理完的图像将被添加
            var bitmapImage = bitmap.ToBitmapImage();      到可观察集合 Images 中
            Images.Add(bitmapImage);                       以更新 UI
        }
}
```

使用分类器检测图像中的人脸特征

DetectFaces 函数使用给定的文件名路径从文件系统加载图像，然后检测任何人脸的存在。Emgu.CV 库负责执行人脸检测，Emgu.CV 库是一个.NET 包装器。它可以与 C#和 F#等编程语言互操作，允许 C#和 F#等编程语言交互并调用底层 Intel OpenCV 图像库[1]处理的函数。函数 StartFaceDetection 启动执行，获取要运算的图像的文件路径。然后按顺序在 foreach 循环中通过调用函数 DetectFaces 来处理人脸检测。其结果是一个新的 BitmapImage，将被添加到可观察集合 Images 中以更新 UI。图 7.6 展示了预期结果——检测到的人脸将被框住以突出显示。

---

[1] OpenCV(开源计算机视觉库)是英特尔提供的高性能图像处理库(https://opencv.org)。

图 7.6　人脸检测过程的结果。右侧图像里检测到的人脸会被一个框包围

提高程序性能的第一步是并行运行人脸检测函数，为每个图像创建一个新的计算任务。见代码清单 7.6。

代码清单 7.6　人脸检测程序的并行任务实现

```
void StartFaceDetection(string imagesFolder)
{
    var filePaths = Directory.GetFiles(imagesFolder);

    var bitmaps = from filePath in filePaths
                  select Task.Run<Bitmap>(() => DetectFaces(filePath));

    foreach (var bitmap in bitmaps) {
        var bitmapImage = bitmap.Result;
            Images.Add(bitmapImage.ToBitmapImage());
    }
}
```

从 TPL 为要处理的每个图像顺序启动任务

在以上代码中，LINQ 表达式创建一个 Task<Bitmap> 的 IEnumerable，它是用便捷的 Task.Run 方法构造的。在任务集合到位的情况下，代码在 foreach 循环中开始独立计算。但是程序的性能并没有得到提高。问题在于任务仍然按顺序逐一运行。循环每次处理一个任务，等待其完成，然后继续执行下一个任务。代码并不是并行运行的。

你可能会争辩说，选择不同的方法，例如使用 Parallel.ForEach 或 Parallel.Invoke 计算 DetectFaces 函数，则可以避免问题并保证并行性。但请听我解释，你会明白为什么这不是一个好主意。

让我们通过分析基本问题来调整设计以解决问题。在执行 foreach 循环期间，由 LINQ 表达式生成的 Task<Bitmap>的 IEnumerable 才被物化。在每次迭代过程中，都会检索到一个 Task <Bitmap>，但此时，该任务还没有完成；实际上，它甚至可能还没有启动。原因在于 IEnumerable 集合被延迟地计算，因此底层任务在其物化期间的最后可能时刻才开始计算。因此，当通过 Task<Bitmap>.Result 属性访问循环内的任务位图的结果时，该任务将阻塞连接线程，直到任务完成。在任务结束计算并返回结果后，才恢复执行。

要编写可扩展的软件，不能有任何被阻塞的线程。在前面的代码中，当任务尚未完成运行就访问任务的 Result 属性时，线程池的开销很可能相当于创建了一个新线程。这会增加资源消耗并损害性能。

这样分析之后，就会发现有两个问题需要纠正以确保并行性，见图 7.7：

● 确保任务并行运行。

● 避免阻塞主工作线程并等待每个任务完成。

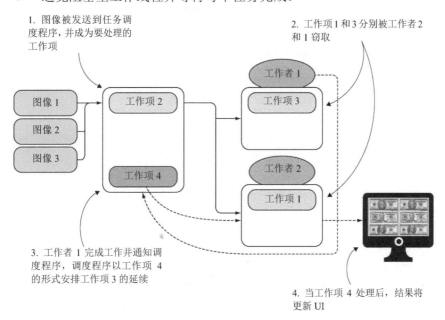

图 7.7 图像被发送到任务调度程序，并成为要处理的工作项(步骤 1)。然后，工作项 3 和工作项 1 分别被工作者 1 和工作者 2 "窃取" (步骤 2)。工作者 1 完成工作并通知任务调度程序，任务调度程序以新工作项 4(即工作项 3 的延续)的形式安排其余工作的延续。当工作项 4 处理后，结果将更新 UI(步骤 4)

代码清单 7.7 所示是如何修复问题以确保代码并行运行并减少内存消耗。

代码清单 7.7 改正 DetectFaces 函数的并行任务实现

```
ThreadLocal<CascadeClassifier> CascadeClassifierThreadLocal =
    new ThreadLocal<CascadeClassifier>(()=>new CascadeClassifier());    ◄───

                                            使用 ThreadLocal 实例确保为每个工作任
Bitmap DetectFaces(string fileName) {       务提供 CascadeClassifier 的防御性拷贝
    var imageFrame = new Image<Bgr, byte>(fileName);
    var cascadeClassifier = CascadeClassifierThreadLocal.Value;
    var grayframe = imageFrame.Convert<Gray, byte>();
    var faces = cascadeClassifier.DetectMultiScale(grayframe, 1.1, 3,
➥ System.Drawing.Size.Empty);

    foreach (var face in faces)
        imageFrame.Draw(face, new Bgr(System.Drawing.Color.BurlyWood), 3);
    return imageFrame.ToBitmap();
}


void StartFaceDetection(string imagesFolder) {
    var filePaths = Directory.GetFiles(imagesFolder);    在文件路径上使用 LINQ
    var bitmapTasks =                                    表达式并行启动图像处理
    (from filePath in filePaths
    select Task.Run<Bitmap>(() => DetectFaces(filePath))).ToList();    ◄───

    foreach (var bitmapTask in bitmapTasks)
        bitmapTask.ContinueWith(bitmap => {         ◄─────────────
            var bitmapImage = bitmap.Result;
            Images.Add(bitmapImage.ToBitmapImage());
        }, TaskScheduler.FromCurrentSynchronizationContext());
}
                                                任务延续确保没有阻塞。
TaskScheduler.FromCurrentSynchronizationContext()   该操作在完成后传递工作
选择适当的上下文来调度 UI 相关的工作                    的延续
```

在该示例中，为了使代码结构简单，假设每个计算都成功完成。虽然要修改一些代码，但好消息是在不阻塞任何线程的情况下实现真正的并行计算(通过在任务完成后继续执行其他任务操作)。主函数 StartFaceDetection 通过在 Task<Bitmap> 的 IEnumerable 上调用 ToList()来立即物化 LINQ 表达式，从而保证并行执行任务。

注意 当你编写一个创建任务负载的计算时，请激活 LINQ 查询并确保首先物化该查询。否则，没有任何好处，因为并行性将会丢失，任务将在 foreach 循环中按顺序计算。

接下来，ThreadLocal 对象用于为访问函数 DetectFaces 的每个线程创建

CascadeClassifier 的防御性拷贝。CascadeClassifier 将本地资源加载到内存中，这不是线程安全的。为了解决线程不安全的问题，将为运行该函数的每个线程实例化一个局部变量 CascadeClassifier。这就是 ThreadLocal 对象的目的(在第 4 章中详细讨论)。

　　然后，在函数 StartFaceDetection 中，foreach 循环遍历了 Task <Bitmap>列表，为每个任务创建一个延续，而不是在任务未完成时阻塞执行。由于 bitmapTask 是异步操作，因此不能保证在访问 Result 属性之前任务已完成执行。通过函数 ContinueWith 使用任务延续将结果作为延续的一部分来访问是一种很好的做法。定义一个任务延续类似于创建一个常规任务，但使用 ContinueWith 方法传递的函数将 Task <Bitmap>的类型作为参数。该参数表示了先行任务，可用于检查计算和相应分支的状态。

　　当先行任务完成后，函数 ContinueWith 开始作为新任务执行。任务延续在 TaskScheduler.FromCurrentSynchronizationContext 捕获的当前同步上下文中运行，TaskScheduler.FromCurrentSynchronizationContext 会自动选择合适的上下文去 UI 相关线程上安排工作。

注意　ContinueWith 函数可以设置为只有在任务以某些条件终止后才会启动新任务。例如，如果希望只有任务被取消才会启动新任务，则可以通过指定 TaskContinuationOptions.OnlyOnCanceled 标志实现。如果希望只有抛出异常才会启动新任务，则使用 TaskContinuationOptions.OnlyOnFaulted 标志。

　　如前所述，你可以使用 Parallel.ForEach，但问题是，此方法会等到所有操作完成后再继续，从而阻塞主线程。而且，因为操作是在不同的线程中运行，使得直接更新 UI 变得更加复杂。

7.5　组合任务操作的策略

　　延续是 TPL 的真正力量。例如，可以为单个任务执行多个延续，从而创建一个维持彼此之间依赖关系的任务延续链。此外，使用任务延续，底层调度程序可以充分利用工作窃取机制，根据运行时的可用资源来优化调度机制。

　　现在让我们在人脸检测示例中使用任务延续吧。前面的代码并行运行，从而提高了性能。但是该程序可以在可扩展性方面进一步优化。DetectFaces 函数将一系列操作作为一个计算链依次顺序执行。为了提高资源利用率和总体性能，更好的设计是将在不同线程中运行的每个 DetectFaces 操作的任务和子序列任务延续进行拆分。

　　使用任务延续，这个更改很简单。代码清单 7.8 展示了一个新的 DetectFaces 函数，其中人脸检测算法的每个步骤都在一个专用的独立任务中运行。

代码清单 7.8　使用任务延续的 DetectFaces 函数

```
Task<Bitmap> DetectFaces(string fileName)
{
    var imageTask = Task.Run<Image<Bgr, byte>>(
        () => new Image<Bgr, byte>(fileName)
    );
     var imageFrameTask = imageTask.ContinueWith(          ◄─────────────┐
         image => image.Result.Convert<Gray, byte>()                     │
    );                                                                    │
    var grayframeTask = imageFrameTask.ContinueWith(      ◄──────────────┤
        imageFrame => imageFrame.Result.Convert<Gray, byte>()            │
    );                                                                    │
                                                                          │
    var facesTask = grayframeTask.ContinueWith(grayFrame =>              │
      {                                                                   │
        var cascadeClassifier = CascadeClassifierThreadLocal.Value;       │
        return cascadeClassifier.DetectMultiScale(                        │
          grayFrame.Result, 1.1, 3, System.Drawing.Size.Empty);          │
      }                                                                   │
    );                                                                    │
                                                                          │
    var bitmapTask = facesTask.ContinueWith(faces =>     ◄──────────────┘
      {
          foreach (var face in faces.Result)
              imageTask.Result.Draw(
              face, new Bgr(System.Drawing.Color.BurlyWood), 3);
          return imageTask.Result.ToBitmap();
      }
    );                                                使用任务延续将工
    return bitmapTask;                               作结果传递给附加
}                                                    函数而不阻塞
```

代码按预期工作。程序可以处理大量要处理的图像，同时仍然保持较低的资源消耗，并且执行时间并未增多。这是依靠 TaskScheduler 智能优化。但是，代码变得烦琐且难以更改。例如，如果要添加错误处理或取消支持，代码将成为一堆难以理解和维护的意大利面代码。它还能改得更好。组合是控制软件复杂性的关键。

我们的目标是能够应用 LINQ 风格的语义来组成运行人脸检测程序的函数，如下所示(要注意的命令和模块名称用粗体显示):

```
from image in Task.Run<Emgu.CV.Image<Bgr, byte>()
from imageFrame in Task.Run<Emgu.CV.Image<Gray, byte>>()
from faces in Task.Run<System.Drawing.Rectangle[]>()
select faces;
```

这也是一个数学模式如何帮助开发声明式复合语义的示例。

7.5.1　使用数学模式以获得更好的组合

任务延续提供了启用任务组合的支持。那你要如何才能组合任务呢？通常，函数组合取两个函数，将第一个函数的结果注入第二个函数的输入，从而形成一个函数。在第 2 章中，使用 C#实现了如下 Compose 函数(粗体显示)：

```
Func<A, C> Compose<A, B, C>(this Func<A, B> f, Func<B, C> g) =>
                                       (n) => g(f(n));
```

能使用该函数来组合两个任务吗？不经修改是不能的！首先，该组合函数的返回类型应该暴露任务的提升类型，如下所示(用粗体表示)：

```
Func<A, Task<C>> Compose<A, B, C>(this Func<A, Task<B>> f,
                        Func<B, Task<C>> g) => (n) => g(f(n));
```

但是这样会有一个问题：代码无法编译通过。函数 f 的返回类型与函数 g 的输入不匹配：函数 f(n)返回类型 Task <B>，它与函数 g 中的类型 B 不兼容。

解决方案是实现一个访问提升类型的底层值(在本例中是任务)的函数，然后将该值传递给下一个函数。这是 FP 中常见的模式，称为单子(Monad)。单子模式是另一种设计模式，就像装饰(Decorator)和适配器(Adapter)模式。这个概念在 6.4.1 节中介绍过，但这里进一步分析这个想法，这样你就可以应用这个概念来改进人脸检测代码。

单子是一种数学模式，它通过封装程序逻辑，保持函数式的纯粹性以及提供一个强大的组合工具以组合使用提升类型的计算来控制副作用的执行。根据单子定义，要定义一个 monadic 构造函数，需要实现 Bing(绑定)和 Return(返回)两个函数。

1. monadic 运算符，Bind 和 Return

Bind 采用提升类型的实例，展开其底层值，然后在提取的值上调用函数，返回新的提升类型。该函数是在将来需要时执行。以下的 Bind 签名使用 Task 对象作为提升类型：

```
Task<R> Bind<T, R>(this Task<T> m, Func<T, Task<R>> k)
```

Return 是一个将任何类型 T 包装到提升类型的实例中的运算符。以下签名是 Task 类型的示例：

```
Task<T> Return(T value)
```

注意　这同样适用于其他提升类型：例如，将 Task 类型替换为另一种提升类型，例如 Lazy 和 Observable 类型。

2. 单子(Monad) 法则

最终，要定义一个正确的单子，Bind 和 Return 操作需要满足单子法则：

(1) 左单位元——将 Bind 操作应用于由 Return 操作包装的值和函数，与将值直接传递给函数是一样的：

```
Bind(Return value, function) = function(value)
```

(2) 右单位元——返回的绑定包装值直接等于该被包装值本身：

```
Bind(elevated-value, Return) = elevated-value
```

(3) 结合律——将一个值传递给一个函数 f，该函数的结果再传递给第二个函数 g，与组合这两个函数 f 和 g，然后传递初始值是一样的：

```
Bind(elevated-value, f(Bind(g(elevated-value)) =
          Bind(elevated-value, Bind(f.Compose(g), elevated-value))
```

现在，使用这些 monadic 操作，可以修复前面 Compose 函数中的错误，以组合 Task 提升类型，如下所示：

```
Func<A, Task<C>> Compose<A, B, C>(this Func<A, Task<B>> f,
                    Func<B, Task<C>> g) => (n) => Bind(f(n), g);
```

单子(Monad)非常强大，因为它们可以表达任何针对提升类型的任意操作。在本例(Task 提升类型)，单子允许你实现函数组合器以多种方式组合异步操作，如图 7.8 所示。

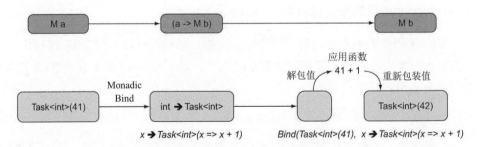

图 7.8   Monadic Bind 运算符采用提升值 Task 充当值 42 的容器(包装器)，然后应用函数 x→Task<int>(x => x + 1)，其中 x 是未包装的数字 41。基本上，Bind 运算符解包提升值(Task <int>(41))，然后应用函数(x + 1)返回新的提升值(Task <int>(42)

令人惊讶的是，这些 Monadic 运算符已经以 LINQ 运算符的形式构建到.NET 框架中。LINQ SelectMany 定义直接对应于 Monadic Bind 函数。代码清单 7.9 展示了应用于 Task 类型的 Bind 和 Return 运算符。然后，这些函数用于实现 LINQ

风格的语义，以便以 monadic 方式组合异步操作。该代码使用 F#编写，然后在 C#中使用，以证明这些编程语言之间的互操作性是多么容易(要注意的代码以粗体显示)。

代码清单 7.9　F#中的 Task 扩展对任务启用 LINQ 风格运算符

```
[<Sealed; Extension; CompiledName("Task")>]
type TaskExtensions =
  // 'T -> M<'T>
  static member Return value : Task<'T> = Task.FromResult<'T>(value)
   // M<'T> * ('T -> M<'U>) -> M<'U>



  static member Bind (input : Task<'T>, binder : 'T -> Task<'U>) =
      let tcs = new TaskCompletionSource<'U>()
      input.ContinueWith(fun (task:Task<'T>) ->
       if (task.IsFaulted) then
           tcs.SetException(task.Exception.InnerExceptions)
       elif (task.IsCanceled) then
           tcs.SetCanceled()
       else
          try

           (binder(task.Result)).ContinueWith(fun
  (nextTask:Task<'U>) -> tcs.SetResult(nextTask.Result)) |> ignore
          with
          | ex -> tcs.SetException(ex)) |> ignore
     tcs.Task


  static member Select (task : Task<'T>, selector : 'T -> 'U) : Task<'U> =
      task.ContinueWith(fun (t:Task<'T>) -> selector(t.Result))


  static member SelectMany(input:Task<'T>, binder:'T -> Task<'I>,
    projection:'T -> 'I -> 'R): Task<'R> =
      TaskExtensions.Bind(input,
        fun outer -> TaskExtensions.Bind(binder(outer), fun inner ->
           TaskExtensions.Return(projection outer inner)))


  static member SelectMany(input:Task<'T>, binder:'T -> Task<'R>) : Task<'R>
  =
      TaskExtensions.Bind(input,
        fun outer -> TaskExtensions.Bind(binder(outer), fun inner ->
           TaskExtensions.Return(inner)))
```

Return monadic 运算符接收任意类型 T 并返回 Task<T>

Bind 运算符将一个 Task 对象作为提升类型，将函数应用于底层类型，并返回新的提升类型 Task<U>

Bind 运算符将结果从 Task 提升类型中展开，并将结果传递给执行 monadic 函数 binder 的延续

TaskCompletionSource 以 Task 的形式初始化行为，因此可以将其看作 Task

LINQ SelectMany 运算符用作 Bind monadic 运算符

Return 操作的实现很简单，但 Bind 操作稍微复杂一些。可以重用 Bind 定义来为任务创建其他 LINQ 风格组合器，例如 Select 运算符和 SelectMany 运算符的两个变体。在函数 Bind 的主体中，来自底层任务实例的函数 ContinueWith 用于从输入任务的计算中提取结果。然后，为了继续工作，它将 binder 函数应用于输入任务的结果。最终，nextTask 延续的输出设置为 tcs TaskCompletionSource 的结果。返回的任务是底层 TaskCompletionSource 的一个实例，它引入了未来要启动和完成的任何操作来初始化任务。TaskCompletionSource 的想法是创建一个可以手动管理和更新的任务，以指示给定操作的完成时间和方式。TaskCompletionSource 类型的强大功能在于创建不绑定线程的任务。

TaskCompletionSource

TaskCompletionSource<T>对象的目的是提供控制并将任意异步操作视为 Task<T>。创建 TaskCompletionSource(http://bit.ly/2vDOmSN)时，可以通过一组方法访问底层任务属性，以管理任务的生命周期和完成时间。这些方法包括 SetResult，SetException 和 SetCanceled。

3. 将 monad 模式应用于任务操作

任务的 SelectMany LINQ 运算符已经到位，现在可以使用有表现力和理解力的查询来重写 DetectFaces 函数(要注意的代码以粗体表示)。见代码清单 7.10。

代码清单 7.10   基于 LINQ 表达式的使用任务延续的 DetectFaces

```
Task<Bitmap> DetectFaces(string fileName) {
    Func<System.Drawing.Rectangle[],Image<Bgr, byte>, Bitmap>
⇒  drawBoundries =
        (faces, image) => {
            faces.ForAll(face => image.Draw(face, new
⇒ Bgr(System.Drawing.Color.BurlyWood), 3));
            return image.ToBitmap();      ◀── 检测到的人脸将被
        };                                     框住以突出显示

    return from image in Task.Run(() => new Image<Bgr, byte>(fileName))
            from imageFrame in Task.Run(() => image.Convert<Gray,
    byte>())
            from bitmap in Task.Run(() =>
        CascadeClassifierThreadLocal.Value.DetectMultiScale(imageFrame,
⇒ 1.1, 3, System.Drawing.Size.Empty)).Select(faces =>
                                    drawBoundries(faces, image))
        select bitmap;      ◀── 使用 Task monadic 运算符定义的类
}                               LINQ Task 运算符的任务组合
```

以上代码展示了 monadic 模式的强大功能，为任务等提升类型提供了组合语义。此外，monadic 操作的代码集中在两个运算符 Bind 和 Return 中，使得代码可维护和易于调试。例如，若要添加日志记录功能或指定错误处理，只需要修改一处代码，这很方便。

在代码清单 7.10 中，Return 和 Bind 操作符在 F#中暴露并在 C#中使用，以作为两种编程语言之间互操作性如此简单的演示，本书的源代码还包含了 C#的实现。提升类型的漂亮组合需要单子；延续单子展示了单子是如何轻松地表达复杂的计算。

4. 使用隐藏的 fmap 函子模式来应用转换

FP 中的一个重要功能是 Map，它将一种输入类型转换为另一种输入类型。Map 函数的签名是：

```
Map : (T -> R) -> [T] -> [R]
```

在 C#中的一个示例是 LINQ Select 运算符，它是 IEnumerable 类型的 map 函数：

```
IEnumerable<R> Select<T,R>(IEnumerable<T> en, Func<T, R> projection)
```

在 FP 中，这个类似的概念被称为函子(functor)，map 函数定义为 fmap。类型基本上都可以映射成函子。在 F#中，有很多：

```
Seq.map : ('a -> 'b) -> 'a seq -> 'b seq
List.map : ('a -> 'b) -> 'a list -> 'b list
Array.map : ('a -> 'b) -> 'a [] -> 'b []
Option.map : ('a -> 'b) -> 'a Option -> 'b Option
```

这种映射思想看起来很简单，但是当你必须映射提升类型时，复杂性就开始了。这就是函子模式变得有用的时候了。

把函数想象为一个容器，它包装了一个提升类型，并提供一种将普通函数转换为对包装值进行操作的函数的方式。以下签名是 Task 类型的示例：

```
fmap : ('T -> 'R) -> Task<'T> -> Task<'R>
```

此函数之前已经以 Select 运算符的形式为 Task 类型实现过了，以作为 F#任务的 LINQ 风格运算符的一部分。在函数 DetectFaces 的最后一次 LINQ 表达式计算中，Select 运算符将输入 Task <Rectangle []>投影(映射)到 Task<Bitmap>中：

```
from image in Task.Run(() => new Image<Bgr, byte>(fileName))
from imageFrame in Task.Run(() => image.Convert<Gray, byte>())
from bitmap in Task.Run(() =>
```

```
CascadeClassifierThreadLocal.Value.DetectMultiScale
                    (imageFrame, 1.1, 3, System.Drawing.Size.Empty))
    .select(faces => drawBoundries(faces, image))
select bitmap;
```

在使用另一种函数式模式 (应用函子) 时，函子的概念就变得很有用，这将在第 10 章中介绍。

注意 函子和单子的概念来自称为范畴论的数学分支，但不需要有任何范畴论背景来遵循和使用这些模式。

---

5. 单子背后的能力

单子为组合提升类型提供了一个优雅的解决方案。单子旨在控制具有副作用的函数，例如对执行 I/O 操作的函数提供直接对 I/O 结果执行操作的机制，避免使非纯函数的值流动到你的纯程序的其余部分。因此，单子在设计和实现并发应用程序时非常有用。

7.5.2　任务使用准则

以下是使用任务的几个准则：
- 最好使用不可变类型作为返回值。这样可以更容易地确保代码是正确的。
- 最好避免产生副作用的任务。任务应该只使用返回值与程序的其余部分进行通信。
- 建议你使用任务延续模型继续计算，这样可以避免不必要的阻塞。

7.6　并行函数式管道模式

在本节中，你将实现一种最常见的协调技术——管道模式。通常，管道是由一系列计算步骤组合而成，这些步骤又由一系列阶段组合而成，其中每个阶段依赖于其前一阶段的输出，并且通常对输入数据执行变换。你可以将管道模式视为工厂中的装配线，其中每个项目都是分阶段构建的。整个链的演变表现为一个函数，每次接收到新的输入时，它都使用消息队列来执行该函数。消息队列是非阻塞的，因为它在一个单独的线程中运行，因此，即使管道的各个阶段需要一段时间才能执行，它也不会阻止输入的发送者将更多的数据推送到链中。

此模式类似于生产者/消费者模式，在生产者/消费者模式中，生产者管理一个或多个工作者线程来生成数据。可以有一个或多个消费者使用生产者创建的数据。管道允许这些系列并行运行。与图 7.9 中所示的传统设计相比，本节中管道的实现略有不同。

函数式并行管道

传统并行管道

管道在每个阶段之间创建一个缓冲区，像并行的生产者/消费者模式一样工作。缓冲区
几乎和阶段一样多。每个工作项被发送到阶段 1。其结果被传递到第一个缓冲区，该缓
冲区并行协调工作，并将其推送到阶段 2。此过程将一直持续到管道结束，即所有阶段
都计算完的时候

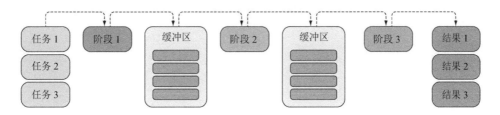

函数式并行管道
函数式并行管道将所有阶段组合成一个，就像组合多个函数一样。 使用 TPL 和优化的
调度程序将每个工作项推入组合步骤以并行处理

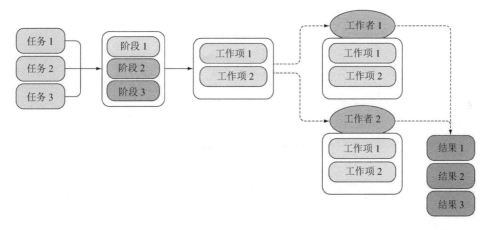

图 7.9　管道在每个阶段之间创建一个缓冲区，就像并行的生产者/消费者模式。缓冲区几乎和
阶段一样多。每个工作项被发送到阶段 1。其结果被传递到第一个缓冲区，该缓冲区并行协调
工作，并将其推送到阶段 2。此过程将一直持续到管道结束，即所有阶段都计算完的时候。相
比之下，函数式并行管道将所有阶段组合成一个，就像组合多个功能一样。然后，使用 Task
对象，使用 TPL 和优化的调度程序将每个工作项推入组合步骤以并行处理

　　传统的串联阶段管道模式有一个以吞吐量度量的加速，这受限于最慢阶段的
吞吐量。推入管道的每个项目都必须经过该阶段。传统的管道模式只能根据阶段
数而无法根据内核数去自动扩展。只有线性管道(其阶段数与可用逻辑内核数相匹
配)才能充分利用计算机能力。在具有 8 个内核的计算机中，由四个阶段组成的管

道只能使用一半的资源，而 50%的内核处于空闲状态。

　　FP 提倡组合，这就是管道模式所基于的概念。在代码清单7.11中，管道通过将每个步骤组合成单个函数，然后充分利用可用资源来并行分发工作，接受这一原则。以抽象的方式，每个函数充当前一个函数的延续，这表现为延续传递风格。该代码清单使用F#实现管道，然后在C#中使用。但是在可下载的源代码中，两种编程语言的完整实现你都可以找到。在这里IPipeline接口定义了管道的功能。

代码清单 7.11   IPipeline 接口

```
[<Interface>]
type IPipeline<'a,'b> =                    定义管道合约的接口
    abstract member Then : Func<'b, 'c> -> IPipeline<'a,'c>
使用函数暴露流畅式 API 方法
                                       使用函数将新输入推送到管道中
    abstract member Enqueue : 'a * Func<('a * 'b), unit> -> unit
    abstract member Execute : (int * CancellationToken)->IDisposable
    abstract member Stop : unit -> unit
管道可以随时停止。该函数触发底              开始管道的执行
层取消令牌
```

　　Then 函数是管道的核心，其中输入函数由前一个函数组成，并应用转换。此函数返回管道的一个新实例，为构建进程提供了一个方便、流畅的 API。

　　Enqueue 函数负责将工作项推送到管道中进行处理。它将 Callback 作为一个参数，该参数将应用于管道的末尾，以进一步处理最终结果。这种设计可以灵活地为推送的每个项目应用任意函数。

　　Execute 函数启动计算。其输入参数设置内部缓冲区的大小和取消令牌，以根据需要停止管道。此函数返回 IDisposable 类型，该类型可用于触发取消令牌以停止管道。代码清单 7.12 是管道的完整实现(要注意的代码以粗体表示)。

代码清单 7.12   并行函数式管道模式

```
[<Struct>]
type Continuation<'a, 'b>(input:'a, callback:Func<('a * 'b), unit) =
    member this.Input with get() = input
    member this.Callback with get() = callback
                      Continuation 结构封装每个任
                      务的输入值，并在计算完成时
                      运行回调
type Pipeline<'a, 'b> private (func:Func<'a, 'b>) as this =    初始化缓冲工作的
    let continuations = Array.init 3 (fun _ -> new           BlockingCollection
                    BlockingCollection<Continuation<'a,'b>>(100))
    let then' (nextFunction:Func<'b,'c>) =
```

```
          Pipeline(func.Compose(nextFunction)) :> IPipeline<_,_>
```
使用函数组合将管道的当前函数与传递的
新函数组合并返回一个新的管道。 函数组
合在第 2 章介绍过

```
let enqueue (input:'a) (callback:Func<('a * 'b), unit>) =
  BlockingCollection<Continuation<_,_>>.AddToAny(continuations,
    Continuation(input, callback))
```
Enqueue 函数将工作推入
缓冲区

```
let stop() = for continuation in continuations do continuation.
  CompleteAdding()
```
当 BlockingCollection 被
通知完成，将停止管道

```
let execute blockingCollectionPoolSize
   (cancellationToken:CancellationToken) =
```
注册取消令牌以在触发
时运行 stop 函数

```
     cancellationToken.Register(Action(stop)) |> ignore
```

```
     for i = 0 to blockingCollectionPoolSize - 1 do
       Task.Factory.StartNew(fun ( )->
```
并行启动要计算
的任务

```
          while (not <| continuations.All(fun bc -> bc.IsCompleted))
             && (not <| cancellationToken.IsCancellationRequested) do
                let continuation = ref
   Unchecked.defaultof<Continuation<_,_>>
                BlockingCollection.TakeFromAny(continuations,
   continuation)
                let continuation = continuation.Value
                continuation.Callback.Invoke(continuation.Input,
   func.Invoke(continuation.Input)),
          cancellationToken, TaskCreationOptions.LongRunning,
   TaskScheduler.Default) |> ignore
```

```
   static member Create(func:Func<'a, 'b>) =
     Pipeline(func) :> IPipeline<_,_>
```
该静态方法创建
了管道的新实例

```
   interface IPipeline<'a, 'b> with
     member this.Then(nextFunction) = then' nextFunction
     member this.Enqueue(input, callback) = enqueue input callback
     member this.Stop() = stop()
     member this.Execute (blockingCollectionPoolSize,cancellationToken) =
         execute blockingCollectionPoolSize cancellationToken
         { new IDisposable with member self.Dispose() = stop() }
```

Continuation 结构在内部用于传递管道函数以计算项目。管道的实现使用由并
发集合 BlockingCollection<Collection>数组组成的内部缓冲区，这可以确保在项目
的并行计算期间的线程安全性。该集合构造函数的参数指定在任何给定时间缓冲

的最大项目数。在这里，每个缓冲区的值为 100。

推入管道中的每个项目都被添加到集合中，以后将被并行处理。Then 函数将其参数(函数 nextFunction)和通过管道构造器传递进来的函数 func 组合起来。注意：使用第 2 章的代码清单 2.3 中定义的 Compose 函数来组合函数 func 和 nextFunction：

```
Func<A, C> Compose<A, B, C>(this Func<A, B> f, Func<B, C> g) =>
(n) => g(f(n));
```

当管道启动该进程时，它将最终组合函数应用于每个输入值。管道中的并行性在 Execute 函数中实现，该函数为每个实例化的 BlockingCollection 生成一个任务。这保证了运行线程的缓冲区。这些任务是使用 LongRunning 选项创建的，用于安排一个专用线程。BlockingCollection 并发集合允许使用静态方法 TakeFromAny 和 AddToAny 线程安全地访问存储的项目，以在内部分配项目并在正在运行的线程之间平衡工作负载。此排序规则用于管理管道的输入和输出之间的连接，该管道表现为生产者/消费者线程。

注意   使用 BlockingCollection 时，记得调用 GetConsumingEnumerable，因为 BlockingCollection 类实现了 IEnumerable<T>。遍历 BlockingCollection 实例不会消费值。

管道构造函数设置为 private，以避免被直接实例化。取而代之的是由静态方法 Create 初始化管道的新实例。这有助于使用流畅式的 API 方法来操纵管道。

这种管道设计最终类似于并行的生产者/消费者模式，能够管理许多生产者与许多消费者之间的并发通信。

代码清单 7.13 使用上面实现的管道重构上一节中的 DetectFaces 程序。在 C# 中，流畅式的 API 方法是一种表达和组合管道步骤的便捷方法。

代码清单 7.13   使用并行管道重构的 DetectFaces 代码

```
var files = Directory.GetFiles(ImagesFolder);

var imagePipe = Pipeline<string, Image<Bgr, byte>>
    .Create(filePath => new Image<Bgr, byte>(filePath))
    .Then(image => Tuple.Create(image, image.Convert<Gray, byte>()))
    .Then(frames => Tuple.Create(frames.Item1,
    CascadeClassifierThreadLocal.Value.DetectMultiScale(frames.Item2,
        1.1,3, System.Drawing.Size.Empty)))
    .Then(faces =>{
        foreach (var face in faces.Item2)
            faces.Item1.Draw(face,
```

```
→      new Bgr(System.Drawing.Color.BurlyWood), 3);
            return faces.Item1.ToBitmap();
        });
```
使用流畅 API 构造管道

```
imagePipe.Execute(cancellationToken);
```
开始执行管道。取消令牌用于在任何给定时间停止管道

```
foreach (string fileName in files)
    imagePipe.Enqueue(file, (_, bitmapImage)
                => Images.Add(bitmapImage));
```
迭代将文件路径推送(排队)到管道队列中,管道队列的操作是非阻塞的

通过利用前面开发的管道,代码结构发生了很大变化。

注意 在上一节中,F#管道实现使用 Func 委托,C#代码可以毫不费力地使用它。在本书的源代码中,你可以找到使用 F#函数代替.NET Func 委托的相同管道的实现,这使得它更适合完全使用 F#构建的项目。在从 C#使用原生 F#函数的情况下,辅助扩展方法 ToFunc 提供对互操作性的支持。ToFunc 扩展方法可以在源代码中找到。

管道定义是优雅的,它可以用来使用一个漂亮的、流畅的 API 构造检测图像中的人脸的过程。每个函数都是逐步组合的,然后调用 Execute 函数来启动管道。因为底层管道处理已经被设计成并行运行的,所以推送图像文件路径的循环可以是顺序的。管道的 Enqueue 函数是非阻塞的,因此不会涉及性能损失。稍后,当从计算返回图像时,传递给 Enqueue 函数的 Callback 将更新结果以更新 UI。表7.1 展示了不同方法实现的比较基准。

表 7.1 使用具有 16 GB RAM 的四个逻辑内核计算机对 100 个图像进行基准处理。结果以秒为单位,表示为每个设计运行三次的平均值

顺序循环	并行	并行延续	并行 LINQ 组合	并行管道
68.57	22.89	19.73	20.43	17.59

上面的基准结果显示,在对 100 个图像运行三次的平均值中,并行管道设计是最快的。并行管道设计也是最具表现力和最简洁的模式。

7.7 本章小结

- 基于任务的并行程序使用了函数式范式来设计,通过函数式属性(如不可变性,副作用隔离和防御性拷贝)来保证更可靠的,更不易受损的代码。这样可以更容易地确保代码是正确的。
- Microsoft TPL 以使用延续传递风格的形式来应用函数式范式。这样就可以很方便地将一系列非阻塞操作连接起来。
- 返回 void 的方法在 C#代码中是一个会产生副作用的字符串信号。使用 void 作为输出的方法无法使用延续来组合任务。
- FP 揭开了数学模式的作用,以声明式和流畅式的编程风格简化了并行任务组合(单子模式和函子模式被隐藏在 LINQ 中)。相同的模式可用于展现任务的 monadic 操作,并以 LINQ 语义风格暴露。
- 函数式并行管道是一种设计模式,该模式将一系列操作组合成一个函数,然后将这些操作并发应用于排队等待处理的输入值序列。当从实时事件流接收数据元素时,管道通常很有用。
- 任务依赖是并行的致命弱点。当两个或多个操作在其他操作完成之前无法运行时,将限制并行。使用工具和模式以尽可能最大化并行性是至关重要的。函数式管道、CPS 和数学模式(例如单子)都是关键的工具和模式。

第 *8* 章

最终胜出的任务异步模型

本章主要内容：
- 理解基于任务的异步编程模型(TAP)
- 并行执行多个异步操作
- 自定义异步执行流

　　异步编程在过去几年中已成为人们关注的一个主要话题。最初，异步编程主要用于客户端，以提供响应式 GUI，并为客户提供高质量的用户体验。为了维护响应式 GUI，异步编程必须与后端保持一致的通信，反之亦然，否则可能会带来延迟。这种通信问题的一个例子是，当后台处理速度赶不上你的命令时，应用程序窗口则表现为挂起不动。

　　公司必须在快速分析数据的同时满足不断增长的客户需求和请求。在应用程序的服务器端使用异步编程是允许系统不管请求的数量是多少都能保持响应的解决方案。此外，从业务角度来看，异步编程模型(APM)是有好处的。公司已经开始意识到，使用这种模式设计开发的软件成本更低，因为与使用阻塞(同步)I/O 操作的系统相比，使用非阻塞(异步)I/O 系统可以大大减少满足请求所需的服务器数量。请记住，可扩展性和异步性是与速度无关的术语(后面会提到这点)。如果对这些术语不熟悉，请不要担心。它们将在下面的章节中介绍。

　　作为开发人员，异步编程是对你技能集的一个重要补充，因为健壮的、响应迅速且可扩展的程序现在是，而且将来也继续是高需求的。本章将帮助你理解与APM 相关的性能语义以及如何编写可扩展的应用程序。到本章结束时，你将了解如何使用异步来并行处理多个 I/O 操作，而不管可用的硬件资源如何。

8.1 异步编程模型(APM)

异步(asynchronous)这个词源自希腊语 asyn(意为"not with")和 chronos(意为"time")的组合,它们描述了不是同时发生的动作。在异步运行程序的上下文中,异步是指以特定请求开始的操作,该请求有可能成功,也有可能不成功,并在将来的某个时间点完成。通常,异步操作是独立于其他进程执行的,而无须等待同步操作结果完成然后再转到另外一个任务。

想象一下你在一家只有一个服务员的餐厅里。服务员到你的桌子接收订单,去厨房下订单,然后呆在厨房,等待食物煮熟并准备好上菜!如果餐厅只有一张桌子,这个过程会很好,但如果有很多张桌子怎么办?在这种情况下,这个过程会很慢,你将无法得到很好的服务。一个解决方案是雇用更多的服务员,也许每桌一个,这会因为工资增加而增加餐厅的开销,并且效率极低。一个更高效的解决方案是让服务员将订单传递给厨房中的厨师,然后继续为其他餐桌提供服务。当厨师准备好饭菜后,服务员将收到厨房的通知,拿起食物并将食物送到你的餐桌。这样,服务员就可以及时地为多个桌子提供服务。

在计算机编程中,同样的概念也适用。几个操作是异步执行的,从开始执行一个操作到等待该操作完成的这段时间将继续处理其他工作,然后在收到数据后恢复执行。

> **注意** 这里的"继续"是指延续传递风格(CPS),它是一种编程形式,其中函数确定下一步要做什么,并且可以决定继续操作或执行完全不同的操作。稍后你将看到,APM 基于在第 3 章中讨论过的 CPS。

异步程序不会闲坐着等待任何一个操作完成(例如从 Web 服务请求数据或查询数据库)。

8.1.1 异步编程的价值

异步编程是一个很好的模型,可以在每次构建涉及阻塞 I/O 操作的程序时都可以利用它。在同步编程中,当调用方法时,调用者被阻塞,直到该方法完成其当前执行为止。使用 I/O 操作时,调用者在返回控制权以继续其余代码之前必须等待的时间取决于当前正在进行的操作。

应用程序通常使用大量外部服务,这些服务执行的操作会明显占用用户的执行时间。因此,以异步方式编程至关重要。通常,开发人员在按顺序思考时感觉很舒服:发送一个请求或执行一个方法,等待响应,然后处理它。但是,一个高性能且可扩展的应用程序无法承受必须同步等待动作完成的代价。此外，如果应用程序要连接多个操作的结果，则必须同时执行所有这些操作，以获得良好的性能。

如果在 I/O 操作过程中发生错误，控制权永远不会返回给调用者，那会发生什么情况呢？如果调用者从未收到控制权的返回，那么程序则可能会永远挂起！

让我们思考一个服务器端的多用户应用程序。例如，存在一个常规的电子商务网站应用程序，对于每个传入的请求，程序都必须进行数据库调用。如果程序设计为同步运行(见图 8.1)，那么每个传入请求将提交一个专用线程。在这种情况下，每个额外的数据库调用都会阻塞拥有传入请求的当前线程，同时等待数据库对结果作出响应。在此期间，线程池必须创建一个新线程来满足每个传入请求，这也将在等待数据库响应时阻塞程序执行。

如果应用程序同时收到大量请求(数百或数千)，系统将在尝试创建处理请求所需的多个线程时变得无响应。它将以这种方式继续运行，直到达到线程池限制，这时就存在现有资源耗尽的风险了。这些情况可能会导致大量内存消耗设置更糟的系统故障。

当线程池资源耗尽时，连续的传入请求将被迫排队并等待处理，从而导致系统处于非活动状态。更重要的是，当数据库响应返回时，被阻塞的线程将被释放以继续处理请求，这可能会引发高频率的上下文切换，从而对性能产生负面影响。因此，客户端对网站的请求变慢，用户界面变得无响应，最终你的公司将失去潜在客户和收入。

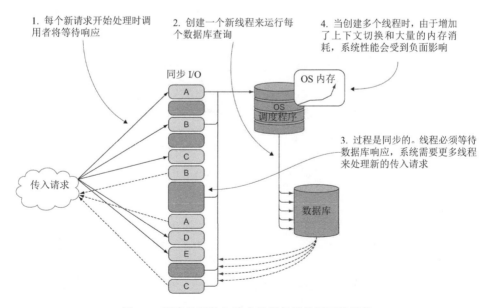

图 8.1　同步处理传入请求的服务器是不可扩展的

　　显然，效率是异步建模操作的一个主要原因，这样线程就不需要等待 I/O 操作完成，从而允许调度程序重用它们以服务于其他传入请求。当为异步 I/O 操作部署的线程处于空闲状态时，比如等待如图 8.1 所示的数据库响应时，调度程序可以将该线程发送回线程池以进行进一步的工作。当数据库完成时，调度程序通知线程池唤醒一个可用的线程并将其发送出来，以继续数据库结果的操作。

　　在服务器端程序中，异步编程通过在资源空闲时智能地回收资源和避免创建新资源，使你能够有效地处理大量并发 I/O 操作(见图 8.2)。这优化了内存消耗并提高了性能。

　　用户对他们必须与之交互的现代应用程序提出了很多要求。现代应用程序必须与外部资源(如数据库和 Web 服务)通信，与磁盘一起工作，使用基于 REST 的 API 来满足用户需求。此外，今天的应用程序必须检索和转换大量数据，在云计算中进行协作，并响应来自并行进程的通知。为了适应这些复杂的交互，APM 提供了在不阻塞执行线程的情况下表达计算的能力，从而提高了可用性(可靠的系统)和吞吐量。其结果是显著提高了性能和可扩展性。

　　这对于可能有大量并发 I/O 密集型活动的服务器尤其重要。在这种情况下，APM 能够使用数量很少的线程来处理许多并发操作，并且内存消耗较低。即使在并发操作不多(数千)的情况下，这种方法也是有利的，因为它使 I/O 密集型操作在.NET 线程池之外执行。

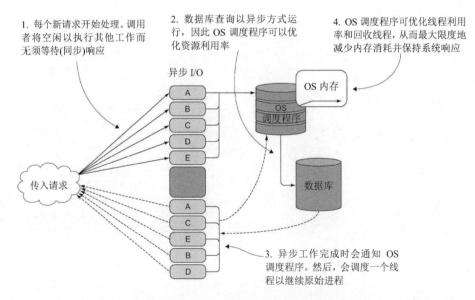

图 8.2   异步 I/O 操作没有要在完成时返回给调用者的约束，能够并行启动多个操作，从而保持
系统的可扩展性

通过在应用程序中启用异步编程，你的代码可以获得以下几个好处：

- 解耦操作以在性能关键路径中执行最少的工作量。
- 提高线程资源可用性以允许系统可重用同一资源而无须创建新资源。
- 更好地使用线程池调度程序，以在基于服务器的程序中实现可扩展性。

8.1.2　可扩展性和异步编程

可扩展性是指系统能够通过添加资源来对越来越多的会影响并行加速的相应提升的请求做出响应。设计具有此能力的系统旨在能在持续的、大量的、可能会使应用程序的资源紧张的传入请求情况下继续良好地执行。例如，通过不同的组件和方法(内存和 CPU 带宽，工作负载分配和代码质量)来实现增量可扩展性。如果你使用 APM 设计应用程序，它很可能就是可扩展的。

请记住，可扩展性与速度无关。通常，可扩展系统不一定比不可扩展系统运行得更快。实际上，异步操作的执行速度并不比等效的同步操作快。其真正的好处是最大限度地减少应用程序中的性能瓶颈，并优化资源消耗，允许其他异步操作并行运行，最终提高性能。

可扩展性对于满足当今对即时响应的日益增长的需求至关重要。例如，在大容量 Web 应用程序(例如股票交易或社交媒体)中，应用程序必须具有响应能力并能够同时管理大量请求。人类是自然而然地按顺序思考，按照连续的顺序一次运算一个动作。为了简单起见，程序也是以这种方式编写的，一步接着另一步，这既笨拙又耗时。所以需要一个新的模型，即 APM，它允许你编写无阻塞的应用程序，这些应用程序可以根据需要以无限制的功率运行。

8.1.3　CPU 密集型和 I/O 密集型操作

在 CPU 密集型的计算中，方法(Method)需要 CPU 周期，其中每个 CPU 上运行一个线程来完成工作。相反，异步 I/O 密集型计算与 CPU 内核的数量无关。图 8.3 展示了这两者的比较。如前所述，当调用异步方法时，执行线程会立即返回给调用者并继续执行当前方法，而先前调用的函数将在后台运行，从而避免阻塞。非阻塞和异步这两个术语通常可以互换使用，因为两者定义的概念都类似。

CPU 密集型计算是指花费 CPU 时间来执行 CPU 密集型工作的操作，将使用(狭义上)的硬件资源(CPU 和内存，不包括 I/O 资源)来运行所有操作。因此，会在每个 CPU 上都有一个线程，其中执行时间由每个 CPU 的速度决定。相反，对于 I/O 密集型计算，运行的线程数与可用 CPU 数无关，执行时间取决于等待 I/O 操作完成所花费的时间(仅受 I/O 驱动程序限制)。

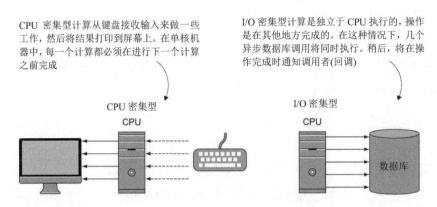

CPU 密集型计算从键盘接收输入来做一些工作,然后将结果打印到屏幕上。在单核机器中,每一个计算都必须在进行下一个计算之前完成

I/O 密集型计算是独立于 CPU 执行的,操作是在其他地方完成的。在这种情况下,几个异步数据库调用将同时执行。稍后,将在操作完成时通知调用者(回调)

图 8.3   CPU 密集型和 I/O 密集型操作之间的比较

8.2   异步编程不受限制的并行度

异步编程提供了一种简单的方式来独立地执行多个任务,因此也是可以并行执行的。你可能正在考虑可以使用第 7 章的基于任务的编程模型来并行 CPU 密集型计算。但是,与 CPU 密集型计算相比,APM 的特殊之处在于它的 I/O 密集型计算特性,它与每个 CPU 内核一个工作线程的硬件约束无关。

在一个 CPU 上运行大量线程可以使异步非 CPU 密集型计算受益。在一台单核机器上执行成百上千的 I/O 操作是可能的,因为异步编程的本质是利用并行来运行 I/O 操作,这些操作的数量可以超过计算机中可用的内核数量的一个数量级。你可以这样做,因为异步 I/O 操作会将工作推送到不同的位置,而不会影响本地空闲的 CPU 资源,从而提供了在本地线程上执行其他工作的机会。为了演示这种不受限制的能力,请看代码清单 8.1,它是运行 20 个异步操作的示例(以粗体显示)。无论可用内核的数量多少,这些操作都可以并行运行。

代码清单 8.1   并行异步计算

```
let httpAsync (url : string) = async {        ◄── 异步读取给定网站
    let req = WebRequest.Create(url)             的内容
    let! resp = req.AsyncGetResponse()
    use stream = resp.GetResponseStream()
    use reader = new StreamReader(stream)
    let! text = reader.ReadToEndAsync()
    return text }
                                              ◄── 列出要下载的任意
                                                  网站
let sites =
    [ "http://www.live.com";"        "http://www.fsharp.org";
```

```
        "http://news.live.com";      "http://www.digg.com";
        "http://www.yahoo.com";      "http://www.amazon.com"
        "http://news.yahoo.com";     "http://www.microsoft.com";
        "http://www.google.com";     "http://www.netflix.com";
        "http://news.google.com";    "http://www.maps.google.com";
        "http://www.bing.com";       "http://www.microsoft.com";
        "http://www.facebook.com";   "http://www.docs.google.com";
        "http://www.youtube.com";    "http://www.gmail.com";
        "http://www.reddit.com";     "http://www.twitter.com"; ]
sites
|> Seq.map httpAsync          ◀──┤ 创建要执行的一系
                                   列异步操作

|> Async.Parallel      ◀──┤ 开始并行执行多个
                            异步计算

|> Async.RunSynchronously     ◀──┤ 运行程序并等待结果,这对于控制台或测试目的是可
                                   以的。建议的方法是避免阻塞
```

在这个完整的异步实现示例中，四核计算机上的运行时间为 1.546 秒。相同的同步实现运行时间为 11.230 秒(这里省略了同步代码，但你可以在本书配套源代码中找到它)。异步代码的速度是同步代码的 7 倍左右(尽管时间会因网络速度和带宽而异)。

在单核设备上运行的 CPU 密集型操作中，同时运行两个或多个线程并没有带来性能提升，而且还可能会由于额外的开销而降低性能。这也适用于运行的线程数远远超过内核数量的多核处理器。异步不会增加 CPU 的并行性，但它确实会提高性能并减少所需的线程数。尽管许多人试图降低操作系统线程的成本(低内存消耗和实例化开销)，但是它们的分配会产生大量的内存堆栈，对于需要大量的、出色的异步操作这个需求而言，这个解决方案变得不切实际。

> **异步与并行**
>
> 并行主要与应用程序性能有关，它还可以利用现代多核计算机体系结构，增强对多线程的 CPU 密集型工作。异步是并发的超集，主要面向 I/O 密集型操作，而不是 CPU 密集型操作。异步编程解决了延迟问题(任何需要很长时间才能运行的问题)。

8.3　.NET 的异步支持

APM 从一开始就是 Microsoft .NET 框架的一部分(v1.1)。它将工作从主执行线程卸载到其他工作线程，目的是提供更好的响应能力和获得可扩展性。

原始异步编程模式是将一个长时间运行的函数分为两部分。一部分负责启动

异步操作(Begin)，另一部分在操作完成时被调用(End)。

以下代码展示了一个同步(阻塞)操作，该操作读取文件流，然后处理生成的字节数组(要注意的代码以粗体显示)：

```
void ReadFileBlocking(string filePath, Action<byte[]> process)
{
  using (var fileStream = new FileStream(filePath, FileMode.Open,
                                          FileAccess.Read, FileShare.Read))
  {
      byte[] buffer = new byte[fileStream.Length];
      int bytesRead = fileStream.Read(buffer, 0, buffer.Length);
      process(buffer);
  }
}
```

将以上代码转换为等效的异步(非阻塞)操作需要回调形式的通知，以便在异步 I/O 操作完成后能回到原始调用点(调用函数的位置)继续。在这种情况下，回调将保留 Begin 函数的及时状态，如代码清单 8.2 所示(要注意的代码以粗体突出显示)。然后，当回调恢复时，状态将被重新提炼(恢复到其原始表示形式)。

代码清单 8.2   异步读取文件流

使用 Asynchronous 选项创建 FileStream 实例。注意，在这里不释放流，以避免稍后异步计算完成时会因访问已释放的对象出错

将状态传递给回调载荷。函数过程作为元组的一部分传递

```
IAsyncResult ReadFileNoBlocking(string filePath, Action<byte[]> process)
{
    var fileStream = new FileStream(filePath, FileMode.Open,
                    FileAccess.Read, FileShare.Read, 0x1000,
                    FileOptions.Asynchronous)
    byte[] buffer = new byte[fileStream.Length];
    var state = Tuple.Create(buffer, fileStream, process);
    return fileStream.BeginRead(buffer, 0, buffer.Length,
                    EndReadCallback, state);
}
void EndReadCallback(IAsyncResult ar)
{
    var state = ar.AsyncState;
                as (Tuple<byte[], FileStream, Action<byte[]>>)
      using (state.Item2) state.Item2.EndRead(ar);
      state.Item3(state.Item1);
}
```

BeginRead 函数启动，EndReadCallback 作为回调传递，以在操作完成时通知

当数据处理完毕后将释放文件流

回调以原始形式重新提炼状态以访问底层值

　　为什么使用 Begin/End 模式的操作的异步版本会没有阻塞呢？因为当 I/O 操作开始时，上下文中的线程将被发送回线程池，以便在需要时执行其他有用的工作。在.NET 中，线程池调度程序负责调度要在线程池上执行的工作，由 CLR 进行管理。

提示　标志 FileOptions.Asynchronous 在 FileStream 构造函数中作为参数传递，这保证了在操作系统级别的真正的异步 I/O 操作。它通知线程池以避免阻塞。在前面的示例中，在 BeginRead 调用中不会释放 FileStream，以避免在异步计算完成后因为访问已释放对象出错。

　　编写 APM 程序被认为比编写顺序版本更困难。APM 程序需要更多代码，这些代码更复杂，更难以读写。如果将一系列异步操作连接在一起，则代码可能会更加复杂。在下一个示例中，一系列异步操作则需要通知才能继续执行分配的工作。这种通知是通过回调实现的。

回调

回调是一个用于加快程序速度的函数。异步编程使用回调创建新的线程来独立地运行方法。在异步运行时，程序通过一个用于注册另一个函数的延续的可重入函数来通知调用线程任何更新，包括失败、取消、进度和完成。这个过程需要一些时间才能产生结果。

　　代码中的这一串异步操作产生了一系列嵌套回调，也称为"回调地狱"(http://callbackhell.com)。基于回调的代码是有问题的，因为它迫使程序员放弃控制，限制表达力，更重要的是，消除了组合式语义！

　　以下是从文件流中读取，然后压缩并将数据发送到网络的代码(概念)示例(要注意的代码以粗体显示)：

```
IAsyncResult ReadFileNoBlocking(string filePath)
{
    // keep context and BeginRead
}
void EndReadCallback(IAsyncResult ar)
{
    // get Read and rehydrate state, then BeginWrite (compress)
}
void EndCompressCallback(IAsyncResult ar)
{
    // get Write and rehydrate state, then BeginWrite (send to the network)
}
void EndWriteCallback(IAsyncResult ar)
```

```
{
    // get Write and rehydrate state, completed process
}
```

如何在这个过程中引入更多功能？这种代码不容易维护啊！如何组合这一系列异步操作以避免回调地狱？在哪里以及如何管理错误处理和释放资源？解决方案很复杂！

通常，异步的 Begin/End 模式对于单个调用来说有些可行，但在组合一系列异步操作时它会失败得很惨。在本章后面，将展示如何克服这些问题，例如异常和取消。

8.3.1   异步编程会破坏代码结构

从前面的代码中可以看出，传统 APM 的问题源自操作的开始(Begin)与其回调通知(End)之间的分离执行时间。这种不连贯的代码设计将操作分为两部分，违反了程序的命令式顺序结构。操作将会在不同的作用域内继续并完成，甚至有可能会在不同的线程中完成，这使得调试变得困难，异常难以处理以及无法管理事务作用域。

通常，对于 APM 模式，在每个异步调用之间维护状态是一个挑战。你被迫通过回调将状态传递到每个延续中，才能继续工作。这需要一个定制的状态机来处理异步管道的每个阶段之间的状态传递。

在前面的示例中，为了维护 fileStream.BeginRead 与其回调 EndReadCallback 之间的状态，创建了一个定制的 state 对象来访问流、字节数组缓冲区和函数进程：

```
var state = Tuple.Create(buffer, fileStream, process);
```

当操作完成要访问底层对象以继续进一步工作时，该状态对象被重新提炼。

8.3.2   基于事件的异步编程

Microsoft 认识到 APM 的这些内在问题，因此(在.NET 2.0 中)引入了一种称为基于事件的异步编程(Event-based Asynchronous Programming，EAP)的替代模式。EAP 模型是解决 APM 问题的第一次尝试。EAP 背后的思想是为事件设置事件处理程序，以在任务完成时通知异步操作。该事件将替换回调通知语义。由于事件是在正确的线程上引发的，并提供对 UI 元素的直接支持访问，因此 EAP 有一些优点。此外，它还支持进度报告、取消和错误处理——所有这些都是对开发人员透明的。

EAP 为异步编程提供了一个比 APM 更简单的模型，它是基于.NET 中的标准

事件机制，而不需要自定义类和回调。但它仍然不理想，因为它还是将你的代码
分离为方法调用和事件处理程序，从而增加了程序逻辑的复杂性。

8.4　C#基于任务的异步编程

与它的前身.NET APM 相比，基于任务的异步编程(TAP)旨在简化异步程序的
实现并简化并发操作序列的组合。TAP 模型淘汰了 APM 和 EAP，因此，如果你
使用 C#编写异步代码，建议使用 TAP 模型。TAP 为编写异步代码提供了一种干
净的声明式风格，它看起来类似于 F#异步工作流。F#异步工作流将在下一章详细
介绍。

自 C#5.0 版本开始，对象 Task 和 Task<T>在关键字 async 和 await 的支持下，
已经成为异步操作模型的主要组件。TAP 模型只通过纯粹关注语法方面就解决了
回调问题，从而绕过了推理代码中表达的事件序列出现的困难。C#5.0 中的异步
函数解决了耗费运行时间的延迟问题。

其思想是计算一个异步方法，返回一个任务(也称为 future)，该任务隔离并封
装了一个长期运行的、在将来的某个点完成的操作，如图 8.4 所示。

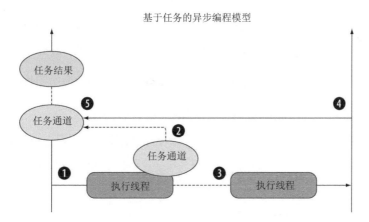

图 8.4　任务充当执行线程的通道，当操作的调用者接收到任务句柄后，该线程可以继续工作。
　　　　操作完成后，将通知任务并可以访问底层结果

下面是图 8.4 中的任务流：

(1) I/O 操作在单独的执行线程中异步启动。将创建一个新的任务实例来处理
该操作。

(2) 创建的任务将返回给调用者。该任务包含一个回调，它充当调用者和异
步操作之间的通道。该通道在操作完成时进行通信。

(3) 执行线程继续操作，这时来自操作调用者的主线程可用于处理其他工作。

(4) 操作以异步方式完成。

(5) 将通知任务，并且操作的调用者可以访问该结果。

从 async/await 表达式返回的 Task 对象提供了被封装计算的详细信息以及对其结果的引用，当操作本身完成时，该结果将变为可用的。这些详细信息包括任务的状态、结果(如果已完成)和异常信息(如果有)。

第 7 章介绍了.NET Task 和 Task<T>结构，特别是针对 CPU 密集型的计算。与 async/await 关键字组合使用的相同模型也可用于 I/O 密集型操作。

注意 线程池有两组线程：工作线程和 I/O 线程。工作线程以 CPU 密集型的作业为目标。I/O 线程对于 I/O 密集型操作更有效。线程池保留工作线程的缓存，因为线程的创建成本很高。CLR 线程池为每个线程保留单独的池，以避免对工作线程的高需求而耗尽所有可用于调度本机 I/O 回调的线程，从而可能导致死锁。想象一下，一个应用程序使用了大量工作线程，其中每个线程都在等待 I/O 完成。

简而言之，TAP 由以下部分组成：

● Task 和 Task<T>构造表示异步操作。

● await 关键字等待任务操作异步完成，而当前线程不会阻塞其他工作执行。

例如，如果要在单独的线程中执行某个操作，则必须将其包装为一个 Task：

```
Task<int[]> processDataTask = Task.Run(() => ProcessMyData(data));
// do other work
var result = processDataTask.Result;
```

计算的输出可以通过 Result 属性访问，但是会阻塞调用者方法，直到任务完成。对于不返回结果的任务，可以改为调用 Wait 方法，但不建议这样做。为了避免阻塞调用者线程，可以使用 Task async/await 关键字：

```
Task<int[]> processDataTask = Task.Run(async () => ProcessMyData(data));
// do other work
var result = await processDataTask;
```

async 关键字通知编译器该方法异步运行而不会阻塞。通过这样做，调用线程将被释放以处理其他工作。任务完成后，可用的工作线程将继续处理工作。

注意 标记为 async 的方法可以返回 void、Task 或 Task<T>，但建议你限制使用 void 签名。这应该只在程序的顶级入口点和 UI 事件处理程序中才这么做。更好的方法是使用第 7 章介绍的 Task<Unit>。

下面是将前面的代码示例转换为使用 TAP 方式异步读取文件流的代码清单(要注意的代码以粗体显示):

```
async void ReadFileNoBlocking(string filePath, Action<byte[]> process)
{
    using (var fileStream = new FileStream(filePath, FileMode.Open,
                                FileAccess.Read, FileShare.Read, 0x1000,
                                FileOptions.Asynchronous))
    {
        byte[] buffer = new byte[fileStream.Length];
        int bytesRead = await fileStream.ReadAsync(buffer, 0, buffer.Length);
        await Task.Run(async () => process(buffer));
    }
}
```

方法 ReadFileNoBlocking 被标记为 async,这是一个用于定义异步函数的上下文关键字,以允许在方法中使用 await 关键字。await 构造的目的是通知 C#编译器将代码转换为不会阻塞当前上下文线程的任务的延续,从而释放线程以执行其他工作。

注意　C#的 async/await 功能是基于以延续形式注册回调的,当上下文中的任务完成时将触发该回调。这样就能很容易地以流畅式和声明式的方式来实现代码。async/await 是一个延续单子的语法糖,它作为使用 ContinuesWith 函数的 monadic 绑定运算符来被实现。这种方法同样也适用于方法链,因为每个方法都返回一个暴露 ContinuesWith 函数的任务。但它需要直接处理任务,以获得结果并将其传递给下一个方法。此外,如果你有大量的任务连接在一起,则必须钻取结果以获得你关心的值。相反,你需要的是一种更通用的方法,它可以跨方法在链中的任意级别使用,这就是 async/await 编程模型所提供的。

在引擎盖下,使用来自 Task 对象的 ContinuesWith 函数来实现延续,该函数在异步操作完成时触发。让编译器构建延续的优点是可以保留程序结构和异步方法调用,而不需要回调或嵌套的 lambda 表达式。

这种异步代码具有清晰的语义,并且是按顺序流组织的。通常,当调用标记为 async 的方法时,执行流将同步运行,直到它到达用 await 关键字表示的 await-able 任务时。当执行流到达 await 关键字时,它会挂起调用方法并将控制权交还给它的调用者,直到所等待的任务完成为止,这样,执行线程就不会被阻塞。当操作完成时,其结果将被展开并绑定到内容变量中,然后执行流将继续进行剩余的工作。

　　TAP 的一个有趣的方面是，执行线程捕获同步上下文，并返回到延续流的线程，从而允许直接的 UI 更新而不需要额外的工作。

8.4.1　匿名异步 lambda

　　你可能已经注意到在前面的代码中发生了奇怪的事情，一个匿名函数被标记为 Async：

```
await Task.Run(async () => process(buffer));
```

　　如你所见，除了普通的命名方法，匿名方法也可以标记为异步(async)。下面是生成异步匿名 lambda 的另一种语法：

```
Func<string, Task<byte[]>> downloadSiteIcone = async domain =>
{
    var response = await new
        HttpClient().GetAsync($"http://{domain}/favicon.ico");
    return await response.Content.ReadAsByteArrayAsync();
}
```

　　这也被称为异步 lambda[1]，它类似于其他 lambda 表达式，只是在开始时使用异步(async)修饰符，以允许在其主体中使用 await 关键字。当你想要将一个可能长期运行的委托传递给一个方法时，异步 lambda 非常有用。如果该方法接收 Func<Task>，则可以为其提供异步 lambda 并获得异步的好处。与任何其他 lambda 表达式一样，它支持闭包以捕获变量，并且异步操作仅在委托被调用时才启动。

　　这个特性提供了一种简单的方法来在运行中表示异步操作。在这些异步函数中，await 表达式可以等待正在运行的任务。这将导致异步执行的其余部分被透明地登记为等待任务的延续。在匿名异步 lambda 中，同样的规则也适用于普通的异步方法。可以使用它们来保持代码简洁并捕获闭包。

8.4.2　Task<T>是一个 monadic 容器

　　在上一章中，你看到 Task<T>类型可以被认为是一个特殊的包装器，如果成功，最终会提供类型为 T 的值。Task<T>类型是一个 monadic 数据结构，意味着它可以很容易地与其他东西组合。因此同样的概念也用于 TAP 中使用的 Task<T>类型，这就不奇怪了。

---

[1] 带有 async 修饰符的方法或 lambda 称为异步函数。

> **monadic 容器**
>
> 这里对本书前面介绍的单子概念再做一个更新。在 Task 的上下文中，你可以将一个单子想象成一个容器。monadic 容器是一个功能强大的组合工具，用于函数式编程，以特定方法去将操作链在一起来避免危险和不必要的行为。单子本质上意味着你正在处理装箱的或封闭的值，比如 Task 和 Lazy 类型，这些值只有在需要时才会被解压。例如，单子允许你获取一个值，并以独立的方式对其应用一系列转换，从而封装副作用。monadic 函数的类型签名调用了潜在的副作用，提供了计算结果和结果中发生的实际副作用的表示。

脑海里有了这些概念之后，你就可以轻松地定义 monadic 运算符 Bind 和 Return。特别是，Bind 运算符使用底层异步操作的延续传递方法来生成流动和组合语义编程风格。下面是它们的定义，包括 map 函子 (或 fmap) 运算符：

```
static Task<T> Return<T>(T task)=> Task.FromResult(task);

static async Task<R> Bind<T, R>(this Task<T> task, Func<T, Task<R>> cont)
    => await cont(await task.ConfigureAwait(false)).ConfigureAwait(false);

static async Task<R> Map<T, R>(this Task<T> task, Func<T, R> map)
    => map(await task.ConfigureAwait(false));
```

与第 7 章中 CPU 密集型计算的 Task<T>的实现相比，由于使用了 await 关键字，函数 Map 和 Bind 的定义很简单。Return 函数将 T 提升到 Task<T>容器中。Task 扩展方法中的 ConfigureAwait 方法可以避免当前 UI 上下文延续。在代码不需要更新或不需要与 UI 交互的情况下，建议这样做以获得更好的性能。现在，可以利用这些运算符将一系列异步计算组合成一个操作链。代码清单 8.3 从给定域异步下载图标图像并将其写入文件系统。运算符 Bind 和 Map 用于连接异步计算 (以粗体显示)。

代码清单 8.3　异步下载网络图像(图标)

```
绑定异步操作，解压 Task 结果。否则它将
是 Task 的 Task
async Task DownloadIconAsync(string domain, string fileDestination)
{
    using (FileStream stream = new FileStream(fileDestination,
                    FileMode.Create, FileAccess.Write,
                FileShare.Write, 0x1000, FileOptions.Asynchronous))
    await new HttpClient()
        .GetAsync($"http://{domain}/favicon.ico")
        .Bind(async content => await
```

```
                    content.Content.ReadAsByteArrayAsync())
        .Map(bytes => Image.FromStream(new MemoryStream(bytes)))
        .Tap(async image =>
                    await SaveImageAsync(fileDestination,
   ➡ ImageFormat.Jpeg, image));
```

Tap 函数执行副作用   映射前面异步操作的
                                                     结果

在以上代码中，DownloadIconAsync 方法使用 HttpClient 对象的实例，通过调用 GetAsync 方法来异步获取 HttpResponseMessage。响应消息的目的是将 HTTP 内容(在本例中为图像)作为字节数组读取。数据由 Task.Bind 运算符读取，然后使用 Task.Map 运算符将数据转换为图像。函数 Task.Tap(又称为 k-combinator)用于帮助管道构造在给定的输入下产生副作用并返回原始值。以下是 Task.Tap 函数的实现：

```
static async Task<T> Tap<T>(this Task<T> task, Func<T, Task> action)
{
    await action(await task);
    return await task;
}
```

Tap 运算符对于在组合中桥接 void 函数(例如记录或编写文件或 HTML 页面)非常有用，而无须创建其他代码。它通过将自身传递给函数并返回自身来实现这一点。Tap 展开底层提升类型，应用一个 action 来产生副作用，然后再次包装原始值并返回它。在这里，副作用是将图像持久化到文件系统中。Tap 函数也可用于其他副作用。

到这里，这些 monadic 运算符可用于定义实现 Select 和 SelectMany 的 LINQ 模式，类似于前一章中的 Task 类型，以启用 LINQ 组合语义：

```
static async Task<R> SelectMany<T, R>(this Task<T> task,
                Func<T, Task<R>> then) => await Bind(await task);

static async Task<R> SelectMany<T1, T2, R>(this Task<T1> task,
                Func<T1, Task<T2>> bind, Func<T1, T2, R> project)
    {
        T taskResult = await task;
        return project(taskResult, await bind(taskResult));
    }
static async Task<R> Select<T, R>(this Task<T> task, Func<T, R> project)
        => await Map(task, project);
```

```
static async Task<R> Return<R>(R value) => Task.FromResult(value);
```

SelectMany 运算符是能够扩展异步 LINQ 风格语义的众多函数之一。Return 函数的作用是将值 R 提升到 Task<R>中。C#中的 async/await 编程模型是基于任务的，它本质上与运算符 Bind 和 Return 的 monadic 概念接近。因此，可以定义许多依赖于 SelectMany 运算符的 LINQ 查询运算符。重要的是，使用单子等模式提供了创建一系列可重用组合器的机会，并简化了技术的应用，允许使用 LINQ 风格语义来提高代码的可组合性和可读性。

注意 C#规范(C# specification)的第 7.15.3 节有一个可以实现的运算符列表，以支持所有 LINQ 理解语法。

这是使用 LINQ 表达式语义重构的先前的 DownloadIconAsync 示例：

```
async Task DownloadIconAsync(string domain, string fileDestination)
{
    using (FileStream stream = new FileStream(fileDestination,
                    FileMode.Create, FileAccess.Write, FileShare.Write,
                                0x1000, FileOptions.Asynchronous))
    await (from response in new HttpClient()
                            .GetAsync($"http://{domain}/favicon.ico")
        from bytes in response.Content.ReadAsByteArrayAsync()
        select Bitmap.FromStream(new MemoryStream(bytes)))
        .Tap(async image => (await image).Save(fileDestination));
}
```

使用该 LINQ 解析版本，from 子句从异步操作中提取 Task 的内部值，并将其绑定到相关值。这样，因为其底层实现就可以省略关键字 async/await。

TAP 可用于在 C#中并行化计算，但正如你所见，并行只是 TAP 的一个方面。一个更有吸引力的建议是以最少的噪声轻松组合异步代码。

8.5　基于任务的异步编程：案例研究

计算大量耗时的 I/O 操作的程序非常适合用来演示异步编程的工作原理以及 TAP 为开发人员所提供的强大工具集。例如，在本节中，通过实现一个从 HTTP 服务器下载并分析一些公司股票市场历史的程序，对 TAP 进行了操作检查。结果呈现在 WPFUI 应用程序中托管的图表中。接下来，并行处理这些股票代码，优化程序执行，对改进后的程序再跑一次进行计时。

在这种情况下，以异步并行方式执行操作是合乎逻辑的。每次要使用任何客户端应用程序从网络读取数据时，都应该调用能够保持 UI 响应的非阻塞方法，见图 8.5。

并行下载多个股票的历史价格。
分析完所有股票后，将显示包含
结果的图表

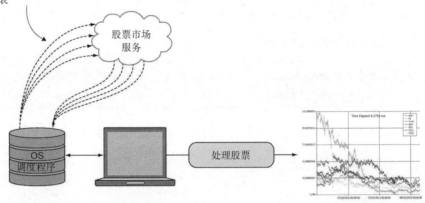

图 8.5   并行异步下载股票历史价格。请求数能够超过可用内核数，你可以最大化并行性

代码清单 8.4 展示了该程序的主要部分。关于图表控件，将使用 Microsoft Windows.Forms.DataVisualization 控件。现在让我们看看.NET 的异步编程模型。首先，定义存储股票每日历史记录的数据结构 StockData：

```
struct StockData
{
public StockData(DateTime date, double open,
            double high, double low, double close)
    {
        Date = date;
        Open = open;
        High = high;
        Low = low;
        Close = close;
    }
public DateTime Date { get; }
public Double Open { get; }
public Double High { get; }
public Double Low { get; }
public Double Close { get; }
}
```

每只股票都有不少历史数据点，因此值类型结构模型的 StockData(与引用类型的 class 相比)可以通过内存优化来提高性能。代码清单 8.4 以异步方式下载和分析股票历史数据(要注意的代码以粗体显示)。

代码清单 8.4 分析股票历史数据

解析股票历史数据字符串并返回
StockData 数组的方法

```
async Task<StockData[]> ConvertStockHistory(string stockHistory)
{
        return await Task.Run(() => {
            string[] stockHistoryRows =
                stockHistory.Split(Environment.NewLine.ToCharArray(),
                            StringSplitOptions.RemoveEmptyEntries);
            return (from row in stockHistoryRows.Skip(1)
                    let cells = row.Split(',')
                    let date = DateTime.Parse(cells[0])
                    let open = double.Parse(cells[1])
                    let high = double.Parse(cells[2])
                    let low = double.Parse(cells[3])
                    let close = double.Parse(cells[4])
                    select new StockData(date, open, high, low, close))
                                                .ToArray();
        });
}
```

使用股票历史记录 CSV
格式的异步解析器

Web 请求给定端点来检索股票历史; 在这里是 Google financial API

```
async Task<string> DownloadStockHistory(string symbol)
{
    string url =
    $"http://www.google.com/finance/historical?q={symbol}&output=csv";
    var request = WebRequest.Create(url);
    using (var response = await request.GetResponseAsync()
                            .ConfigureAwait(false))
    using (var reader = new StreamReader(response.GetResponseStream()))
        return await reader.ReadToEndAsync().ConfigureAwait(false);
}
```

Web 请求异步获取 HTTP 响应

使用 HTTP 响应来创建流读取器
以异步读取内容; 所有 csv 文本
都一次性读取

```
async Task<Tuple<string, StockData[]>> ProcessStockHistory(string symbol)
{
    string stockHistory = await DownloadStockHistoryAsync(symbol);
    StockData[] stockData = await ConvertStockHistory(stockHistory);
    return Tuple.Create(symbol, stockData);
}
```

一个新的元组实例将分析的每
个股票历史信息携带到图表中

ProcessStockHistory 方法异
步执行下载和处理股票历
史记录的操作

```
async Task AnalyzeStockHistory(string[] stockSymbols)
{
```

```
    var sw = Stopwatch.StartNew();

    IEnumerable<Task<Tuple<string, StockData[]>>> stockHistoryTasks =
        stockSymbols.Select(stock => ProcessStockHistory(stock));
                                                            异步操作的延迟集
                                                            合处理历史数据
    var stockHistories = new List<Tuple<string, StockData[]>>();
    foreach (var stockTask in stockHistoryTasks)
        stockHistories.Add(await stockTask);

    ShowChart(stockHistories, sw.ElapsedMilliseconds);
    }                                                       显示图表
一次一个地异步处理操作
```

以上代码从创建 Web 请求以从服务器获取 HTTP 响应开始, 这样就可以检索底层 ResponseStream 以下载数据。代码使用实例方法 GetResponseAsync()和 ReadToEndAsync()来执行 I/O 操作, 这可能需要很长时间。因此, 它们将使用 TAP 模式来异步运行。接下来, 代码实例化 StreamReader 以读取 CSV 格式的数据。然后使用 LINQ 表达式和 ConvertStockHistory 函数在可理解的结构(对象 StockData)中解析 csv 数据。此函数使用 Task.Run[2]执行数据转换, 即在 ThreadPool 上运行提供的 lambda。

ProcessStockHistory 函数异步下载和转换股票历史记录, 然后返回一个 Tuple 对象。具体来说, 该返回类型是 Task <Tuple <string, StockData [] >>。有趣的是, 在这种方法中, 当在方法末尾实例化 tuple 时, 不存在任何 Task。这种行为是可能的, 因为该方法被标记了 async 关键字, 因此编译器会将结果自动包装到 Task 类型以匹配签名。在 TAP 中, 通过将方法表示为 async, 编译器将处理把结果转换为 Task(反之亦然)所需的所有包装和解包。结果数据将被发送到 ShowChart 方法以显示股票历史记录和所花的时间。(ShowChart 的实现可在本书配套源代码中找到)。

代码的其余部分是不言自明的。执行此程序(下载、处理和呈现七家公司的股票历史数据)的时间为 4.272 秒。图 8.6 展示了微软(MSFT)、EMC、雅虎(YHOO)、eBay(EBAY)、英特尔(INTC)和甲骨文(ORCL)股价变化的结果。

---

[2] Microsoft 的建议是在 GUI 中运行的, 计算时间超过 50 毫秒则应该使用 Task.Run 方法。

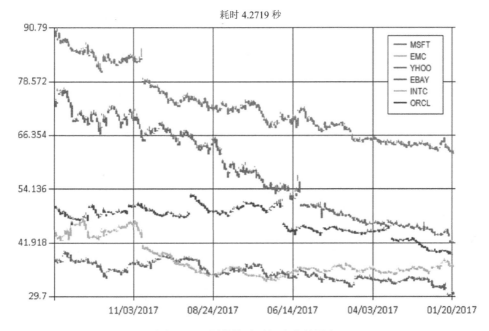

图 8.6　股票价格随时间变化的图表

如你所见，TAP 返回任务，允许对具有相同任务返回类型的其他方法使用自然的组合语义。让我们回顾一下整个过程中发生了什么。在本例中，你使用 Google 服务来下载和分析股票市场历史(见代码清单 8.4)。这是一个可扩展服务的高级体系结构，如图 8.7 所示。

以下是股票市场服务如何处理请求的流程：

(1) 用户并行异步发送多个请求以下载股票价格历史记录。这时用户界面仍保持响应。

(2) 线程池调度工作。由于操作是 I/O 密集型的，因此并行运行的异步请求数是可以超过可用的本地内核数的。

(3) 股票市场服务接收 HTTP 请求，并将工作调度到内部程序，该程序通知线程池调度程序异步处理传入的请求以查询数据库。

(4) 由于代码是异步的，因此线程池调度程序可以通过优化本地硬件资源来调度工作。通过这种方式，运行程序所需的线程数保持最小，系统保持响应，内存消耗低，服务器可扩展。

(5) 数据库查询是异步处理的，不会阻塞线程。

(6) 当数据库完成工作时，结果将被发送回调用者。这时，将通知线程池调度程序，并分配一个线程来继续其余的工作。

(7) 响应完成后将发送回股票市场服务调用者。

(8) 用户开始收到来自股票市场服务的响应。

(9) 通知 UI，并分配一个线程以继续其余工作而不会阻塞。

(10) 解析收到的数据，然后渲染图表。

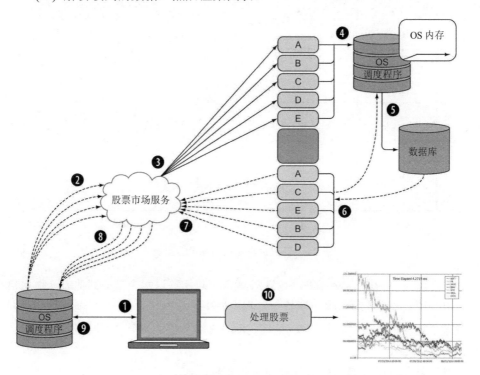

图 8.7　用于从网络并行下载数据的异步编程模型

　　使用异步方法意味着所有的操作都是并行运行的，但总体响应时间仍然与最慢的工作者的时间相关。同步方法的响应时间是随着每个新增工作者的时间增加而增加的。

8.5.1　异步取消

　　执行异步操作时，能在按需完成之前提前终止执行非常有用。这对于长时间运行的非阻塞操作很有效，在这种情况下，使它们可被取消是避免可能挂起的任务的适当做法。例如，如果下载超过某个时间段，要取消下载历史股价的操作。

　　从 4.0 版开始，.NET 框架引入了一种广泛而方便的协作支持方法，用于取消在不同线程中运行的操作。该机制是一种简单实用的任务执行流控制工具。协作取消的概念允许请求在没有强制执行代码的情况下停止已提交的操作(见图 8.8)。

中止执行需要代码是支持取消的。建议你尽可能设计一个支持取消的程序。

以下是用于取消 Task 或异步操作相关的.NET 类型:

- CancellationTokenSource 负责创建取消令牌,并向该令牌的所有拷贝发送取消请求。
- CancellationToken 是用于监控当前令牌状态的结构。

使用.NET 框架的 System.Threading.CancellationToken 名称空间里的取消模型是可跟踪和可触发的。

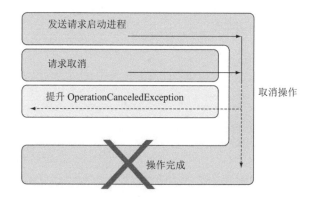

图 8.8　在请求启动进程之后,提交取消请求以停止执行的其余部分,并以
OperationCanceledException 的形式返回给调用者

注意 取消被视为 OperationCanceledException 类型的特殊异常,这是通知被调用代码取消被观察的约定。

1. TAP 模型中的取消支持

TAP 原生支持取消。事实上,每个返回任务的方法都提供了至少一个带有取消令牌作为参数的重载。在这种情况下,可以在创建任务时传递取消令牌,然后异步操作将检查令牌的状态,并在触发请求时取消计算。

要取消下载历史股票价格,应该将 CancellationToken 实例作为参数传递给 Task 方法,然后调用 Cancel 方法。代码清单 8.5 展示了该技术(以粗体显示)。

代码清单 8.5　取消异步任务

```
        string stockUrl =
          $"http://www.google.com/finance/historical?q={symbol}}&output=csv";
          var request = await new HttpClient().GetAsync(stockUrl, token);
        return await request.Content.ReadAsStringAsync();
    }

    cts.Cancel();
```

将 CancellationToken 传递给方
法从而得以取消

触发取消令牌

某些编程方法并没有对取消的内在支持。在这些情况下，手动检查就显得非
常重要。代码清单 8.6 演示了如何将取消支持集成到前面那个没有异步方法来过
早终止操作的股票市场示例中。

代码清单 8.6　异步操作手动检查取消

```
List<Task<Tuple<string, StockData[]>>> stockHistoryTasks =
    stockSymbols.Select(async symbol => {
        var url =
        $"http://www.google.com/finance/historical?q={symbol}&output=csv";
      var request = HttpWebRequest.Create(url);
      using (var response = await request.GetResponseAsync())
      using (var reader = new StreamReader(response.GetResponseStream()))
      {
          token.ThrowIfCancellationRequested();

          var csvData = await reader.ReadToEndAsync();
          var prices = await ConvertStockHistory(csvData);

          token.ThrowIfCancellationRequested();
          return Tuple.Create(symbol, prices.ToArray());
      }
}).ToList();
```

如果 Task 方法不提供内置的取消支持，在这种情况下，推荐的模式是添加更多
CancellationTokens 作为异步方法的参数，并定期检查取消。使用 ThrowIfCancellation-
Requested 方法抛出错误的选项是最方便使用的，因为该操作将终止而不返回
结果。

有趣的是，代码清单 8.7 中的 CancellationToken(粗体)支持注册回调，该回调
将在请求取消后立即执行。在这份代码清单中，任务下载了 Manning 网站的内容，
然后使用取消令牌立即取消。

代码清单 8.7　取消令牌回调

```
CancellationTokenSource tokenSource = new CancellationTokenSource();
CancellationToken token = tokenSource.Token;
```

```
Task.Run(async () =>
{
    var webClient = new WebClient();
    token.Register(() => webClient.CancelAsync());
    var data = await webClient
                    .DownloadDataTaskAsync(http://www.manning.com);
}, token);



tokenSource.Cancel();
```

注册一个回调以取消 WebClient 实例的下载操作

在代码中,注册了一个回调以在 CancellationToken 触发时停止底层异步操作。该模式非常有用,它打开了记录取消并触发事件以通知侦听器该操作已被取消的可能性。

2. 协作取消支持

使用 CancellationTokenSource 可以轻松地创建由多个其他令牌组成的组合令牌。如果有多种原因可以取消操作,则此模式非常有用。原因可能包括单击按钮,来自系统的通知或从其他操作传播的取消。CancellationSource.CreateLinkedTokenSource 方法生成一个取消源,当任何指定的令牌被取消时,取消源将被取消(要注意的代码以粗体显示)。

代码清单 8.8　协作取消令牌

要合并的 CancellationToken 实例

```
CancellationTokenSource ctsOne = new CancellationTokenSource();
CancellationTokenSource ctsTwo = new CancellationTokenSource();
CancellationTokenSource ctsComposite = CancellationTokenSource.
    CreateLinkedTokenSource(ctsOne.Token, ctsTwo.Token);

CancellationToken ctsCompositeToken = ctsComposite.Token;

Task.Factory.StartNew(async () => {
    var webClient = new WebClient();
    ctsCompositeToken.Register(() => webClient.CancelAsync());

    var data = await webClient
                    .DownloadDataTaskAsync(http://www.manning.com);
}, ctsComposite.Token);
```

将一组 CancellationTokens 组合进一个组合里

将组合取消令牌作为常规取消令牌传递。然后,通过调用组合令牌中的任何令牌的 Cancel() 方法来取消任务

在代码清单 8.8 中,将基于两个取消令牌创建一个被连接的取消源。然后,

新的组合令牌将被使用。如果任一原始取消令牌被取消,它也将被取消。取消令牌基本上来讲就是一个线程安全标志(布尔值),它通知其父节点已取消 CancellationTokenSource。

8.5.2   带有 monadic Bind 运算符的基于任务的异步组合

如前所述,async Task<T>是一个 monadic 类型,这意味着它是一个容器,你可以在其中应用 monadic 运算符 Bind 和 Return。让我们分析一下这些函数在编写程序中是如何的有用。代码清单 8.9 利用 Bind 运算符将一系列异步操作组合为计算链。Return 运算符将值提升进单子(容器或提升类型)。

注意 要提醒一下,Bind 运算符适用于异步 Task<T>类型,允许它管道两个异步操作,将第一个操作的结果传递给第二个操作,当它变成可用时。

通常,Task 异步函数采用任意参数类型'T 并返回类型 Task<'R>的计算(即带有签名'T - > Task <'R>),并且可以使用 Bind 运算符组合。该运算符表示:"当函数(g: 'T - > Task <'R>)的值'R 被运算时,它将结果传递给函数(f: 'R-> Task <'U>)。"

Bind 函数如图 8.9 所示,不过这里只是出于演示目的,因为 Bind 函数已经被内置到系统中了。

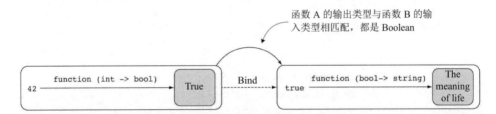

图 8.9   Bind 运算符组成两个函数,将结果包装到 Task 类型中,以及从第一个 Task 的计算中返回的值与第二个函数的输入匹配

有了这个 Bind 函数 (在代码清单 8.9 中用粗体表示),就可以简化股票分析代码的结构了。其思想就是将一系列函数组合在一起。

代码清单 8.9   操作 Bind 运算符

```
async Task<Tuple<string, StockData[]>> ProcessStockHistory(string symbol)
{
    return await DownloadStockHistory(symbol)
        .Bind(stockHistory => ConvertStockHistory(stockHistory))
        .Bind(stockData => Task.FromResult(Tuple.Create(symbol,
                                                stockData)));
}
```
使用延续传递风格
组合异步操作

上面的异步任务计算是通过在第一个异步操作上调用 Bind 运算符，然后将结果传递给第二个异步操作来组成的，以此类推。结果是一个异步函数，它将第一个任务完成时返回的值作为参数，然后它使用第一个任务的结果作为其计算的输入来返回第二个 Task。

代码既具有声明式又具有表现力，因为它完全使用了函数式范式。你现在使用了一个 monadic 运算符：具体来说，是一个基于延续单子的运算符。

8.5.3　延迟异步计算以实现组合

在 C# TAP 中，返回任务的函数是立即开始执行的。及早计算异步表达式的这种行为被称为热任务，遗憾的是，它在组合形式上具有负面影响。处理异步操作的函数式方法是将执行推迟到需要的时候，这有利于实现组合，并提供对执行方面的更好控制。

你有三种实施 APM 的选项：

- 热任务——异步方法返回一个任务，该任务表示最终将生成一个 TaskStatus.Created 以外的枚举值的已在运行的作业。这是在 C#中使用的模型。
- 冷任务——异步方法返回一个需要从调用者显式启动的任务。此模型通常用于传统的基于线程的方法。
- 任务生成器——异步方法返回一个最终将生成一个值的任务，该任务将在提供延续时启动。这是函数式范式中的首选方式，因为它避免了副作用和变化(这也是在 F#中用于运行异步计算的模型)。

如何使用 C# TAP 模型按需计算异步操作呢？你可以使用 Lazy<T>类型作为 Task<T>计算的包装器(请参阅第 2 章)，但更简单的解决方案是将异步计算包装到 Func<T>委托中，该委托仅在显式执行时运行其底层操作。在下面的代码片段中，此概念被应用于股票历史记录示例，该示例定义了 OnDemand 函数，用于延迟求值 DownloadStockHistoryTask 表达式：

```
Func<Task<string>> onDemand =async() => await DownloadStockHistory("MSFT");

string stockHistory = await onDemand();
```

从以上代码看，要使用 DownloadStockHistory 异步表达式的底层任务，需要将 onDemand 显式地视为带()的常规 Func。

注意，这段代码中有一个小故障。onDemand 函数运行异步表达式，该表达式必须具有预先固定的参数(在本例中为"MSFT")。

如何将不同的股票代码传递给该函数呢？解决方案是柯里化和部分应用，FP
技术允许更容易地重用更抽象的函数。

> **柯里化和部分应用**
>
> 在 FP 语言中，当一个函数看起来需要几个参数，但只接收一个参数并返回
> 一个接收余下参数的函数时，就被称为柯里化。例如，函数类型签名 A -> B -> C
> 接收一个参数 A 并返回函数 B ->C。使用委托转换为 C#代码，则该函数被定义
> 为 Func<A，Func <B，C >>。
>
> 此机制允许你通过使用少量参数调用函数来部分应用函数，并创建一个仅适
> 用于传递的参数的新函数。同一函数可以根据传递的参数数量有不同的解释。

下面是 onDemand 函数的柯里化版本，它将字符串 symbol 作为参数，然后传
递给内部 Task 表达式，并返回 Func<Task<string>>类型的函数：

```
Func<string, Func<Task<string>>> onDemandDownload = symbol =>
            async () => await DownloadStockHistoryAsync(symbol);
```

现在，这个柯里化函数可以部分应用于在给定字符串(在本例中为股票代码)
上创建 specialized 函数，当执行 onDemand 函数时，它将被包装的 Task 传递和使
用。下面是创建 specialized 的 OnDemandDownloadMSFT 的部分应用函数：

```
Func<Task<string>> onDemandDownloadMSFT = onDemandDownload("MSFT");

string stockHistoryMSFT = await onDemandDownloadMSFT();
```

这种不同异步操作的技术展示了在决定启动之前，你可以生成任意复杂的逻
辑，而无须执行任何操作。

8.5.4　如果出现问题，请重试

在处理异步 I/O 操作时，尤其是在处理网络请求时，常见的问题是出现意外
因素，从而危及操作的成功。在这些情况下，如果先前的尝试失败，你可能需要
重试操作。例如，在 DownloadStockHistory 方法发出的 HTTP 请求期间，可能会
出现诸如网络连接不良或远程服务器不可用等问题。但是这些问题可能只是一个
临时状态，如果稍后重试，刚才尝试失败的操作可能会成功。

具有多次重试的模式是从临时问题中恢复的常见做法。在异步操作的场景中，
这个模型是通过创建一个包装函数来实现的，用 TAP 实现并返回任务。这将更改
异步表达式的求值，如上一节所示。然后，如果存在一些问题，则该函数将在指
定的次数内应用重试逻辑，并在两次尝试之间应用指定时长的延迟。代码清单 8.10

展示了 Retry 异步函数作为扩展方法的实现。

代码清单 8.10　Retry 异步操作

如果未传递令牌，则默认(CancellationToken)将其
值设置为 CancellationToken.None

使用 CancellationToken cts 来
停止当前执行

```
async Task<T> Retry<T>(Func<Task<T>> task, int retries, TimeSpan delay,
             CancellationToken cts = default(CancellationToken)) =>
   await task().ContinueWith(async innerTask => {
       cts.ThrowIfCancellationRequested();
       if (innerTask.Status != TaskStatus.Faulted)
           return innerTask.Result;
       if (retries == 0)
            throw innerTask.Exception ?? throw new Exception();
       await Task.Delay(delay, cts);
       return await Retry(task, retries - 1,delay, cts);
}).Unwrap();
```

如果该异步操作成功，
则返回结果

如果失败了，则延
迟该异步操作

重试异步操作，递减可
重试次数计数器

如果该函数重试次数耗
尽，则抛出异常

第一个参数是要重新执行的异步操作。该函数是被延迟指定的，将执行包装
进 Func< >，因为调用操作会立即启动任务。如果出现异常，操作 Task<T>将通过
Status 和 Exception 属性来捕获错误处理。通过检查这些属性，可以确定异步操作
是否失败。如果操作失败，则 Retry helper 函数将等待指定的时间间隔，然后重试
相同的操作，直到重试次数减少到零。使用此 Retry<T>helper 函数，可以重构函
数 DownloadStockHistory 以使用重试逻辑来执行 Web 请求操作：

```
async Task<Tuple<string, StockData[]>> ProcessStockHistory(string symbol)
{
    string stockHistory =
        await Retry(() => DownloadStockHistory(symbol), 5,
                                       TimeSpan.FromSeconds(2));
    StockData[] stockData = await ConvertStockHistory(stockHistory);
    return Tuple.Create(symbol, stockData);
}
```

在这种情况下，重试逻辑最多运行五次，两次尝试之间的延迟为两秒。
Retry<T>helper 函数通常应附加到工作流的末尾。

8.5.5　异步操作的错误处理

大多数异步操作都是 I/O 密集型的。在执行期间出现问题的可能性很高。上
一节介绍了通过应用重试逻辑来处理故障的解决方案。另一种方法是声明一个将
异步操作连接到回退操作的函数组合器。如果第一个操作失败，则启动回退。将
回退声明为不同的求值任务是很重要的。代码清单 8.11 展示了 Otherwise 组合器

的定义代码，该组合器接收两个任务，如果第一个任务失败了，则将执行回退到
第二个任务。

代码清单 8.11　回退 Task 组合器

如果 innerTask 失败了，则将
计算 orTask

otherTask 被包装成一个 Func
<>仅在需要时进行求值

```
    static Task<T> Otherwise<T>(this Task<T> task,
                                     Func<Task<T>> otherTask)
  => task.ContinueWith(async innerTask => {
    if (innerTask.Status == TaskStatus.Faulted) return await orTask();
      return innerTask.Result;
  }).Unwrap();
```

当任务完成时，Task 类型有一个概念，即它是成功完成了还是失败了？这将
由 Status 属性暴露，当执行 Task 期间抛出异常时，该属性等于 TaskStatus.Faulted。
股票历史分析示例需要按 FP 重构以应用 Otherwise 组合器。

接下来是组合重试行为、Otherwise 组合器和 monadic 运算符的代码，用于组
合异步操作，见代码清单 8.12。

代码清单 8.12　使用 Otherwise 组合器应用回调行为

生成端点以检索给定符号的股票历史的
服务函数

```
Func<string, string> googleSourceUrl = (symbol) =>
    $"http://www.google.com/finance/historical?q={symbol}&output=csv";

Func<string, string> yahooSourceUrl = (symbol) =>
                $"http://ichart.finance.yahoo.com/table.csv?s={symbol}";

async Task<string> DownloadStockHistory(Func<string, string> sourceStock,
                                        string symbol)
{
    string stockUrl = sourceStock(symbol);
    var request = WebRequest.Create(stockUrl);
    using (var respone = await request.GetResponseAsync())
    using (var reader = new StreamReader(respone.GetResponseStream()))
        return await reader.ReadToEndAsync;
}

async Task<Tuple<string, StockData[]>> ProcessStockHistory(string symbol)
{
    Func<Func<string, string>, Func<string, Task<string>>> downloadStock =
        service => stock => DownloadStockHistory(service, stock);
```

使用传递过来的 sourceStock
函数生成 stockUrl 端点

柯里化 DownloadStockHistory 函
数以局部施用端点服务函数和股
票代码

DownloadStockHistory 函数局部施用。
downloadStock 生成股票历史服务

```
    Func<string, Task<string>> googleService =
                            downloadStock(googleSourceUrl);
    Func<string, Task<string>> yahooService =
                            downloadStock(yahooSourceUrl);

    return await Otherwise(() => googleService(symbol)          ◄── Retry 函数应用
                                                                    Otherwise 组合器
        .Retry(()=> yahooService(symbol)), 5, TimeSpan.FromSeconds(2)) ◄──

          .Bind(data => ConvertStockHistory(data))                 Otherwise 运算符先运行
                                                                    googleService 操作。如果失败,
                                                                    则执行 yahooService 操作
          .Map(prices => Tuple.Create(symbol, prices));   ◄──
    }                                                              使用函子 Map 运算符
                                                                    转换结果
```

Bind Monadic 运算符组合 Retry 和 ConvertStockHistory
这两个异步 Task 操作

　　注意:代码中省略了 ConfigureAwait Task 扩展方法。Otherwise 组合器的应用
程序使用主异步操作和回退异步操作来运行 DownloadStockHistory 函数。回退策
略使用相同的函数来下载股票价格,Web 请求指向不同的服务端点(URL)。如果
第一个服务不可用,则使用第二个服务。

　　这两个端点由函数 googleSourceUrl 和 yahooSourceUrl 提供,它们构建 HTTP
请求的 URL。这种方法需要修改 DownloadStockHistory 函数签名,该签名现在是
高阶函数 Func<string,string> sourceStock。此函数部分应用 googleSourceUrl 和
yahooSourceUrl 这两个函数。其结果是两个新的函数 googleService 和
yahooService,它们作为参数传递给 Otherwise 组合器,并最终被包装到 Retry 逻
辑中。然后使用 Bind 和 Map 运算符将操作组合为工作流,而无须离开异步任务
提升的世界。所有操作都保证是完全异步的。

8.5.6　股票市场历史的异步并行处理

　　因为使用 Task 函数表示操作是需要花费时间的,所以在可能的情况下,你希
望并行执行这些操作是合乎逻辑的。股票历史代码示例中就存在一个有趣的方面。
当 LINQ 表达式物化时,ProcessStockHistory 异步方法在 foreach 循环内运行,一
次调用一个任务并等待结果。这些调用是非阻塞的,但执行流是顺序的。每个任
务需要在开始之前等待前一个任务完成。这样的效率不高。

　　以下代码片段展示了使用 foreach 循环顺序运行异步操作的错误行为:

```
async Task ProcessStockHistory (string[] stockSymbols)
{
    var sw = Stopwatch.StartNew();
```

```
IEnumerable<Task<Tuple<string, StockData[]>>> stockHistoryTasks =
    stockSymbols.Select(stock => ProcessStockHistory(stock));

var stockHistories = new List<Tuple<string, StockData[]>>();

foreach (var stockTask in stockHistoryTasks)
    stockHistories.Add(await stockTask);

ShowChart(stockHistories, sw.ElapsedMilliseconds);
}
```

假设你希望并行启动这些计算，然后在完成所有计算后再渲染图表。这种设计类似于 Fork/Join 模式。在这里，将并行生成多个异步执行，并等待所有操作完成。然后结果将汇总并继续进一步处理。代码清单 8.13 正确地并行处理股票。

代码清单 8.13   并行运行股票历史分析

```
async Task ProcessStockHistory( )
{
    var sw = Stopwatch.StartNew();
    string[] stocks = new[] { "MSFT", "FB", "AAPL", "YHOO",
                              "EBAY", "INTC", "GOOG", "ORCL" };

    List<Task<Tuple<string, StockData[]>>> stockHistoryTasks =
        stocks.Select(async stock => await
                          ProcessStockHistory(stock)).ToList();    ◄

    Tuple<string, StockData[]>[] stockHistories =
                          await Task.WhenAll(stockHistoryTasks);
    ShowChart(stockHistories, sw.ElapsedMilliseconds);
}
```

没有阻塞地异步等待所有任务完成

List 运算符保证了 LINQ 查询的物化，从而并行运行底层操作

在代码清单 8.13 中，使用 LINQ 的 Select 方法中的异步 lambda 将股票集合转换为任务列表。通过调用 ToList()来物化 LINQ 表达式很重要，这样则将任务调度为仅并行运行一次。这是可能的，因为热任务属性，这意味着任务在定义后立即运行。

提示   默认情况下，.NET 将打开请求连接限制为一次两个。要想加快进程，必须更改连接限制 ServicePointManager.DefaultConnectionLimit = stocks.Length (这行代码里的 ServicePointManager.DefaultConnectionLimit)的值。

Task.WhenAll 方法(类似于 F#的 Async.Parallel)是 TPL 的一部分，其目的是将一组任务的结果合并到一个任务数组中，然后异步等待所有任务完成：

```
Tuple<string, StockData[]>[] result= await Task.WhenAll(stockHistoryTasks);
```

在本例中，执行时间从之前的 4.272 秒降至 0.534 秒。

8.5.7　任务完成后的异步股票市场并行处理

另一种更好的解决方案是在每个股票历史记录结果到达时对其进行处理，而不是等待所有股票的下载完成。这是一个很好的性能改进模式。在这种情况下，它还通过以块的形式呈现数据来减少 UI 线程的有效载荷。思考一下股票市场分析代码，在该代码中，从 Web 下载多个历史数据片段，然后用于处理图像以呈现给 UI 控件。如果在更新 UI 之前等待分析所有数据，则程序被强制在 UI 线程上按顺序处理。接下来展示的一个更高性能的解决方案是尽可能同时处理和更新图表。从技术上讲，这种模式称为 interleaving。需要注意的重要代码以粗体显示，见代码清单 8.14。

代码清单 8.14　每项任务完成后的股票历史分析处理

```
async Task ProcessStockHistory()
{                                                    ToList()物化了 LINQ 表达式,
    var sw = Stopwatch.StartNew();                   确保底层任务并行运行
    string[] stocks = new[] { "MSFT", "FB", "AAPL", "YHOO",
                              "EBAY", "INTC", "GOOG", "ORCL" };

    List<Task<Tuple<string, StockData[]>>> stockHistoryTasks =
                    stocks.Select(ProcessStockHistory).ToList();

    while (stockHistoryTasks.Count > 0)              在 while 循环中运行求值, 只
    {                                                要还有要处理的异步任务
        Task<Tuple<string, StockData[]>> stockHistoryTask =
                await Task.WhenAny(stockHistoryTasks);

        stockHistoryTasks.Remove(stockHistoryTask);
        Tuple<string, StockData[]> stockHistory = await stockHistoryTask;
                                                从列表中删除已完成的操作, 这会
        ShowChartProgressive(stockHistory);      在 while 循环的谓词中用到
    }
}                                                Task.WhenAny 运算符异步等待第
发送要在图表中呈现的异                            一个操作完成
步操作的结果
```

该代码对以前的版本做了两处更改：

- while 循环删除任务，直到最后一个任务。

- Task.WhenAll 被 Task.WhenAny 取代。此方法异步等待第一个完成的任务，然后返回其实例。

此实现不考虑异常或取消。或者，可以在进一步处理之前检查 stockHistoryTask 任务的状态以应用条件逻辑。

8.6　本章小结

- 可以使用 C#中的基于任务的异步编程(TAP)在.NET 中编写异步程序，这是首选的模型。
- 异步编程模型使你可以通过在空闲时间智能地回收资源并避免创建新资源来有效处理大量并发 I/O 操作，从而优化内存消耗并提高性能。
- Task<T>类型是一个 monadic 数据结构，这意味着它可以很容易地与其他东西组合。
- 可以使用 monadic 运算符执行和组合异步任务，从而产生 LINQ 风格的语义。这样做的优点是提供了一种清晰的、流畅的声明式编程风格。
- 用异步任务执行相对较久的操作可以提高应用程序的性能和响应能力，尤其是在依赖于一个或多个远程服务的情况下。
- 能够同时并行运行的异步计算的数量与可用 CPU 的数量无关，执行时间取决于等待 I/O 操作完成所花费的时间，仅受 I/O 驱动程序的约束。
- TAP 基于任务类型，并用 async 和 await 关键字进行了加强。这种异步编程模型使用了延续传递风格(CPS)的形式来应用函数式范式。
- 通过 TAP，可以轻松实现高效模式，例如在多个资源和过程可用时立即并行下载资源和过程，而不是等待所有资源到位才下载。

第 *9* 章

F#的异步函数编程

本章主要内容：
- 让异步计算一起协同工作
- 以函数式风格实现异步操作
- 扩展异步工作流计算表达式
- 通过异步操作控制并行
- 协调取消并行异步计算

在第 8 章中，介绍了异步编程作为独立于主应用程序线程执行的任务，可能在单独的环境中执行，也可能在不同的 CPU 上跨网络执行。这种方法引入了并行，从而应用程序可以在单核计算机上执行大量的 I/O 操作。这在程序执行和数据吞吐速度方面是一个强大的想法，它抛弃了传统的逐步编程方法。F#和 C#编程语言都提供了略微不同但优雅的抽象，以用于表达异步计算，使其成为理想的工具，非常适合对现实问题进行建模。在第 8 章中，你了解了如何在 C#中使用异步编程模型。在本章中，我们将介绍如何在 F#中进行相同的操作。本章帮助你了解 F#异步工作流的表现语义，以便你可以编写高效且高性能的程序来处理 I/O 密集型操作。

本章将讨论 F#的方法，并分析它的独特特性以及它们是如何影响代码设计的，并解释如何在函数式风格中轻松实现和组合有效的异步操作。还将教你如何编写非阻塞 I/O 操作，以便在同时运行多个异步操作时提高应用程序的整体运行效率和吞吐量，而不必担心硬件方面的限制。

你将直接看到如何应用函数概念来编写异步计算。然后，将评估如何使用这些概念处理副作用并与现实世界交互，而不会损害组合语义的好处，从而保持代码简洁、清晰和可维护。到本章结束时，你将了解现代应用程序必须如何利用并行和利用多核 CPU 的能力来高效地运行和以函数式方式处理大量操作。

9.1　异步函数式方面

异步函数采用了 F#常用语言习惯来设计，通过函数或方法返回异步计算。现代异步编程模型(如 F#异步工作流和 C# async/await)是函数式的，因为应用函数式编程可以让经验丰富的程序员能够编写异步和并行运行的简单和声明式过程代码。

从一开始，F#就引入了与同步代码类似的异步编程语义定义的支持。C#在其语言中引入了几个函数式 future，其灵感来自 F#异步工作流的函数式方法，以实现 async/await 异步模型来取代传统的命令式 APM，这并非巧合。另外，C#异步任务和 F#异步工作流都是 monadic 容器，它可以将常用功能分解为通用的可重用组件。

9.2　什么是 F#异步工作流

FP 语言 F#全面支持异步编程：
- 它集成了.NET 提供的异步编程模型。
- 它提供了 APM 的函数式语言习惯的实现。
- 它支持与 C#中基于任务的编程模型的互操作性。

F#异步工作流旨在通过保持代码的顺序结构来满足和增强组合式、简单性和表达非阻塞计算的函数式范式。根据定义，异步工作流是基于计算表达式构建的，计算表达式是 F#核心语言的通用组件，它提供了 monadic 语义来表达延续传递风格(CPS)中的一系列操作。

异步工作流的一个关键特性是将非阻塞计算与轻量级异步语义相结合，类似于线性控制流。

9.2.1　计算表达式中的延续传递风格

多线程代码是众所周知的拒绝命令式的编写风格。但是使用 CPS，你可以采用函数式范式，使你的代码非常简洁，易于编写。让我们假设你使用旧版本的.NET 框架进行编程，该版本没有 async/await 编程模型(参见第 8 章)。在这种情况下，需要计算一系列 Task 操作，其中每个操作的输入取决于前一个操作的输出。代码可能变得复杂和费解。在下面的代码示例中，代码从 Azure Blob 存储区下载图像并将字节保存到文件中。

为了简单起见，故意省略与示例无关的代码。要注意的代码用粗体显示。你可以在可下载的本书配套源代码中找到完整的实现：

```
let downloadCloudMediaBad destinationPath (imageReference : string) =
    log "Creating connecton..."
    let taskContainer = Task.Run<CloudBlobContainer>(fun () ->
    getCloudBlobContainer())
    log "Get blob reference...";
    let container = taskContainer.Result
    let taskBlockBlob = Task.Run<CloudBlob>(fun () ->
    container.GetBlobReference(imageReference))
    log "Download data..."
    let blockBlob = taskBlockBlob.Result
    let bytes = Array.zeroCreate<byte> (int blockBlob.Properties.Length)
    let taskData = Task.Run<byte[]>(fun () -> blockBlob.
    DownloadToByteArray(bytes, 0)|>ignore; bytes)
    log "Saving data..."
    let data = taskData.Result
    let taskComplete = Task.Run(fun () ->
    File.WriteAllBytes(Path.Combine(destinationPath,imageReference)
    ,data))taskComplete.Wait()
    log "Complete"
```

当然，上面的代码是一个极端的例子，旨在验证使用传统工具(具有同样过时的思维模式)编写并发代码会产生冗长和不切实际的程序的观点。经验不足的开发人员以这种方式编写代码会更容易，因为按顺序编写代码更容易。但是，其结果将是一个不可扩展的程序，每个 Task 计算都调用实例方法 Result，这是一个糟糕的实践。这种情况下，只要稍加研究 CPS，就能解决可扩展性问题。首先，定义一个用于组合管道模型中的操作的函数：

```
let bind(operation:unit -> 'a, continuation:'a -> unit) =
        Task.Run(fun () -> continuation(operation())) |> ignore
```

bind 函数接收 continuation ('a -> unit)函数，该函数在操作结果(unit -> 'a)就绪时调用。其关键是你没有阻塞调用线程，所以可以继续执行有用的代码。当结果准备就绪后，将调用延续，允许继续计算。现在可以使用该 bind 函数以流畅式风格重写之前的代码：

```
let downloadCloudMediaAsync destinationPath (imageReference : string) =
    bind( (fun () -> log "Creating connecton..."; getCloudBlobContainer()),
        fun connection ->
          bind( (fun () -> log "Get blob reference...";
              connection.GetBlobReference(imageReference)),
              fun blockBlob ->
```

```
          bind( (fun () -> log "Download data..."
              let bytes = Array.zeroCreate<byte> (int blockBlob.Properties.
➡  Length)
              blockBlob.DownloadToByteArray(bytes, 0) |> ignore
              bytes), fun bytes ->
          bind( (fun () -> log "Saving data...";
          File.WriteAllBytes(Path.Combine(destinationPath,imageReference),
➡  bytes)), fun () -> log "Complete")))))

["Bugghina01.jpg"; "Bugghina02.jpg"; "Bugghina003.jpg"] |> Seq.iter
    (downloadCloudMediaAsync "Images")
```

运行该代码时，你会注意到 bind 函数在自己的线程中执行底层匿名 lambda。每次调用 bind 函数时，都会从线程池中拉出一个线程，然后，当该函数完成时，该线程将被释放回线程池。

F#异步工作流同样也是基于 CPS 概念的，这对于难以按顺序捕获的建模计算非常有用。

注意 异步函数可以在其整个生存期内在任意数量的线程之间跳转。

图 9.1 展示了以同步和异步方式处理的传入请求之间的比较。

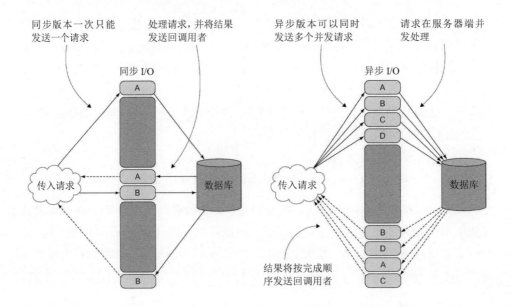

图 9.1 同步(阻塞)I/O 和异步(非阻塞)I/O 操作系统之间的比较。同步版本一次只能发送一个请求。处理完请求后，结果将被发送回调用者。异步版本可以同时发送多个并发请求。在服务器端并发处理完这些请求之后，它们将按照它们完成的顺序发送回调用者

F#异步工作流同样也包括取消和异常延续。在深入研究异步工作流详细信息之前，让我们先来看一个示例。

9.2.2　异步工作流操作：Azure Blob 存储并行操作

让我们假设你的老板已经决定将公司的数字媒体资产像在本地存储一样存储在云端。他要求你为此创建一个简单的上传/下载工具，并同步和验证云中的新增文件。为了将媒体文件作为此方案的二进制数据处理，你设计了一个程序，从网络 Azure Blob 存储中下载一组图像，并在基于 WPF 的客户端应用程序中呈现这些图像。Azure Blob 存储(http://mng.bz/X1FB)是一种 Microsoft 云服务，以 blob(二进制大对象)的形式存储非结构化数据。此服务可以存储任何类型的数据，这使得它非常适合将公司的媒体文件作为二进制数据来处理(见图 9.2)。

> **注意**　本章中的代码示例使用 F#语言，但同样的概念也适用于 C#。所有这些代码示例的所有版本都可以在本书配套的可下载代码中找到。

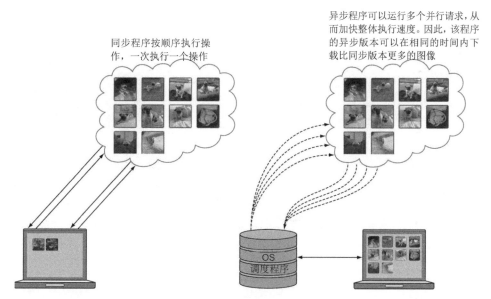

图 9.2　同步编程模型与异步编程模型。同步程序按顺序一次执行一个操作。异步版本可以并行运行多个请求，从而提高程序的总体执行速度。因此，与同步版本相比，该程序的异步版本可以在同一时间段内下载更多的图像

如前所述，为了提供视觉反馈，该程序使用 WPF 客户端应用程序运行。这个应用程序受益于一个文件系统监视程序 FileSystemWatcher(http://mng.bz/DcRT)，

它监听文件创建的事件以获取本地文件夹中的文件更改。当图像下载并保存到本地文件夹中时,FileSystemWatcher 将触发一个事件,并同步带有图像路径的本地文件集合的更新,并依次显示在 WPF UI 控制器中。(这里不讨论 WPF UI 客户端应用程序的代码实现,因为它与本章的主要主题无关)。

让我们比较一下图 9.2 中的同步和异步程序。程序的同步版本按顺序执行每个步骤,并使用传统的 for 循环迭代从 Azure Blob 存储中下载的图像集合。这个设计很简单,但不能扩展。而该程序的异步版本则能够并行处理多个请求,从而增加了在同一时间段内下载的图像数量。

让我们更深入地分析程序的异步版本。在图 9.3 中,程序首先向 Azure Blob 存储发送一个请求,以打开云 Blob 容器连接。当连接打开时,将检索 Blob 媒体流的句柄以开始下载图像。从流中读取数据,并最终保存到本地文件系统。然后对下一个图像重复此操作,直到最后一个图像。

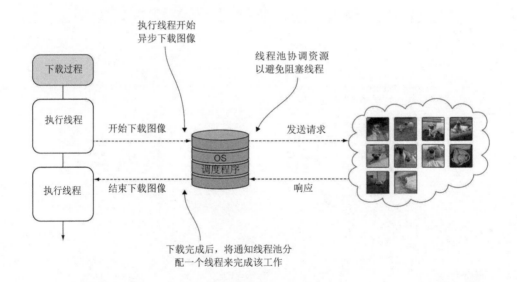

图 9.3　从网络(Azure Blob 存储)异步下载图像

5 次运行中平均每个下载操作需要 0.89 秒,推算出下载 100 张图像的总时间为 89.28 秒。这些值可能会因网络带宽而异。显然,与异步方法相比,按顺序执行多个同步 I/O 操作的时间等于每个单独操作所用时间的总和,而异步方法通过并行运行,总响应时间只等于最慢的操作。

注意　其实 Azure Blob 存储中已经有一个 API 可以将 blob 直接下载到本地文件
中，称为 DownloadToFile。我们这个代码示例只是为了故意创建大量的 I/O
操作以突出同步运行 I/O 阻塞操作的问题。

代码清单 9.1 是从 Azure Blob 存储异步下载图像的程序的异步工作流实现(要
注意的代码以粗体显示)。

代码清单 9.1　下载图像的异步工作流实现

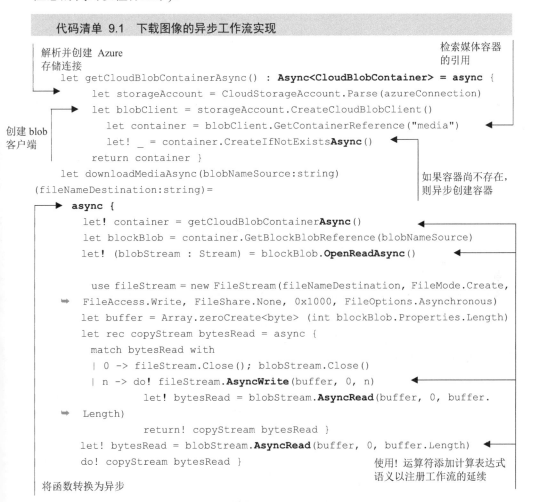

注意：该代码看起来几乎就是顺序代码了。粗体部分是将代码从同步转换为
异步所需要的唯一更改。

由于代码是顺序结构的，因此这段代码的意图是直接且易于解释的。该代码
简化是F#编译器用于检测计算表达式的基于模式的方法的结果，对于异步工作流，
它给开发人员带来了一种回调已经消失的错觉。如果没有回调，程序就不会像

APM那样受到控制反转的影响,这为F#提供了一个干净的、专注于组合的异步代码实现。

getCloudBlobContainerAsync 和 downloadMediaAsync 函数都包含在 async 表达式(工作流声明)中,该表达式将代码转换为可以异步运行的块。getCloudBlobContainer-Async 函数创建了对 media 容器的引用。用于标识容器的异步操作的返回类型是 Task<CloudBlobContainer>类型,它和 Async<CloudBlobContainer>一样都由底层异步工作流表达式来处理。异步工作流的一个关键特性是将非阻塞计算与轻量级异步语义相结合,类似于线性控制流。它通过语法糖简化了传统的基于回调的异步编程的程序结构。

异步运行的方法绑定到使用!(发音为 bang)运算符的不同构造,这是异步工作流的本质,因为它通知 F#编译器以独占方式来解释函数。通过 let! 绑定将表达式注册为回调,在将来求值异步工作流的其余部分的上下文中,从 Async<'T>中提取底层结果。

在表达式中

```
let! bytesRead = blobStream.AsyncRead(buffer, 0, buffer.Length)
```

的返回类型是 Async<int>,表示从异步操作读取的,被提取到值 bytesRead 中的字节数。rec copyStream 函数以递归方式异步复制 blobStream 到 fileStream 中。注意:copyStream 函数是在另一个异步工作流中定义的,用于捕获可以访问以进行复制的流值。此代码可以以具有相同行为的命令式风格重写,如下所示:

```
let! bytesRead = blobStream.AsyncRead(buffer, 0, buffer.Length)
let mutable bytesRead = bytesRead
while bytesRead > 0 do
    do! fileStream.AsyncWrite(buffer, 0, bytesRead)
    let! bytesReadTemp = blobStream.AsyncRead(buffer, 0, buffer.Length)
    bytesRead <- bytesReadTemp
fileStream.Close(); blobStream.Close()
```

bytesRead 变量的变化被封装并隔离在 downloadMediaAsync 主函数中,并且是线程安全的。

除了 let! 以外,还有如下其他异步工作流构造器:

- use!——工作方式类似于 let!,但它在超出范围时释放其绑定的资源。
- do!——当类型是 Async<unit>时,绑定一个异步工作流。
- return——返回表达式的结果。
- return!——执行绑定的异步工作流,返回表达式的值。

F#异步工作流基于多态数据类型 Async<'a>,它表示任意将在未来实现的,

返回类型为'a'的值的异步计算。这个概念类似于 C# TAP 模型。主要区别在于
F#Async <'a>类型不热，这意味着它需要一个显式命令来启动操作。

当异步工作流到达开始基元时，系统将调度回调，并释放执行线程。然后，
当异步操作完成运算时，底层机制将通知工作流，并将结果传递给代码流中的下
一步。

真正的神奇之处在于，异步工作流是在以后完成的，但你不必担心等待结果，
因为它将在完成后作为参数传递回延续函数中。编译器负责所有这些工作，将 Bind
成员调用有机地转换为延续结构。这种机制使用 CPS 在其主体表达式中隐式地编
写基于回调的，允许在一系列操作中进行线性编码的，结构化的程序。

异步执行模型都是延续相关的，其中异步表达式的运算保持了将函数注册为
回调的能力(见图 9.4)。

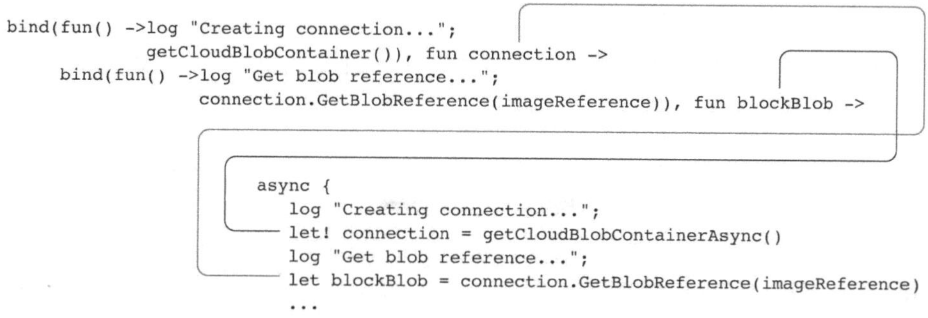

```
bind(fun() ->log "Creating connection...";
             getCloudBlobContainer()), fun connection ->
   bind(fun() ->log "Get blob reference...";
             connection.GetBlobReference(imageReference)), fun blockBlob ->


          async {
              log "Creating connection...";
              let! connection = getCloudBlobContainerAsync()
              log "Get blob reference...";
              let blockBlob = connection.GetBlobReference(imageReference)
              ...
```

图 9.4　求值表达式版本的 Bind 函数的比较

使用异步工作流的好处如下：
- 行为异步但看起来是顺序代码
- 代码简单，易于推理(因为它看起来像顺序代码)，简化了更新和修改
- 异步组合语义
- 内置取消支持
- 错误处理简单
- 易于并行

9.3　异步计算表达式

计算表达式是 F#的一个特性，它定义了一个多态结构，用于自定义代码的规
范和行为，并引导你使用组合式编程风格。MSDN 联机文档提供了一个很好的
定义：

F#的计算表达式为编写可以进行排列和组合使用控制流构造和绑定的计算提供了方便的语法。它们可用于为 monad 提供方便的语法，这是一种函数式编程功能，可用于管理函数式程序中的数据、控制和副作用。

计算表达式是一种对编写计算很有用的机制，它将受控系列表达式执行为对订阅步骤的运算。第一步提供第二步的输入，然后该输出用作第三步的输入，第四步……最终形成一个执行链——除非发生异常，在发生异常的情况下，计算过早终止，跳过剩余的步骤。

把计算表达式看作编程语言的扩展，因为它允许你自定义专门的计算以减少冗余代码，并在幕后应用繁重的工作来降低复杂性。你可以使用计算表达式在计算的每个步骤中插入额外的代码，以执行诸如自动日志记录、验证、状态控制等操作。

F#异步编程模型(异步工作流)依赖于计算表达式，计算表达式也可用于定义其他实现，例如序列和查询表达式。F#异步工作流模式是一个语法糖，由编译器在计算表达式中解释。在异步工作流中，必须指示编译器将工作流表达式解释为异步计算。该通知通过将表达式包装在异步块中进行语义传递，该异步块使用花括号和块开头的 async 标识符来编写，如 async {表达式}。

当 F#编译器将计算解释为异步工作流时，它将整个表达式划分为异步调用之间的单独部分。这种转换(称为脱糖)是基于计算生成器在上下文(在本例中是异步工作流)中的组成基元。

F#通过一个名为 builder 的特定类型来支持计算表达式，该类型与传统的 monadic 语法相关联。定义计算生成器的两个主要 monadic 运算符是 Bind 和 Return。

在异步工作流的情况下，将使用 specialized 类型 async 替换和定义通用 monadic 类型：

```
async.Bind: Async<'T> → ('T → Async<'R>) → Async<'R>

async.Return: 'T → Async<'T>
```

将泛型类型'T包装到提升类型 Async<'T>中

异步操作 Async<'T>作为第一个参数传递，延续 ('T → Async<'R>) 作为第二个参数传递

异步工作流以计算生成器基元的形式隐藏了非标准操作，并将剩余的计算重新构造为延续。非标准操作使用! 运算符绑定到生成器构造的正文表达式中。计算表达式定义与monadic 定义共享相同的monadic 运算符，一样也有 Bind 和 Return 运算符，这并不是巧合。你可以将计算表达式看成一个延续的单子模式。

9.3.1　计算表达式和单子之间的区别

你还可以将计算表达式视为 F#的通用 monadic 语法，它与单子密切相关。计算表达式和单子之间的主要区别在于它们的起源。单子严格地表示数学抽象，而 F#计算表达式是一种语言特性，它为程序提供了一个工具集，该程序可以具有也可以不具有 monadic 结构的计算。

F#不支持类型类(type classes)，因此无法编写对计算类型具有多态性的计算表达式。在 F#中，你可以选择具有最专业行为的和最方便语法的计算表达式(下面将有一个示例)。

类型类(type classes)

类型类是一个提供特定多态性的构造，它是通过将约束定义应用于类型变量来实现的。类型类类似于定义行为的接口，但它们更强大。编译器为通过这些约束推断出的类型提供特定的行为和语法。在.NET 中，你可以将类型类想象为定义了一个行为的接口，编译器可以检测到它，然后根据其类型定义提供临时实现。最终，如果一个类型支持类型类的行为，则将其作为类型类的实例。

使用计算表达式模式编写的代码最终将被转换为表达式，该表达式使用由上下文中的计算构建器实现的底层基元。让我们通过一个例子来让这个概念更加清晰。

代码清单 9.2 展示了downloadMediaAsync函数的脱糖版本，其中编译器将计算表达式转换为方法调用链。这个未封装的代码展示了如何将每个异步部分的行为封装到计算生成器的相关基元成员中。关键字async告诉F#编译器实例化AsyncBuilder，它实现了必要的异步工作流成员Bind，Return，Using，Combine等。该代码清单展示了编译器如何将计算表达式转换为代码清单9.1 中的方法调用链。(要注意的代码以粗体显示)。

代码清单 9.2　脱糖的 DownloadMediaAsync 计算表达式

> 延迟函数的执行，直到发出显式请求

```
let downloadMediaAsync(blobName:string) (fileNameDestination:string) =
async.Delay(fun() ->
    async.Bind(getCloudBlobContainerAsync(), fun container ->
    let blockBlob = container.GetBlockBlobReference(blobName)
        async.Using(blockBlob.OpenReadAsync(), fun (blobStream:Stream)->
```

> Bind 运算符是 let! 运算符的脱糖版本

> Using 运算符是 use! 运算符的脱糖版本

```
        let sizeBlob = int blockBlob.Properties.Length
        async.Bind(blobStream.AsyncRead(sizeBlob), fun bytes ->
```

```
            use fileStream = new FileStream(fileNameDestination,
➥ FileMode.Create, FileAccess.Write, FileShare.None, bufferSize,
➥ FileOptions.Asynchronous)
    async.Bind(fileStream.AsyncWrite(bytes, 0, bytes.Length), fun () ->
                        fileStream.Close()
                        blobStream.Close()
                        async.Return()))))))
```

返回完成计算表达式的
运算符

在以上代码中，编译器将 let! 绑定构造转换成对 Bind 操作的调用，该操作将值从计算类型中展开，并执行转换为延续的其余计算。using 操作处理计算，生成的值类型表示可以释放的资源。链中的第一个成员 Delay 将表达式包装为一个整体来管理执行，该执行可以在稍后按需运行。

计算的每个步骤都遵循相同的模式：计算生成器成员(如 Bind 或 Using)启动操作，并提供操作完成时运行的延续，因此你不必等待结果。

9.3.2　异步重试：生成自己的计算表达式

如前所述，计算表达式是基于模式的解释(如 LINQ / PLINQ)，这意味着编译器可以从成员 Bind 和 Return 的实现中推断出其类型构造是一个 monadic 表达式。通过遵循一些简单的规范，你可以生成自己的计算表达式，甚至扩展现有的计算表达式，以向表达式传递你想要的特殊含义和行为。

计算表达式可以包含许多标准语言结构，如表 9.1 所示。但是这些成员定义中的大多数是可选的，可以根据你的实现按需使用。表达编译器的有效计算表达式的必要和基本成员是 Bind 和 Return。

表 9.1　计算表达式运算符

成员	描述
Bind : M<'a> * ('a ➔ M<'b>) ➔ M<'b>	计算表达式中 let! 和 do!的对应转换
Return : 'a ➔ M<'a>	计算表达式中 return 的对应转换
Delay : (unit ➔ M<'a>) ➔ M<'a>	包装一个函数作为计算表达式
Yield : 'a ➔ M<'a>	计算表达式中 yield 的对应转换
For : seq<'a> * ('a ➔ M<'b>) ➔ M<'b>	计算表达式中 for...do 绑定的对应转换
While : (unit ➔ bool) * M<'a> ➔ M<'a>	计算表达式中 while...do 绑定的对应转换
Using : 'a * ('a ➔ M<'b>) ➔ M<'b> when 'a :> IDisposable	计算表达式中 use 绑定的对应转换
Combine : M<'a> ➔ M<'a> ➔ M<'a>	用于在计算表达式中的排序

(续表)

成员	描述
Zero : unit ➔ M<'a>	计算表达式中空 else 分支或者 if...then 绑定的对应转换
TryWith : M<'a> ➔ M<'a> ➔ M<'a>	计算表达式中 try...with 绑定的对应转换
TryFinally : M<'a> ➔ M<'a> ➔ M<'a>	计算表达式中 try...finally 绑定的对应转换

让我们生成一个可以与代码清单 9.2 中的示例一起使用的计算表达式。该函数的第一步，downloadMediaCompAsync 异步连接到 Azure Blob 服务，但是，如果连接掉了会发生什么？抛出错误并停止计算。在尝试连接之前，你应该要检查一下客户端是否在线。但是在使用网络操作时，一般的经验法则是在终止之前重试连接几次。

在代码清单 9.3 中，你将生成一个运行异步操作几次才成功的计算表达式，在操作停止之前，每次重试之间会有几毫秒的延迟(要注意的代码以粗体显示)。

代码清单 9.3　AsyncRetryBuilder 计算表达式

```
type AsyncRetryBuilder(max, sleepMilliseconds : int) =
    let rec retry n (task:Async<'a>) (continuation:'a -> Async<'b>) =
        async {
            try
                let! result = task
                let! conResult = continuation result
                return conResult
            with error ->
                if n = 0 then return raise error
                else
                    do! Async.Sleep sleepMilliseconds
                    return! retry (n - 1) task continuation }

    member x.ReturnFrom(f) = f

    member x.Return(v) = async { return v }

    member x.Delay(f) = async { return! f() }
    member x.Bind(task:Async<'a>, continuation:'a -> Async<'b>) =

                            retry max task continuation
    member x.Bind(t : Task, f : unit -> Async<'R>) : Async<'R> =

                        async.Bind(Async.AwaitTask t, f)
```

在 try-catch 块中运行任务工作流

操作成功并运行其余工作的延续

该操作达到所允许的重新运行次数的限制，则抛出错误，停止此计算

返回计算本身

计算可以重新运行，但会带有延迟

将函数包装到 async 中，这样你就可以在异步工作流中嵌套计算

提升 async 内部的值

绑定 async 函数及其延续，启动重试函数。如果函数成功，则结果将馈送 continuation 函数

展示了为基于任务的操作提供的兼容性

AsyncRetryBuilder 是一个计算生成器，用于标识用来构造计算的值。代码清单 9.4 演示了如何使用计算生成器(要注意的代码以粗体突出显示)。

代码清单 9.4   使用 AsyncRetryBuilder 标识构造值

```
let retry = AsyncRetryBuilder(3, 250)    ◄──────  定义用于标识计算表达式的值，如果
                                                  发生异常，则尝试重新运行代码三
                                                  次，每次重试之间的延迟为 250 毫秒

let downloadMediaCompAsync(blobNameSource:string)
                          (fileNameDestination:string) =
async {
        let! container = retry {    ◄──────  retry 计算表达式可以嵌
            return! getCloudBlobContainerAsync() }    套在异步工作流中


    ... Rest of the code as before
```

AsyncRetryBuilder 实例在异常情况下尝试重新运行代码三次，每次重试之间的延迟为 250 毫秒。现在，可以将 AsyncRetryBuilder 计算表达式与异步工作流结合使用，以异步方式运行和重试(在发生故障的情况下)downloadMediaCompAsync 操作。为计算表达式创建一个全局值标识符是很常见的，它可以在程序的不同部分中重用。例如，可以在代码中的任何位置访问异步工作流和序列表达式，而无须创建新值。

9.3.3   扩展异步工作流

除了创建自定义计算表达式之外，F#编译器还允许你扩展现有表达式。异步工作流是可以增强的计算表达式的完美示例。在代码清单 9.4 中，通过异步操作 getCloudBlobContainerAsync 建立与 Azure Blob 容器的连接，其实现如下所示:

```
let getCloudBlobContainerAsync() : Async<CloudBlobContainer> = async {
    let storageAccount = CloudStorageAccount.Parse(azureConnection)
    let blobClient = storageAccount.CreateCloudBlobClient()
    let container = blobClient.GetContainerReference("media")
    let! _ = container.CreateIfNotExistsAsync()
    return container }
```

在 getCloudBlobContainerAsync 函数的主体内部，CreateIfNotExistsAsync 操作返回一个 Task 类型,在异步工作流的上下文中使用该类型并不友好。幸运的是,

F# async 提供了 Async.AwaitTask[1]运算符, 它允许 Task 操作变成 await 的, 并将其视为 F#异步计算。.NET 具有大量的返回类型为 Task 或泛型版本 Task <'T>的异步操作。这些设计为主要用于 C#的操作与 F#开箱即用的异步计算表达式不兼容。

那解决方案是什么呢? 扩展计算表达式。代码清单 9.5 泛化了 F#异步工作流模型, 使其不仅可以用于异步操作, 还可以用于 Task 和 Observable 类型。此异步计算表达式可以创建 Observable 和 Task 的类型构造, 而不仅仅是异步工作流。其可以等待来自任务操作的事件或 IObservable 流和任务产生的各种事件。如你所见, 计算表达式的这些扩展抽象了 Async.AwaitTask 运算符的使用(相关命令以粗体显示)。

代码清单 9.5　扩展异步工作流以支持 Task<'a>

```
type Microsoft.FSharp.Control.AsyncBuilder with
    member x.Bind(t:Task<'T>, f:'T -> Async<'R>) : Async<'R> =
➡       async.Bind(Async.AwaitTask t, f)

    member x.Bind(t:Task, f:unit -> Async<'R>) : Async<'R> =
➡       async.Bind(Async.AwaitTask t, f)

    member x.Bind (m:'a IObservable, f:'a -> 'b Async) =
➡       async.Bind(Async.AwaitObservable m, f)

    member x.ReturnFrom(computation:Task<'T>) =
➡       x.ReturnFrom(Async.AwaitTask computation)
```

扩展 Async Bind 运算符以针对其他提升类型执行

AsyncBuilder 允许你注入函数以扩展其他包装类型(例如 Task 和 Observable)的操作,而扩展中的 Bind 函数允许你使用 let! 和 do! 运算符来获取 Observable(或IEvent)包含的内部值。这种技术不再需要 Async.AwaitEvent 和 Async.AwaitTask 辅助函数了。

在第一行代码中, 通知编译器以管理异步计算表达式转换的 AsyncBuilder 为目标。在此扩展之后, 编译器可以根据通过 let!注册的表达式签名来确定要使用哪个 Bind 操作。现在, 可以在异步工作流中使用类型为 Task 和 Observable 的异步操作。

9.3.4　映射异步操作: Async.map 函子

让我们继续扩展 F#异步工作流的功能。F#异步工作流提供了一组丰富的运算符。但目前, 还没有内置对具有如下类型签名的 Async.map 函数(也称为函子)的

---

[1] Async.AwaitTask 创建计算, 并等待所提供的任务计算完成后返回其结果。

支持。

```
('a  →  'b)  →  Async<'a>  →  Async<'b>
```

函子是一种映射于结构的模式，它是通过被称为 map(也称为 fmap)的双参数函数提供实现支持来实现的。例如，LINQ/PLINQ 中的 Select 运算符是 IEnumerable 提升类型的函子。最主要的是，在 C#中使用函子来实现 LINQ 风格的流畅式 API，这些 API 也用于除集合外的其他类型(或上下文)。

我们在第 7 章讨论了函子类型，在那里你学习了如何为 Task 提升类型实现函子(以粗体显示)：

```
Task<T> fmap<T, R>(this Task<T> input, Func<T, R> map) =>
                              input.ContinueWith(t => f(t.Result));
```

此函数有一个签名('T → 'R)→Task<T>→Task<R>，因此它将 map 函数'T → 'R 作为第一个输入(这意味着它从值类型 T 变为值类型 R，即 C#中的 Func<T, R>)，然后提升类型 Task<'T>作为第二个输入并返回一个 Task <'R>。将此模式应用于 F#异步工作流，Async.map 函数的签名则是

```
('a -> 'b) -> Async<'a> -> Async<'b>
```

第一个参数是函数'a - >'b，第二个参数是 Async <'a>，输出是 Async <'b>。下面是 Async.map 的实现：

```
module Async =
   let inline map (func:'a -> 'b) (operation:Async<'a>) = async {
      let! result = operation
      return func result }
```

let! result = operation 运行异步操作并解包 Async<'a>类型，返回'a 类型。然后，我们可以将值'a 传递给函数 func:'a->'b，该函数将'a 转换为'b。最终，一旦计算出值'b，return 运算符就将结果'b 包装到 Async<>类型中。

inline 关键字

F#的 inline 关键字用于通过将函数体直接修改为调用者代码来定义集成到调用代码中的函数。inline 关键字最有价值的应用是将高阶函数内联到调用站点，在该站点中，函数参数也被内联以生成一段完全优化的代码。F#也可以在编译后的程序集之间内联，因为内联是通过.NET 元数据传递的。

map 函数将操作应用于 Async 容器[2]内的对象，返回相同模型的容器。Async.map 函数被解释为一个双参数函数，其中一个值被包装在 F#Async 上下文中，并对其应用一个函数。F#Async 类型将被添加到其输入和输出中。

Async.map 函数的主要目的是在不离开上下文的情况下操作(投影)异步计算的结果。回到 Azure Blob 存储示例，你可以使用 Async.map 函数下载和转换图像，如下所示(要注意的代码以粗体显示)：

```
let downloadBitmapAsync(blobNameSource:string) = async {
    let! token = Async.CancellationToken
    let! container = getCloudBlobContainerAsync()
    let blockBlob = container.GetBlockBlobReference(blobNameSource)
    use! (blobStream : Stream) = blockBlob.OpenReadAsync()
    return Bitmap.FromStream(blobStream) }

let transformImage (blobNameSource:string) =
    downloadBitmapAsync(blobNameSource)
    |> Async.map ImageHelpers.setGrayscale
    |> Async.map ImageHelpers.createThumbnail
```

Async.map 函数组合了从 Azure Table 存储下载图像 blobNameSource 的操作，转换图像用的 setGrayscale 函数和 createThumbnail 函数等异步操作。

> **注意** 我已经在第 7 章中定义了这些 ImageHelper 函数，因此这里有意省略它们。关于完整的实现，请参阅本书下载源代码。

在以上代码片段中，使用 Async.map 函数的优点是可组合性和持续封装。

9.3.5　并行化异步工作流：Async.Parallel

让我们回到使用 F#异步工作流从 Azure Blob 存储下载 100 个图像的示例。在 9.2 节中，你构建了 downloadMediaAsync 函数，该函数使用异步工作流下载一个云 blob 图像。是时候连接这些点并运行代码。但是，F#异步工作流提供了一种优雅的替代方法：Async.Parallel，来代替遍历图像列表一次只有一个操作的方法。

其思想是组合所有异步计算并一次性执行所有这些计算。由于.NET 线程池的可扩展性以及现代操作系统对 Web 请求等操作的控制、Overlapped 执行，异步计算的并行组合非常高效。

使用 F#Async.Parallel 函数，可以并行下载数百个图像(需要注意的代码以粗体表示)，见代码清单 9.6。

---

[2] 多态类型可以视为另一种类型的值的容器。

代码清单 9.6   使用 Async.Parallel 并行下载所有图像

```
let retry = RetryAsyncBuilder(3, 250)  ◀────── 定义了一个重试计算表达式

let downloadMediaCompAsync (container:CloudBlobContainer)           使用重试方法来
    (blobMedia:IListBlobItem) = retry {      ◀────               运行异步操作

        let blobName=blobMedia.Uri.Segments.[blobMedia.Uri.Segments.Length-1]
        let blockBlob = container.GetBlockBlobReference(blobName)
        let! (blobStream : Stream) = blockBlob.OpenReadAsync()
        return Bitmap.FromStream(blobStream)


}
let transformAndSaveImage (container:CloudBlobContainer)         map 函数是在一个独立
                (blobMedia:IListBlobItem) =                     的函数中提取的, 并应
    downloadMediaCompAsync container blobMedia                  用于 Async.Parallel 管
      |> Async.map ImageHelpers.setGrayscale                    道中
      |> Async.map ImageHelpers.createThumbnail
      |> Async.tap (fun image ->   ◀───
            let mediaName =                          tap 函数将副作用应用于其输
                                                     入, 结果将被忽略

                blobMedia.Uri.Segments.[blobMedia.Uri.Segments.Length - 1]
                image.Save(mediaName))
                                                      使用重试方法运行异
let downloadMediaCompAsyncParallel() = retry {    ◀─ 步操作

    let! container = getCloudBlobContainerAsync()   ◀─  在并行的非阻塞计算中
    let computations =                                  共享CloudBlobContainer
        container.ListBlobs()   ◀───                    参数而不会引起争用,
                                                        因为它是只读的
            获取要下载的图像列表

        |> Seq.map(transformAndSaveImage container)  ◀─  创建一系列非阻塞下
                                                         载计算, 这些计算由于
                                                         需要显式请求而尚未
        return! Async.Parallel computations }   ◀──      运行

let cancelOperation() =
    downloadMediaCompAsyncParallel()                  将异步计算序列聚合
      |> Async.StartCancelable   ◀──                  到一个并行运行所有
                                                      操作的异步工作流中
    函数 StartCancelable 使用显式请求执行异步计
    算, 而不阻塞当前线程, 并提供可用于停止计算
    的令牌
```

从操作中返回图像

Async.Parallel 函数接收异步操作的任意集合, 并返回一个异步工作流, 该工作流将并行运行所有计算, 等待所有计算完成。Async.Parallel 函数协调线程池调

度程序的工作，以使用 Fork/Join 模式最大限度地利用资源，从而提高性能。

库函数 Async.Parallel 获取异步计算列表，并创建一个单独的异步计算，该计算并行启动各个计算，并等待它们完成后作为一个整体来进行处理。当所有操作完成后，该函数将返回聚合到单个数组中的结果。现在，你可以遍历数组，以检索结果来进行进一步处理。

注意，这是将一次执行一个操作的计算转换为并行运行的计算所需的最小代码更改和所需语法。另外，这种转换是在不需要协调同步和内存锁的情况下实现的。

Async.tap 运算符异步应用函数于作为输入传递的值，忽略结果，然后返回原始值。在代码清单 8.3 中介绍过.Tap 运算符，以下是它使用 F#Async 工作流(以粗体显示)的实现：

```
let inline tap (fn:'a -> 'b) (x:Async<'a>) =
    (Async.map fn x) |> Async.Ignore |> Async.Start; x
```

可以在本书下载源代码中的 FunctionalConcurrencyLib 库找到该函数和其他有用的 Async 函数。

使用 F#异步工作流与 Async.Parallel 相结合并行下载图像的运行时间为 10.958 秒。其结果比 APM 快约 5 秒。这里的主要收益包括代码结构、可读性、可维护性和组合性。

使用异步工作流，你获得了一个简单的异步语义来运行非阻塞计算，它提供了清晰的代码来理解、维护和更新。另外，要谢谢 Async.Parallel 函数，可以轻松地并行生成多个异步计算，只需要最少的代码更改即可显著提高性能。

Async 类型不热

异步工作流的独特函数式方面是它的执行时间。在 F#中，当调用异步函数时，Async <'a>返回类型表达仅使用显式请求实现的计算。此功能允许你建模和组合可以根据需要有条件地执行的多个异步函数。这是 C# TAP 异步操作(async/await)的相反行为，C# TAP 异步操作是立即开始执行的。

最终，Async.StartCancelable 类型扩展的实现使用新的 CancellationToken 来启动异步工作流，而不阻塞线程调用者，并返回 IDisposable，在释放时取消工作流。这里没有使用 Async.Start，因为它没有提供延续传递语义，而这在许多情况下对于将操作应用于计算结果是很有用的。在本例中，你在计算完成时打印一条消息。但是其结果类型是以后进一步处理时可以访问的。

下面是与 Async.Start(粗体)相比更复杂的 Async.StartCancelable 运算符的实现：

```
type Microsoft.FSharp.Control.Async with
  static member StartCancelable(op:Async<'a>) (tap:'a -> unit)(?onCancel)=
      let ct = new System.Threading.CancellationTokenSource()
      let onCancel = defaultArg onCancel ignore
      Async.StartWithContinuations(op, tap, ignore, onCancel, ct.Token)
      { new IDisposable with
        member x.Dispose() = ct.Cancel() }
```

Async.StartCancelable 函数的底层实现使用了 Async.StartWithContinuations 运算符，该运算符为取消行为提供了内置支持。当异步操作 op:Async <'a>被传递时(当第一个参数完成时)，结果将作为延续传递到第二个参数函数 tap:'a -> unit。可选参数 onCancel 表示触发的函数；在这种情况下，主操作 op:Async <'a>将被取消。Async.StartCancelable 的结果是一个基于 IDisposable 接口动态创建的匿名对象，如果 Dispose 方法被调用，将取消操作。

> **F# Async API**
> 要创建或使用异步工作流进行编程，可以使用 F#中的 Async 模块暴露的函数列表。这些函数可用于触发其他函数，提供各种方法来创建异步工作流。可以是后台线程或.NET 框架 Task 对象，也可以在当前线程本身中运行计算。

下面将对前面所使用的 F#Async 运算符 Async.StartWithContinuations，Async .Ignore 和 Async.Start 做更多的解释。

Async.StartWithContinuations

Async.StartWithContinuations 在当前 OS 线程上立即执行异步工作流，并在完成后将结果、异常和取消(OperationCancelledException)分别传递给指定的函数之一。如果启动执行的线程有自己的同步上下文(SynchronizationContext)与其关联，则最终的延续将使用此同步上下文(SynchronizationContext)来发布结果。此函数是更新 GUI 的理想选择。它接收三个函数作为参数，以便在异步计算成功完成、引发异常或被取消时调用。

它的签名是 Async<'T>->('T->unit)*(exn->unit)*(OperationCanceled- Exception -> unit) -> unit。Async.StartWithContinuations 不支持返回值，因为计算结果由针对成功输出的函数在内部处理。见代码清单 9.7。

代码清单 9.7　Async.StartWithContinuations

```
let computation() = async {
    use client = new WebClient()
    let! manningSite =
        client.AsyncDownloadString(Uri("http://www.manning.com"))
    return manningSite
}

Async.StartWithContinuations(computation(),

    (fun site-> printfn "Size %d" site.Length),


    (fun exn->printfn"exception-%s"<|exn.ToString()),

    (fun exn->printfn"cancell-%s"<|exn.ToString()))
```

该异步计算返回一个长字符串

使用当前操作系统线程立刻开始异步计算

计算成功完成并调用延续,打印下载网站的大小

该操作抛出异常。将执行异常延续,打印异常详细信息

操作被取消,并调用取消延续,打印有关取消的信息

Async.Ignore

Async.Ignore 运算符接收计算并返回执行源计算的工作流，忽略其结果并返回 unit 。它的签名是 Async.Ignore：Async <'T> - > Async <unit>。

这是使用 Async.Ignore 的两种可能方法：

```
Async.Start(Async.Ignore computationWithResult())

let asyncIgnore = Async.Ignore >> Async.Start
```

第二个选项创建一个函数 asyncIgnore，使用函数组合将 Async.Ignore 和 Async.Start 运算符组合在一起。代码清单 9.8 展示了使用 asyncIgnore 函数(以粗体显示)忽略异步操作结果的完整示例。

代码清单 9.8　Async.Ignore

```
let computation() = async {
    use client = new WebClient()
    let! manningSite =
        client.AsyncDownloadString(Uri("http://www.manning.com"))
    printfn "Size %d" manningSite.Length
    return manningSite
}
Async.Ignore (computation())
```

该异步操作计算返回一个长字符串

该计算以异步方式运行,结果将被释放(忽略)

如果需要在不阻塞的情况下运算异步操作的结果，那么在纯 CPS 风格中，Async.StartWithContinuations 运算符提供了更好的方法。

Async.Start

代码清单 9.9 中的 Async.Start 函数不支持返回值。实际上，它的异步计算类型为 Async<unit>。Async.Start 运算符异步执行计算，因此计算过程本身应定义通信方式并返回最终结果。此函数用于在线程池中排队执行异步工作流，并立即将控制权返回给调用者，而不需要等待完成。因为这点，该操作可以在另一个线程上完成。

它的签名是 Async.Start: Async<unit> -> unit。该函数使用 cancellationToken 作为可选参数。

代码清单 9.9   Async.Start

```
let computationUnit() = async {
    do! Async.Sleep 1000
    use client = new WebClient()
    let! manningSite =
        client.AsyncDownloadString(Uri("http://www.manning.com"))
    printfn "Size %d" manningSite.Length
    }
Async.Start(computationUnit())
```
← 创建一个异步计算来下载一个网站，延迟一秒钟来模拟繁重的计算

← 从表达式主体内部打印网站的大小

← 运行计算而不阻塞调用程序线程

由于 Async.Start 不支持返回值，只能在该表达式中访问该值，从而得以在表达式中打印网站的大小。如果计算确实返回一个值，并且你无法修改异步工作流，那该怎么办？在开始操作之前，可以使用 Async.Ignore 函数从异步计算中释放结果。

9.3.6   异步工作流取消支持

在执行异步操作时，在执行完成之前根据需要提前终止执行是很有用的。这对于长时间运行的非阻塞操作很有效，在这种情况下，使它们可被取消是避免任务挂起的适当做法。例如，如果下载超过一定时间，你可能希望取消从 Azure Blob 存储下载 100 个图像的操作。F#异步工作流本身支持取消作为自动机制，并且当取消工作流时，它还会取消所有子计算。

大多数情况下，你需要协调取消令牌并保持对它们的控制。在这些情况下，你可以提供你自己的令牌，但在许多其他情况下，你可以通过使用内置的 F#异步模块默认令牌来以更少的代码实现类似的结果。当异步操作开始时，底层系统传递提供的 CancellationToken，或者如果未提供，则将任意一个分配给工作流，以

跟踪是否接收到取消请求。计算生成器 AsyncBuilder 在每个绑定构造期间检查取消令牌的状态(let!, do!, return!, use!)。如果令牌被标记为"已取消",则工作流将终止。

这是一种复杂的机制,当你不需要执行任何复杂操作来支持取消时,它可以简化你的工作。此外,F#异步工作流支持通过其执行隐式生成和传播取消令牌,并且在异步计算期间,任何嵌套的异步操作都会自动包含在取消层次结构中计算。

F#支持以不同形式取消 。第一种是通过 Async .StartWithContinuations 函数,该函数可以观察默认令牌,并在令牌设置为已取消时取消工作流。当取消令牌被触发时,将调用处理取消令牌的函数来代替。其他选项包括手动传递取消令牌或依赖默认的 Async.DefaultCancellationToken 来触发 Async.CancellationToken(在代码清单 9.10 中以粗体显示)。

代码清单 9.10 展示了如何在之前的 Async .Parallel 图像下载(代码清单 9.6)中引入对取消的支持。在本例中,取消令牌是手动传递的,因为在使用 Async.Default-CancellationToken 的自动版本中,没有代码更改,只有用于取消上一次异步操作的函数。

代码清单 9.10   取消异步计算

```
let tokenSource = new CancellationTokenSource()

let container = getCloudBlobContainer()
let parallelComp() =
    container.ListBlobs()
    |> Seq.map(fun blob -> downloadMediaCompAsync container blob)
    |> Async.Parallel

Async.Start(parallelComp() |> Async.Ignore, tokenSource.Token)

tokenSource.Cancel()
```

CancellationTokenSource 实例
用于生成 CancellationToken

生成取消令牌并将其传递到异步
计算中,以按需停止执行

你创建了一个 CancellationTokenSource 实例,该实例将取消令牌传递给异步计算,然后使用 Async.Start 函数启动操作,并将 CancellationToken 作为第二个参数传递。然后取消该操作,终止所有嵌套操作。

在代码清单 9.11 中,Async.TryCancelled 将函数附加到异步工作流。当取消令牌被标记时将调用此函数。这是取消的另一种方法,在取消时注入额外代码以运行。代码清单 9.11 展示了如何使用 Async.TryCancelled 函数，该函数的优点包括具有返回值，提供了组合性。(要注意的代码以粗体显示)。

代码清单 9.11　用通知取消异步计算

```
let onCancelled = fun (cnl:OperationCanceledException) ->
                    printfn "Operation cancelled!"

let tokenSource = new CancellationTokenSource()


let tryCancel = Async.TryCancelled(parallelComp(), onCancelled)
Async.Start(tryCancel, tokenSource.Token)
```

在操作被取消时触发处理 OperationCanceledException 异常的函数

parallelComp 函数被包装到 Async.TryCancelled 运算符中，以处理在取消操作时触发的自定义行为

TryCancelled 是一个可以与其他计算组合使用的异步工作流。它的执行是按需开始的，使用诸如 Async.Start 或 Async.RunSynchronously 的启动函数进行显式请求。

Async.RunSynchronously

Async.RunSynchronously 函数在工作流执行期间阻塞当前线程，并在工作流完成时继续使用当前线程。这种方法非常适合用于 F#交互式会话的测试和控制台应用程序，因为它等待异步计算完成。但是，这不是在 GUI 程序中运行异步计算的推荐方法，因为它会阻塞 UI。

它的签名是 Async<'T> -> 'T。此函数采用超时值和 cancellationToken 作为可选参数。代码清单 9.12 展示了执行异步工作流的最简单方法(粗体)。

代码清单 9.12　Async.RunSynchronously

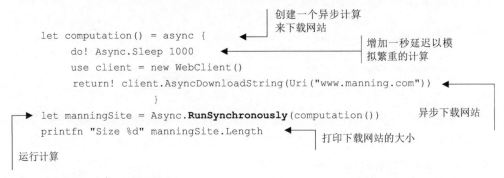

创建一个异步计算来下载网站

```
let computation() = async {
    do! Async.Sleep 1000
    use client = new WebClient()
    return! client.AsyncDownloadString(Uri("www.manning.com"))
        }
let manningSite = Async.RunSynchronously(computation())
printfn "Size %d" manningSite.Length
```

增加一秒延迟以模拟繁重的计算

异步下载网站

打印下载网站的大小

运行计算

9.3.7　驯服并行异步操作

Async.Parallel 编程模型是基于 Fork/Join 模式实现 I/O 并行的一个很好的功

能。Fork/Join 允许执行在代码中的指定点并行分支，然后在后续点合并和恢复执行，以执行一系列计算。

因为 Async.Parallel 依赖于线程池，所以可以保证最大限度的并行，从而提高性能。此外，还存在启动大量异步工作流可能会对性能产生负面影响的情况。具体地说，异步工作流是以半抢先的方式执行的，在许多操作(4 GB RAM 计算机中超过 10 000 个)开始执行之后，异步工作流将排队，即使它们没有阻塞或等待长时间运行的操作，也会有另一个工作流排队等待执行。这是一种可能损害并行性能的边缘情况，因为程序的内存消耗与准备运行的工作流的数量成正比，而这些工作流的数量可能比 CPU 内核的数量大得多。

另一种需要注意的情况是，可以并行运行的异步操作数量会受到外部因素的约束。例如，运行执行 Web 请求的控制台应用程序时，ServicePoint[3]对象默认的允许最大并发 HTTP 连接数为 2。因此，在特定的 Azure Blob 存储示例中，你连接 Async.Parallel 以并行执行多个长时间运行的操作，但最终，在不更改基本配置的情况下，将只有有限的两个并行 Web 请求。为了最大限度地提高代码的性能，建议通过限制并发计算的数量来驯服程序的并行性。

代码清单 9.13 展示了 ParallelWithThrottle 和 ParallelWithCatchThrottle 函数的实现，这些函数可用于细化正在运行的并发异步操作的数量。

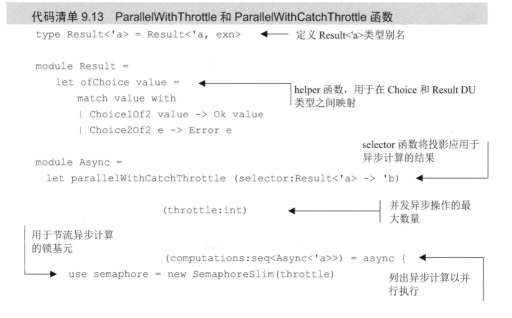

代码清单 9.13 ParallelWithThrottle 和 ParallelWithCatchThrottle 函数

```
type Result<'a> = Result<'a, exn>        ◀── 定义 Result<'a>类型别名

module Result =
    let ofChoice value =                 ◀──
        match value with                        helper 函数，用于在 Choice 和 Result DU
        | Choice1Of2 value -> Ok value          类型之间映射
        | Choice2Of2 e -> Error e

                                                selector 函数将投影应用于
                                                异步计算的结果
module Async =
    let parallelWithCatchThrottle (selector:Result<'a> -> 'b)  ◀

                      (throttle:int)      ◀──      并发异步操作的最
                                                   大数量
用于节流异步计算
的锁基元
                      (computations:seq<Async<'a>>) = async {  ◀
      use semaphore = new SemaphoreSlim(throttle)      列出异步计算以并
                                                       行执行
```

---

[3] 用于获取或设置允许的最大并发连接数。

运行计算,在异常情
况下保护结果

该函数通过锁基元
访问以运行每个计
算和限制并行

```
let throttleAsync (operation:Async<'a>)=async {
    try
        do! semaphore.WaitAsync()
        let! result = Async.Catch operation

        return selector (result |> Result.ofChoice)
    finally
        semaphore.Release() |> ignore }
return! computations
    |> Seq.map throttleAsync
    |> Async.Parallel }

let parallelWithThrottle throttle computations =
    parallelWithCatchThrottle id throttle computations
```

使用 Result DU 类型映射结果,
然后将其传递给 selector 函数

完成计算和释放锁

parallelWithCatchThrottle 函数创建一个异步计算,执行所有给定的异步操作,将每个操作作为工作项排队并使用 Fork/Join 模式。其并行被节流,因此大多数节流后的计算都能同时运行。

在代码清单 9.13 中,利用 Async.Catch 函数来保护并行异步计算不受故障的影响。parallelWithCatchThrottle 函数不会抛出异常,而是返回 F#Result 类型的数组。

第二个函数 parallelWithThrottle 是前一个函数的变体,它使用 id 代替 selector 参数。F#中的 id 函数被称为单位元函数(identity function),它返回自身操作的快捷方式:(fun x - > x)。在本例中,id 用于绕过选择器并返回操作的结果,而不应用任何转换。

F# 4.1 的发布引入了 Result <'TSuccess,'TError>类型,这是一个很方便的 DU,支持可能会生成错误而又无须实现异常处理的代码。Result DU 通常用于表示和保存执行期间可能发生的错误。

代码清单 9.13 中的第一行代码在 Result <'a, exn>上定义了 Result <'a>类型别名,这里假定了第二种情况始终是异常(exn)。该 Result<'a>类型别名旨在简化 result 的模式匹配:

```
let! result = Async.Catch operation
```

你可以通过不同方式处理 F#异步操作中的异常。最符合语言习惯的是使用 Async.Catch 作为包装器,通过拦截源计算中的所有异常来保护计算。Async.Catch

采用了一种更为实用的方法，因为它不将函数作为参数来处理错误，而是返回一个 Choice <'a，exn>的 DU，其中'a 是异步工作流的结果类型，exn 是抛出的异常。结果 Choice<'a, exn>的底层值可以通过模式匹配来提取。我将在第 10 章中介绍函数式编程中的错误处理。

> **注意**　异步并行计算的非确定性行为意味着你不知道哪个异步计算将首先失败。但是异步组合器 Async.Parallel 将报告所有计算之间的第一次失败，并通过调用该组任务的取消令牌来取消其他作业。

Choice <'T，exn>是一个带有两个联合用例的 DU：
- Choice1Of 2 of 'T 包含成功完成的工作流的结果。
- Choice1Of 2 of exn 表示工作流失败并包含抛出的异常。

使用此函数式设计处理异常允许你在组合和自然管道结构中构造异步代码。

> **注意**　Async.Catch 函数保留了有关错误的信息，从而更容易诊断问题。使用 Choice<_, _>，你可以使用类型系统强制结果和错误的处理路径。

Choice<'T，'U>是 F# core 自带的 DU，这点很有帮助。但是在这里，你可以将 Choice DU 替换为有意义的 Result <'a> DU。(要注意的代码以粗体显示，见代码清单 9.14)

代码清单 9.14　Azure 表存储下载的 ParallelWithThrottle

```
let maxConcurrentOperations = 100          ◀──── 设置最大并发操作数量限制

ServicePointManager.DefaultConnectionLimit <- maxConcurrentOperations ◀──
                                               设置 DefaultConnectionLimit，该
                                               值默认为 2
let downloadMediaCompAsyncParallelThrottle() = async {
    let! container = getCloudBlobContainerAsync()
    let computations =
        container.ListBlobs()
      |> Seq.map(fun blobMedia -> transformAndSaveImage container blobMedia)

    return! Async.parallelWithThrottle          ◀──── 执行异步操作，驯服
                maxConcurrentOperations computations }      并行
创建异步操作列表
```

以上代码使用 ServicePointManager.DefaultConnectionLimit 将并发请求最大数量限制设置为 100(即 maxConcurrentOperations)。将相同的值作为参数传递给

parallelWithThrottle 以节流并发请求。maxConcurrentOperations 可以是一个很大的任意数字,但我建议你测试并测量程序的执行时间和内存消耗,以检测哪个值对性能影响最大。

9.4   本章小结

- 通过异步编程,可以并行下载多个图像,消除硬件依赖性,释放无限的计算能力。
- FP 语言 F#完全支持在.NET 提供的异步编程模型中集成的异步编程。它还提供了 APM 的函数式语言习惯的实现(被称为异步工作流),可以与 C#的基于任务的异步编程模型(即 TAP)进行交互。
- F#异步工作流基于 Async <'a>类型,它定义了将在未来某个时间完成的计算。这提供了很好的组合性,因为它不会立即启动。异步计算需要一个显式的启动请求。
- 显然,与异步方法相比,按顺序执行多个同步 I/O 操作的时间等于每个单独操作所用时间的总和,而异步方法通过并行运行,总响应时间等于最慢的操作所用的时间。
- 使用包含函数式范式的延续传递风格,你的代码将变得非常简洁,从而易于编写多线程代码。
- F#计算表达式,特别是异步工作流的形式,执行和连接一系列异步计算,而不会阻止其他工作的执行。
- 计算表达式可以扩展为使用不同的提升类型来进行操作,而无须离开当前上下文,或者你可以创建自己的表达式以扩展编译器的功能。
- 可以生成定制的异步组合器来处理特殊情况。

第 10 章

用于流畅式并发编程的函数式组合器

本章主要内容：
- 以函数式风格处理异常
- 使用内置的 Task 组合器
- 实现自定义异步组合器和条件运算符
- 运行并行异步异构计算

在前两章中，我们学习了如何应用异步编程来开发可扩展和高性能的系统，应用了函数式技术来并行地组合、控制和优化多个任务的执行。本章将进一步提高以函数式表达异步计算的抽象级别。

我们首先研究如何以函数式风格来管理异常，特别是异步操作。接着，将探讨函数式组合器，这是一个用于构建一组实用函数的有用的编程工具，它使你能够通过组合更小、更简洁的运算符来创建复杂的函数。这些组合器和技术使代码更易于维护且性能得到提升，提高了我们编写并发计算和处理副作用的能力。在本章的最后，我们将介绍如何通过调用异步函数并将其从一个函数传递到另一个函数来在 C#和 F#之间进行互操作。

在本书的所有章节中，这一章是最复杂的，因为它涵盖了函数式编程(FP)理论中非常专业的术语。

本章中介绍的概念将为简单而轻松地构建复杂的并发程序提供卓越的工具。普通程序员不需要知道.NET 垃圾收集器(GC)是如何工作的,因为它是在后台运行的。但是了解 GC 操作细节的开发人员可以最大限度地提高程序的内存使用率和性能。

在本章中,我们将用稍复杂的变体来回顾第 9 章中的示例。代码示例将使用 C#或 F#两者中最能与对应想法产生共鸣的编程语言。不过所有概念都适用于这两种编程语言,在大多数情况下,你都可以在本书配套源代码中找到另一种语言对应的代码示例。

本章可以帮助你理解函数式错误处理和函数式组合器的组合语义,这样你就可以编写工作量最小、性能最高且高效的程序来安全地处理并发异步操作。

到本章结束时,你将了解到如何使用内置的异步组合器以及如何设计和实现完美满足你的应用程序要求的、高效的自定义组合器。你可以提高代码中复杂和运行缓慢部分的抽象级别,从而轻松地简化设计及控制流并减少执行时间。

10.1　执行流并不总是处于正常情况: 错误处理

软件开发中可能会出现很多意想不到的问题。通常,企业应用程序是分布式的,并且依赖于大量外部系统,这可能导致许多问题。这些问题的例子如下所示:

- 在 Web 请求过程中丢失网络连接。
- 应用程序与服务器通信失败。
- 数据在处理时意外变为 null。
- 抛出异常。

作为开发人员,我们的目标是编写考虑到这些问题的健壮代码,但解决潜在问题本身就会带来复杂性。在现实应用程序中,执行流并不总是位于默认行为没有错误的“快乐路径”(正常情况)上,参见图 10.1。为防止异常并简化调试过程,你必须处理验证逻辑、值检查、日志记录和复杂代码。通常,计算机程序员都会过度使用甚至滥用异常。例如,在代码中,抛出异常是很常见的。并且,如果在该上下文中没有处理程序,那么这段代码的调用者将被迫在调用堆栈的几个级别上来处理该异常。

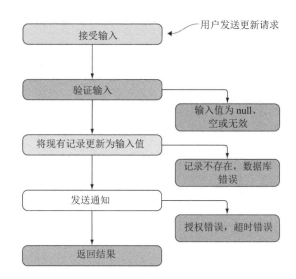

图 10.1　用户发送一个更新请求，该请求很容易就会偏离快乐路径。一般来说，编写代码时会认为是不会出错的。但是，要产出有质量的代码，必须考虑到异常或可能出现的问题(例如验证、失败或错误)，这些问题都会阻止代码正确运行

在异步编程中，错误处理对于保证应用程序的安全执行非常重要。假设一个异步操作是会完成的，但如果中途出现任何问题，导致操作永远不会终止，那该怎么办？函数式和命令式范式采用不同的方式来处理错误。

- 命令式编程方法处理错误时是基于副作用的。命令式语言使用 try-catch 块和 throw 语句来产生副作用。这些副作用会破坏正常的程序流程，导致很难推理。使用传统的命令式编程风格时，最常用的错误处理方式是：如果有效负荷为空，则用 try-catch 来保护引起错误的方法并返回 null。这种错误处理的概念被广泛使用，但使用这种方式来处理命令式语言中的错误并不适合，因为它引入 bug 的机会更多。
- 函数式编程方法则关注于最小化和控制副作用。错误处理通常是在避免状态变化和不引发异常的情况下完成的。例如，如果一个操作失败，则应返回包含成功或失败通知的输出结构表示形式。

命令式编程中错误处理的问题

在.NET 框架中，可以很容易地捕获异步操作中的错误并对其作出反应。一种方法是将属于同一异步计算的所有代码都包装到一个 try-catch 块中。

为说明这种错误处理方式存在的问题以及如何以函数式风格解决这些问题，现在让我们再回顾一下从 Azure Blob 存储中下载图像的示例(第 9 章介绍过)。代

码清单 10.1 展示了如何使 DownloadImageAsync 方法在执行期间免受可能引发的
异常影响(以粗体显示)。

代码清单 10.1   采用传统的命令式错误处理的 DownloadImageAsync

```
static async Task<Image> DownloadImageAsync(string blobReference)
{
    try
    {
        var container = await Helpers.GetCloudBlobContainerAsync().
ConfigureAwait(false);
        CloudBlockBlob blockBlob = container.
GetBlockBlobReference(blobReference);
        using (var memStream = new MemoryStream())
        {
            await blockBlob.DownloadToStreamAsync(memStream).
ConfigureAwait(false);
            return Bitmap.FromStream(memStream);
        }
    }
    catch (StorageException ex)
    {
        Log.Error("Azure Storage error", ex);
        throw;
    }
    catch (Exception ex)
    {
     Log.Error("Some general error", ex);
        throw;
    }
}

async RunDownloadImageAsync()
{
    try
    {
        var image = await DownloadImageAsync("Bugghina0001.jpg");
        ProcessImage(image);
    }
    catch (Exception ex)
    {
        HanldlingError(ex);
        throw;
    }
}
```

观察可能会引发异常的操作

在调用堆栈的上方某处

处理并重新抛出错误,以将异常冒泡到调用堆栈这看起来简单明了：首先由调用者 RunDownloadImageAsync 调用 DownloadImageAsync，然后处理返回的图像。该代码示例已经假定可能会发生错误并将核心执行包装到一个 try-catch 块中。"走在快乐路径上"是一个程序员在构建健壮的应用程序时所无法承受的奢侈品。

如你所见，当你开始考虑潜在的故障、输入错误和日志记录例程时，该方法开始变成冗长的样板代码。如果删除了错误处理的代码行，那么有意义的核心功能只有 9 行代码，相比之下专门用于错误和日志处理的样板业务代码却有 21 行。

像这样的非线性程序流很快会变得混乱，因为很难跟踪 throw 和 catch 语句之间的所有现有连接。此外，除异常之外，还不清楚发生错误的确切位置。try-catch 语句可能会包住被调用的验证例程，或者将 try-catch 块插入更高级别的地方。这就很难知道错误是否是被故意抛出的。

在代码清单 10.1 中，DownloadImageAsync 方法的主体被包装在 try-catch 块中，以便在发生异常时保护程序。但在这里，并没有对错误进行处理。异常被重新抛出并且用日志记录了错误的详细信息。try-catch 块的目的是通过包围一段可能不安全的代码来防止异常。如果一个异常被抛出，运行时将会创建生成错误的所有函数调用的堆栈跟踪。

DownloadImageAsync 是被执行了，但是应该采取什么样的预防措施来确保潜在的错误被处理呢？作为预防措施，调用者本身是否也应该被包装到 try-catch 块中呢？

```
Image image = await DownloadImageAsync("Bugghina001.jpg");
```

通常，函数调用者负责在使用前检查对象状态的有效性来保护代码。如果缺少状态检查，会发生什么情况？答案很简单：会出现更多问题和 bug。

此外，当整个代码中的多个位置出现相同的 DownloadImageAsync 代码块时，程序的复杂性会增加，因为每个调用者可能需要不同的错误处理，从而导致泄漏和具有不必要复杂性的领域模型。

10.2　错误组合器：C#中的 Retry、Otherwise 和 Task.Catch

在第 8 章中，我们为 Task 类型定义了两种扩展方法——Retry 和 Otherwise(回退)——用于在异常情况下应用逻辑的异步 Task 操作。幸运的是，由于异步操作具有使其易受异常攻击的外部因素，因此.NET Task 类型通过 Status 和 Exception 属性来拥有内置错误处理能力，如代码清单 10.2 所示(Retry 和 Otherwise 被标粗以供参考)。

代码清单 10.2   重温 Otherwise 和 Retry 函数

```
static async Task<T> Otherwise<T>(this Task<T> task,
➥ Func<Task<T>> orTask) =>                          ←————————提供用于出现错误时的回退函数
    task.ContinueWith(async innerTask => {
        if (innerTask.Status == TaskStatus.Faulted)
➥ return await orTask();
        return await Task.FromResult<T>(innerTask.Result);
    }).Unwrap();

static async Task<T> Retry<T>(Func<Task<T>> task, int retries, TimeSpan
➥ delay, CancellationToken cts = default(CancellationToken)) ←——————┐
    => await task().ContinueWith(async innerTask =>
      {                                              重试给定函数若干次，每
        cts.ThrowIfCancellationRequested();          次重试之间会有给定时
      if (innerTask.Status != TaskStatus.Faulted)    间段的延迟
          return innerTask.Result;
      if (retries == 0)
          throw innerTask.Exception ?? throw new Exception();
      await Task.Delay(delay, cts);
      return await Retry(task, retries - 1, delay, cts);
    }).Unwrap();
```

使用 Retry 和 Otherwise 函数来管理代码中的错误是一个很好的实践。例如，可以使用这两个辅助函数来重写 DownloadImageAsync 方法的调用。

```
Image image = await AsyncEx.Retry(async () =>
    await DownloadImageAsync("Bugghina001.jpg")
      .Otherwise(async () =>
    await DownloadImageAsync("Bugghina002.jpg")),
                    5, TimeSpan.FromSeconds(2));
```

通过在前面的代码中应用 Retry 和 Otherwise 函数，DownloadImageAsync 函数改变了行为，使运行变得更安全。如果在 DownloadImageAsync 检索图像 Bugghina001 时出现问题，则其操作将回退以下载替代图像 Bugghina002。包含 Otherwise(回退)行为的 Retry 逻辑最多重复五次，每次操作之间延迟两秒，直到成功为止(参见图 10.2)。

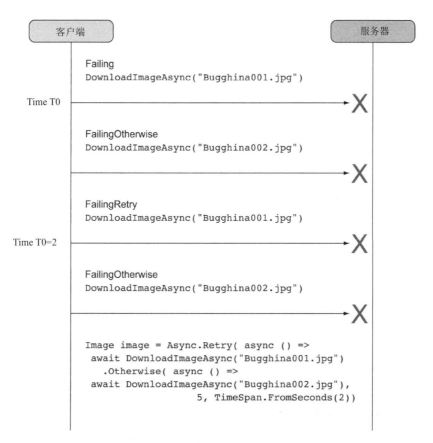

图 10.2　客户端向服务器发送两个请求，以便在出现故障时应用 Otherwise(回退)和 Retry 策略。这些请求(DownloadImageAsync)可以安全运行，因为它们都应用 Retry 和 Otherwise 策略来处理可能发生的问题

此外，还可以定义另一个扩展方法 Task.Catch 函数，该函数专门用于处理异步操作期间生成的异常(如代码清单 10.3 所示)。

代码清单 10.3　Task.Catch 函数

```
static Task<T> Catch<T, TError>(this Task<T> task,
➥ Func<TError, T> onError) where TError : Exception
{
    var tcs = new TaskCompletionSource<T>();          ◄──  TaskCompletionSource 的实
    task.ContinueWith(innerTask =>                         例返回一个 Task 类型以保
    {                                                      持异步模型中的一致性
        if (innerTask.IsFaulted && innerTask?.Exception?.InnerException
➥ is TError)
            tcs.SetResult(onError((TError)innerTask.Exception.
```

```
➡    InnerException));
          else if (innerTask.IsCanceled)
                tcs.SetCanceled();
          else if (innerTask.IsFaulted)
                tcs.SetException(innerTask?.Exception?.InnerException ??
➡  throw new InvalidOperationException());
          else
                tcs.SetResult(innerTask.Result);
      });
    return tcs.Task;
}
```

根据 Task 的输出设置 TaskCompletionSource 的 Result 或 Exception

函数 Task.Catch 的优点是可以将特定的异常情况表示为类型构造函数。以下代码片段展示了在 Azure Blob 存储上下文中处理 StorageException 的示例(以粗体显示):

```
static Task<Image> CatchStorageException(this Task<Image> task) =>
      task.Catch<Image, StorageException>(ex => Log($"Azure Blob
➡  Storage Error {ex.Message}"));
```

CatchStorageException 扩展方法可以应用于以下代码片段:

```
Image image = await DownloadImageAsync("Bugghina001.jpg")
      .CatchStorageException();
```

这种设计可能违反了非局部性原则,因为用于从异常中恢复的代码与原始函数调用不同。此外,编译器不支持通知开发人员 DownloadImageAsync 方法的调用者正在强制执行错误处理,因为它的返回类型是常规的 Task 基元类型,无法要求和传递验证。在后一种情况下,当忽略或忘记错误处理时,可能会出现异常,导致可能影响整个系统(超出函数调用)的意外副作用,从而导致灾难性后果(如应用程序崩溃)。如你所见,异常破坏了对代码进行推理的能力。此外,在命令式编程中抛出和捕获异常的结构化机制具有违反函数式设计原则的缺点。例如,抛出异常的函数不能像其他函数式工件那样组合或连接。

通常,代码的阅读频率是高于编写频率的,因此旨在简化对代码的理解和推理的最佳实践是有意义的。代码越简单,它包含的 bug 就越少,并且维护整个软件就越容易。在程序流控制中使用异常隐藏了程序员的意图,这就是为什么它被认为是一种糟糕的实践。值得庆幸的是,现在有了本书,你可以相对轻松地避免复杂和混乱的代码。

解决方案是显式返回指示操作成功或失败的值,而不是抛出异常。这为潜在的容易出错的代码部分带来了清晰度。在下面的章节中,我将展示两种可能的方法，这些方法使用了函数式范式来简化错误处理语义结构。

10.2.1　FP 中的错误处理：流控制的异常

让我们重温一下 DownloadImageAsync 方法，但这次是以函数式风格来处理错误。首先看一下代码示例(见代码清单10.4)，之后是有关它的详细说明。新方法 DownloadOptionImage 在 try-catch 块中捕获异常，这点和以前版本的代码是一样的，但这里的结果是 Option 类型(以粗体显示)。

代码清单 10.4　用于函数式风格错误处理的 Option 类型

```
async Task<Option<Image>> DownloadOptionImage(string blobReference)
{                                              该函数的输出是包装了
    try                                        Option 类型的组合 Task
    {
        var container = await Helpers.GetCloudBlobContainerAsync().
ConfigureAwait(false);
        CloudBlockBlob blockBlob = container.
GetBlockBlobReference(blobReference);
        using (var memStream = new MemoryStream())
        {
            await
blockBlob.DownloadToStreamAsync(memStream).ConfigureAwait(false);
            return Option.Some(Bitmap.FromStream(memStream));
        }
    }
    catch (Exception)                          Option 类型的结果或是代表
    {                                          成功操作的 Some，或是代表
        return Option.None;                    出现错误的 None
    }
}
```

Option 类型通知函数调用者 DownloadOptionImage 操作具有特定的输出，必须对其进行专门的管理。实际上，Option 类型的结果要么是 Some，要么是 None。因此，DownloadOptionImage 函数的调用者将被强制检查这个结果的值。如果该值是 Some，那么是成功的，但如果该值是 None，那么那就是失败的。这样的验证需要程序员编写代码来处理两个可能的结果。使用这种设计可以使代码变得可预测，避免副作用，并且 DownloadOptionImage 可以被组合。

使用 Option 类型控制副作用

在 FP 中，不存在 null 值的概念。诸如 Haskell、Scala 和 F#之类的函数式语言通过将可空(nullable)值包装在 Option 类型中来解决这个问题。在 F#中，Option

类型是 null 指针异常的解决方案。它是一个有两种状态的可区分联合(DU)，用于
包装有值(Some)或无值(None)。你可以将它想象成一个可能包含某些内容或可能
什么都没有的盒子。从概念上讲，你可以将 Option 类型视为存在或不存在的事物。
Option 类型的符号定义如下所示:

```
type Option<'T> =
| Some of value:T
| None
```

Some 分支表示数据存储在相关联的内部值 T 中。None 分支表示没有数据。
例如，Option<Image>可能包含也可能不包含 Image。图 10.3 展示了可空基元类型
和等效的 Option 类型两者之间的比较。

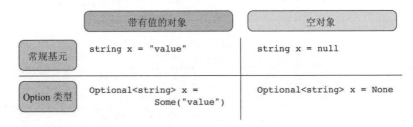

图 10.3　这里说明了常规可空基元(第一行)和 Option 类型(第二行)之间的比较。主要区别在于
常规基元类型可以是有效或无效(null)值且不会通知调用者，而 Option 类型包含了一个建议调
用者检查其底层值是否有效的基元类型

Option 类型的实例是通过调用 Some(value)(表示正面响应)或 None(等于返回
空值)来创建的。如果使用 F#，那么你不必自己定义 Option 类型。它是 F#标准库
的一部分，并且有一组丰富的辅助函数与之配套。

C#虽然有 Nullable<T>类型，但是该类型仅限于值类型。最初的解决方案是创
建一个包装值的泛型结构体(struct)。使用值类型(struct)对于减少内存分配很重要，
并且非常适合通过为 Option 类型本身分配 null 值来避免 null 引用异常。

为使 Option 类型可被重用，我们使用泛型 C# struct Option<T>，它包装了可
能包含或不包含值的任意类型。Option<T>的基本结构包括类型为 T 的 value 属性
和一个用于指示是否设置了该值的标志 HasValue。

C#中的 Option 类型的实现很简单，所以这里没有对此作说明。如果你有兴趣
了解 C#的 Option 类型实现，可以查看本书的配套源代码。使用 Option<T>类型实
现的更高级别的抽象是允许实现高阶函数(HOF)，例如 Match 和 Map。这简化了
代码的组成结构，例如可以使用 Match 函数像下面这样来实现模式匹配和解构性
语义:

```
R Match<R>(Func<R> none, Func<T, R> some) => hasValue ? some(value) : none();
```

上面的 Match 函数属于 Option 类型实例,它通过消除不必要的强制转换并提高代码可读性来提供一个便捷的构造。

10.2.2　在 C#中使用 Task<Option<T>>处理错误

在代码清单 10.4 中,我演示了 Option 类型如何保护代码免受 bug 的困扰,使程序更安全地不受 null 指针异常的影响,并建议通过编译器的帮助来避免意外错误。与 null 值不同,Option 类型强制了开发人员必须编写逻辑来检查值是否存在,从而减轻了 null 值和 error 值的许多问题。

回到 Azure Blob 存储示例,我们使用 Option 类型和 Match 高阶函数来执行 DownloadOptionImage 函数,其返回类型是 Task<Option<Image>>。

```
Option<Image> imageOpt = await DownloadOptionImage ("Bugghina001.jpg");
```

通过使用 Task 和 Option 类型及扩展的高阶函数的组合性质,就能写出如下所示的 FP 风格(以粗体显示)代码:

```
DownloadOptionImage ("Bugghina001.jpg")
    .Map(opt => opt.Match(
                some: image => image.Save("ImageFolder\Bugghina.jpg"),
                none: () => Log("There was a problem downloading
⇒  the image")));
```

这个最终代码不但流畅且富有表现力,更重要的是,它减少了 bug,因为编译器强制调用者必须覆盖两种可能的结果:成功和失败。

10.2.3　F# AsyncOption 类型:组合 Async 和 Option

使用 Task<Option<T>>类型处理异常的方法同样也适用于 F#。可以在 F#的异步工作流中以其常用语言习惯去实现相同的技术。

与 C#相比,F#实现的改进是对类型别名(也称为类型缩写)的支持。类型别名用于简化签名书写,改善代码编写体验。下列所示是 Async<Option<'T>>的类型别名:

```
type AsyncOption<'T> = Async<Option<'T>>
```

可以直接在代码中使用此 AsyncOption<'T>定义来代替 Async<Option<'T>>以获得相同的行为。使用类别别名的另一个目的是在类型的使用和实现之间提供一定程度的解耦。代码清单 10.5 展示了先前在 C#中实现的 DownloadOptionImage 的等效 F#实现。

代码清单 10.5   使用 AsyncOption 类型别名的 F#实现

这个 try-with 代码块安全地管   返回类型被显式地设置为
理潜在的错误   AsyncOption<Image>。这也可
                                                            以省略

```fsharp
let downloadOptionImage(blobReference:string) : AsyncOption<Image> =
  async {
    try
        let! container = Helpers.getCloudBlobContainerAsync()
        let blockBlob = container.GetBlockBlobReference(blobReference)
        use memStream = new MemoryStream()
        do! blockBlob.DownloadToStreamAsync(memStream)
        return Some(Bitmap.FromStream(memStream))
    with
    | _ -> return None
}
```

使用 Some 值构造
Option 类型

```fsharp
downloadOptionImage "Bugghina001.jpg"
|> Async.map(fun imageOpt ->
```

应用根据底层 Option 值访问和投影
的高阶函数 Async.map

```fsharp
    match imageOpt with
    | Some(image) -> do! image.SaveAsync("ImageFolder\Bugghina.jpg")
    | None -> log "There was a problem downloading the image")
```

可以在本书配套源代码中找到
SaveAsync 扩展方法的实现

模式匹配 Option 类型以解构和访问
被包装的 Image 值

downloadOptionImage 函数从 Azure Blob 存储中异步下载图像。带有签名('a->
'b)-> Async<'a> -> Async<'b>的 Async.map 函数包装了函数的输出并允许访问其
底层值。在本例中,泛型类型'a 是 Option<Image>。

注意 代码清单 10.5 中所展示的一个重点是异步代码的线性实现,从而允许以与
同步代码相同的方式来处理异常。此机制是基于 try-with 块的,可确保发
生的异常能通过非阻塞调用冒泡上来,并最终由异常处理程序代码处理。
该机制保证了即使在执行过程中存在多个并行运行的线程,也一样能够正
确运行。

方便的是,属于 F# Async 模块的函数可以应用于别名 AsyncOption,因为它
是一个包装了 Option 的 Async 类型。Async.map 运算符中的函数提取 Option 值,
该值是模式匹配的,用于根据是否具有值(即 Some 或 None)来选择要运行的行为。

10.2.4   F#惯用的函数式异步错误处理

现在,F# downloadOptionImage 函数可以安全地下载图像,确保在出现问题

时捕获异常而不会危及应用程序的稳定性。但是，在可能的情况下，应该避免使用 try-with 块(相当于 C#中的 try-catch)，因为它会鼓励不纯的(带副作用的)编程风格。在异步计算的上下文中，F# Async 模块通过使用 Async.Catch 函数作为保护计算的包装器来提供符合 F#常用语言习惯的函数式方法。

注意　我在第 9 章已经介绍过 Async.Catch。它采用一种更为函数式的方法，因为它不是使用函数作为处理错误的参数，而是返回 Choice<'a，exn>的可区分联合，其中'a 是异步工作流的结果类型，exn 是所抛出的异常。

可以使用 Async.Catch 安全地运行异步操作并将其映射到 Choice<'a, exn>类型。为减少所需的样板文件数量并普遍地简化代码，可以创建一个包装 Async<T>的辅助函数，并使用 Async.Catch 运算符返回 AsyncOption <T>。以下代码片段展示了该实现。ofChoice 辅助函数是对 F# Option 模块的补充，其目的是将 Choice 类型映射并转换为 Option 类型。

```
module Option =
    let ofChoice choice =
        match choice with
        | Choice1Of2 value -> Some value
        | Choice2Of2 _  -> None

module AsyncOption =
    let handler (operation:Async<'a>) : AsyncOption<'a> = async {
        let! result = Async.Catch operation
        return (Option.ofChoice result)
    }
```

Async.Catch 用于异常处理，将 Async<T>转换为 Async<Choice<T，exn>>。然后使用 ofChoice 函数的简单转换将该 Choice 转换为 Option<T>。AsyncOption 处理函数可以安全地运行并将异步 Async<T>操作映射到 AsyncOption 类型。

代码清单10.6展示了无须使用try-with块保护代码的downloadOptionImage实现。AsyncOption.handler函数管理输出，无论其是成功还是失败。在这种情况下，如果出现错误，Async.Catch将通过Option.ofChoice函数捕获它并将其转换为Option类型(以粗体显示)。

代码清单 10.6　使用 AsyncOption 类型别名

```
let downloadAsyncImage(blobReference:string) : Async<Image> = async {
        let! container = Helpers.getCloudBlobContainerAsync()
        let blockBlob = container.GetBlockBlobReference(blobReference)
        use memStream = new MemoryStream()
```

```
            do! blockBlob.DownloadToStreamAsync(memStream)
            return Bitmap.FromStream(memStream)
    }

downloadAsyncImage "Bugghina001.jpg"                        执行一个异步操作,自动捕捉异常
|> AsyncOption.handler         ◄─────────────┐

                                                            映射计算结果以访问底层
                                                            imageOpt 值
|> Async.map(fun imageOpt ->   ◄─────────────┘

                                                            使用模式匹配解构 Option 类
                                                            型以处理不同的情况
   match imageOpt with         ◄─────────────┘
   | Some(image) -> image.Save("ImageFolder\Bugghina.jpg")
   | None -> log "There was a problem downloading the image")
|> Async.Start
```

AsyncOption.handler函数是一个可重用且可组合的运算符,可以应用于任何异步操作。

10.2.5   使用 Result 类型保留异常语义

在 10.2.2 节中,我们了解了函数式范式如何使用 Option 类型来处理错误和控制副作用。在错误处理的上下文中,Option 充当一个容器。在这个容器中,副作用会逐渐减少并消失,而不会在程序中创建不需要的行为。在 FP 中,可能会引发错误的装箱危险代码的概念不只限于 Option 类型。

在本节中,将使用 Result 类型来保留错误语义,该类型允许根据错误类型在程序中调度和分支不同的行为。让我们假设,作为应用程序实现的一部分,你希望简化调试体验,或者在出现问题时向函数的调用者传达异常细节。在这种情况下,Option 类型这种方法就不满足需求了,因为它只提供了 None 作为出错的信息,而没有提供其他更多的信息。虽然 Some 值这个结果的含义很明确,但除了显而易见的信息外,并没有传达其他任何信息。通过所抛弃的异常,也无法诊断出哪些地方可能出了问题。

回到我们从 Azure Blob 存储下载图像的示例,如果在数据检索过程中发生错误,例如网络连接丢失和找不到文件/图像,则会根据不同的情况来产生不同的错误。无论是哪种情况,你都需要知道该错误的详细信息,从而正确地应用策略以从异常中恢复过来。

在代码清单 10.7 中,DownloadOptionImage 方法从前面示例的 Azure Blob 存储中检索图像。这里利用 Option 类型(以粗体显示)以更安全的方式处理输出,管理错误事件。

代码清单 10.7　Option 类型(不保留错误详细信息)

```
async Task<Option<Image>> DownloadOptionImage(string blobReference)
    {
        try
        {
            CloudStorageAccount storageAccount =
➡ CloudStorageAccount.Parse("<Azure Connection>");
            CloudBlobClient blobClient =
➡ storageAccount.CreateCloudBlobClient();
            CloudBlobContainer container =
➡ blobClient.GetContainerReference("Media");
            await container.CreateIfNotExistsAsync();

            CloudBlockBlob blockBlob = container.
➡ GetBlockBlobReference(blobReference);
            using (var memStream = new MemoryStream())
            {
                await blockBlob.DownloadToStreamAsync(memStream).
➡ ConfigureAwait(false);
                return Some(Bitmap.FromStream(memStream));
            }
        }
        catch (StorageException)
        {
            return None;          ◀─────────┐
        }                                    │
        catch (Exception)                    │     无论引发的异常类型是什么,
        {                                    │     在这两种情况下,Option类型都
            return None;          ◀─────────┘     返回None
        }
    }
```

无论引发的异常类型是 StorageException 还是一般的 Exception，由于该代码
实现的限制是 DownloadOptionImage 方法的调用者没有获得关于异常的任何信
息，因此无法选择对应定制的恢复策略。

有没有更好的办法呢？如何提供潜在错误的详细信息并避免副作用呢？解决
方案是使用多态的 Result<'TSuccess，'TError>类型来代替 Option<'T>类型。

Result<'TSuccess，'TError>可用于以函数式风格处理错误并说明导致潜在故
障的原因。图 10.4 比较了可空的基元以及等效的 Option 类型和 Result 类型。

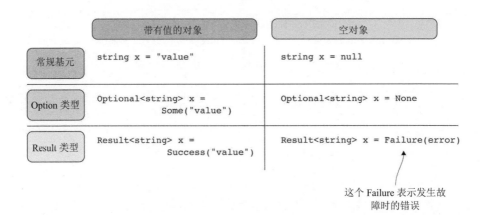

图 10.4　比较常规可空基元(顶行)、Option 类型(第二行)和 Result 类型(底行)。如果出现问题，
Result Failure 通常用于包装错误

在某些编程语言(例如 Haskell)中，Result 结构被称为 Either，它表示永远不会同时发生的两个值的逻辑分离。例如，Result<int，string>模拟了两种分支，其各自的值分别是 int 或 string。

Result<'TSuccess，'TError>结构也可用于保护代码免受不可预测的错误的影响，这使得代码能在早期就消除异常，而不是传播异常，从而更安全、更无副作用。

F# Result 类型

第 9 章介绍的 Result 类型是 F#中一个便捷的 DU，支持使用可能生成错误而无须实现异常处理的代码。

从 F# 4.1 开始，Result 类型被定义为标准 F#库的一部分。如果使用的是早期版本的 F#，则可以通过以下几行轻松定义它及其辅助函数：

```
Type Result<'TSuccess,'TFailure> =
    | Success of 'TSuccess
    | Failure of 'TFailure
```

只需要最少的努力，就可以在 F#核心库和 C#之间进行交互，以共享相同的 F# Result 类型结构，以避免代码重复。可以在本书配套源代码中找到 F#扩展方法，这些方法有助于促进 C#中 Result 类型的互操作性。

在代码清单 10.8 中，Result 类型的 C#版本实现示例通过一个类型构造函数实现多态性，同时强制使用 Exception 类型作为替代值来处理错误。因此，类型系统被强制确认错误情况，并使错误处理逻辑更加明确和可预测。为简洁起见，本代码清单省略了某些实现细节，但本书配套源代码提供了完整的实现细节。

代码清单 10.8　C#中的泛型 Result<T>类型

```
struct Result<T>
{
    public T Ok { get; }
    public Exception Error { get; }
    public bool IsFailed { get => Error != null; }
    public bool IsOk => !IsFailed;

    public Result(T ok)
    {
        Ok = ok;
        Error = default(Exception);
    }
    public Result(Exception error)
    {
        Error = error;
        Ok = default(T);
    }
    public R Match<R>(Func<T, R> okMap, Func<Exception, R> failureMap)
        => IsOk ? okMap(Ok) : failureMap(Error);

    public void Match(Action<T> okAction, Action<Exception> errorAction)
        { if (IsOk) okAction(Ok); else errorAction(Error);}

    public static implicit operator Result<T>(T ok) =>
    new Result<T>(ok);
    public static implicit operator Result<T>(Exception error) =>
    new Result<T>(error);

    public static implicit operator Result<T>(Result.Ok<T> ok) =>
    new Result<T>(ok.Value);
    public static implicit operator Result<T>(Result.Failure error) =>
    new Result<T>(error.Error);
}
```

用于暴露成功或失败操作的值的属性

构造函数传递成功操作的值或异常(如果发生故障)

这个便捷的 Match 函数解构了 Result 类型并应用调度行为逻辑

隐式运算符自动将任何基元类型转换为 Result

这段代码的有趣部分在最后几行中，即隐式运算符在基元分配时简化了向 Result 的转换。任何可能会返回错误的函数都应该使用 Result 类型的这一自动构造。

例如，下面是一个以字节形式加载给定文件的简单的同步函数。如果该文件不存在，则返回 FileNotFoundException 异常。

```
static Result<byte[]> ReadFile(string path)
{
    if (File.Exists(path))
```

```
        return File.ReadAllBytes(path);
    else
        return new FileNotFoundException(path);
}
```

如你所见，ReadFile 函数的输出是 Result<byte[]>，它包装了返回字节数组的
函数的成功结果，或者是返回 FileNotFoundException 异常的失败分支。这两种返
回类型(Ok 和 Failure)都是在没有类型定义的情况下隐式转换的。

注意 Result 类的用途类似于前面讨论的 Option 类型。Result 类型允许你在不用
查看实现细节的情况下就能对代码进行推理。这是通过提供具有两种分支
情况的选择类型来实现的，一种是在函数成功时的 Ok 分支，另一种是在
函数失败时的 Failure Error 分支。

10.3　在异步操作中控制异常

C#中的多态 Result 类是一个可重用的组件，可用于在函数可能生成异常的情
况下控制副作用。为了指示函数可能会失败，将使用 Result 类型对输出进行包装。
代码清单 10.9 展示了如何将前面的 DownloadOptionImage 函数重构为遵循 Result
类型模型(以粗体显示)。新函数名为 DownloadResultImage。

代码清单 10.9　DownloadResultImage：处理错误并保留语义

```
async Task<Result<Image>> DownloadResultImage(string blobReference)
{
    try
    {
        CloudStorageAccount storageAccount =
➥ CloudStorageAccount.Parse("<Azure Connection>");
        CloudBlobClient blobClient =
➥ storageAccount.CreateCloudBlobClient();
        CloudBlobContainer container =
➥ blobClient.GetContainerReference("Media");
        await container.CreateIfNotExistsAsync();

        CloudBlockBlob blockBlob = container.
➥ GetBlockBlobReference(blobReference);
        using (var memStream = new MemoryStream())
        {
            await blockBlob.DownloadToStreamAsync(memStream).
```

```
ConfigureAwait(false);
        return Image.FromStream(memStream);
    }
}
catch (StorageException exn)
{
    return exn;
}
catch (Exception exn)
{
    return exn;
}
}
```

Result 类型隐式运算符允许将基元类型自动包装成 Result，该结果也被包装到 Task 中

重要的是，Result 类型为 DownloadResultImage 函数的调用者提供了以定制方式处理每个可能结果所必需的信息，包括不同的错误情况。在此示例中，因为 DownloadResultImage 在调用远程服务，所以除了 Result 效果，它还具有 Task 效果用于异步操作。在来自代码清单 10.9 的 Azure 存储示例中，当检索到图像的当前状态时，就意味着该操作将命中在线媒体存储。正如前面所提到的，我建议将其设置为异步的，这样 Result 类型应该被包装到 Task 中。Task 和 Result 效果在 FP 中通常是组合在一起的，以实现具有错误处理能力的异步操作。

在深入研究如何结合使用 Result 和 Task 类型之前，让我们定义一些辅助函数来简化代码。静态类 ResultExtensions 为 Result 类型定义了一系列有用的高阶函数 (例如 bind 和 map)，它们适用于用方便的流畅式语义来编码常见的错误处理流。为简洁起见，在代码清单 10.10 中，仅展示了处理 Task 和 Result 类型的辅助函数 (以粗体显示)。其他重载被省略了，完整的实现可以在本书配套源代码中找到。

代码清单 10.10　组合语义的 Task<Result<T>>辅助函数

```
static class ResultExtensions
{
    public static async Task<Result<T>> TryCatch<T>(Func<Task<T>> func)
    {
        try
        {
            return await func();
        }
        catch (Exception ex)
        {
            return ex;
        }
    }
}
```

```
static async Task<Result<R>> SelectMany<T, R>(this Task<Result<T>>
➡ resultTask, Func<T, Task<Result<R>>> func)
{
    Result<T> result = await resultTask.ConfigureAwait(false);
    if (result.IsFailed)
        return result.Error;
    return await func(result.Ok);
}

static async Task<Result<R>> Select<T, R>(this Task<Result<T>> resultTask,
➡ Func<T, Task<R>> func)
{
    Result<T> result = await resultTask.ConfigureAwait(false);
    if (result.IsFailed)
        return result.Error;
    return await func(result.Ok).ConfigureAwait(false);
}
static async Task<Result<R>> Match<T, R>(this Task<Result<T>> resultTask,
➡ Func<T, Task<R>> actionOk, Func<Exception, Task<R>> actionError)
{
    Result<T> result = await resultTask.ConfigureAwait(false);
    if (result.IsFailed)
        return await actionError(result.Error);
    return await actionOk(result.Ok);
}
}
```

TryCatch 函数将给定的操作包装到 try-catch 块中，以便在出现问题时保护代码不受任何异常的影响。此函数可用于将任何 Task 计算提升并组合到 Result 类型中。在以下代码片段中，ToByteArrayAsync 函数将给定图像异步转换为字节数组：

```
Task<Result<byte[]>> ToByteArrayAsync(Image image)
{
    return TryCatch(async () =>
    {
        using (var memStream = new MemoryStream())
        {
            await image.SaveImageAsync(memStream, image.RawFormat);
            return memStream.ToArray();
        }
    });
}
```

底层的 TryCatch 函数确保无论操作中的行为如何，都会返回包装了成功(Ok 字节数组)或失败(Error 异常)的 Result 类型。

Select 和 SelectMany 扩展方法是 ResultExtensions 类的一部分，在函数式编程中通常分别被称为 Bind(或 flatMap)和 Map。但是在.NET 的上下文中，特别是在 C#中，Select 和 SelectMany 才是推荐的命名术语，因为这两个名称遵循了 LINQ 约定，该约定能够通知编译器将这些函数视为 LINQ 表达式从而简化其组合语义结构。现在，通过使用 ResultExtensions 类中的高阶运算符，可以轻松而流畅地连接对底层 Result 值执行的一系列操作，而无须离开上下文。

代码清单 10.11 展示了 DownloadResultImage 的调用者如何在成功或失败的分支情况下处理执行流，以及如何连接操作序列(要注意的代码以粗体显示)。

代码清单 10.11　使用函数式风格组合 Task<Result<T>>操作

使用高阶函数轻松地组合函数，返回组合类型 Task<Result<T>>

```
async Task<Result<byte[]>> ProcessImage(string nameImage, string
        destinationImage){
    return await DownloadResultImages(nameImage)
        .Map(async image => await ToThumbnail(image))
        .Bind(async image => await ToByteArrayAsync(image))
        .Tap(async bytes =>
                await File.WriteAllBytesAsync(destinationImage,
    ⇒ bytes));
```

WriteAllBytesAsync 扩展方法的实现可以在本书配套源代码中找到

正如从 ProcessImage 函数签名中可以看出的，提供说明一个函数可能有错误影响的文档正是使用 Result 类型的优势之一。ProcessImage 首先从 Azure Blob 存储下载给定的图像，然后使用 Map 运算符将其转换为缩略图格式，该运算符将检查先前的 Result 实例，如果成功，则执行传入的委托。否则，将返回先前的结果。Bind 运算符也同样先验证先前的 Result 值，然后再执行相应的操作从图像中提取字节数组。

该链会一直持续到其中一项操作失败为止。如果发生故障，则其他操作将被跳过。

注意　Bind 函数在提升值上运行，在本例中为 Task<Result<Image>>。相反，Map 函数则针对未包装的类型执行。

最终，字节数组结果将被保存到指定的目标路径(destinationImage)中，或者在发生错误时进行日志记录。我们应该在计算链的末尾添加故障处理，而不是在每次调用时都单独处理故障。通过这种方式，故障处理逻辑在代码中就处于可预测的位置，使其更易于阅读和维护。

你应该能理解，如果这些操作中的任何一个失败，其余的任务都将被绕过，直接跳到第一个处理错误的函数执行为止(见图 10.5)。在此示例中，错误由使用 lambda actionError 的 Match 函数处理。在函数调用不成功的情况下，执行补偿逻辑就变得非常重要。

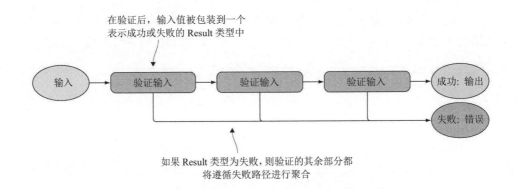

图 10.5   Result 类型处理操作的方式是，如果其中任何一个步骤出现故障，则将跳过其余任务，直接跳到第一个处理错误的函数执行。在该图中，如果其中任何一个验证抛出错误，则将跳过其余计算，直接跳到失败处理程序(即代表错误的圆圈)

因为提取 Result 类型的内部值既困难又不方便，所以要使用函数式组合机制来进行错误处理。这些机制强制调用者始终处理成功和失败的分支情况。使用 Result 类型这种设计，程序流是声明式的且易于遵循。如果你希望提高代码的可读性，那么公开你的意图是至关重要的。引入 Result 类以及组合类型 Task<Result<T>>有助于在没有副作用的情况下显示出方法是否失败或有没有发出系统出现问题的信号。此外，类型系统通过强制指定如何处理成功和失败结果这种方式，成为构建软件的有用助手。

Result 类型以高层次的函数式风格提供条件流，你可以选择一个用于处理错误的策略并将该策略注册为处理程序。当较低级别的代码遇到错误时，它可以在不展开调用堆栈的情况下选择一个处理程序。这就为你提供了更多的选择。你可以选择解决这个问题并继续。

10.3.1   F#使用 Async 和 Result 建模错误处理

上一节讨论了将 Task和 Result 类型组合在一起的概念，以便以函数式风格提供安全和声明式的错误处理。除TPL之外，F#还提供了一种更符合语言习惯的函数式方法——异步工作流计算表达式。本节将介绍如何将F# Async类型与Result结构相结合来控制异常的方法。

在深入研究F#异步操作错误处理模型之前，我们应该先定义必要的类型结构。首先，如第 9 章所述，为适应错误处理的上下文，应该在Result<'a，exn>上定义Result<'a>类型别名，它假定第二种情况始终是异常(EXN)。Result<'a>这个别名简化了Result<'a，exn>类型的模式匹配和解构。

```
Result<'TSuccess> = Result<'TSuccess, exn>
```

其次，Async 类型构造必须包装此 Result<'a>结构，以定义一个新的类型，该类型在并发操作中用于在操作完成时发出信号。你需要将 Async<'a>和 Result<'a>变为单独的一个类型，这可以通过使用作为组合结构的别名类型来很容易地实现。

```
type AsyncResult<'a> = Async<Result<'a>>
```

AsyncResult<'a>类型包含了异步计算的值和针对成功或失败的结果。在出现异常的情况下，将会保留错误信息。从概念上讲，AsyncResult 是一个单独的类型。

现在，我们从 10.2.2 节的 AsyncOption 类型中获取灵感，定义一个辅助函数 AsyncResult.handler 来运行计算，将输出提升为 Result 类型。F# Async.Catch 函数完全适合这个目的。代码清单 10.12 展示了 Async.Catch 的自定义替代表示形式——AsyncResult.handler。

代码清单 10.12　AsyncResult 处理程序捕获和包装异步计算

```
module Result =
    let ofChoice value =
        match value with                          ◄── 将函数从Choice DU(Async.Catch
        | Choice1Of2 value -> Ok value                运算符的返回类型)映射到Result
        | Choice2Of2 e -> Error e                     类型DU分支。该映射函数已经在
                                                      第9章定义过

module AsyncResult =
    let handler (operation:Async<'a>) : AsyncResult<'a> = async {
        let! result = Async.Catch operation       ◄── 使用 Async.Catch 运算符
                                                      运行异步操作以防止可
        return (Result.ofChoice result) }             能的错误
             └── 映射函数的输出以
                 支持 Result 类型
```

上面的 F# AsyncResult.handler 是一个功能强大的运算符，可在发生错误时调度执行流。简而言之，AsyncResult.handler 在后台运行 Async.Catch 函数以进行错误处理，并使用 ofChoice 函数将计算结果(Choice<Choice1Of2，Choice2Of2>可区分联合)映射到 Result<'a>可区分联合分支，然后分别将计算结果分支到 OK 或 Error 联合(ofChoice 已经在第 9 章介绍过)。

10.3.2   使用 monadic 运算符 bind 扩展 F# AsyncResult 类型

在进一步讨论之前，让我们定义 monadic 辅助函数来处理 AsyncResult 类型(见代码清单 10.13)。

代码清单 10.13   使用高阶函数来扩展 AsyncResult 类型

```
module AsyncResult =
    let retn (value:'a) : AsyncResult<'a> =        将任意给定值提升为
➥ value |> Ok |> async.Return                      AsyncResult 类型

    let map (selector : 'a -> Async<'b>) (asyncResult : AsyncResult<'a>)
➥ : AsyncResult<'b> =
        async {                                    映射运行底层异步操作 asyncResult 的
        let! result = asyncResult                   AsyncResult 类型，并将给定的选择器
        match result with                           函数应用于结果
        | Ok x -> return! selector x |> handler
        | Error err -> return (Error err) }

    let bind (selector : 'a -> AsyncResult<'b>) (asyncResult
➥ : AsyncResult<'a>) = async {                     绑定在 AsyncResult 提升类型上执行给
        let! result = asyncResult                   定函数的 monadic 运算符
        match result with
        | Ok x -> return! selector x
        | Error err -> return Error err }

    let bimap success failure operation = async {
        let! result = operation
        match result with                          通过将计算结果分
        | Ok v -> return! success v |> handler      别分支到 OK 或
        | Error x -> return! failure x |> handler } Error 联合来执行
                                                    AsyncResult 类型操
使用 AsyncResult.handler 函数来处理异                作对应的成功或失
步操作的成功或失败                                    败函数
```

上面代码中的 map 和 bind 高阶运算符都是用于组合的通用函数。

以上代码实现非常直观：

- retn 函数将任意值'a 提升为 AsyncResult<'a>类型。
- map 运算符中的 let!语法从 Async(运行它并等待结果)中提取内容，也就是 Result<'a>类型。然后，使用 AsyncResult.handler 函数将 selector 函数应用于 Ok 分支中包含的 Result 值，因为计算结果有可能是成功的，也有可能是失败的。最终，返回的结果被包装到 AsyncResult 类型中。
- bind 函数使用延续传递风格(CPS)传递一个函数，该函数使用运行成功的计算来进一步处理结果。延续函数 selector 跨越 Async 和 Result 两种类型

并具有签名'a -> AsyncResult<'b>。

- 如果内部 Result 为成功，则使用结果计算延续函数 selector。return！语法意味着返回值已经被提升。

- 如果内部 Result 为失败，则失败异步操作将被提升。

- map、retn 和 bind 中的 return 语法将 Result 值提升为 Async 类型。

- bind 中的 return！语法意味着该值已被提升，而不是调用 return。

- bimap 函数旨在执行 AsyncResult 异步操作，然后根据结果将执行流分支到成功或失败两者之中的一个延续函数。

或者，为使代码更简洁，可以使用内置函数Result.map将值转换为适用于Result类型的函数。然后，如果将输出传递给Async.map，则生成的函数将在异步值上工作。通过使用这种组合编程风格，可以按如下方式重写 AsyncResult 映射函数：

```
module AsyncResult =
    let map (selector : 'a -> 'b) (asyncResult : AsyncResult<'a>) =
        asyncResult |> Async.map (Result.map selector)
```

这种编程风格是个人的选择，因此你应该在简洁的代码与其可读性之间权衡考虑。

1. 运用 F# AsyncResult 高阶函数

现在让我们看一下如何执行 AsyncResult 类型及其高阶函数 bind、map 和 return。我们将把代码清单 10.7 中从 Azure Blob 存储下载图像的 C#代码转换为以符合 F#语言习惯的方式处理异步操作上下文中的错误。

我们将继续使用 Azure Blob 存储示例，通过转换你已经熟悉的函数来作直接比较，以简化对这两种方法的理解(见图 10.6)。

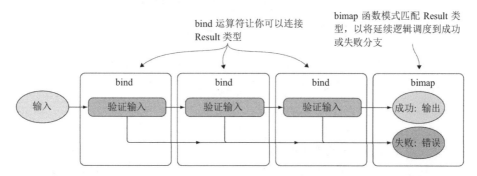

图 10.6　通过应用 bind 和 bimap 高阶运算符可以以最少的工作量来流畅地组合验证逻辑。另外，在管道的末尾，bimap 函数模式匹配 Result 类型，以便利的声明式风格将延续逻辑调度到成功或失败分支

代码清单 10.14 展示了使用 F# AsyncResult 类型及其高阶组合运算符(以粗体显示)实现的 processImage 函数。

代码清单 10.14　使用 AsyncResult 高阶函数来流畅式组合

```
let processImage(blobReference:string) (destinationImage:string)
➡ : AsyncResult<unit> =
    async {
      let storageAccount = CloudStorageAccount.Parse("< Azure
   Connection >")
      let blobClient = storageAccount.CreateCloudBlobClient()
      let container = blobClient.GetContainerReference("Media")
      let! _ = container.CreateIfNotExistsAsync()
      let blockBlob = container.GetBlockBlobReference(blobReference)
      use memStream = new MemoryStream()
      do! blockBlob.DownloadToStreamAsync(memStream)
      return Bitmap.FromStream(memStream) }
    |> AsyncResult.handler
    |> AsyncResult.bind(fun image -> toThumbnail(image))
    |> AsyncResult.map(fun image -> toByteArrayAsync(image))
    |> AsyncResult.bimap
        (fun bytes -> FileEx.
   WriteAllBytesAsync(destinationImage, bytes))
        (fun ex -> logger.Error(ex) |> AsyncResult.retn)
```

AsyncResult.retn 将 logger 函数提升到
AsyncResult 类型以匹配输出签名

AsyncResult高阶运算符可以以
流畅式风格进行组合

processImage 的行为类似于代码清单 10.7 中的 C# processImage 方法,唯一的区别就是其返回结果是 AsyncResult 类型。从语义上讲,通过使用 F#管道运算符 (|>),AsyncResult 的 handler、bind、map 和 bimap 等函数可以流畅的方式连接在一起,这与 C#版本代码的流畅式接口或方法链的概念最接近。

2. 使用计算表达式提升 F# AsyncResult 的抽象

设想一下如果希望从代码清单 10.12 中进一步抽象语法,以便可以使用控制流结构对 AsyncResult 计算进行排序和组合,那么应该怎么做? 在第 9 章中,我们构建了自定义的 F#计算表达式(CE),以便在出现错误时重试异步操作。F#中的 CE 是管理状态复杂性和变化的一种安全方式。它们提供了一种方便的语法来管理函数式程序中的数据、控制和副作用。

在包装为 AsyncResult 类型的异步操作的上下文中,可使用 CE 来优雅地处理错误,从而专注于正常情况分支。通过 AsyncResult 的 monadic 运算符 bind 和 return,可以最少的工作、便利的流畅式编程语义来实现相关的计算表达式。

下列代码清单定义了组合 Result 和 Async 类型的计算生成器的 monadic 运算符(以粗体显示):

```
Type AsyncResultBuilder () =
    Member x.Return m = AsyncResult.retn m
    member x.Bind (m, f:'a -> AsyncResult<'b>) = AsyncResult.bind f m
    member x.Bind (m:Task<'a>, f:'a -> AsyncResult<'b>) =
            AsyncResult.bind f (m |> Async.AwaitTask |> AsyncResult.handler)
    Ember x.ReturnFrom m = m


Let asyncResult = AsyncResultBuilder()
```

如果需要支持更高级的语法,可以向 AsyncResultBuilder CE 添加更多的成员。以上代码清单只是示例所需的最小实现。唯一需要澄清的代码行是具有 Task<'a> 类型的 Bind。

```
member x.Bind (m:Task<'a>, f) =
                AsyncResult.bind f (m |> Async.AwaitTask
    |> AsyncResult.handler)
```

在这里,如 9.3.3 节所述,F# CE 允许你注入函数以将操作扩展到其他包装类型(在本例中为 Task),而该扩展中的 Bind 函数允许你使用 let!和 do!运算符来获取包含在提升值中的内部值。这种技术消除了对辅助函数(如 Async.AwaitTask) 的需要。本书配套源代码包含了 AsyncResultBuilder CE 的更完整实现,但是 CE 的额外实现细节不属于本书的范围。

返回 Result 类型的异步调用的简单的 CE 处理对于执行可能失败的计算并将结果连接在一起非常有用。让我们再次转换 processImage 函数,但这次计算是在 AsyncResultBuilder CE 中运行,如代码清单 10.15 中的粗体所示。

代码清单 10.15　使用 AsyncResultBuilder

```
let processImage (blobReference:string) (destinationImage:string)
    : AsyncResult<unit> =
    asyncResult {
        let storageAccount = CloudStorageAccount.Parse("<Azure Connection>")
        let blobClient = storageAccount.CreateCloudBlobClient()
        let container = blobClient.GetContainerReference("Media")
        let! _ = container.CreateIfNotExistsAsync()
        let blockBlob = container.GetBlockBlobReference(blobReference)
        use memStream = new MemoryStream()
        do! blockBlob.DownloadToStreamAsync(memStream)
        let image = Bitmap.FromStream(memStream)
        let! thumbnail = toThumbnail(image)
        return! toByteArrayAsyncResult thumbnail
    }
```

将代码块包装到 asyncResult 中,以使 bind 运算符在 AsyncResultBuilder CE 的上下文中运行

```
     |> AsyncResult.bimap (fun bytes ->
⇒ FileEx.WriteAllBytesAsync(destinationImage, bytes))
                         (fun ex -> logger.Error(ex) |> async.Return.retn)
```

现在，你需要做的所有工作就是将操作包装到 asyncResult CE 块中。编译器可以识别 monadic 模式(CE)并以特定方式来处理计算。当检测到 let! 绑定运算符时，编译器会自动转换上下文中 CE 的 AsyncResult.Return 和 AsyncResult.Bind 操作。

10.4   使用函数式组合器抽象化操作

假设你需要下载并分析股票的历史记录，或者你需要分析多个股票的历史记录以比较要购买的最佳股票。从 Internet 下载数据是一个 I/O 密集型操作，应该异步执行。但是假设你想要构建一个更复杂的程序，在该程序中，下载股票数据要依赖于其他异步操作(见图 10.7)。以下是几个示例：

- NASDAQ 或 NYSE 指数均为上涨。
- 股票的最后六个月是上涨的趋势。
- 股票交易量符合任何数量的看涨购买标准。

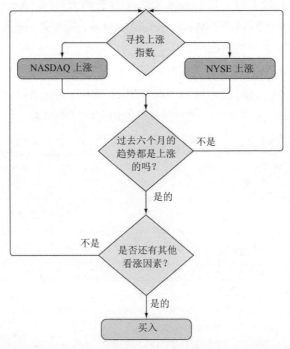

图 10.7   该图表示了用于购买股票的顺序决策树。每个步骤都可能涉及 I/O 操作(以异步形式访问外部服务)。在异步执行整个决策树时，必须对此顺序流考虑周全

如何为你所感兴趣的每个股票运行图 10.7 所示的流程？如何在保持异步语义以并行执行的同时组合这些操作的条件逻辑？如何设计这个程序？

解决方案是函数式异步组合器。接下来的小节将介绍函数式组合器的特性，主要是异步组合器。我们将介绍如何使用.NET 框架的内置支持，以及如何构建和定制你自己的异步组合器，以便使用流畅式和声明式的函数式编程风格来最大限度地提高程序的性能。

10.5　函数式组合器概要

命令式范式使用过程控制机制(如 if-else 语句和 for/while 循环)来驱动程序的流程。这与 FP 风格刚好相反。当你离开命令式世界后，你会寻找替代方法来填补这个空白。一个很好的解决方案是使用函数式组合器来协调程序的流程。FP 机制可以轻松地将两个或多个(从较小的问题入手的)解决方案组合到单个抽象中，从而解决更大的问题。

抽象是 FP 的支柱，它允许你开发一个应用程序而不必担心实现细节，使你可以专注于程序中更重要的高级语义。从本质上讲，抽象捕获了函数或整个程序的核心，使你更容易完成任务。

在 FP 中,组合器指的是没有自由变量的函数 (https://wiki.haskell.org/Pointfree)或是用于组合任何类型的模式。第二个定义是本节的中心主题。

从实践的角度来看，函数式组合器是一种编程结构，允许你合并和连接原始工件，例如其他函数(或其他组合器)，并作为控制逻辑的一部分一起工作，以生成更高级的行为。此外，函数式组合器还鼓励模块化，支持将函数抽象为可以独立理解和重用的组件，其编码含义来自控制其组合的规则。你在前面已经了解过这个概念，它用于定义异步函数(组合器)，例如 C#基于任务的异步编程(TAP)模型的 Otherwise 和 Retry 以及 F#的 AsyncResult.handler。

在并发编程的上下文中，使用组合器的主要原因是可以实现这样的一个程序，该程序可以在不影响声明式和组合语义的情况下处理副作用。这是可能的，因为组合器把处理底层副作用的开发人员实现细节抽象了出来，从而可以轻松组合函数。本节将特别介绍组合异步操作的组合器。

如果副作用仅限于单个函数的作用域，那么调用该函数的行为则是幂等的。幂等意味着操作可以被多次应用而不会改变成初始应用之外的结果——效果不会改变。在副作用被隔离和控制的情况下，可以将这些幂等函数连接起来以产生复杂的行为。

10.5.1   TPL 内置异步组合器

F#异步工作流和.NET TPL 提供了一组内置组合器，例如 Task.Run、Async.StartWithContinuation、Task.WhenAll 和 Task.WhenAny。这些内置组合器可以很容易地被扩展来实现有用的组合器以组合和构建更复杂的基于任务的模式。例如，Task.WhenAll 和 F# Async.Parallel 运算符被用于在多个异步操作上异步等待。这些操作的底层结果被分组以继续。这种延续是提供在更复杂的结构中组合程序流的机会的关键，例如实现 Fork/Join 和"分治"模式。

让我们从 C#的一个简单例子开始来了解组合器的好处。假设你必须运行三个异步操作，然后计算它们的输出之和，因此需要依次等待每个操作完成。注意，每个操作都需要一秒钟来计算。

```
async Task<int> A() { await Task.Delay(1000); return 1; }
async Task<int> B() { await Task.Delay(1000); return 3; }
async Task<int> C() { await Task.Delay(1000); return 5; }

int a = await A();
int b = await B();
int c = await C();

int result = a + b + c;
```

我们将在三秒钟后计算出结果为 9(因为每次操作要等待一秒钟)。但是，如果你想并行运行这三个方法呢？若要运行多个后台任务，有一些方法可以帮助你协调它们。并发运行多个任务最简单的解决方案是连续启动它们并收集对它们的引用。TPL 的 Task.WhenAll 运算符接受一个 params 任务数组，并返回一个在所有任务都完成时会发出信号的任务。因此你可以从上一个示例中消除中间变量，以使代码更简洁。

```
var results = (await Task.WhenAll(A(), B(), C())).Sum();
```

结果将以数组的方式返回，然后应用 LINQ 运算符 Sum()。通过这种更改，只需要一秒钟就能计算出结果。现在，该任务可以完全表示异步操作，并提供同步和异步功能来加入操作、检索结果等。这使得你可以构建有用的组合器库，通过组合任务以构建更大的模式。

10.5.2　利用 Task.WhenAny 组合器实现冗余和交叉

使用 Task 的一个好处是能够实现强大的组合。一旦有了一个能够表示任意异步操作的单一类型，你就可以在该类型上编写组合器，从而以多种方式组合异步操作。

例如，TPL 的 Task.WhenAny 运算符允许你开发必须完成多个异步操作中的至少一个任务才能继续处理主线程的并行程序。这种在通知主线程进行进一步处理之前，异步等待第一个操作越过给定的一组任务完成的行为有助于设计复杂的组合器。冗余、交叉和节流等都是从这些组合器派生的属性示例。

定义　冗余：多次执行同一异步操作，然后选择最先完成的操作。

交叉：启动多个操作，但按其完成的顺序对其进行处理。这在 8.5.7 节中已讨论过。

可以联想一下你想最快速度购买到机票的用户场景。你可以调用一些航空公司的 Web 服务，但因为网络原因，这些服务的响应时间可能不同。在这种情况下，可以使用 Task.WhenAny 运算符调用多个 Web 服务来选择最快完成的一个以生成最终的单个结果(如代码清单 10.16 所示)。

代码清单 10.16　通过 Task.WhenAny 实现冗余

```
                               使用 CancellationToken 取消第一
                               个操作完成后仍在运行的操作
                                                        概念上的异步函数，它从
                                                        一个给定的运营商那里获
var cts = new CancellationTokenSource();  ◄            取航班的价格

Func<string, string, string, CancellationToken, Task<string>>
➡ GetBestFlightAsync = async (from, to, carrier, token) => {  ◄
        string url = $"flight provider{carrier}";
        using(var client = new HttpClient()) {
        HttpResponseMessage response = await client.GetAsync(url, token);
        return await response.Content.ReadAsStringAsync();
    }};
                                                          列出要并行运行的
var recommendationFlights = new List<Task<string>>()  ◄  异步操作
{
    GetBestFlightAsync("WAS", "SF", "United", cts.Token),
    GetBestFlightAsync("WAS", "SF", "Delta", cts.Token),
    GetBestFlightAsync("WAS", "SF", "AirFrance", cts.Token),
```

```
};

Task<string> recommendationFlight = await Task.
    WhenAny(recommendationFlights);
while (recommendationFlights.Count > 0)
{
    try
    {
        var recommendedFlight = await recommendationFlight;
        cts.Cancel();
        BuyFlightTicket("WAS", "SF", recommendedFlight);
        break;
    }
    catch (WebException)
    {
        recommendationFlights.Remove(recommendationFlight);
    }
}
```

使用 Task.WhenAny 运算符等待第一个操作的完成

在 try-catch 块中检索结果以容纳潜在的异常。即使第一个任务成功完成,后续任务也可能会失败

如果操作成功,则取消仍在运行的其他计算

在上面的代码中,Task.WhenAny 将返回第一个完成的任务。重要的是要知道操作是否成功完成,因为如果出现错误,你将希望丢弃该操作结果并等待下一次计算完成。所以代码必须使用 try-catch 处理异常,这样失败的计算将从异步推荐操作列表中删除。当第一个任务成功完成时,你希望确保能够取消仍在运行的其他任务。

10.5.3   使用 Task.WhenAll 组合器进行异步 for-each

Task.WhenAll 运算符异步等待表示为任务的多个异步计算。现在假设你要向所有联系人发送电子邮件。为了加快处理速度,你希望将电子邮件并行发送给所有收件人,而不必等待每个单独的邮件发送完后再发送下一封。对于这种场景,在 for-each 循环中处理电子邮件列表会很方便。那么如何才能在并行发送电子邮件的同时又能维护操作的异步语义呢?解决方案是基于 Task.WhenAll 方法实现 ForEachAsync 运算符(如代码清单 10.17 所示)。

代码清单 10.17   使用 Task.WhenAll 进行异步 for-each 循环

```
static Task ForEachAsync<T>(this IEnumerable<T> source,
➥  int maxDegreeOfParallelism, Func<T, Task> body)
{
    return Task.WhenAll(
        from partition in Partitioner.Create(source).
```

```
GetPartitions(maxDegreeOfParallelism)
    select Task.Run(async () =>
            {
                using (partition)
                while (partition.MoveNext())
                await body(partition.Current);
        }));
}
```

对于可枚举的每个分区，ForEachAsync 运算符将运行一个函数，该函数返回一个 Task，以表示对该组元素的处理完成。一旦工作以异步方式开始，就可以实现并发和并行，为每个元素调用函数主体并在结束时等待它们，而不是依次等待每个元素。

创建的 Partitioner 限制了可并行运行的操作的数量，以避免执行过多的任务。通过把输入数据集划分为 maxDegreeOfParallelism 数量的块并为每个分区调度单独的任务，对此最大并行度值进行管理。ForEachAsync 批处理可以创建比总工作数量更少的任务。这能提供明显更好的整体性能，尤其是当循环体每个条目的工作量很小时。

> **注意** 这个示例本质上与 Parallel.ForEach 类似，主要区别在于 Parallel.ForEach 是一个同步方法并且使用的是同步委托。

现在，可以使用 ForEachAsync 运算符来异步发送多封电子邮件，如代码清单 10.18 所示。

代码清单 10.18　使用异步 for-each 循环

```
async Task SendEmailsAsync(List<string> emails)
{
    SmtpClient client = new SmtpClient();
    Func<string, Task> sendEmailAsync = async emailTo =>
    {
        MailMessage message = new MailMessage("me@me.com", emailTo);
        await client.SendMailAsync(message);
    };

    await emails.ForEachAsync(Environment.ProcessorCount,sendEmailAsync);
}
```

下面将用几个简单的例子来演示如何使用内置的 TPL 组合器 Task.WhenAll 和 Task.WhenAny。在 10.6 节中，将重点讲述如何构建自定义组合器以及如何组合现有的组合器来既适用于 F#原则又适用于 C#原则。你将会看到有无限数量的组合器。我们将研究几个最常见的用于在程序中实现异步逻辑流的组合器：

ifAsync、AND(异步)和 OR(异步)。

在开始构建异步组合器之前,让我们回顾一下迄今为止讨论过的函数式模式。这个复习将带来一种新的、用于组合异构并发函数的函数式模式。如果你不熟悉这个术语,也不要担心,因为你很快就会熟悉它。

10.5.4　回顾迄今看到的数学模式

在前面的章节中,我介绍了幺半群、单子和函子等概念,它们都来自一个叫作范畴论的数学分支。另外,我还讨论了它们与函数式编程和函数并发之间的重要关系。

> **范畴论词典**
>
> 范畴论是数学的一个分支,它定义了任何对象的集合,这些对象可以合理的方式(例如组合和关联)通过态射相互联系。态射是一个重要而又难懂的专门术语,它定义了一些可能会发生变化的东西。可以考虑将一个 map(或 select)函数从一个数学结构应用到另一个数学结构。从本质上讲,范畴论是由对象和连接它们的箭头所组成的,这为组合提供了基础。范畴论是一种很强大的思想,它是由基于共享结构组织数学概念的需求产生的。许多有用的概念都属于范畴论的范畴,但是你不需要有数学背景来理解它们并使用它们强大的属性。对于大多数人来说,这些属性都是与创造组合的机会相关的。

在编程中,这些数学模式被用来控制副作用的执行和保持函数式的纯度。这些模式之所以有趣,是因为它们具有抽象性和组合性。抽象性有利于组合性,它们一起构成了函数式和并发编程的支柱。接下来的各节将重新讲述这些数学概念的定义。

1. 用于数据并行的幺半群

如前所述,幺半群是指一个带有可结合二元运算和单位元的操作。它提供了一种将相同类型的值混合在一起的方法。结合性属性允许你轻松地并行运行计算,方法是提供将问题划分为块的能力,以便能够独立计算问题。然后,当每个计算块完成时,结果将被重新组合。各种有趣的并行操作被证明是关联的和可交换的,可用幺半群来表示,例如 MapReduce 和聚合的各种形式——求和(sum)、方差(variance)、平均值(average)、连接(concatenation)等。.NET PLINQ 使用关联和可交换的幺半群运算来正确地并行化工作。

以下代码示例基于第 4 章的内容,展示了如何使用PLINQ并行化对数组段的幂求和。数据集分区为子数组,这些子数组使用初始化为种子的累加器在各自的线程上单独累积。最终，使用归约函数对所有累加器进行组合(AsParallel函数以粗体显示)。

```
var random = new Random();
var size = 1024 * Environment.ProcessorCount;
int[] array = Enumerable.Range(0, size).Select(_ =>
➥ random.Next(0, size)).ToArray();

long parallelSumOfSquares = array.AsParallel()
    .Aggregate(
    seed: 0,                    ◄───────────────────────── 每个分区的种子
    updateAccumulatorFunc: (partition, value) =>
➥ partition + (int)Math.Pow(value, 2),
    combineAccumulatorsFunc: (partitions, partition) =>
➥ partitions + partition,
    resultSelector: result => result);
```

尽管与顺序版本的代码相比，计算的顺序是不可预测的，但是由于加号(+)运算符的关联性和可交换性，结果是确定的。

2. 用于映射提升类型的函子

函子是一种映射提升结构的模式，它对名为 Map(也称为 fmap)的双参数函数提供支持。Map 函数的类型签名将函数(T -> R)作为第一个参数，在 C#中对应为 Func<T，R>。当输入给定类型 T 时，它将应用转换并返回类型 R。函子用于提升只带有一个输入的函数。

LINQ/PLINQ Select 运算符可以被视为 IEnumerable 提升类型的函子。函子被用于在 C#中实现 LINQ 风格的流畅式 API，这些 API 可用于集合以外的类型。在第 7 章中，我们为 Task 提升类型实现了一个函子(Map 函数以粗体显示)。

```
static Task<R> Map<T, R>(this Task<T> input, Func<T, R> map) =>
                            input.ContinueWith(t => map(t.Result));
```

Map 函数使用 map 函数(T -> R)和 Task<T>函子(被包装的上下文)作为参数并返回一个新的函子 Task<R>，该函子包含了应用函数后的结果并再次封闭该结果。

以下代码来自第 8 章，从给定的网站下载图标图像并将其转换为位图。Map运算符用于连接异步计算(要注意的代码以粗体显示)。

```
Bitmap icon = await new HttpClient()
                        .GetAsync($"http://{domain}/favicon.ico")
                        .Bind(async content => await
                            content.Content.ReadAsByteArrayAsync())
                        .Map(bytes =>
                            Bitmap.FromStream(new MemoryStream(bytes)));
```

这个函数具有签名(T -> R) -> Task<T> -> Task<R>，这意味着它使用了一个 map 函数(T->R)作为第一个输入参数(表示从值类型 T 到值类型 R)，然后升级类型 Task<T>作为第二个输入参数并最终返回 Task<R>。

函子只不过是一种数据结构，你可以使用它来映射函数，目的是将值提升到包装器(提升类型)中，然后修改它们，再将它们放回到包装器中。让 fmap 返回相同的提升类型的原因是需要继续连接操作。从本质上讲，函子创建了一个上下文或抽象，允许你安全地对值进行操作，而无须更改任何原始值。

3. 没有副作用的组合工具——单子

单子是一个功能强大的组合工具，可用于函数式编程中，以避免危险和不需要的行为(副作用)。它们允许你获取一个值并以独立的方式应用一系列转换来封装副作用。monadic 函数的类型签名引起了潜在的副作用，提供了计算结果和作为结果发生的实际副作用的表示形式。monadic 计算用泛型类型 M<'a>表示，其中类型参数指定了作为 monadic 计算结果产生的一个或多个值的类型(例如，在内部，类型可以是 Task 或 List)。当使用 monadic 计算编写代码时，不直接使用底层类型，而是使用每个 monadic 计算都提供的两个操作：Bind 和 Return。

这些操作定义了单子的行为并具有以下类型签名(对于某些 M<a>类型的单子，可以使用 Task<'a>进行替换)。

```
Bind: ('a -> M<'b>) -> M<'a> -> M<'b>
Return: 'a -> M<'a>
```

Bind 运算符接受一个提升类型的实例，从中提取底层值并在该值上运行函数，返回一个新的提升值。

```
Task<R> Bind<R, T>(this Task<T> task, Func<T, Task<R>> continuation)
```

在这个实现中，可以看到 SelectMany 运算符是内置在 LINQ/PLINQ 库中的。

Return 是一个运算符，它将任何类型提升(包装)为不同的提升上下文(单子类型，如 Task)，通常是将非 monadic 值转换为 monadic 值。例如，Task.FromResult 会根据任何给定类型 T(以粗体显示)来生成 Task<T>。

```
Task<T> Return<T>(T value) => Task.FromResult(value);
```

这些 monadic 运算符对 LINQ/PLINQ 至关重要并为许多其他运算符创造了机会。例如，可以使用 monadic 运算符(以粗体显示)以下列方式重写之前从给定网站下载图标并将其转换为位图格式的代码。

```
Bitmap icon = await (from content in new HttpClient().GetAsync($"http://
```

```
{domain}/favicon.ico")
                from bytes in content.Content.ReadAsByteArrayAsync())
                select Bitmap.FromStream(new MemoryStream(bytes));
```

单子模式是一种非常通用的模式，它可以使用扩展类型进行函数组合，同时保持将函数应用于底层类型实例的能力。单子还提供了删除重复和笨拙代码的功能，可以显著地简化许多编程问题。

定律的重要性是什么

如你所见，上面所提到的每种数学模式都必须满足特定的定律才能公开它们的属性，这是为什么呢？ 原因是，定律可以帮助你对程序进行推理，为上下文中类型的预期行为提供信息。具体而言，并发程序必须是确定性的。因此，对代码进行推理的确定性的和可预测的方法有助于证明其正确性。如果一个操作被应用于组合两个幺半群，那么根据幺半群的相关定律，可以假定计算是关联的，结果类型也同样是幺半群。要编写并发组合器，必须信任从抽象接口派生的定律，如单子和函子。

10.6　最终的并行组合应用函子

至此，我已经讨论了如何使用函子(fmap)升级具有一个参数的函数来使用提升类型。你还学习了如何使用 monadic 运算符 Bind 和 Return 以可控和流畅的方式来组合提升类型。但还有更多要学习的东西。让我们假设你有一个这样的来自普通世界的函数：一个在给定的位图对象上创建缩略图的图像处理方法。如何将此类功能应用于提升世界的 Task<Bitmap>类型的值上？

注意 在本例中，普通世界是指在普通基元(如位图)上执行的函数。相反，来自提升世界的函数将针对提升类型操作，例如提升为 Task<Bitmap>的位图。

这是处理给定图像的 ToThumbnail 函数(要注意的代码以粗体显示)。

```
Image ToThumbnail (Image bitmap, int maxPixels)
{
    var scaling = (bitmap.Width > bitmap.Height)
                    ? maxPixels / Convert.ToDouble(bitmap.Width)
                    : maxPixels / Convert.ToDouble(bitmap.Height);
    var width = Convert.ToInt32(Convert.ToDouble(bitmap.Width) * scaling);
    var heiht=Convert.ToInt32(Convert.ToDouble(bitmap.Height) * scaling);
    return new Bitmap(bitmap.GetThumbnailImage(width, height, null,
➥ IntPtr.Zero));
}
```

尽管可以使用诸如 map 和 bind 之类的核心函数来获得大量不同的组合形式，但是这些函数只使用一个参数来作为输入。如果 map 和 bind 都将一元函数作为输入，那么如何在工作流中集成多参数函数呢？解决方案是应用函子(applicative functor)。

让我们从一个问题开始来理解为什么应该运用应用函子模式(技术)。函子具有 map 运算符，可以升级带有一个且只有一个参数的函数。

通常，映射到提升类型的函数会使用多个参数，例如先前的 ToThumbnail 方法将图像作为第一个参数，将图像转换的最大尺寸(以像素为单位)作为第二个参数。这些函数的问题在于，在其他上下文中，它们不容易提升。假设你现在要加载一个图像，为简单起见，如前所述使用 Azure Blob 存储函数 DownloadImageAsync，然后应用 ToThumbnail 函数来转换，那么就无法使用 fmap，因为类型签名不匹配。ToThumbnail(在代码清单 10.19 中以粗体显示)有两个参数，而 map 函数只使用一个参数函数作为输入。

代码清单 10.19　Task fmap 的组合限制

```
Task<R> map<T, R>(this Task<T> task, Func<T, R> map) =>
                                task.ContinueWith(t => map(t.Result));

static async Task<Image> DownloadImageAsync(string blobReference)
{
    var container = await Helpers.GetCloudBlobContainerAsync().
    ConfigureAwait(false);
    CloudBlockBlob blockBlob = container.
    GetBlockBlobReference(blobReference);
    using (var memStream = new MemoryStream())
    {
        await blockBlob.DownloadToStreamAsync(memStream).
    ConfigureAwait(false);
        return Bitmap.FromStream(memStream);
    }
}
static async Bitmap CreateThumbnail(string blobReference, int maxPixels)
{
    Image thumbnail =
        await DownloadImageAsync("Bugghina001.jpg")
            .map(ToThumbnail);          ← 编译错误
    return thumbnail;
}
```

以上代码的问题在于，当你试图将 ToThumbnail 应用于 Task 的 map (ToThumbnail)映射扩展方法时，编译无法通过。因为签名不匹配，编译器会报错。

如何将函数同时可以应用于多个上下文呢？如何升级带有多个参数的函数呢？这就是应用函子发挥其能力(在提升类型上应用多参数函数)的地方。代码清单 10.20 将利用应用函子组合 ToThumbnail 和 DownloadImageAsync 函数，匹配类型签名并依旧保持异步语义(以粗体显示)。

代码清单 10.20　异步操作的更好组合

```
Static Func<T1, Func<T2, TR>> Curry<T1,T2,TR>(this Func<T1,T2,TR> func) =>
➡ p1 => p2 => func(p1, p2);

static async Task<Image>CreateThumbnail(string blobReference,int maxPixels)
{
    Func<Image, Func<int, Image>> ToThumbnailCurried =
➡ Curry<Image, int, Image>(ToThumbnail);          ◀── 柯里化该函数

    Image thumbnail = await TaskEx.Pure(ToThumbnailCurried)
              .Apply(DownloadImageAsync(blobReference))
              .Apply(TaskEx.Pure(maxPixels));
    return thumbnail;
}
```

将 ToThumbnailCurried 函数提升为 Task 类型

使用应用函子在不退出 Task 上下文的情况下链接计算

为清晰起见，我们来研究一下这个代码清单。Curry 函数是辅助静态类的一部分，用于在 C#中帮助实现 FP。在这里，ToThumbnail 方法的柯里化版本是一个将图像作为输入参数的函数，然后返回一个将表示图像最大尺寸(以像素为单位)的整数(int)作为输入参数并输出一个 Image 类型的函数：Func<Image, Func<int, Image>> ToThumbnailCurried。然后，这个一元函数被包装到容器 Task 类型中并进行重载，通过柯里化函数来定义更大的元数。

在实践中，使用多个参数的函数(在本例中为 ToThumbnail)被柯里化并使用 Task Pure 扩展方法提升到 Task 类型中。然后，生成的 Task<Func<Image, Func<int, Image>>>被传递给应用函子 Apply，Apply 将其输出 Task<Image>注入应用于 DownloadImageAsync 之上的下一个函数中。

最终，最后一个应用函子运算符 Apply 处理使用 Pure 扩展方法提升的瞬态参数 maxPixels。从函子运算符 map 的角度来看是部分应用了柯里化函数 ToThumbnailCurried 并对 image 参数进行了运算，然后将其包装到任务中。因此，从概念上来讲，该签名如下所示：

```
Task<ToThumbnailCurried(Image)>
```

ToThumbnailCurried 函数将 image 作为输入，然后以 Func<int，Image>委托的形式返回部分应用的函数，其签名定义正确匹配了应用函子的输入：Task<Func<int，Image>>。

可以将该 Apply 函数视为提升函数的部分应用，下一个值以提升(装箱)值的形式提供给每个调用。通过这种方式，可以将函数的每个参数都转换为装箱值。

柯里化和部分应用

柯里化是一种把一个需要接收多个参数的函数转换为一系列函数(后者只接收一个参数并总是返回一个值)的技术。F#编程语言是自动执行柯里化的。但是在 C#中，你需要手动启用它或者通过使用自定义的辅助函数(如示例中所示)来启用它。这就是为什么 FP 中的函数签名表示为多个->符号的原因，这些符号基本上就是函数的符号，例如这个签名：string -> int -> Image。

该函数有两个参数(string 和 int)，它返回 Image。但是，这个函数签名的正确阅读方法是：只有一个 string 参数的函数。它将返回一个带有 int -> Image 签名的新函数。

在 C#中，缺乏对柯里化技术和部分应用的支持可能使应用函子变得很不便。但是，经过练习，你将突破最初的障碍，看到应用函子技术的真正力量和灵活性。

部分应用是指一个函数包含许多参数，但是这些参数不必同时输入。你可以将它想象成应用于第一个参数后不会产生值，而是产生一个有 $n-1$ 个参数的函数。本着这种精神，你可以将一个多参数的函数绑定到一个 Task 上，以获得一个 $n-1$ 个参数的异步操作。然后，剩下的问题就是将函数的任务应用于参数的任务，这正是应用函子模式所解决的问题。

有关柯里化的更多详细信息，请参见附录 A。

应用函子模式的目的是在提升上下文之上提升和应用一个函数，然后对特定的提升类型应用计算(转换)。因为值和函数都应用于相同的提升上下文中，所以它们可以一起处理。

现在让我们分析一下 Pure 和 Apply 函数。应用函子是通过下面定义的这两个操作来实现的模式，其中 AF 表示任何提升类型(以粗体显示)。

```
Pure : T -> AF<R>
Apply : AF<T -> R> -> AF<T> -> F<R>
```

直观地说，Pure 运算符将值提升到一个提升域中，它等同于 monadic 运算符 Return。Pure 这个名称是应用函子定义的约定。但是在应用函子中，该运算符用于提升函数。Apply 运算符是一个双参数函数，它们都是同一个提升域的一部分。

从之前的代码示例中，可看到应用函子可以是任何容器(提升类型)，它提供了一种将普通函数转换为对被包含值进行操作的函数的方法。

注意　应用函子是一种用于提供函子的 map 和单子的 bind 两者之间中点的构造。应用函子可以和提升函数一起工作，因为值被包含在上下文中，与函子相同，但在这种情况下，被包装值是一个函数。如果你想将函子内部的函数应用于函子内部的值，这将非常有用。

当并行排序一组动作而不需要任何中间结果时，应用函子是很有用的。实际上，如果这些任务都是独立的，那么可以使用应用函子来组合和并行它们的执行。其中一个示例就是运行一组并发操作，按顺序读取和转换数据结构的各个部分，然后组合它们的结果，如图 10.8 所示。

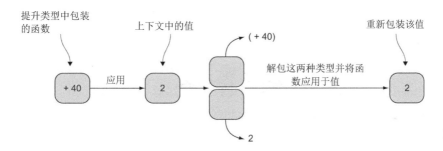

图 10.8　Apply 运算符将提升类型中所包装的函数实现为上下文中的值。该过程触发了两个值的解包。然后，因为第一个值是一个函数，它将会自动应用到第二个值上。最后，输出被包装回提升类型的上下文中

在 Task 提升类型的上下文中，它采用值 Task<T>和被包装的函数 Task<(T -> R)>(在 C#中则对应为 Task<Func<T，R>>)，然后通过将底层函数应用于 Task<T>的值来生成和返回一个新的值 Task<R>。

```
static Task<R> Apply<T, R>(this Task<Func<T, R>> liftedFn, Task<T> task) {
    var tcs = new TaskCompletionSource<R>();
    liftedFn.ContinueWith(innerLiftTask =>
        task.ContinueWith(innerTask =>
            tcs.SetResult(innerLiftTask.Result(innerTask.Result))
    ));
    return tcs.Task;
}
```

以下是 TAP 世界中为 async Task 定义的 Apply 运算符的变体，该变体是
async/await 关键字的另一种实现。

```
static async Task<R> Apply<T, R> (this Task<Func<T, R>> f, Task<T> arg)
                    => (await f. ConfigureAwait(false))
                            (await arg.ConfigureAwait(false));
```

虽然两种 Apply 函数的实现不同，但它们的行为都相同。Apply 的第一个输
入值是一个包装在 Task 中的函数 Task<Func<T，R>>。这个签名初看起来可能很
奇怪，但是请记住，在 FP 中，函数可被视为值，并且可以与字符串或整数相同
的方式传递。

现在，将 Apply 运算符扩展为能接受更多输入的签名就变得毫不费力了。下
面这个函数就是一个例子。

```
static Task<Func<b, c>> Apply<a, b, c>(this Task<Func<a, b, c>> liftedFn,
➥ Task<a> input) =>

Apply(liftedFn.map(Curry), input);
```

注意，该实现很智能，因为它使用 map 函子将 Curry 函数应用于 Task<Func<a，
b，c>>liftedFn，然后使用具有较小元数的 Apply 运算符将其应用于提升的输入值。
通过使用这种技术，可以继续扩展 Apply 运算符，以将一个带有任意数量参数的
函数作为输入。

注意　Apply运算符的参数顺序与标准签名相比是颠倒的，因为它是作为静态方法
　　　实现的，以便于使用。

结果证明，函子和应用函子可以很好地协同工作来进行组合，包括并行运行
的表达式的组合。将具有多个参数的函数传递给 map 函子时，其结果类型与 Apply
函数的输入相匹配。

可以使用另一种方法(即使用 monadic 运算符 bind 和 return)来实现应用函子。
但是这种方法会阻止代码并行运行，因为操作的执行取决于前一个操作的结果。

有了应用函子，就可以轻松地组合一系列计算，而不用受每个表达式所用参
数数量的限制。让我们假设一下，你需要混合两个图像来创建第三个新图像，即
给定图像与具有特定大小的帧的重叠。代码清单10.21展示了其具体实现(Apply 函
数以粗体显示)。

代码清单 10.21　使用应用函子并行计算链
```
static Image BlendImages(Image imageOne, Image imageTwo, Size size)
{
```

```
    var bitmap = new Bitmap(size.Width, size.Height);
    using (var graphic = Graphics.FromImage(bitmap)) {
      graphic.InterpolationMode = InterpolationMode.HighQualityBicubic;
      graphic.DrawImage(imageOne,
          new Rectangle(0, 0, size.Width, size.Height),
          new Rectangle(0, 0, imageOne.Width, imageTwo.Height),
          GraphicsUnit.Pixel);
      graphic.DrawImage(imageTwo,
          new Rectangle(0, 0, size.Width, size.Height),
          new Rectangle(0, 0, imageTwo.Width, imageTwo.Height),
          GraphicsUnit.Pixel);
      graphic.Save();
    }
    return bitmap;
}
async Task<Image> BlendImagesFromBlobStorageAsync(string blobReferenceOne,
➥ string blobReferenceTwo, Size size)
{
    Func<Image, Func<Image, Func<Size, Image>>> BlendImagesCurried =
                        Curry<Image, Image, Size, Image>(BlendImages);
    Task<Image> imageBlended =
            TaskEx.Pure(BlendImagesCurried)
                .Apply(DownloadImageAsync(blobReferenceOne))
                .Apply(DownloadImageAsync(blobReferenceTwo))
                .Apply(TaskEx.Pure(size));
        return await imageBlended;
}
```

　　当你使用 DownloadImageAsync(blobReferenceOne)任务第一次调用 Apply 时，它会立即返回一个新的 Task 而不等待 DownloadImageAsync 任务完成。同时，程序立即继续创建第二个 DownloadImageAsync(blobReferenceTwo)。最终结果是这两个任务并行运行。

　　此代码假定所有函数都具有相同的输入和输出，但这不是一个约束。只要表达式的输出类型与下一个表达式的输入相匹配，那么该计算仍然是强制并有效的。注意，在代码清单 10.21 中，每个调用都是独立启动的，因此它们是并行运行的，BlendImagesFromBlobStorageSync 完成的总执行时间由 Apply 调用完成所需的最长时间来决定。

Apply 与 bind

bind 和 Apply 运算符之间的差异行为可以从它们的函数签名中体现出来。例如，在异步工作流的上下文中，将执行 bind 运算符中的第一个 Async 类型，并等待完成后再启动第二个异步操作。当异步操作的执行取决于另一个异步操作的返回值时，应该使用 bind 运算符。

　　而 Apply 运算符在签名中把两个异步操作视为一个参数来提供。它应该在异步操作可以独立启动时使用。

　　这些概念同样适用于其他提升类型，例如 Task 类型。

　　这个示例强制执行了并发函数的组合。你也可以选择实现直接混合图像的自定义方法，但是在比该示例更大的方案中，这种方法可以灵活地组合更复杂的行为。

10.6.1　使用应用函子运算符扩展 F# 异步工作流

　　我们继续介绍应用函子，在本节中，将练习使用相同的任务概念来扩展 F# 异步工作流。注意，F# 支持 TPL，因为 TPL 是 .NET 生态系统的一部分，而应用函子基于所应用的 Task 类型。

　　代码清单 10.22 实现了 pure 和 apply 这两个应用函子运算符，它们是在 Async 模块内特意定义以扩展此类型的。注意，因为 pure 是 F# 中的未来保留关键字，所以编译器将会发出警告。

代码清单 10.22　F# 异步应用函子

```
module Async =
    let pure value = async.Return value          ◀——   将值提升为 Async 类型

    let apply funAsync opAsync = async {                并行开始这两
        let! funAsyncChild = Async.StartChild funAsync  ◀——  个异步操作
        let! opAsyncChild = Async.StartChild opAsync

        let! funAsyncRes = funAsyncChild
        let! opAsyncRes = opAsyncChild          ◀——   等待结果
        return funAsyncRes opAsyncRes
    }
```

　　apply 函数使用 Fork/Join 模式并行执行 funAsync 和 opAsync 这两个参数，然后返回将第一个函数的输出应用于另一个的结果。

　　注意，apply 运算符的实现是并行运行的，因为每个异步函数都使用 Async.StartChild 运算符启动计算。

Async.StartChild 运算符

Async.StartChild 运算符接收在异步工作流中启动的计算并返回一个可用于等待操作完成的令牌(类型为 Async<'T>)。其签名如下所示：

```
Async.StartChild : Async<'T> * ?int -> Async<Async<'T>>
```

> 这种机制允许同时执行多个异步计算。如果父计算请求结果而子计算尚未完成，则父计算将挂起，直到子计算完成。

让我们看一下这些函数所提供的功能。虽然 C#中引入的相同的应用函子概念适用于这里，但 F#提供的组合语义风格更好。使用 F#的管道运算符(|>)将函数的中间结果传递给下一个函数会产生更易读的代码。

代码清单10.23通过在F#中使用应用函子来实现同样的用于异步混合两个图像的函数链(如代码清单10.21中的C#版本所示)。在这里，F#中的函数blendImagesFromBlobStorage返回Async类型而不是Task(以粗体显示)。

代码清单 10.23　使用 F#异步应用函子并行操作链

```
let blendImages (imageOne:Image) (imageTwo:Image) (size:Size) : Image =
    let bitmap = new Bitmap(size.Width, size.Height)
    use graphic = Graphics.FromImage(bitmap)
    graphic.InterpolationMode <- InterpolationMode.HighQualityBicubic
    graphic.DrawImage(imageOne,
                        new Rectangle(0, 0, size.Width, size.Height),
                        new Rectangle(0, 0, imageOne.Width, imageTwo.
Height),
                        GraphicsUnit.Pixel)
    graphic.DrawImage(imageTwo,
                      new Rectangle(0, 0, size.Width, size.Height),
                        new Rectangle(0, 0, imageTwo.Width, imageTwo.
Height),
                        GraphicsUnit.Pixel)
    graphic.Save()  |> ignore
    bitmap :> Image

let blendImagesFromBlobStorage (blobReferenceOne:string)
➡ (blobReferenceTwo:string) (size:Size) =
    Async.apply(
      Async.apply(
        Async.apply(
          Async.``pure`` blendImages)
          (downloadOptionImage(blobReferenceOne)))
          (downloadOptionImage(blobReferenceTwo)))
          (Async.``pure`` size)
```

通过使用 Async.pure 函数，blendImages 函数被提升到 Task 世界(提升类型)中。生成的函数(具有签名 Async<Image -> Image -> Size ->Image>)被应用于函数downloadOptionImage(blobReferenceOne) 和 downloadOptionImage(blobReferenceTwo)的输出。提升值 size 是并行运行的。

如前所述，F#中的函数默认是柯里化的。C#中所需的额外样板代码在 F#中不是必需的。即使 F#不把应用函子作为内置功能来支持，也很容易实现 apply 运算符并发挥其组合优势。但是这样的代码并不是特别优雅，因为 apply 函数运算符是嵌套的而不是连接的。更好的方法是创建自定义的中缀运算符。

10.6.2 带有中缀运算符的 F#应用函子语义

在F#中编写函数组合的一种更具声明式的便利方法是使用自定义的中缀运算符。遗憾的是，C#并不支持此功能。对自定义中缀运算符的支持意味着你可以定义运算符以在对传递的参数进行操作时获得所需的优先级。F#的中缀运算符是使用被称为中缀表示法的数学符号表示的运算符。例如，乘法运算符取两个数字，然后将它们相乘。在这个例子中，使用中缀表示法就是将乘法运算符写在它所操作的两个数字之间。运算符基本上都是双参数函数，但在这个例子中，使用的中缀表示法不再是写作multiply x y，而是将中缀运算符定位在两个参数之间：x Multiply y。

其实你已经见过 F#中的一些中缀运算符：|>管道运算符和>>组合运算符。根据 F#语言规范的 3.7 节的内容，你可以定义自己的运算符。在这里，为异步函数 apply 和 map 定义了中缀运算符(以粗体显示)。

```
let (<*>) = Async.apply
let (<!>) = Async.map
```

注意 <!>运算符是 Async.map 的中缀版本，而<*>运算符是 Async.apply 的中缀版本。这些中缀运算符通常用于其他编程语言(如 Haskell)，因此它们已经成为标准。<!>运算符在其他编程语言中被定义为<$>。但是在 F#中，<$>运算符被保留以供将来使用，因此改成使用<!>。

通过使用这些运算符，可以以更简洁的方式重写前面的代码。

```
let blendImagesFromBlobStorage (blobReferenceOne:string)
➥ (blobReferenceTwo:string) (size:Size) =
   blendImages
   <!> downloadOptionImage(blobReferenceOne)
   <*> downloadOptionImage(blobReferenceOne)
   <*> Async.``pure`` size
```

一般情况下，我建议你不要过度使用或滥用中缀运算符，而应找到合适的平衡点。现在你可以看到，对于函子和应用函子，中缀运算符是一个很受欢迎的功能。

10.6.3 利用应用函子实现异构并行计算

应用函子带来了一种强大的技术，允许你编写异构并行计算。异构意味着一个对象由一系列不同类型的部分组成(相对应的是同构)。在并行编程的上下文中，它意味着一起执行多个操作，即使每个操作之间的结果类型不同。

　　例如，对于当前的实现，F#的 Async.Parallel 和 TPL 的 Task.WhenAll 都将具有相同结果类型的异步计算序列作为参数。该技术基于应用函子和提升概念的结合，旨在将任意类型提升到不同的上下文中。这一想法对于值和函数都适用。在目前这种特定情况下，目标是具有不同参数类型的任意基数的函数。为了能够运行异构并行计算，应用函子运算符 apply 需要与提升函数的技术相结合。然后，该组合用于构建一系列有用的函数，通常称为 Lift2、Lift3 等。这里之所以没有定义 Lift 和 Lift1 运算符，是因为它们是 fmap 函数。

　　代码清单 10.24 展示了 Lift2 和 Lift3 函数在 C#中的实现，它是一个执行并行 Async 返回异构类型的透明解决方案。这些函数接下来将会被使用。

代码清单 10.24　C#异步提升函数

提升函数将给定函数应用于一组任务的输出

```
static Task<R> Lift2<T1, T2, R>(Func<T1, T2, R > selector, Task<T1> item1,
➥ Task<T2> item2)
{                                                      柯里化该函数以部
                                                       分应用
    Func<T1, Func<T2, R>> curry = x => y => selector(x, y);
    var lifted1 = Pure(curry);
    var lifted2 = Apply(lifted1, item1);
    return Apply(lifted2, item2);
}                                               提升函数将给定函数应
                                                用于一组任务的输出
static Task<R> Lift3<T1, T2, T3, R>(Func<T1, T2, T3, R> selector,
➥ Task<T1> item1, Task<T2> item2, Task<T3> item3)
{
    Func<T1, Func<T2, Func<T3, R>>> curry = x => y => z =>
                                            selector(x, y, z);
    var lifted1 = Pure(curry);              提升部分应用函数
    var lifted2 = Apply(lifted1, item1);
    var lifted3 = Apply(lifted2, item2);
    return Apply(lifted3, item3);
}
```

Apply 运算符执行提升

提升部分应用函数

　　Lift2 和 Lift3 函数的实现是基于应用函子的，该函子柯里化和提升函数选择器，从而使其适用于提升的参数类型。

　　用来实现以上 C#版本 Lift2 和 Lift3 函数的相同概念也适用于 F#的设计。由于编程语言内在的函数式特性以及中缀运算符所提供的简洁性，因此 F#中的提升函数(以粗体显示)的实现是简洁的。

```
let lift2 (func:'a -> 'b -> 'c) (asyncA:Async<'a>) (asyncB:Async<'b>) =
    func <!> asyncA <*> asyncB

let lift3 (func:'a -> 'b -> 'c -> 'd) (asyncA:Async<'a>)
➥ (asyncB:Async<'b>) (asyncC:Async<'c>) =
    func <!> asyncA <*> asyncB <*> asyncC
```

基于F#的类型推断系统，输入值被包装成 Async 类型，并且编译器能够解释中缀运算符<*>和<!>是 Async 提升类型上下文中的函子和应用函子。另外，请注意，F#的约定为模块级函数以小写的首字母开始。

10.6.4 组合和执行异构并行计算

可以用这些函数做什么呢？让我们分析一个利用这些运算符的例子。

假设你现在被分配了这样的一个任务：编写一个简单的程序，通过分析市场趋势和股票历史，然后根据一个条件集来验证购买股票的决策。该程序应分为三个操作。

(1) 根据银行账户可用余额和股票当前价格，检查可供购买的总金额。

    a) 获取银行账户余额。

    b) 从股票市场获取股票价格。

(2) 验证是否建议购买给定的股票。

    a) 分析市场指数。

    b) 分析给定股票的历史走势。

(3) 给定股票代码，根据步骤(1)中计算的可用资金来决定是否购买一定数量的股票。

代码清单10.25展示了实现该程序的异步函数，理想情况下这些函数应该组合在一起(以粗体显示)。某些代码实现细节被省略了，因为它们与本示例无关。

代码清单 10.25 要组合和并行运行的异步操作

```
let calcTransactionAmount amount (price:float) =        ◄──┐  计算包括任意费用
    let readyToInvest = amount * 0.75                       │  的交易金额
    let cnt = Math.Floor(readyToInvest / price)
    if (cnt < 1e-5) && (price < amount)
    then 1 else int(cnt)
                                                        模拟对银行账户的异步 Web
                                                        服务请求，返回随机值
let rnd = Random()
    let mutable bankAccount = 500.0 + float(rnd.Next(1000))
    let getAmountOfMoney() = async {
        return bankAccount                          ◄──────┘
    }
```

```
let getCurrentPrice symbol = async {
    let! (_,data) = processStockHistory symbol
    return data.[0].open'
}
```

processStockHistory
(详见第 8 章)下载和
解析给定股票代码
的历史趋势

检索股票最新价格

```
let getStockIndex index = async {
        let url = sprintf "http://download.finance.yahoo.com/d/quotes.
➥   csv?s=%s&f=snl1" index
    let req = WebRequest.Create(url)
    let! resp = req.AsyncGetResponse()
    use reader = new StreamReader(resp.GetResponseStream())
    return! reader.ReadToEndAsync()
}
|> Async.map (fun (row:string) ->
    let items = row.Split(',')
    Double.Parse(items.[items.Length-1]))
|> AsyncResult.handler
```

从股票市场异步下载和检索给
定股票代码的价格

通过检索收盘价来映射股票代码
的数据。输出是 AsyncResult 类型,
因为该操作可能会抛出异常

```
let analyzeHistoricalTrend symbol = asyncResult {
    let! data = getStockHistory symbol (365/2)
    let trend = data.[data.Length-1] - data.[0]
    return trend
}
```

分析给定股票代码
的历史趋势。该操作
在 asyncResult 计算
表达式中异步运行,
以处理潜在的错误

```
let withdraw amount = async {
    return
        if amount > bankAccount
        then Error(InvalidOperationException("Not enough money"))
        else
            bankAccount <- bankAccount - amount
            Ok(true)
}
```

以异步方式检索当前可用的取款。否则,如果银
行账户没有足够的资金得以继续进行交易操作,
则会返回错误

　　每个操作都以异步方式运行来计算不同类型的结果。calcTransactionAmount
函数返回(买入)交易的假设成本;analyzeHistoricalTrend 函数返回股票历史分析的
值,用于评估股票是否推荐买入; getStockIndex 函数返回股票当前指数;
getCurrentPrice 函数返回最新的股票价格。

　　当结果类型不相同时,如何使用 Fork/Join 模式来并行组合和运行这些计算?

一个简单的解决方案是为每个函数生成一个独立的任务，然后等待所有任务完成，以将结果传递给一个最终函数，之后该函数聚合结果并继续工作。如果能使用一个更通用的组合器将所有这些函数粘合在一起就更好了，这可以提高可重用性，当然还可以通过一组多态工具来实现更好的组合性。

代码清单 10.26 应用了该技术，使用 F#的 lift2 函数来并行运行异构计算，以计算在异步运行几个简单的诊断后该建议买入多少股票(以粗体显示)。

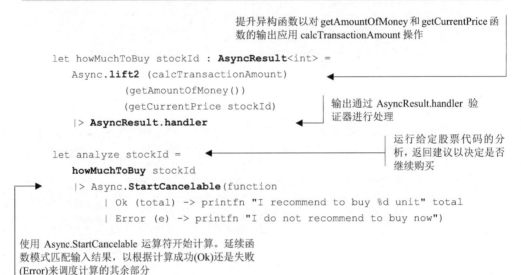

代码清单 10.26   运行异构异步操作

提升异构函数以对 getAmountOfMoney 和 getCurrentPrice 函数的输出应用 calcTransactionAmount 操作

```
let howMuchToBuy stockId : AsyncResult<int> =
    Async.lift2 (calcTransactionAmount)
        (getAmountOfMoney())
        (getCurrentPrice stockId)
    |> AsyncResult.handler

let analyze stockId =
    howMuchToBuy stockId
    |> Async.StartCancelable(function
        | Ok (total) -> printfn "I recommend to buy %d unit" total
        | Error (e) -> printfn "I do not recommend to buy now")
```

输出通过 AsyncResult.handler 验证器进行处理

运行给定股票代码的分析，返回建议以决定是否继续购买

使用 Async.StartCancelable 运算符开始计算。延续函数模式匹配输入结果，以根据计算成功(Ok)还是失败(Error)来调度计算的其余部分

howMuchToBuy 是一个双参数函数，其输出为 AsyncResult<float>类型。该结果类型定义来自底层函数 calcTransactionAmount 的输出，其中 AsyncResult<float>指示操作成功时要购买的股票数量或者操作出错时不购买股票。stockId 参数是要分析的任意股票代码。howMuchToBuy 函数使用 lift2 运算符，在不阻塞两个底层异步表达式(getAmountOfMoney 和 getCurrentPrice)的情况下等待完成每个计算。analyze 函数执行 howMuchToBuy 收集和输出推荐的结果。在这里，使用 9.3.5 节中定义的 Async.StartCancelable 函数来异步执行。

使用应用函子、函子、单子和组合器的诸多好处之一是它们的重现性和与使用何种技术无关的通用模式。这使得理解和创建一个可以用来与开发人员交流并表达代码意图的词汇表变得很容易。

10.6.5   使用条件异步组合器控制流

通常，通过将其他组合器粘合在一起来实现组合器是很常见的。一旦有了一

组可以表示任意异步操作的运算符，就可以轻松地在类型上设计新的组合器，从而允许你以各种不同的复杂方式来连接和组合异步操作。

有无限的可能性和机会来定制异步组合器以满足你的需求。你可以实现一个异步组合器来模拟一个与命令式条件逻辑等价的 if-else 语句，但是具体如何实现呢？

可以在以下函数式模式中找到该解决方案。

- 幺半群可用来创建 Or 组合器。
- 应用函子可用于创建 And 组合器。
- 单子可以连接异步操作和粘合组合器。

在本节中，你将定义一些条件异步组合器，并通过使用它们来了解它们到底提供了哪些功能以及所需的工作。事实上，通过使用迄今为止介绍过的组合器，足以将它们组合起来以实现不同的行为。此外，对于 F#中缀运算符，可以很容易地使用该功能来提升和操作内联函数，从而避免了对中间函数的需求。例如，你已经定义了诸如 lift2 和 lift3 之类的函数，通过它们可以应用异构并行计算。

可以将组合概念抽象为条件运算符，例如 IF、AND 和 OR。代码清单 10.27 展示了一些适用于 F#异步工作流的组合器。从语义上讲，由于该编程语言的函数式特性，因此它们简洁易懂。但是同样的概念也可以毫不费力地移植到 C#中，或者通过使用互操作性来实现(要注意的代码以粗体显示)。

代码清单 10.27　异步工作流的条件组合器

```
module AsyncCombinators =
    let inline ifAsync (predicate:Async<bool>) (funcA:Async<'a>)
→ (funcB:Async<'a>) =
        async.Bind(predicate, fun p -> if p then funcA else funcB)

    let inline iffAsync (predicate:Async<'a -> bool>) (context:Async<'a>) =
        async {
            let! p = predicate <*> context
            return if p then Some context else None }

    let inline notAsync (predicate:Async<bool>) =
                         async.Bind(predicate, not >> async.Return)

    let inline AND (funcA:Async<bool>) (funcB:Async<bool>) =
        ifAsync funcA funcB (async.Return false)

    let inline OR (funcA:Async<bool>) (funcB:Async<bool>) =
        ifAsync funcA (async.Return true) funcB
```

```
let (<&&>)(funcA:Async<bool>) (funcB:Async<bool>) = AND funcA funcB
let (<||>)(funcA:Async<bool>) (funcB:Async<bool>) = OR funcA funcB
```

ifAsync 组合器将采用异步谓词和两个任意异步操作作为参数，其中只有一个计算会根据谓词结果运行。这是一种很有用的模式，可以在不离开异步上下文的情况下对异步程序的逻辑进行分支。

iffAsync 组合器采用高阶函数条件来验证给定的上下文。如果条件成立，则异步返回上下文；否则异步返回 None。前面代码中的组合器可以在执行开始之前应用于任何组合，并且它们充当语法糖，使代码看起来与顺序版本中的代码相同。

内联函数

inline 关键字用于在函数的调用点处插入函数体。这样，只要在编译时调用函数，就可以逐个插入标记为 inline 的函数，从而提高代码执行的性能。注意，内联是一个编译器过程，它用代码大小来换速度，通过这种方式可以将小方法或简单方法的调用替换成对应方法体。

让我们更详细地分析这些逻辑异步组合器，以便更好地理解它们的工作原理。这些知识是构建你自己的自定义组合器的关键。

1. AND 逻辑异步组合器

AND 异步组合器在函数 funcA 和 funcB 都完成后才返回结果。此行为类似于 Task.WhenAll，但它是运行第一个表达式并等待结果，然后调用第二个表达式并组合结果。如果计算被取消或失败，或者返回错误的结果，那么将应用短路逻辑，另一个函数将不会被运行。

从概念上讲，前面描述的 Task.WhenAll 运算符非常适合在多个异步操作上执行 AND 逻辑操作。此运算符将一对迭代器带到任务容器或可变数量的任务中，并返回一个在所有参数就绪时会激发的 Task。

AND 运算符可以组合成链，只要它们都返回相同的类型即可。当然，也可以使用应用函子来进行泛化和扩展。除非函数有副作用，否则结果将是确定性的并且与顺序无关，因此它们可以并行运行。

2. OR 逻辑异步组合器

OR 异步组合器的工作方式类似于具有幺半群结构的加法运算符，这意味着操作必须是关联的。OR 组合器并行启动两个异步操作，只等待第一个操作完成。AND 组合器的相同属性也适用于此。OR 组合器可以组合成链，但是结果不是确定性的，除非两个函数求值返回相同的类型，并且两者都被取消。

可以使用 Task.WhenAny 运算符来实现类似于两个异步操作的 OR 逻辑的组合器，该运算符并行启动计算并选择最先完成的计算。这也是推测计算的基础，在这种计算中，会对几个算法进行比较。

构建 Async 组合器的相同方法同样可以应用于 AsyncResult 类型，它提供了一种更强大的方法来定义通用操作，其中输出取决于底层操作的成功。换句话说，AsyncResult 充当了可以表示操作失败或成功两种状态的标志，对于后者还会提供最终值。代码清单 10.28 所示是 AsyncResult 组合器的一些示例(以粗体显示)。

代码清单 10.28　AsyncResult 条件组合器

```
module AsyncResultCombinators =
    let inline AND (funcA:AsyncResult<'a>) (funcB:AsyncResult<'a>)
    : AsyncResult<_> =
        asyncResult {
            let! a = funcA
            let! b = funcB
            return (a, b)
        }


    let inline OR (funcA:AsyncResult<'a>) (funcB:AsyncResult<'a>)
    : AsyncResult<'a> =
      asyncResult {
            return! funcA
            return! funcB
        }

let (<&&>) (funcA:AsyncResult<'a>) (funcB:AsyncResult<'a>) =
    AND funcA funcB
let (<||>) (funcA:AsyncResult<'a>) (funcB:AsyncResult<'a>) =
    OR funcA funcB

let (<|||>) (funcA:AsyncResult<bool>) (funcB:AsyncResult<bool>) =
    asyncResult {
        let! rA = funcA
        match rA with
        | true -> return! funcB
        | false -> return false
    }

let (<&&&>) (funcA:AsyncResult<bool>) (funcB:AsyncResult<bool>) =
    asyncResult {
        let! (rA, rB) = funcA <&&> funcB
        return rA && rB
    }
```

与 Async 组合器相比，AsyncResult 组合器暴露了逻辑异步运算符 AND 和 OR，它们针对泛型类型而不是 bool 类型来执行条件分派。下面是分别针对 Async 和 AsyncResult 实现的 AND 运算符的比较。

```
let inline AND (funcA:Async<bool>) (funcB:Async<bool>) =
    ifAsync funcA funcB (async.Return false)

let inline AND (funcA:AsyncResult<'a>) (funcB:AsyncResult<'a>)
 : AsyncResult<_> =
    asyncResult {
        let! a = funcA
        let! b = funcB
        return (a, b)
    }
```

AsyncResult AND 使用 Result 可区分联合将 Success 分支视为真值，并将其转移到底层函数的输出中。

> **实现自定义异步组合器的技巧**
> 可以使用下列常规策略来创建自定义组合器:
> (1) 纯粹从并发的角度描述问题。
> (2) 简化描述，直到将其简化为一个名称。
> (3) 考虑简化的替代路径。
> (4) 编写并测试(或导入)并发构造。

10.6.6   运用异步组合器

在代码清单 10.26 中，异步对股票代码进行了分析并给出了购买给定股票的建议。现在，需要使用 ifAsync 组合器来添加 if-else 条件检查实现异步行为: 如果建议购买股票，那么则继续进行交易; 否则它将返回一条错误消息(要注意的代码以粗体显示)。具体参见代码清单 10.29。

代码清单 10.29   AsyncResult 条件组合器

检查给定值是否大于异步操作返回的 AsyncResult 类型的结果。泛型类型'a 必须是可比较的

```
let gt (value:'a) (ar:AsyncResult<'a>) = asyncResult {   ◄
    let! result = ar
    return result > value
}
```

应用逻辑异步运算符 OR 来计算给定的函数。该
函数表示一个谓词，表示是否应该根据当前市场
行情购买股票

```
let doInvest stockId =
```

利用异步中缀运算符 OR

```
    let shouldIBuy =
        ((getStockIndex "^IXIC" |> gt 6200.0)
        <|||>
        (getStockIndex "^NYA" |> gt 11700.0 ))
    <&&&> ((analyzeHistoricalTrend stockId) |> gt 10.0)
        |> AsyncResult.defaultValue false
```

应用逻辑异步中缀运算符
AND 来计算给定的函数

检查当前银行账户余额，返回
可以购买的股票数量

```
    let buy amount = async {
        let! price = getCurrentPrice stockId
        let! result = withdraw (price*float(amount))
        return result |> Result.bimap (fun x -> if x then amount else 0)
                                      (fun _ -> 0)

            }
```

返回给定类型默认值的辅助函数，将输出
提升到 AsyncResult 类型。该函数用于计
算过程中出现错误的情况

验证交易是否成功，如果交易成
功，则返回 Async<int> 并包装
amount 值，否则返回 Async<int>0

运行 If 条件语句决定是
否买入给定股票

如果 shouldIBuy 操作为 true，则会提
升 buy 函数(AsyncResult)，并根据建
议购买的股票数量执行。这个数量是
howMuchToBuy 函数的输出

```
        AsyncComb.ifAsync shouldIBuy

        (buy <!> (howMuchToBuy stockId))

        (Async.retn <| Error(Exception("Do not do it now")))
        |> AsyncResult.handler
```

在异步错误捕获中包装
整个函数组合器

如果 shouldIBuy 操作为
false，将会显示一个错误
消息

　　在以上代码示例中，doInvest 函数分析给定的股票代码的历史趋势和当前股
票市场以推荐交易。它组合了异步函数，这些函数作为一个整体运行来给出建议。
shouldIBuy 函数应用异步 OR 逻辑运算符来检查^IXIC 或^NYA 指数是否大于给定
阈值。该结果可作为基准值来评估当前股票市场是否适合购买操作。

如果 shouldIBuy 函数的结果为成功(true)，则异步 AND 逻辑运算符将继续执行 analyzeHistoricalTrend 函数，该函数返回给定股票的历史趋势分析。接下来，buy 函数将验证银行账户余额是否足以购买所需的股票；否则，如果余额过低，则返回备选值或零。

最终，这些函数将被组合在一起。ifAsync 组合器异步运行 shouldIBuy。根据其输出，代码分支要么继续进行买入交易，要么返回错误消息。map 中缀运算符(<!>)的目的是将 buy 函数提升到 AsyncResult 类型，然后根据 howMuchToBuy 函数计算得出的建议购买股票数量来执行。

注意 代码清单 10.29 中的函数虽然是作为一个工作单元来运行的，但每个步骤都是按需异步执行的。

10.7 本章小结

- 如果你想提高代码的可读性，那么公开你的意图至关重要。引入 Result 类有助于显示方法是失败还是成功的，从而可以移除不必要的样板代码并产生干净的设计。

- Result 类型为你提供了一种明确的、函数式的方法来处理错误，而不会引入副作用(与抛出/捕获异常不同)，从而带来了富有表现力和可读性的代码实现。

- 当你考虑代码的执行语义时，Result 和 Option 可以实现类似的目的，说明代码执行时除了正常情况之外的其他任何内容。当你想要表示并保留执行期间可能发生的错误时，Result 是最佳使用类型。当你只希望表示值的存在或缺失，或者你希望代码消费者说明一个错误但并不想保留该错误时，使用 Option 比 Result 更好。

- FP 通过数学模式的支持来破解模式并简化异步操作的组合。例如，应用函子(即加强版函子)可以直接在提升类型上组合带有多个参数的函数。

- 异步组合器可用于控制程序的异步执行流。这种执行控制包括条件逻辑。组成几个异步组合器来构造更复杂的组合器是很容易的，例如 AND 和 OR 运算符的异步版本。

- F#支持中缀运算符，可以对其进行定制以生成一组方便的运算符。这些运算符简化了编程风格，可以非标准方式轻松地构建非常复杂的操作链。

- 应用函子和函子可以组合起来提升常规函数,可在不离开上下文的情况下执行针对提升类型的操作。此技术允许你并行运行一组异构函数,这些函数的输出可以作为一个整体进行计算。

- 通过使用 Bind、Return、Map 和 Apply 等核心函数式函数,可以很容易地定义丰富的代码行为,在模拟条件逻辑(如 if-else)的提升世界中组合、并行运行和执行应用程序。

第 *11* 章

使用代理应用反应式编程

本章主要内容:
- 使用消息传递并发模型
- 每秒处理数百万条消息
- 使用代理编程模型
- 并行工作流和协调代理

Web 应用程序在我们的生活中扮演着重要角色,包括大型社交网络和媒体流以及在线银行系统和在线协作游戏。某些网站现在要处理的流量与不到十年前的整个互联网一样多。Facebook 和 Twitter 这两个最受欢迎的网站各自拥有数十亿的用户。为了确保这些应用程序能健康地蓬勃发展,并发连接、可扩展性和分布式系统至关重要。过去的传统体系结构已经无法在如此大量的请求下运行。

高性能计算正在成为必需品。消息传递并发编程模型是满足这一需求的答案,Java、C#和 C++等主流语言中对消息传递模型的支持日益增加也证明了这一点。

并发在线连接的数量肯定会继续增长。这一趋势正在转向物联网方向,互联物理设备会生成复杂而庞大的网络,并不断地运行和交换信息。据预测,到 2025年,物联网(IoT)的装机规模将扩大到 750 亿台(http://mng.bz/wiwp)。

什么是物联网

顾名思义,物联网是指世间万物(如冰箱,洗衣机等)都连接到互联网上。基本上,任何带有开关的、可以连接到互联网的东西都可以成为物联网的一部分。有分析公司估计,到 2020 年,将有 260 亿台联网设备(www.forbes.com/companies/gartner/)。

其他来源的估算数据显示这一数字将超过 1000 亿。这将是一个很大的数据传输量。物联网面临的一个挑战是在不能减慢速度或产生瓶颈的情况下实时传输数据，并持续改进响应时间。另一个挑战是安全性：所有这些连接到互联网的东西都容易被黑客攻击。

在线连接设备的不断发展正在激发开发人员思考如何设计下一代应用程序的革命。新一代应用程序必须是非阻塞的、快速的并且能够对大量的系统通知作出反应的。事件将会控制反应式应用程序的执行。你将需要一个高度可用和资源节约型的应用程序，以能够适应这种快速发展，并响应不断增加的互联网请求量。事件驱动和异步范式是开发此类应用程序的主要的体系结构要求。在这种情况下，你需要并行处理的异步编程。

本章将介绍如何开发响应式和反应式系统，从出色的消息传递编程模型开始，这是一种具有特别广泛适用性的通用并发模型。消息传递编程模型与微服务架构(http://microservices.io/)有几个共同点。

你将使用基于代理的并发编程风格，该风格依赖于将消息传递作为在称为代理的小型计算单元之间进行通信的工具。每个代理都可以拥有一个内部状态，通过单线程访问来保证线程安全，而不需要任何锁(或其他任何同步基元)。由于代理易于理解，因此使用它们进行编程是构建可扩展和响应式应用程序的有效工具，可简化高级异步逻辑的实现。

到本章结束时，你将了解如何在应用程序中使用异步消息传递语义，以简化和提高应用程序的响应能力和性能(如果你对异步仍不完全了解，请先复习第 8 章和第 9 章)。

在深入了解消息传递体系结构和代理模型的技术方面内容之前，让我们先来看一下反应式系统，重点是那些使应用程序在反应式范式中有价值的属性。

11.1 什么是反应式编程

反应式编程是一组用于异步编程的设计原则，这些设计原则可用于创建能够及时响应命令和请求的内聚系统。它是一种在分布式环境中思考系统架构和设计的方法，在这种环境中，实现技术、工具和设计模式等都是较大整体系统的组件。在这里，应用程序被划分为多个不同的步骤，每个步骤都可以以异步和非阻塞的方式执行。竞争共享资源的执行线程可以在资源被占用时自由地执行其他有用的工作，而不是闲置以致浪费计算能力。

2013 年，反应式编程成为一个既定的范式，并在"反应式宣言"
(www.reactivemanifesto.org/)的框架下有了一套正式的规则，规则描述了决定反应
式系统的组成部分的数量。"反应式宣言"概述了实现健壮、灵活和响应式系统
的模式，其被推出背后的原因是业界近年来对应用程序需求的变更(参见表 11.1)。

表 11.1　过去和现在的应用程序需求之间的比较

过去的应用程序需求	现在的应用程序需求
单核处理器	多核处理器
昂贵的 RAM	便宜的 RAM
昂贵的硬盘存储	便宜的硬盘存储
缓慢的网络	快速的网络
少量的并发请求	大量的并发请求
小数据	大数据
以秒为单位的延迟	以毫秒为单位的延迟

过去，你的应用程序可能只运行了少量服务，并且有足够的响应时间和让系
统离线进行维护的时间。如今，应用程序会被部署在数千个服务上，每个服务都
可以在多个内核上运行。此外，用户希望响应时间以毫秒为单位，而不是秒，而
任何低于 100％的正常运行时间都是不可接受的。"反应式宣言"旨在通过要求
开发人员创建具有四个属性的系统来解决这些问题。它们必须具有响应性(对用户
作出反应)、弹性(对故障作出反应)、消息驱动性(对事件作出反应)以及可扩展性(对
负载作出反应)。图 11.1 说明了这些属性以及它们之间的关系。

按照宣言要求构建的系统将实现：

● 无论承担的工作负载如何，都要有一致的响应时间。

● 无论收到的请求量多大，都能及时响应。这样可以确保用户不会浪费大量
时间在等待操作完成上，从而提供积极的用户体验。

这种响应是可能实现的，因为反应式编程优化了多核硬件上计算资源的使用，
从而提高了性能。异步是反应式编程的关键要素之一。第 8 章和第 9 章介绍了 APM
以及它是如何在构建可扩展系统中发挥重要作用的。在第 14 章中，你将构建一个
完全包含此范式的完整服务器端应用程序。

消息驱动的体系结构是反应式应用程序的基础。消息驱动意味着反应式系统是在异步消息传递的前提下构建的。此外,通过消息驱动的体系结构,组件可以是松散耦合的。反应式编程的主要好处是它不需要在系统中的活动组件之间进行显式协调,从而简化了异步计算的方法。

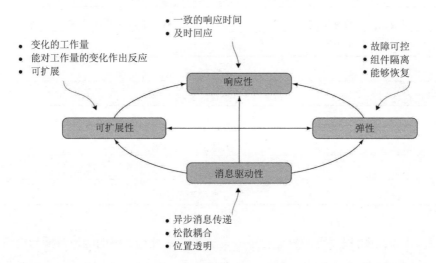

图 11.1   根据"反应式宣言",对于一个被称为反应式的系统,它必须具有四个属性:响应性(对用户作出反应)、弹性(对故障作出反应)、消息驱动性(对事件作出反应)以及可扩展性(对负载作出反应)

11.2   异步消息传递编程模型

在典型的同步应用程序中,通过请求/响应通信模型顺序执行操作,并使用过程调用检索数据或修改状态。该模式受限于其阻塞型的编程风格和设计,因此无法按顺序扩展或执行。

基于消息传递的体系结构是异步通信的一种形式,在这种通信中,数据将进行排队,如有必要,将在稍后阶段进行处理。在反应式编程环境中,消息传递体系结构使用异步语义在系统的各个部分之间进行通信。因此,它每秒可以处理数百万条消息,从而产生令人难以置信的性能提升(参见图 11.2)。

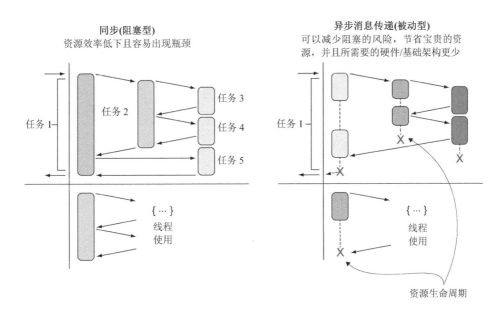

图 11.2　同步(阻塞型)通信资源效率低下且容易出现瓶颈。异步消息传递(被动型)方法可以减少阻塞的风险，节省宝贵的资源，并且所需要的硬件/基础架构更少

注意　消息传递模型已经变得越来越流行，并且已经被应用到许多新的编程语言中，而且通常是作为一个头等的语言概念在这些编程语言中应用。在许多其他编程语言中，可以使用基于传统多线程的第三方库来实现它。

消息传递并发的概念基于具有独占状态所有权的轻量级计算单元(或进程)。在设计中，该状态是受保护和非共享的，这意味着它不管是可变的还是不可变的，都不会在多线程环境中陷入任何陷阱(见第 1 章)。在消息传递体系结构中，消息的发送者和消息的接收者这两个实体是在不同的线程中运行的。这种编程模型的好处是，所有的内存共享和并发访问问题都被隐藏到通信通道中。参与通信的任何实体都不需要应用任何低级同步策略，例如锁。消息传递体系结构(消息传递并发模型)不通过共享内存来进行通信，而是通过发送消息来进行通信。

异步消息传递解耦了实体之间的通信，允许发送者发送消息且无须等待其接收者。消息交换的发送者和接收者之间不需要同步，并且这两个实体都可以独立运行。请记住，发送者是无法知道接收者何时收到和处理消息的。

消息传递并发模型初看可能比顺序系统甚至并行系统更复杂，如图 11.3 所示(正方形代表对象，箭头代表方法调用或消息)。

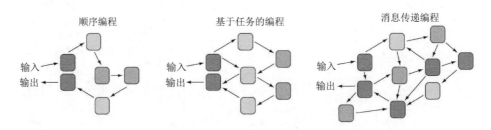

图 11.3　基于任务的编程、顺序编程和基于代理的编程之间的比较。
每个块表示一个计算单元

在图 11.3 中，每个块代表一个工作单元。

- 顺序编程最简单，只有一个输入，同时使用一个控制流来生成一个输出。其中块以线性方式直接连接，每个任务取决于前一个任务的完成情况。
- 基于任务的编程类似于顺序编程模型，但它的控制流可能是 MapReduce 或 Fork/Join 模式。
- 消息传递编程可以控制执行流，因为这些块以延续和直接的方式与其他块互连接。最终，每个块都非线性地将消息直接发送到其他块。这种设计初看起来很复杂，难以理解。但是因为块被封装到活动对象中，所以每个消息都独立于其他消息传递，没有阻塞或延迟时间。通过使用消息传递并发模型，可以拥有多个构建块，每个构建块都有一个独立的输入和输出，彼此之间可以进行连接。每个块都是独立运行的，所以一旦实现了隔离，就可以将计算部署到不同的任务中。

我们将在本章的其余部分中讨论如何使用代理作为构建消息传递并发模型的主要工具。

11.2.1　消息传递和不可变性的关系

到目前为止，应该清楚的是，不可变性可以确保更高的并发度(记住，不可变对象是一个在创建后其状态不能被修改的对象)。不可变性是构建并发、可靠和可预测程序的基础工具，但它并不是唯一重要的工具。天然隔离也非常重要，因为在本质上不支持不可变性的编程语言中，天然隔离比不可变性更容易实现。事实证明，代理能够通过消息传递来强制进行粗粒度的隔离。

11.2.2　天然隔离

天然隔离是编写无锁并发代码的一个至关重要的概念。在多线程程序中，隔离通过为每个线程提供一个复制的数据部分来执行本地计算，从而解决共享状态的问题。如果有隔离，就不存在竞态条件问题了，因为每个任务都是处理数据的独立副本。

用于构建弹性系统的隔离

隔离是构建弹性系统的一个重要方面。例如，在单个组件发生故障的情况下，系统的其余部分不会受此故障的影响。消息传递对于简化由于隔离方法(也称为无共享方法)而得以启用的并发系统的构建过程是一个巨大的帮助。

天然隔离或无共享方法相对于不可变方法来说不难实现，但这两个选项都体现为正交方法，所以应该结合使用以减少运行时的开销并避免竞态条件和死锁。

11.3　代理是什么

代理是一个单线程计算单元，用于设计基于隔离传递消息(无共享方法)的并发应用程序。这些代理是一个包含队列并可以接收和处理消息的轻量级构造。轻量级意味着与生成新线程相比，代理的内存占用很小，因此你可以轻松地在计算机中启动 100 000 个代理，而不会出现任何问题。

可以将代理视为对某个可变状态拥有独占所有权的进程，该状态永远无法从代理外部进行访问。尽管代理彼此同时运行，但在单个代理内，所有内容都是有顺序的。代理内部状态的隔离是该模型的一个关键概念，因为它是完全无法从外部访问的，从而使其成为线程安全的。事实上，如果状态是隔离的，变化是可以自由发生的。

代理的基本功能是执行以下操作：

- 维护能在多线程环境中安全访问的私有状态。
- 在不同的状态下对消息作出不同的反应。
- 通知其他代理。
- 暴露事件给订阅者。
- 向消息发送者发送回复。

代理编程的一个最重要的特性是消息是异步发送的，发送者不启动块。当消息发送到代理时，它会被放到邮箱中。代理进程按添加到邮箱的顺序一次处理一条消息，仅在处理完当前消息后才转到下一条消息。代理处理消息时，其他传入消息不会丢失，而是缓冲到内部隔离邮箱中。因此，多个代理可以毫不费力地并行运行，这意味着合格的基于代理的应用程序的性能是可以随内核或处理器的数量增加而提升的。

代理不是参与者

从表面上看，代理人和参与者之间有相似之处，这会导致人们有时会交替使用这些术语。但主要区别在于代理都是在一个进程中运行，而参与者则可能是在另一个不同的进程上运行。事实上，对代理的引用是指向特定实例的指针，而对参与者的引用则是位置透明的。位置透明是指使用名称来标识网络资源，而不是使用它们的实际位置，这意味着参与者可能是在同一进程中运行的，也可能是在另一个进程上运行的，甚至可能是在远程计算机上运行的。

基于代理的并发是受参与者模型的启发，但其构造要简单得多。参与者系统具有内置的提供分发支持的复杂工具，其中包括用于管理异常和自我修复系统的监督功能、自定义工作分发的路由功能等。

有一些库和工具包——例如 Akka.net(http://getakka.net/)、Proto.Actor (http://proto.actor/)和 Microsoft Orleans(https://dotnet.github.io/orleans/)——实现了.NET 生态系统的参与者模型。用于在云中构建分布式、可扩展和容错的微服务的 Microsoft Azure Service Fabric(https://azure.microsoft.com/en-us/services/service-fabric)也是基于参与者模型。有关.NET 参与者模型的详细信息，我推荐阅读 Anthony Brown 的 *Reactive Applications with Akka.Net*(Manning，2017)一书。

参与者库提供的工具和特性可以很容易地为代理所实现和复制。你可以找到一些库来填补缺少的功能，例如监督和路由(http://mbrace.io/和 http://akka.net)。

11.3.1　代理的组件

图 11.4 展示了代理的基本组成部分。

- 邮箱——用于缓冲传入消息的、异步的、无竞态条件的、非阻塞的内部队列。
- 行为——对每个传入消息按顺序应用的内部函数。行为是单线程的。
- 状态——代理可以具有一个隔离的、从不共享的内部状态，因此它们永远不需要竞争要访问的锁。
- 消息——代理只能通过消息进行通信，这些消息是异步发送的并在邮箱中进行缓冲。

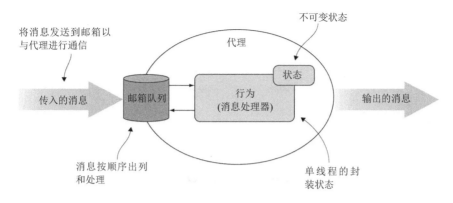

图 11.4　代理由对传入消息进行排队的邮箱、状态和在循环中运行的行为组成，一次处理一条
消息。行为是应用于消息的函数

11.3.2　代理可以做什么

代理编程模型为并发提供了强大的支持并具有广泛的适用性。代理可用于数据收集和挖掘、通过缓冲请求减少应用程序瓶颈、有界和无界反应流的实时分析、通用数字运算、机器学习、模拟、Master/Worker 模式、Compute Grid、MapReduce、游戏以及音频和视频处理等。

11.3.3　无锁并发编程的无共享方法

无共享架构指的是在消息传递编程中每个代理都是独立的，并且整个系统中没有单个争用点。该体系结构模型非常适合构建并发和安全的系统。如果你不共享任何东西，那么就没有机会造成竞态条件。隔离的消息传递块(代理)是一种强大而高效的实现可扩展编程算法的技术，包括可扩展的请求服务器和分布式编程算法。代理作为构建块所拥有的简单性和直观行为允许设计和实现不共享状态的优雅的、高效的异步并行应用程序。通常，代理根据所接收到的消息执行计算，并且可以一种即发即弃的方式向其他代理发送消息或收集响应(应答)，如图 11.5 所示。

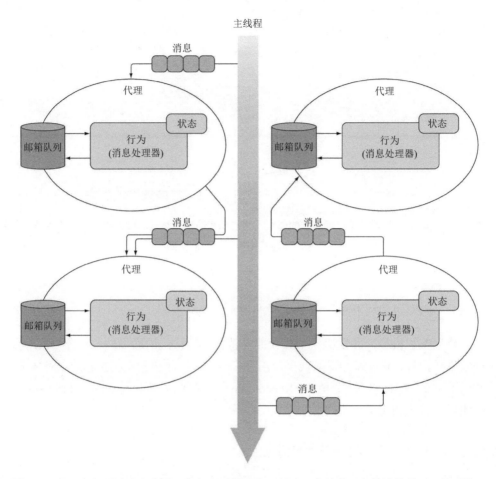

图 11.5　代理之间通过消息传递语义相互通信，从而创建一个并发运行的计算单元互连系统。
每个代理都有一个隔离的状态和独立的行为

11.3.4　基于代理的编程如何体现函数式思想

　　基于代理的编程的某些方面不是函数式的。虽然代理和参与者是在函数式语言的背景下开发的，但它们的目的是产生副作用，这违背了 FP 的原则。代理通常会产生副作用，或者向另一个代理发送消息，这将反过来产生新的副作用。

　　虽然不太重要但是值得一提的是，FP 通常会将逻辑与数据分开。但是代理包含了数据和处理函数的逻辑。此外，向代理发送消息不会对返回类型强制执行任何约束。代理行为(应用于每条消息的操作)可以返回结果，也可以不返回任何结果。在后一种情况下，以一种即发即忘的方式发送消息的设计鼓励程序代理采用单向流模式，这意味着消息从一个代理向前流动到下一个代理。代理之间的这种单向消息流可以通过连接一组给定的代理来保持其组合语义。其结果将是一个代理管道，它代表了处理消息的操作步骤，每个操作都是独立执行的，并且可能是并行执行的。

之所以说代理模型是函数式的，其主要原因是代理可以将行为发送到状态，而不是将状态发送到行为。在代理模型中，发送者除了可以发送消息外，还可以提供实现处理传入消息的操作的函数。代理是内存中的一个插槽，可以在其中放入数据结构，例如存储桶(容器)。除了提供数据存储之外，代理还允许你以函数的形式发送消息，然后将消息原子地应用到内部存储桶中。

注意　"原子地"是指当一组操作(原子操作)启动时，必须在单个步骤中出现任何中断之前完成，这样其他并行线程就只能看到旧的或新的状态。

该函数可以由其他函数组合而成，然后作为消息发送给代理。其优点是能够在运行时使用函数和函数组合等函数式范式来更新和更改行为。

11.3.5　代理是面向对象的

有趣的是，Alan Kay(https://en.wikipedia.org/wiki/Alan_Kay)在 Smalltalk 中对对象的最初设想比在大多数编程语言中的对象更接近于代理模型(例如，关于"消息传递"的基本概念)。Kay 认为，状态更改应该被封装，而不是以一种不受约束的方式进行。他对于在对象之间传递消息的想法很直观，有助于澄清对象之间的界限。

显然，消息传递类似于 OOP，你可以使用 OOP 风格(只调用一个方法)来传递消息。在这里，代理就像面向对象程序中的对象，因为它封装状态并通过交换消息与其他代理通信。

11.4　F#代理：MailboxProcessor

F#中对 APM 的支持不会止步于异步工作流(异步工作流在第 9 章中有介绍)。F#编程语言本身提供了额外的支持，包括 MailboxProcessor，这是一种作为轻量级的、内存中的消息传递代理的基元类型(见图 11.6)。

MailboxProcessor 是完全异步工作的并提供了一个简单的并发编程模型，可以交付快速可靠的并发程序。关于 MailboxProcessor、它的多用途以及它为构建各种各样的应用程序提供的灵活性等，我可以单独写一本书。使用它的好处包括将专用的独立消息队列与异步处理程序结合起来，用于节流消息处理从而自动且透明地优化计算机资源的使用。

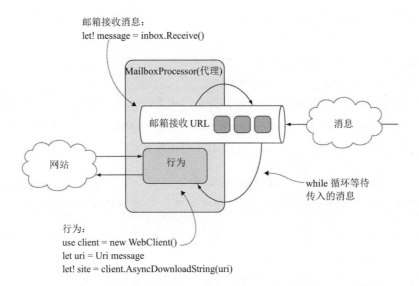

邮箱接收消息:
let! message = inbox.Receive()

MailboxProcessor(代理)

邮箱接收 URL

消息

网站

行为

while 循环等待
传入的消息

行为:
use client = new WebClient()
let uri = Uri message
let! site = client.AsyncDownloadString(uri)

图 11.6   MailboxProcessor(代理)在 while 循环中异步等待传入的消息。消息是表示 URL 的字符
串，将被应用于下载相关网站的内部行为

代码清单 11.1 展示了一个使用 MailboxProcessor 的简单代码示例，它接收一个任意的 URL 来打印网站地址的长度。

代码清单 11.1   带 while 循环的简单的 MailboxProcessor 示例

```
type Agent<'T> = MailboxProcessor<'T>

let webClientAgent =                              MailboxProcessor.Start方法
  Agent<string>.Start(fun inbox -> async {        返回一个正在运行的代理
    while true do
      let! message = inbox.Receive()              异步等待以接收一个消息
      use client = new WebClient()
      let uri = Uri message
      let! site = client.AsyncDownloadString(uri)
      printfn "Size of %s is %d" uri.Host site.Length    使用异步工作流
  })                                                      来下载数据

agent.Post "http://www.google.com"
agent.Post "http://www.microsoft.com"             以即发即忘的方式发送
                                                  消息到 MailboxProcessor
```

让我们来看一下如何在 F#中构造代理。首先，必须要有一个实例的名称。在本例中，webClientAgent 是邮箱处理器的地址。这是你发布要处理的消息的方式。MailboxProcessor 通常使用 MailboxProcessor.Start 快捷方法来初始化，但你也可以通过直接调用构造函数来创建实例，然后再使用实例方法 Start 来运行代理。如果要想简化 MailboxProcessor 的名称和使用，则可以将其建立为别名代理，然后再使用 Agent.Start 来启动该代理。

接下来，有一个 lambda 函数，该 lambda 函数带有一个包含异步工作流的收件箱。发送到邮箱的每条消息都是异步发送的。代理的主体用作消息处理程序，它接收邮箱(inbox:MailboxProcessor)作为参数。此邮箱有一个正在运行的逻辑线程，该线程控制一个专用的、封装的消息队列，该队列是线程安全的，用于使用和协调与其他线程或代理的通信。邮箱使用 F#异步工作流异步运行。它可以包含不阻塞线程的长时间运行的操作。

通常，消息需要按顺序处理，所以必须有一个循环。这个例子中使用了一个非函数式的 while-true 风格循环。使用该循环或使用函数式递归循环是非常好的。代码清单 11.1 中的代理在一个命令式的 while 循环中通过使用 let!构造调用异步函数 agent.Receive()来开始获取和处理消息。

该循环的内部则是 MailboxProcessor 的核心。邮箱 Receive 函数的调用在不阻塞实际线程的情况下等待传入的消息，并在收到消息后恢复运行。let!运算符的用途是确保可以立即开始计算。

然后，第一条可用消息将从邮箱队列中删除并绑定到消息标识符上。此时，代理通过处理该消息来作出反应，在本示例中则是下载并打印给定网站地址的大小。如果邮箱队列为空，没有要处理的消息，那么代理会将线程释放回线程池调度程序。这意味着当 Receive 等待传入消息时将没有线程处于空闲状态，这些消息是使用 agent.Post 方法以一种即发即忘的方式发送到 MailboxProcessor。

邮箱异步递归循环

在前面的示例中，代理邮箱使用命令式 while 循环来异步等待消息。让我们修改一下该命令式循环，使其使用函数式递归来避免变化并保持本地状态。

与代码清单 11.1 一样，代码清单 11.2 同样是个统计消息的代理，但这次它使用了一个递归异步函数来维护状态。

代码清单 11.2　带递归循环的简单的 MailboxProcessor 示例

```
let agent = Agent<string>.Start(fun inbox ->
    let rec loop count = async {          ◄──── 使用异步递归函数，以不可变的
        let! message = inbox.Receive()              方式维护状态
        use client = new WebClient()
        let uri = Uri message
        let! site = client.AsyncDownloadString(uri)
        printfn "Size of %s is %d - total messages %d" uri.Host
➥ site.Length (count + 1)
```

```
            return! loop (count + 1) }
            loop 0)
    agent.Post "http://www.google.com"
    agent.Post "http://www.microsoft.com"
```

◄── 该递归函数是尾调用，异步
传递更新的状态

这种函数式方法虽然更高级一些，但它大大减少了代码中显式变化的数量，而且通常更为通用。事实上，正如稍后将会看到的，你可以使用相同的策略来维护和安全地重用状态以进行缓存。

让我们密切关注代码行 return! loop(n + 1)，其中函数递归地使用异步工作流来执行循环，传递计数的增加值。使用 return!的调用是尾递归的，这意味着编译器可以更高效地转换递归，以避免堆栈溢出异常。有关递归函数支持的更多详细信息，请参阅第 3 章(同样也是使用 C#)。

MailboxProcessor 最重要的函数

MailboxProcessor 最重要的函数如下所示：

● Start——该函数定义了形成消息循环的异步回调。

● Receive——这是一个 async 函数，用于接收来自内部队列的消息。

● Post——该函数以一种即发即忘的方式向 MailboxProcessor 发送消息。

11.5　使用 F# MailboxProcessor 避免数据库瓶颈

大多数应用程序的核心功能都是数据库访问，这通常是代码瓶颈的真正根源。简单的数据库性能调优可以显著加快应用程序的速度并保持服务器的响应能力。

如何保证高吞吐量的数据库访问始终如一地正常工作呢？由于数据库访问的 I/O 特性，为更好地提升数据库访问性能，操作应是异步的。异步可确保服务器能够并行处理多个请求。你可能想知道在性能下降之前数据库服务器能够处理的并行请求的数量(图 11.7 展示了高级别的性能下降)。这没有确切的答案。它取决于许多不同的因素，例如数据库连接池的大小。

瓶颈问题的一个关键因素是控制和节流传入的请求，以最大限度地提高应用程序的性能。MailboxProcessor 通过缓冲传入的消息和控制可能的请求溢出来提供解决方案(见图 11.8)。使用 MailboxProcessor 作为限制数据库操作的机制为优化数据库连接池的使用提供了精细的控制。例如，程序可以添加或删除代理，以精确的并行级别执行数据库操作。

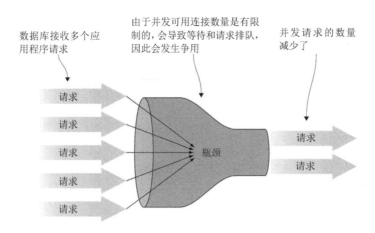

图 11.7　由于连接池的大小有限，因此减少了大量访问数据库的并发请求

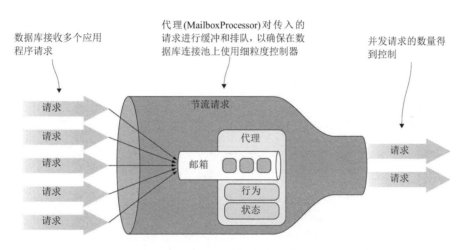

图 11.8　代理(MailboxProcessor)控制传入的请求以优化数据库连接池的使用

代码清单 11.3 展示了 F#中的一个完全异步函数。该函数查询给定的数据库并将查询封装到 MailboxProcessor 主体中。将操作封装为代理的行为可确保一次只处理一个数据库请求。

提示　能处理更多请求的一个明显的解决方案就是将数据库的连接池大小设置为最大值，但这不是一个好做法。通常，你的应用程序不是连接到数据库的唯一客户端，如果它占用了所有连接，则数据库服务器无法按预期执行。

要访问数据库，可使用传统的.NET 访问数据对象(ADO)。或者，可以使用

Microsoft Entity Framework 以及其他数据访问框架。在这里，我不准备介绍 Entity Framework 数据访问组件。有关更多详细信息，请参阅 http://mng.bz/4sdU 上的 MSDN 联机文档。

代码清单 11.3　使用 MailboxProcessor 来管理数据库调用

使用 Person 记录类型 ⟶　　　　　　　　　　　　　　　　　　　　使用一个单例的 DU 来定义 MailboxProcessor 消息

```fsharp
type Person =
    { id:int; firstName:string; lastName:string; age:int }

type SqlMessage =
    | Command of id:int * AsyncReplyChannel<Person option>

let agentSql connectionString =                           对接收到的消息解构模式
    fun (inbox: MailboxProcessor<SqlMessage>) ->          匹配以访问其底层值
        let rec loop() = async {
            let! Command(id, reply) = inbox.Receive()
            use conn = new SqlConnection(connectionString)
            use cmd = new SqlCommand("Select FirstName, LastName, Age
   from db.People where id = @id")
            cmd.Connection <- conn
            cmd.CommandType <- CommandType.Text
            cmd.Parameters.Add("@id", SqlDbType.Int).Value <- id
            if conn.State <> ConnectionState.Open then
                do! conn.OpenAsync()
            use! reader = cmd.ExecuteReaderAsync(
CommandBehavior.SingleResult ||| CommandBehavior.CloseConnection)
            let! canRead = (reader:SqlDataReader).ReadAsync()
            if canRead then
                let person =
                    { id = reader.GetInt32(0)
                      firstName = reader.GetString(1)
                      lastName = reader.GetString(2)
                      age = reader.GetInt32(3) }
                reply.Reply(Some person)
            else reply.Reply(None)
            return! loop() }
        loop()

type AgentSql(connectionString:string) =
    let agentSql = new MailboxProcessor<SqlMessage>
                                    (agentSql connectionString)

    member this.ExecuteAsync (id:int) =
```

使用do!异步工作流运算符异步打开 SQL 连接

如果 SQL 命令可以运行，则使用操作的 Some 结果回复调用者

异步创建 SQL 读取器实例

如果 SQL 命令不能运行，则使用操作的 None 结果回复调用者

```
            agentSql.PostAndAsyncReply(fun ch -> Command(id, ch))  ◄──────────┐
                                                                              │
    member this.ExecuteTask (id:int) =                                        │
        agentSql.PostAndAsyncReply(fun ch -> Command(id, ch))                 │
        |> Async.StartAsTask  ◄───────────────────────────────────────────────┤
                                                                              │
                                    暴露 API 以与封装的 MailboxProcessor ──────┘
                                    进行交互
```

首先，Person 数据结构被定义为记录类型，这样在任何.NET 编程语言中都可以很容易地将其作为不可变类来使用。agentSql 函数定义了 MailboxProcessor 的主体，其行为接收消息并异步执行数据库查询。通过对 Person 值使用 Option 类型，可以使应用程序更加健壮，当出现空值时可以返回 None。这样做有助于避免抛出 null 引用异常。

AgentSql 类型封装了源自运行 agentSql 函数时产生的 MailboxProcessor。底层代理的访问通过 ExecuteAsync 和 ExecuteTask 方法对外暴露。

ExecuteTask 方法的目的是鼓励与 C#的互操作性。可以将 AgentSql 类型编译为 F#库并将其作为可重用组件分发。如果你想在 C#中使用它，则还需要为运行异步工作流对象(Async<'T>)的 F#函数提供返回类型为 Task 或 Task<T>的方法。附录 C 介绍了如何在 F# Async 和.NET Task 类型之间进行互操作。

11.5.1　MailboxProcessor 消息类型：可区分联合

type SqlMessage Command 是一个单用例的 DU，用于向 MailboxProcessor 发送一个消息，其具有明确定义的类型，能够被模式匹配。

```
type SqlMessage =
    | Command of id:int * AsyncReplyChannel<Person option>
```

常见的F#实践是使用DU来定义MailboxProcessor可以接收的不同类型的消息，并对它们进行模式匹配以解构和获取底层数据结构(有关F#的更多信息，请参见附录B)。通过DU来进行模式匹配为处理消息提供了一种简洁的方法。一种常见的模式是调用inbox.Receive()或inbox.TryReceive()，然后对消息内容进行匹配。

> **F#单用例 DU 的性能提示**
>
> 使用单用例 DU 类型(如代码清单 11.3 所示)来包装原始值是一种高效的设计。但是，由于联合用例是被编译到类中，因此预期性能会下降。这种性能下降是 GC 对类进行分配和稍后进行回收导致的。更好的解决方案是使用 Struct 属性来装饰 DU，允许编译器将这些类型视为值，从而避免额外的堆分配和 GC 压力(该解决方案自 F# 4.1 后可用)。

使用强类型消息使得 MailboxProcessor 行为可以区分不同类型的消息并提供
与每种消息类型相关联的不同处理代码。

11.5.2　MailboxProcessor 双向通信

在代码清单 11.3 中,底层的 MailboxProcessor 以 Person 选项类型的形式向调
用者返回(应答)数据库查询的结果。此通信使用了 AsyncReplyChannel<'T>类型,
定义了在消息初始化期间建立的用于回复通道参数的机制(参见图 11.9)。

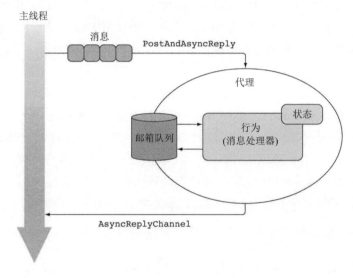

图 11.9　双向通信生成一个 AsyncReplyChannel,代理使用它作为回调,在计算完成时通知调
用方并提供一个结果

异步等待响应的代码采用的是 AsyncReplyChannel。当计算完成后,将使用
Reply 函数从邮箱返回结果。

```
type SqlMessage =
  | Command of id:int * AsyncReplyChannel<Person option>

  member this.ExecuteAsync (id:int) =
      agentSql.PostAndAsyncReply(fun ch -> Command(id, ch))
```

PostAndAsyncReply 方法初始化 Reply 逻辑的通道,使用匿名 lambda(函数)
将响应通道作为消息的一部分传递给代理。此时,工作流将被挂起(不阻塞),直
到操作完成,并且代理通过通道将带有结果的 Reply 发送回调用方。

```
reply.Reply(Some person)
```

作为良好实践，应该将 AsyncReplyChannel 处理程序嵌入消息本身中，如 DU 中所示(SqlMessage.Command of id:int * AsyncReplyChannel<Person option>)，因为编译器可以轻松强制执行对所发送消息的回复。

你可能会想：如果一次只能处理一条消息，那为什么要使用 MailboxProcessor 来处理多个请求呢？如果 MailboxProcessor 比较忙碌，那么传入的消息是否会丢失？

向 MailboxProcessor 发送消息始终是非阻塞的。但从代理的角度来看，接收消息则是一个阻塞操作。即使你向代理发送多条消息，也不会丢失任何消息，因为它们已被缓冲并插入邮箱队列中。

还可以为对准和扫描(http://mng.bz/1ljr)准确的消息类型实现选择性接收语义，并且根据代理行为，处理程序可以在邮箱中等待特定的消息并暂时延迟其他消息。这是一种用于实现具有暂停和恢复功能的有限状态机的技术。

11.5.3　在 C#中使用 AgentSQL

现在，你希望其他语言可以使用 AgentSql。其暴露的 API 对 C# Task 和 F#异步工作流都是友好的。

在 C#中使用 AgentSql 很简单。在引用了包含 AgentSql 的 F#库之后，可以创建该对象的实例，然后调用 ExecuteTask 方法。

```
AgentSql agentSql = new AgentSql("<< ConnectionString Here >>");
Person person = await agentSql.ExecuteTask(42);
Console.WriteLine($"Fullname {person.FirstName} {person.LastName}");
```

ExecuteTask 会返回一个 Task<Person>，因此当操作作为一个延续完成时，可以使用 C#的 async/await 模型来提取底层值。

你可以在 F#中使用类似的方法，支持基于任务的编程模型，不过由于对异步工作流的内在的更好支持，我建议你使用 ExecuteAsync 方法。在这种情况下，你既可以在异步计算表达式中调用该方法，也可以使用 Async.StartWithContinuations 函数来调用该方法。通过使用该函数，当 AgentSql 回复结果时，延续处理程序可以继续工作(请参阅第 9 章)。代码清单 11.4 是使用这两种 F#方法的示例(要注意的代码以粗体显示)。

代码清单 11.4　使用 AgentSql 异步交互

```
let token = CancellationToken()              ◄────────      使用取消令牌来停止
                                                            MailboxProcessor

let agentSql = AgentSql("< Connection String Here >")
```

```
let printPersonName id = async {
    let! (Some person) = agentSql.ExecuteAsync id
    printfn "Fullname %s %s" person.firstName person.lastName
}
```

发送消息并异步等待来自
MailboxProcessor 的响应

```
Async.Start(printPersonName 42, token)
    Async.StartWithContinuations(agentSql.ExecuteAsync 42,
        (fun (Some person) ->
            printfn "Fullname %s %s" person.firstName person.lastName),
        (fun exn -> printfn "Error: %s" exn.Message),
        (fun cnl -> printfn "Operation cancelled"), token)
```

异步开始
计算

如果操作成功完成、出错或者
取消，则分别触发其对应函数

启动计算，异步管理操
作的完成方式

Async.StartWithContinuations 函数指定当作业作为延续完成时要运行的代码。
它接受三个不同的延续函数，这些函数分别由不同的操作输出来触发。

● 操作成功完成并且结果是可用时要运行的代码。

● 发生异常时要运行的代码。

● 取消操作时要运行的代码。取消令牌可以在启动作业时作为可选参数
传递。

有关更多的详细信息，请参阅第 9 章或 MSDN 联机文档(http://mng.bz/teA8)。
Async.StartWithContinuations 并不复杂，可以在成功、错误或取消的情况下很方便地
控制调度行为。传递的这些函数被称为延续函数。可以在 Async.StartWithContinuations
的参数中将延续函数指定为 lambda 表达式。可以指定代码作为简单 lambda 表达
式运行这一点是非常强大的。

11.5.4   成组协调代理来并行工作流

使用代理处理访问数据库的消息的主要原因是控制吞吐量并正确优化连
接池的使用。那么如何实现这种对并行的精细控制呢？系统如何并行执行多个
请求而不会降低性能呢？MailboxProcessor 是一种基本类型，可以灵活地通过
封装行为来构建可重用的组件，然后对外暴露适合你的程序需要的通用或定制
的接口。

代码清单 11.5 展示了一个可重用的组件 parallelWorker(以粗体显示)，它生成
一组给定数量的代理。在这里，每个代理实现相同的行为并以轮询的方式来处理
传入的请求。轮询是一种算法，在本例中体现为代理邮箱队列以先到先服务的方
式按循环顺序处理传入的消息，从而处理所有没有特定优先级的进程。

代码清单 11.5 并行 MailboxProcessor 工作者

构造底层子代理的
行为

workers 值定
义了要并行
运行的代理
数量

```
type MailboxProcessor<'a> with
    static member public parallelWorker (workers:int)
            (behavior:MailboxProcessor<'a> -> Async<unit>)
            (?errorHandler:exn -> unit) (?cts:CancellationToken) =
    let cts = defaultArg cts (CancellationToken())
    let errorHandler = defaultArg errorHandler ignore
    let agent = new MailboxProcessor<'a>((fun inbox ->
        let agents = Array.init workers (fun _ ->
            let child = MailboxProcessor.Start(behavior, cts)
            child.Error.Subscribe(errorHandler)
            child)
        cts.Register(fun () -> agents |> Array.iter(
                        fun a -> (a :> IDisposable).Dispose()))
        let rec loop i = async {
            let! msg = inbox.Receive()
            agents.[i].Post(msg)
            return! loop((i+1) % workers)
        }
        loop 0), cts)
    agent.Start()
```

初始化子
代理

如果未传递取消令牌
或错误处理程序，则
会创建默认值

使用循环以轮询的方式发
送消息给代理

为每个代理都订阅错
误处理程序

注册取消令牌函数，该函数将停
止并释放所有代理

　　主代理(agentCoordinator)初始化子代理的集合以协调工作并提供对自身子代
理的访问。当父代理收到发送给 parallelWorker MailboxProcessor 的消息时，它会
将消息分派给下一个可用的子代理(参见图 11.10)。

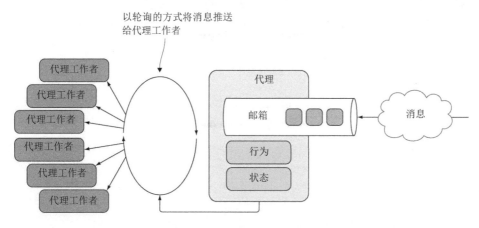

图 11.10 并行代理工作者以轮询的方式接收发送给子代理的消息以并行计算工作

parallelWorker 函数使用称为类型扩展(http://mng.bz/Z5q9)的功能将行为附加到 MailboxProcessor 类型上。类型扩展类似于扩展方法。通过使用类型扩展，你可以使用点表示法来调用 parallelWorker 函数。因此，parallelWorker 函数可以被任何其他.NET 编程语言使用和调用，同时隐藏其实现。

该函数的参数如下所示:

● workers——要初始化的并行代理的数量。

● behavior——以相同方式实现底层代理的函数。

● errorHandler——每个子代理订阅的函数，用于处理最终错误。这是一个可选参数，可以省略。在本例中，将传递 ignore 函数。

● cts——用于停止和释放所有子代理的取消令牌。如果未将取消令牌作为参数传递，则会初始化默认值并将其传递到代理构造函数中。

11.5.5   如何使用 F# MailboxProcessor 处理错误

parallelWorker 函数创建了一个 MailboxProcessor 代理的实例，它是代理的数组(子代理，其数量为 workers 参数的值)的父协调器。

```
let agents = Array.init workers (fun _ ->
                let child = MailboxProcessor.Start(behavior, cts)
                child.Error.Subscribe(errorHandler)
                    child)
```

在初始化阶段，每个子代理使用 errorHandler 函数来订阅错误事件。在从 MailboxProcessor 主体抛出异常的情况下，错误事件将触发并应用订阅的函数。

在基于代理的编程中，检测和通知系统是必不可少的，因为如果出现错误，则需要这些系统应用逻辑来作出相应的反应。MailboxProcessor 内置了检测和转发错误的功能。

当 MailboxProcessor 代理中发生未被捕获的错误时，代理会触发错误事件。

```
let child = MailboxProcessor.Start(behavior, cts)
child.Error.Subscribe(errorHandler)
```

若要管理错误，可以将回调函数注册到事件处理程序。通常的做法是将错误转发给一个监督代理。例如，以下是一个简单的监督代理打印其所收到的错误。

```
let supervisor = Agent<System.Exception>.Start(fun inbox ->
    async { while true do
                let! err = inbox.Receive()
                printfn "an error occurred in an agent: %A" err })
```

可以定义错误处理函数并作为参数传递，以初始化所有子代理。

```
let handler = fun error -> supervisor.Post error

let agents = Array.init workers (fun _ ->
                let child = MailboxProcessor.Start(behavior, cts)
                child.Error.Subscribe(errorHandler)
                child)
```

在关键的应用程序组件中，例如表示为代理的服务器端请求，你应该计划使用 MailboxProcessor 优雅地处理错误并适当地重新启动应用程序。

可以定义以下辅助函数，从而通过通知监督代理来帮助进行错误处理。

```
module Agent =
    let withSupervisor (supervisor: Agent<exn>) (agent: Agent<_>) =
        agent.Error.Subscribe(fun error -> supervisor.Post error); agent
```

withSupervisor 在可重用组件中抽象出错误处理的注册。现在可以使用该辅助函数来重写代码的前一部分，即为 parallelWorker 注册错误处理的那部分，如下所示：

```
let supervisor = Agent<System.Exception>.Start(fun inbox -> async {
                    while true do
                        let! error = inbox.Receive()
                        errorHandler error })
let agent = new MailboxProcessor<'a>((fun inbox ->
let agents = Array.init workers (fun _ ->
                    MailboxProcessor.Start(behavior)
                    |> withSupervisor supervisor)
```

parallelWorker 封装了监督代理，它使用 errorHandler 函数作为构造函数行为来处理来自子代理的错误消息。

11.5.6　停止 MailboxProcessor 代理——CancellationToken

要实例化子代理，可使用 MailboxProcessor 构造函数，该构造函数将代理的行为作为第一个参数，并将一个 CancellationToken 对象作为第二个参数。CancellationToken 注册一个函数来释放和停止所有正在运行的代理。当 CancellationToken 被取消时将执行如下函数：

```
cts.Register(fun () ->
    agents |> Array.iter(fun a -> (a :> IDisposable).Dispose()))
```

parallelWorker 代理的 MailboxProcessor 部分中的每个子代理在运行时由与给定的 CancellationToken 关联的异步操作来表示。当存在多个相互依赖的代理并且你希望一次性取消所有代理时(类似于我们的示例)，那么使用取消令牌将会很方便。

进一步的实现是将 MailboxProcessor 代理封装为可释放的。

```
type AgentDisposable<'T>(f:MailboxProcessor<'T> -> Async<unit>,
                        ?cancelToken:CancellationTokenSource) =
  let cancelToken = defaultArg cancelToken (new CancellationTokenSource())
  let agent = MailboxProcessor.Start(f, cancelToken.Token)

  member x.Agent = agent
  interface IDisposable with
      member x.Dispose() = (agent :> IDisposable).Dispose()
                          cancelToken.Cancel())
```

这样，AgentDisposable 可通过调用 IDisposable 接口的 Dispose 方法来使底层 MailboxProcessor 的取消和内存释放(Dispose)更容易。

使用以上的 AgentDisposable 实现，可以重写前面代码中用于注册 parallelWorker 子代理取消的那一部分。

```
let agents = Array.init workers (fun _ ->
                new AgentDisposable<'a>(behavior, cancelToken)
                |> withSupervisor supervisor)

thisletCancelToken.Register(fun () ->
        agents |> Array.iter(fun agent -> agent.Dispose())
```

当触发取消令牌 thisletCancelToken 时，将调用所有子代理的 Dispose 方法，从而令它们停止。可以在本书的配套源代码中找到重构后的 parallelWorker 的完整实现。

11.5.7   使用 MailboxProcessor 分发工作

以上代码的其余部分是不言自明的。当一条消息发布到 ParallelWorker 时，父代理将拾取它并转发给队列中的第一个代理。父代理使用递归循环来维护索引指向的最后一个代理的状态。在每次迭代期间，索引都会增加，以便将以下可用的消息传递给下一个代理。

```
let rec loop i = async {
    let! msg = inbox.Receive()
    agents.[i].Post(msg)
    return! loop((i+1) % workers) }
```

可以在各种情况下使用 parallelWorker 组件。以前面的 AgentSql 代码示例为例，可应用 parallelWorker 扩展，以达到通过控制(管理)访问数据库服务器的并行请求数来优化连接池使用的原始目标(如代码清单 11.6 所示)。

代码清单 11.6　使用 parallelWorker 来并行数据库读取

将数据库可并发打开的最大连
接数设置为任意值

从配置文件中读取连接
字符串

```
let connectionString =
    ConfigurationManager.ConnectionStrings.["DbConnection"].ConnectionString

let maxOpenConnection = 10
```

使用连接代理来创建
parallelWorker 的实例

```
let agentParallelRequests =
    MailboxProcessor<SqlMessage>.parallelWorker(maxOpenConnection,
                                        agentSql connectionString)
```

使用批量操作从数据库
中检索一系列 ID

```
let fetchPeopleAsync (ids:int list) =
    let asyncOperation =
    ids
    |> Seq.map (fun id -> agentParallelRequests.PostAndAsyncReply(
                                    fun ch -> Command(id, ch)))
    |> Async.Parallel
Async.StartWithContinuations(asyncOperation,
    (fun people -> people |> Array.choose id
                   |> Array.iter(fun person ->
    printfn "Fullname %s %s" person.firstName person.lastName)),
     (fun exn -> printfn "Error: %s" exn.Message),
     (fun cnl -> printfn "Operation cancelled"))
```

在以上示例中，可并发打开的连接的最大数量是随意设置的，但在实际情况下，该值会有所不同。在这段代码中，首先创建 MailboxProcessor 实例 agentParallelRequests，它通过 maxOpenConnection 数量的代理并行运行。fetchPeopleAsync 函数是最终将所有部分组合在一起的函数。传递给该函数的参数是要从数据库中提取的人员 ID 列表。在该函数内部，会为每个 ID 应用 agentParallelRequests 代理，以生成将使用 Async.Parallel 函数并行运行的异步操作的集合。

注意 要以异步和并行方式访问数据库，最好控制读/写操作和确定其优先级。数据库每次最好只与一个写入器一起使用。在前面的示例中，所有操作都是读取操作，因此不存在该问题。但是在第 13 章中，作为现实世界实现的一部分，有一个版本的 MailboxProcessor parallelWorker 是优先考虑并行一个写入和多个读取的。

在该示例中，人员 ID 是并行检索的。一种更高效的方法是创建一个 SqlCommand 以在一个数据库来回中获取数据。但这个例子的目的仍然存在。并行度的级别是由代理的数量控制的。这是一种高效的技术。在本书的配套源代码中，可以找到一个完整的、增强的、可用于生产的 ParallelWorker 组件，你可以在日常工作中重用它。

11.5.8 使用代理缓存操作

在上一节中，我们使用 F# MailboxProcessor 实现了一个高性能的异步数据库访问代理，它可以控制并行操作的吞吐量。为进一步提高传入请求的响应时间(速度)，可以减少数据库的实际查询数。这可以通过在程序中引入数据库缓存来实现。如果查询结果不变，那么没有理由为每个请求多次执行同一个查询。通过在数据库访问中应用智能缓存策略，可以显著地提高性能。让我们实现一个基于代理的可重用缓存组件，然后可以将其连接到 agentParallelRequests 代理中。

缓存代理的目标是在处理要读取或更新应用程序状态的消息时隔离并存储该状态。代码清单 11.7 展示了使用 MailboxProcessor 的缓存代理的实现。

代码清单 11.7 使用 MailboxProcessor 的缓存代理

```
type CacheMessage<'Key> =
    | GetOrSet of 'Key * AsyncReplyChannel<obj>        使用 DU 来定义 MailboxProcessor
    | UpdateFactory of Func<'Key,obj>                  处理的消息类型
    | Clear


                                                       该构造函数采用
type Cache<'Key when 'Key : comparison>                一个工厂函数来
    (factory : Func<'Key, obj>, ?timeToLive : int) =   在运行时更改代
    let timeToLive = defaultArg timeToLive 1000        理的行为
    let expiry = TimeSpan.FromMilliseconds (float timeToLive)
                                                       设置缓存失效的
                                                       超时时间
    let cacheAgent = Agent.Start(fun inbox ->
        let cache = Dictionary<'Key, (obj * DateTime)>(
```

```
      ➥ HashIdentity.Structural)
            let rec loop (factory:Func<'Key, obj>) = async {
                let! msg = inbox.TryReceive timeToLive
                match msg with
                | Some (GetOrSet (key, channel)) ->
                    match cache.TryGetValue(key) with
                    | true, (v,dt) when DateTime.Now - dt < expiry ->
                            channel.Reply v
                        return! loop factory
                    | _ ->
                        let value = factory.Invoke(key)
                        channel.Reply value
                        cache.Add(key, (value, DateTime.Now))
                        return! loop factory
                | Some(UpdateFactory newFactory) ->
                    return! loop (newFactory)
                | Some(Clear) ->
                    cache.Clear()
                    return! loop factory
                | None ->
                    cache
                    |> Seq.filter(function KeyValue(k,(_, dt)) ->
                                        DateTime.Now - dt > expiry)
                    |> Seq.iter(function KeyValue(k, _) ->
                                        cache.Remove(k)|> ignore)
                    return! loop factory }
            loop factory )
    member this.TryGet<'a>(key : 'Key) = async {
        let! item = cacheAgent.PostAndAsyncReply(
                            fun channel -> GetOrSet(key, channel))
        match item with
        | :? 'a as v -> return Some v
        | _ -> return None }
    member this.GetOrSetTask (key : 'Key) =
        cacheAgent.PostAndAsyncReply(fun channel -> GetOrSet(key, channel))
        |> Async.StartAsTask

    member this.UpdateFactory(factory:Func<'Key, obj>) =
        cacheAgent.Post(UpdateFactory(factory))
```

使用内部查找状态进行缓存

尝试从缓存中获取值。如果不能获取值，则使用工厂函数创建一个新值。然后，将该值发送给调用方

更新工厂函数

异步等待消息，直到超时过期。如果超时过期，将清理缓存

当从缓存代理中检索到该值时，它将验证类型并返回 Some(如果成功)，否则将返回 None

暴露成员以便与 C# 友好兼容

更新工厂函数

在以上示例中，第一种类型 CacheMessage 是以 DU 形式发送到 MailboxProcessor 的消息的定义。该 DU 确定了发送到缓存代理的有效消息。

> **注意** 本书讲到这里，DU 已经不再是一个新主题，但值得一提的是，DU 是与
> MailboxProcessor 结合使用的强大工具，因为允许每个定义的类型包含不同
> 的签名。因此，它们提供了指定相关的类型组和消息合约的能力，这些类
> 型和消息合约可用于选择和分支到代理的不同反应。

CacheAgent 实现的核心是初始化并立即启动一个 MailboxProcessor，然后持
续不断地监视传入的消息。

F#的构造使得只是使用编程词法范围界定就可以很容易地实现异步代理内的
隔离。以下代理程序代码使用标准和可变的.NET 字典集合来维护源自发送给代理
程序的不同消息的状态。

```
let cache = Dictionary<'Key, (obj * DateTime)>()
```

内部字典在编程词法上对异步代理是私有的，除代理之外，无法对字典进行
读/写操作。字典中的可变状态是隔离的。代理函数定义为采用单个参数工厂的递
归函数循环，如下所示：

```
Agent.Start(fun inbox ->
        let rec loop (factory:Func<'Key, obj>) = async { ... }
```

工厂函数表示了当cacheAgent 在本地状态缓存中找不到条目时创建和添加条
目的初始化策略。这个工厂函数被连续地传递到用于状态管理的递归函数循环中，
允许你在运行时交换初始化过程。在缓存 AgentSql 请求的情况下，如果数据库或
系统脱机，则能够更改响应策略。通过向代理发送消息可以轻松实现这一点。

代理接收 MailboxProcessor 的消息语义，该语义具有指定超时的过期时间。
这对于缓存组件以引发数据失效并进行数据刷新特别有用。

```
let! msg = inbox.TryReceive timeToLive
```

inbox 的 TryReceive 函数返回一个消息选项类型。如果消息是在 TimeToLive
过期之前收到的，该类型是 Some；如果 TimeToLive 期间没有收到消息，则该类
型是 None。

```
| None ->
  cache
  |> Seq.filter(function KeyValue(k,(_, dt)) -> DateTime.Now - dt > expiry)
  |> Seq.iter(function KeyValue(k, _) -> cache.Remove(k) |> ignore)
```

在这里，当超时到期时，代理会自动刷新缓存数据，从而使所有过期的缓存条目失效(被删除)。但是，如果收到消息，则代理将使用模式匹配来确定消息类型，以便可以进行对应的处理。以下是针对传入消息的能力范围。

- GetOrSet——在该分支下，代理会搜索缓存字典中包含指定键的条目。如果代理找到指定键对应的条目，并且未到失效时间，则返回关联的值。否则，如果代理未找到指定键对应的条目或者已到失效时间，则它将应用工厂函数来生成一个新值，该值将与创建时间戳一起存储到本地缓存中。代理将使用时间戳来验证到期时间。最后，代理将结果返回给消息的发送者。

```
| Some (GetOrSet (key, channel)) ->
                match cache.TryGetValue(key) with
                | true, (v,dt) when DateTime.Now - dt < expiry ->
                    channel.Reply v
                    return! loop factory
                | _ ->
                    let value = factory.Invoke(key)
                    channel.Reply value
                    cache.Add(key, (value, DateTime.Now))
                    return! loop factory
```

- UpdateFactory——如前所述，该消息类型允许处理程序去交换缓存条目的运行时初始化策略。

```
| Some(UpdateFactory newFactory) ->
                return! loop (newFactory)
```

- Clear——该消息类型清除缓存并重新加载所有条目。

最后，下面是将先前并行的 AgentSql agentParallelRequests 连接到 CacheAgent 的代码。

```
let connectionString =
    ConfigurationManager.ConnectionStrings.["DbConnection"].ConnectionString

let agentParallelRequests =
    MailboxProcessor<SqlMessage>.parallelWorker(8, agentSql connectionString)

let cacheAgentSql =
    let ttl = 60000
    CacheAgent<int>(fun id ->
    agentParallelRequests.PostAndAsyncReply(fun ch->Command(id,ch)),ttl)

let person = cacheAgentSql.TryGet<Person> 42
```

当 cacheAgentSql 代理接收到请求时，它会检查缓存中是否存在值 42，以及是否已经过期。否则，它会询问底层的 parallelWorker 以返回预期的条目并将其保存到缓存中，以加速未来的请求(参见图 11.11)。

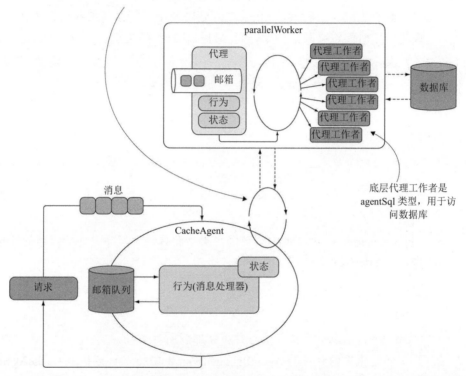

在 CacheAgent 循环中异步处理每个传入的请求。如果与请求(键)关联的值存在于内部缓存中，则会将其发送回调用方。这样就可以确保计算值的操作不会重复。如果该值不在缓存中，则操作将计算该值并将其添加到缓存中，然后将该值发送回调用方

底层代理工作者是 agentSql 类型，用于访问数据库

图 11.11　CacheAgent 维护由键/值对组成的本地缓存，该缓存将来自请求的输入与值相关联。当请求到达时，CacheAgent 先验证输入/键是否存在，如果它们存在于本地缓存中，则直接返回值而不运行任何计算，否则将计算值并发送回调用方。在后一种情况下，该值也会保留在本地缓存中，以避免重复计算相同的输入

11.5.9　由 MailboxProcessor 报告结果

有时，当一个订阅组件要处理状态更改时，MailboxProcessor 需要向系统报告该情况。例如，为使 CacheAgent 示例更加完美，你要扩展它以包括诸如数据更改或缓存被删除时进行通知等功能。

这时 MailboxProcessor 该如何向外部系统报告通知呢？可以通过使用事件来实现(参见代码清单 11.8)。你已经看到了当内部错误发生时，MailboxProcessor 是如何通过触发对其所有订阅者的通知来报告的。你也可以应用相同的设计来报告来自代理的其他任意事件。让我们使用前面的 CacheAgent 来实现一个事件报告，以用于在数据失效发生时进行通知。对于该示例，你将修改代理以进行自动刷新，这可用于在数据发生更改时进行通知(要注意的代码以粗体显示)。

注意　在 CacheAgent 要处理很多条目的情况下，不建议使用此通知模式，因为根据工厂函数和要重新加载的数据，自动刷新过程可能需要很长的时间才能完成。

代码清单 11.8　带有条目被刷新事件通知的缓存

使用事件来报告一个缓存条目已经被刷新，以指示状态的更改

使用指定的同步上下文触发事件，如果未指定同步上下文，则直接触发事件

```fsharp
type Cache<'Key when 'Key : comparison>
    (factory : Func<'Key, obj>, ?timeToLive : int,
     ?synchContext:SynchronizationContext) =
  let timeToLive = defaultArg timeToLive 1000
  let expiry = TimeSpan.FromMilliseconds (float timeToLive)


  let cacheItemRefreshed = Event<('Key * 'obj)[]>()


  let reportBatch items =
      match synchContext with
      | None -> cacheItemRefreshed.Trigger(items)
      | Some ctx ->
      ctx.Post((fun _ -> cacheItemRefreshed.Trigger(items)),null)


      let cacheAgent = Agent.Start(fun inbox ->
        let cache = Dictionary<'Key, (obj *
DateTime)>(HashIdentity.Structural)
      let rec loop (factory:Func<'Key, obj>) = async {
          let! msg = inbox.TryReceive timeToLive
          match msg with
          | Some (GetOrSet (key, channel)) ->
            match cache.TryGetValue(key) with
            | true, (v,dt) when DateTime.Now - dt < expiry ->
                channel.Reply v
                return! loop factory
```

不存在同步上下文，因此它会像第一种情况那样触发

使用上下文的 Post 方法来触发事件

```
                        | _ ->
                          let value = factory.Invoke(key)          触发刷新条目
                          channel.Reply value                      的事件
                          reportBatch ([| (key, value) |])
                          cache.Add(key, (value, DateTime.Now))
                          return! loop factory
              | Some(UpdateFactory newFactory) ->
                    return! loop (newFactory)
              | Some(Clear) ->
                  cache.Clear()
                  return! loop factory
              | None ->
                  cache
                  |> Seq.choose(function KeyValue(k,(_, dt)) ->
                          if DateTime.Now - dt > expiry then
                              let value, dt = factory.Invoke(k), DateTime.Now
                              cache.[k] <- (value,dt)
                              Some (k, value)
                          else None)
                  |> Seq.toArray
                  |> reportBatch
              }
          loop factory )
    member this.TryGet<'a>(key : 'Key) = async {
        let! item = cacheAgent.PostAndAsyncReply(
                  fun channel -> GetOrSet(key, channel))
        match item with
        | :? 'a as v -> return Some v          使用事件来报告一个缓存条目已
        | _ -> return None }                   经被刷新，以指示状态的更改
    member this.DataRefreshed = cacheItemRefreshed.Publish
    member this.Clear() = cacheAgent.Post(Clear)
```

在以上代码中，事件 cacheItemRefreshed 调度状态的更改。默认情况下，F#
事件是在其被触发的同一线程上执行处理程序。所以在这里它将使用代理的当前
线程。但是根据源自 MailboxProcessor 的具体线程，当前线程可能是来自
threadPool，也可能是来自 UI 线程，特别是来自 SynchronizationContext(这是来自
System.Threading 的一个类，用于捕获当前的同步上下文)。当为了响应旨在更新
UI 的事件而触发通知时，后者可能是有用的。这就是示例中代理构造函数具有新
参数 synchContext 的原因，该参数是一个可选类型，它提供了一种很方便的机制
来控制触发事件的位置。

注意 F#中的可选参数是使用问号(?)前缀语法编写的(例如?synchContext)，它将
类型作为可选值来传递。

Some ctx 命令表示 SynchronizationContext 不为空，而 ctx 则是为访问其值而给定的任意名称。当同步上下文是 Some ctx 时，报告机制使用 Post 方法通知同步上下文所选择的线程上的状态更改。同步上下文 ctx.Post 的方法签名采用了一个委托和该委托所使用的参数。尽管第二个参数不是必需的，但可以使用 null 作为替换。reportBatch 函数会触发 cacheItemRefreshed 事件。

```
this.DataRefreshed.Add(printAgent.Post)
```

在该示例中，状态更改通知处理程序向 MailboxProcessor 发送消息，以线程安全的方式打印报告。虽然该示例很简单，但是你可以在更复杂的场景中使用相同的思想，例如通过 SignalR 使用最新数据来自动更新网页。

11.5.10　使用线程池报告来自 MailboxProcessor 的事件

在大多数情况下，为避免不必要的开销，最好使用当前线程来触发事件。但是，在某些情况下，采用不同的线程模型可能会更好，例如触发一个事件可能会阻塞一段时间或者引发一个会杀死当前进程的异常。一个有效的选择是触发运行线程池的事件，以便在单独的线程中运行通知。可以使用 F# 异步工作流和 Async.Start 运算符来重构 reportBatch 函数。

```
let reportBatch batch =
    async { batchEvent.Trigger(batch) } |> Async.Start
```

请注意，如果使用该实现，在线程池上运行的代码将无法访问 UI 元素。

11.6　F# MailboxProcessor：10 000 个代理的生命游戏

与线程相比，与异步工作流相结合的 MailboxProcessor 是一种轻量级的计算单元(基元)，可以最小的开销生成和销毁代理。我们可以将工作分发到各种 MailboxProcessor(类似于使用线程的方式)，而不会带来与启动新线程相关的开销。因此，创建由成千上万个并行运行的代理组成的应用程序是完全可行的，且对计算机资源的影响最小。

> **注意**　在 32 位操作系统机器中，在抛出内存不足异常之前，能够创建超过 1300 个线程。该限制不适用于 MailboxProcessor，因为其将由线程池进行备份，并且不会直接映射到线程。

在本节中，我们将通过从多个实例中使用 MailboxProcessor 来实现生命游戏(https://en.wikipedia.org/wiki/Game_of_Life)。正如维基百科所描述的那样，简单地说，游戏中的生命是一种细胞自动机。这是一款零玩家游戏，意味着一旦游戏以随机初始配置开始之后，它就会在没有任何输入的情况下运行。这个游戏由一组在网格上运行的细胞组成，每个细胞都遵循一些数学规则。细胞可以存活、死亡或繁殖。每个细胞都与其八个邻居(相邻细胞)相互作用。为了遵守这些规则，需要不断计算网格的新状态以移动细胞。

以下是生命游戏的规则：

- 任何只有一个或没有邻居的细胞都会死亡。
- 任何有四个或四个以上邻居的细胞都会死亡。
- 任何有两个或三个邻居的细胞则继续存活。
- 任何有三个邻居的细胞则繁殖。

细胞们会根据初始条件在整个游戏过程中形成模式。这些规则被反复应用以产生下一代，直到细胞达到稳定状态(参见图 11.12)。

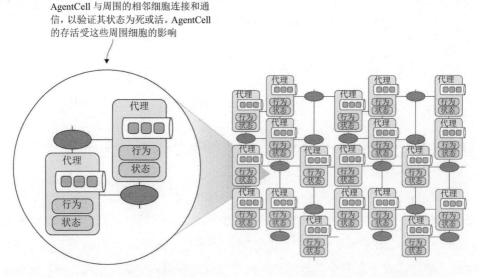

图 11.12   当设置生命游戏时，将使用 AgentCell MailboxProcessor 来构造每个细胞(在代码示例中有 10 000 个细胞)。根据其邻居的状态，每个代理可以是死亡的(黑圈)或活着的

代码清单 11.9 是基于 F# MailboxProcessor 的生命游戏细胞 AgentCell 的实现。每个代理细胞通过异步消息传递与相邻细胞进行通信，从而产生一个完全并行的生命游戏。为简洁起见，并且因为它们与示例的主要部分无关，我省略了一部分

代码。你可以在本书的配套源代码中找到完整的实现。

代码清单 11.9　使用 MailboxProcessor 作为细胞的生命游戏

```
type CellMessage =
    | NeighborState of cell:AgentCell * isalive:bool
    | State of cellstate:AgentCell                      使用 DU 定义代理细胞的消息
    | Neighbors of cells:AgentCell list
    | ResetCell
and State =
    { neighbors:AgentCell list
      wasAlive:bool                                     Record 类型用于跟踪每个细胞代
      isAlive:bool }                                    理的状态
    static member createDefault isAlive =
        { neighbors=[]; isAlive=isAlive; wasAlive=false; }


and AgentCell(location, alive, updateAgent:Agent<_>) as this =
    let neighborStates = Dictionary<AgentCell, bool>()
        let AgentCell =                                 每个代理的内部状态,用于跟踪每
            Agent<CellMessage>.Start(fun inbox ->       个细胞代理的邻居的状态
                let rec loop state = async {
                    let! msg = inbox.Receive()
                    match msg with                      通知细胞的所有邻居该细胞的当
                    | ResetCell ->                      前状态
                        state.neighbors
                        |> Seq.iter(fun cell -> cell.Send(State(this)))
                        neighborStates.Clear()
                        return! loop { state with wasAlive=state.isAlive }
                    | Neighbors(neighbors) ->
                        return! loop { state with neighbors=neighbors }
                    | State(c) ->
                        c.Send(NeighborState(this, state.wasAlive))
                        return! loop state
                    | NeighborState(cell, alive) ->
                        neighborStates.[cell] <- alive
                        if neighborStates.Count = 8 then        递归地维护本地状态
                            let aliveState =
                                let numberOfneighborAlive =
                                    neighborStates
                                    |> Seq.filter(fun (KeyValue(_,v)) -> v)
                                    |> Seq.length
                                match numberOfneighborAlive with
                                | a when a > 3 || a < 2 -> false
                                | 3 -> true
                                | _ -> state.isAlive
```

使用一种算法,根据邻居的状态来更新当前细胞的状态

运行生命游戏的规则

```
            updateAgent.Post(Update(aliveState, location))
            return! loop { state with isAlive = aliveState }
        else return! loop state }
    loop (State.createDefault alive ))
```
更新代理来刷新 UI

```
member this.Send(msg) = AgentCell.Post msg
```

AgentCell 表示生命游戏的网格中的一个细胞。主要思路就是每个代理使用异步消息传递与相邻细胞就其当前状态进行通信。该模式创建了一个包含所有细胞的互连并行通信链，这些细胞将其更新状态发送到 updateAgent MailboxProcessor。然后 updateAgent 将刷新 UI 中的图形(如代码清单 11.10 所示)。

代码清单 11.10　updateAgent 实时刷新 WPF UI

updateAgent 构造函数获取整个图像，然后通过 SynchronizationContext 使用正确的线程来更新 WPF 控制器

用于呈现游戏状态的像素数组。每个像素代表一个细胞状态

```
let updateAgent grid (ctx: SynchronizationContext) =
    let gridProduct = grid.Width * grid.Height
    let pixels = Array.zeroCreate<byte> (gridProduct)
Agent<UpdateView>.Start(fun inbox ->
    let gridState = Dictionary<Location, bool>(HashIdentity.Structural)
      let rec loop () = async {
      let! msg = inbox.Receive()
      match msg with
      | Update(alive, location, agent) ->
            agentStates.[location] <- alive
        agent.Send(ResetCell)
        if agentStates.Count = gridProduct then
        agentStates.AsParallel().ForAll(fun s ->
            pixels.[s.Key.x+s.Key.y*grid.Width]
                <- if s.Value then 128uy else 0uy
            )
        do! Async.SwitchToContext ctx
        image.Source <- createImage pixels
        do! Async.SwitchToThreadPool()
        agentStates.Clear()
    return! loop()
}
loop())
```

共享的网格状态，表示当前所有细胞的状态

列出 Update 消息，更新给定细胞的状态并重置细胞状态

相关细胞的像素将被更新为对应的活动状态(彩色)或死亡状态(白色)

使用从构造函数传递过来的正确线程来更新 UI

当所有细胞通知都已被更新时，将生成表示更新后网格的新图像，并使用该新图像来刷新 WPF UI 应用程序

顾名思义，updateAgent 就是用 Update 消息中收到的相关细胞值来更新每个像素的状态。代理维护像素的状态，并在所有细胞发送新状态时使用这些状态来

创建新的图像。接下来，updateAgent 使用这个表示生命游戏的当前网格的新图像来刷新图形化的 WPF UI。

```
do! Async.SwitchToContext ctx
image.Source <- createImage pixels
do! Async.SwitchToThreadPool()
```

需要注意的是，updateAgent 代理使用当前同步上下文来更新 WPF 控制器。通过使用 Async.SwitchToContext 函数将当前线程切换到 UI 线程(在第 9 章中讨论过)。

生命游戏的最后一段代码是生成一个网格，以作为细胞的游乐场，然后有一个计时器通知细胞更新自己(如代码清单 11.11 所示)。在此示例中，网格是一个每边有 100 个细胞的正方形，总计 10 000 个细胞(MailboxProcessor)，并使用 50 毫秒的刷新计时器并行运行，如图 11.13 所示。有 10 000 个 MailboxProcessor 彼此互相通信，每秒将更新 UI 20 次(要注意的代码以粗体显示)。

代码清单 11.11　创建生命游戏网格和启动计时器以刷新界面

指示网格每一侧的大小

使用带有可访问属性 Width 和 Height 的记录类型来定义网格

生成一个 100×100 的网格，每个细胞创建一个 MailboaxProcessor(总计 10 000 个代理)

并行通知所有细胞它们邻居的状态并据此来重置它们自身的状态

```
let run(ctx:SynchronizationContext) =
    let size = 100

    let grid = { Width= size; Height=size}
        let updateAgent = updateAgent grid ctx
        let cells = seq { for x = 0 to grid.Width - 1 do
                              for y = 0 to grid.Height - 1 do
                                  let agent = AgentCell({x=x;y=y},
                                  alive=getRandomBool(),
                                  updateAgent=updateAgent)
                      yield (x,y), agent } |> dict
        let neighbours (x', y') =
          seq {
            for x = x' - 1 to x' + 1 do
              for y = y' - 1 to y' + 1 do
                if x <> x' || y <> y' then
                    yield cells.[(x + grid.Width) % grid.Width,
                          (y + grid.Height) % grid.Height]
        } |> Seq.toList

    cells.AsParallel().ForAll(fun pair ->
        let cell = pair.Value
        let neighbours = neighbours pair.Key
        cell.Send(Neighbors(neighbours))
        cell.Send(ResetCell)
```

所有细胞(代理)的通知使用 PLINQ 来并行发送。这些细胞是一个被视为.NET IEnumerable 的 F#序列，它能够轻松地集成 LINQ/PLINQ。

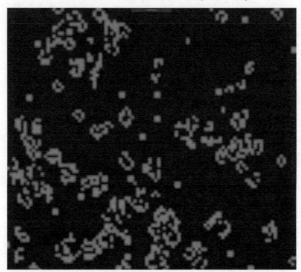

图 11.13　生命游戏的 GUI 是一个 WPF 程序

当代码运行起来后，程序在不到1毫秒的时间内生成了10 000个F# MailboxProcessor，而特定于代理的内存消耗则小于25 MB。这实在是令人惊叹。

11.7　本章小结

- 对于编写并发系统而言，代理编程模型本质上提升了不可变性和隔离性，因此即使是复杂的系统也很容易被推理，因为代理是被封装到活动对象中的。
- "反应式宣言"定义了实现反应式系统的属性，这类系统具有灵活性、松散耦合性和可扩展性。
- 自然隔离对于编写无锁并发代码非常重要。在多线程程序中，隔离通过为每个线程提供复制的数据部分来执行本地计算从而解决共享状态的问题。当使用隔离后，将没有竞态条件。
- 通过采用异步方式，代理将是轻量级的，因为它们在等待消息时不会阻塞线程。因此，你可以在单个应用程序中使用数十万个代理，而不会对内存占用产生任何影响。
- F# MailboxProcessor 允许双向通信，代理可以使用异步通道向调用者返回(应答)计算结果。

- 代理编程模型 F# MailboxProcessor 是解决应用程序瓶颈问题(如多个并发数据库访问)的重要工具。事实上，你可以使用代理显著加快应用程序的速度并保持服务器的响应性。
- 其他.NET 编程语言可以通过暴露使用友好的基于任务的编程模型 TPL 的方法来消费 F# MailboxProcessor。

第 *12* 章

使用TPL Dataflow的并行工作流与代理编程

本章主要内容：
- 使用 TPL Dataflow 块
- 构建高度并发的工作流
- 实现复杂的生产者/消费者模式
- 将 Reactive Extensions 与 TPL Dataflow 集成

当今的全球市场要求企业和行业足够敏捷，以能够对不断变化的数据流作出响应。这些工作流通常很大，有时是无限的。而其数据通常都需要复杂的处理，导致了高吞吐量需求和潜在的巨大计算负载。为满足这些需求，关键是要使用并行性来利用系统资源和多个内核。

但是目前的.NET 框架的并发编程模型在设计时并没有考虑到数据流。在设计反应式应用程序时，构建系统组件并将其视为工作单元是至关重要的。这些单元对消息作出反应，消息由处理链中的其他组件传播。这些反应式模型强调应用程序是基于推模型工作的，而不是基于拉模型(参见第 6 章)。这种基于推的策略可确保单个组件易于测试和连接，最重要的是易于理解。

对基于推的结构的关注正在改变程序员设计应用程序的方式。一个任务很快就会变得复杂，甚至是看起来简单的需求也会导致复杂的代码。

在本章中，你将学习.NET TPL Dataflow(TDF)如何帮助你应对使用构建于 TAP 之上的 API 来开发现代系统的复杂性。TDF 完全支持异步处理，并且结合了强大的组合语义和比 TPL 更好的配置机制。它简化了并发处理,并且实现了定制的异步并行工作流和批队列。此外,TDF 还增强了基于组合多个组件的复杂模式的实现,这些组件是通过传递消息来彼此通信的。

12.1　TPL Dataflow 的强大性

假设你正在构建一个复杂的生产者/消费者模式,该模式必须并行支持多个生产者和/或多个消费者,或者必须支持可以独立扩展流程的不同步骤的工作流。一种解决方案是利用 Microsoft TPL Dataflow。随着.NET 4.5 的发布,微软引入了TPL Dataflow 作为编写并发应用程序的工具集的一部分。TDF 的设计采用了更高层次的结构,以解决简单的并行问题,同时提供简单易用、功能强大的框架来构建异步数据处理管道。TDF 并不是作为.NET 4.5 框架的一部分来分发的,因此要访问其 API 和类,需要导入官方的 Microsoft NuGet 包(install-Package Microsoft.Tpl.DataFlow)。

TDF 提供了一组丰富的组件(也称为块),用于基于进程内消息传递语义来组合数据流和管道基础设施(见图 12.1)。这个数据流模型通过为粗粒度数据流和流水线任务提供进程内消息传递来增强基于参与者的编程。

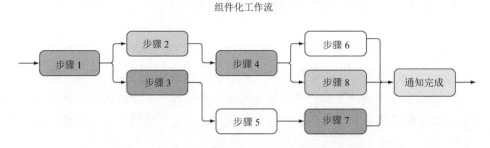

图 12.1　工作流由多个步骤组成。每个操作可被视为独立的计算

TDF 使用 TPL 的任务调度程序(TaskScheduler,http://mng.bz/4N8F)来高效地管理底层线程并支持 TAP 模型(async/await)以优化资源利用率。TDF 提高了高度并发应用程序的健壮性,并为并行化 CPU 和 I/O 密集型操作(具有高吞吐量和低延迟)获得了更好的性能。

> **注意**　TPL Dataflow 实现了运行尴尬并行问题的有效技术,如第 4 章所述,这意味着有许多独立的计算可以明显的方式并行执行。

TPL Dataflow 库背后的概念是简化多种模式的创建,例如使用批处理管道、并行流处理、数据缓冲或者连接和处理来自一个或多个源的批处理数据。这些模式中的每一个都可以单独使用，也可以与其他模式组合使用，从而使开发人员能够轻松地表达出复杂的数据流。

12.2　组合式设计：TPL Dataflow 块

假设你正在实现一个由许多不同步骤组成的复杂工作流过程，例如库存分析管道。理想的做法是将计算拆分成块，独立开发每个块，然后将它们粘在一起。令这些块可以重用和互换的做法提高了它们的便利性。这种可组合的设计将简化复杂系统的应用。

组合性是 TPL Dataflow 的主要优势，它的独立容器(又称为块)就是为组合而设计的。这些块可以是构建并行工作流的一系列不同任务，并且很容易交换、重新排序、重用甚至删除。TDF 强调组件的架构方法，以简化设计的重构。当你有多个必须异步通信的操作或者希望在数据可用时进行处理时，这些数据流组件将非常有用，如图 12.2 所示。

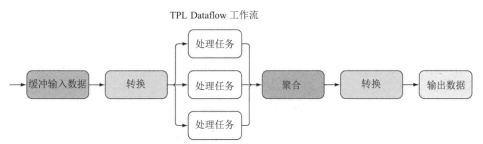

图 12.2　TDF 采用了可重用组件的概念。在该图中，工作流的每个步骤都可充当可重用的组件。TDF 带来了一些核心基元，允许你根据数据流图来表示计算

下面是 TDF 块如何运行的高层次视图。

(1) 每个块以消息的形式接收和缓冲来自一个或多个源(包括其他块)的数据。当接收到消息时，块通过将其行为应用于输入来作出反应，然后可以转换和/或使用其结果来产生副作用。

(2) 之后，组件(块)的输出将传递到下一个链接块，该下一个链接块又将传递到其下一个链接块(如果有)，以此类推，从而创建管道结构。

注意　"反应式编程"一词长期以来一直用于描述数据流，因为反应就是通过接收一段数据产生的。

TDF 擅长提供一组可配置的属性，通过对这些属性作微小的更改，可以控制

并行性级别、管理邮箱的缓冲区大小、处理数据和分派输出。

数据流块主要有三种类型：

- 源——作为数据的生产者运行，可从中读取数据。
- 目标——充当消费者，接收数据并可写入。
- 传播者——同时充当源块和目标块。

对于这些数据流块中的每一个块，TDF 都提供了一组子块，每个子块都有不同的用途。要把所有的块都在一章中介绍完是不可能的。在下面的章节中，我们将重点介绍一般管道组合应用程序中采用的最常见和最通用的块。

提示 TPL Dataflow 最常用的块是标准的 BufferBlock、ActionBlock 和 TransformBlock。它们每个都基于一个委托，该委托可以是匿名函数的形式，用于定义要计算的工作。我建议你将这些匿名方法保持简短易懂、易于理解和维护。

有关 Dataflow 库的详细信息，请参阅 MSDN 联机文档(http://mng.bz/GDbF)。

12.2.1   使用 BufferBlock<TInput>作为 FIFO 缓冲区

TDF BufferBlock<T>充当无边界缓冲区，用于缓冲以先进先出(FIFO)顺序存储的数据(见图 12.3)。通常，BufferBlock 是一个很好的工具，用于启用和实现异步生产者/消费者模式，其中内部消息队列可以由多个源写入或从多个目标读取。

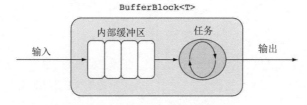

图 12.3   TDF BufferBlock 有一个内部缓冲区，在这里对消息排队并等待任务处理。输入和输出是相同的类型，并且该块不会对数据应用任何转换

代码清单 12.1 是一个使用 TDF BufferBlock 的简单的生产者/消费者模式。

代码清单 12.1   基于 TDF BufferBlock 的生产者/消费者模式

```
BufferBlock<int> buffer = new BufferBlock<int>();        ◄──── 通过有边界 BufferBlock
                                                                <T>交接
async Task Producer(IEnumerable<int> values)
{
    foreach (var value in values)                ─── 发送消息到 BufferBlock
        buffer.Post(value);                  ◄──
```

```
    buffer.Complete();                              通知 BufferBlock 已经完成，没有条目要处理了
}
async Task Consumer(Action<int> process)
{
    while (await buffer.OutputAvailableAsync())      当有新条目可用时则发出
        process(await buffer.ReceiveAsync());        信号
}

async Task Run()                                     异步接收消息
{
    IEnumerable<int> range = Enumerable.Range(0,100);
    await Task.WhenAll(Producer(range), Consumer(n =>
        Console.WriteLine($"value {n}")));
}
```

　　IEnumerable 值的条目通过 buffer.Post 方法发送到 BufferBlock 缓冲区，并使用 buffer.ReceiveAsync 方法异步检索它们。OutputAvailableAsync 方法用于当下一个条目准备好可被检索时发出通知。这对保护代码不受异常的影响非常重要。如果缓冲区在块完成处理后尝试调用 Receive 方法，则会引发错误。该 BufferBlock 块主要就是接收并存储数据，以便可以将数据分派给一个或多个其他目标块进行处理。

12.2.2　使用 TransformBlock<TInput, TOutput>转换数据

　　TDF TransformBlock<TInput，TOutput>的作用类似于映射函数，它将一个投影函数应用于一个输入值并提供一个相关的输出(见图 12.4)。该转换函数以委托 Func<TInput，TOutput>的形式作为参数传递，它通常表示为 lambda 表达式。该块的默认行为是一次处理一条消息，保持严格的 FIFO 顺序。

　　TransformBlock<TInput，TOutput>类似于 BufferBlock<TOutput>，是对输入和输出值进行缓冲。底层委托可以同步或异步运行。异步版本的类型签名是 Func<TInput，Task<TOutput>>，其目的是异步运行底层函数。当返回的 Task 显示为终止时，则块会将该元素的处理视为已完成。代码清单 12.2 展示了如何使用 TransformBlock 类型(要注意的代码以粗体显示)。

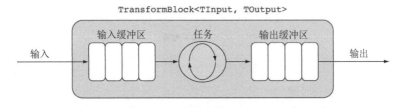

TransformBlock<TInput, TOutput>

输入缓冲区　　任务　　输出缓冲区

输入　　　　　　　　　　　　　　　　输出

图 12.4　TDF TransformBlock 具有输入和输出值的内部缓冲区。这种类型的块具有与 BufferBlock 相同的缓冲功能。这种块的目的是对数据应用转换函数。输入和输出可能是不同的类型

代码清单 12.2　使用 TDF TransformBlock 下载图像

使用 lambda 表达式
异步处理 urlImage

```
var fetchImageFlag = new TransformBlock<string, (string, byte[])>(
    async urlImage => {
        using (var webClient = new WebClient()) {
            byte[] data = await webClient.DownloadDataTaskAsync(urlImage);
            return (urlImage, data);
        }
    });

List<string> urlFlags = new List<string>{
        "Italy#/media/File:Flag_of_Italy.svg",
        "Spain#/media/File:Flag_of_Spain.svg",
        "United_States#/media/File:Flag_of_the_United_States.svg"
        };

foreach (var urlFlag in urlFlags)
    fetchImageFlag.Post($"https://en.wikipedia.org/wiki/{urlFlag}");
```

下载标记图像并返回相关字节数组

输出由一个包含图像 URL 和相关字节数组的元组组成

在以上示例中，TransformBlock<string, (string，byte[])> fetchImageFlag 块以元组字符串和字节数组格式来提取标记图像。在本例中，输出不会在任何地方被消费，所以该代码其实不太有用。因此你需要使用另一个块以有意义的方式处理结果。

12.2.3　使用 ActionBlock<TInput>完成工作

TDF ActionBlock 为发送给它的任何条目执行给定的回调。你可以将此块在逻辑上视为结合了处理数据任务的数据缓冲区。

ActionBlock<TInput>是一个目标块，它在接收数据时调用委托，类似于 for-each 循环(见图 12.5)。

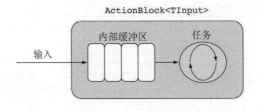

图 12.5　TDF ActionBlock 有一个内部缓冲区，用于在任务忙于处理另一条消息时排队的输入消息。这种类型的块具有与 BufferBlock 相同的缓冲功能。这种块的目的是应用一个操作，在没有可能产生副作用的输出的情况下完成工作流。因为 ActionBlock 没有输出，所以它不能和下一个块进行组合，因此它通常用于终止工作流

ActionBlock<TInput>通常是 TDF 管道中的最后一步，因为它不会产生任何输出。这种设计可防止 ActionBlock 与其他块组合(除非它将数据发布或发送到另一个块)，这使得其成为终止工作流过程的最佳候选。因此，作为完成管道处理的最后一步，ActionBlock 可能会产生副作用。

代码清单12.3展示了前面代码清单中的TransformBlock将输出推送到 ActionBlock，以在本地文件系统中保留标记图像(以粗体显示)。

代码清单 12.3　使用 TDF ActionBlock 持久化数据

使用 lambda 表达式
来异步处理数据

解构元组以访问底层
条目

```
var saveData = new ActionBlock<(string, byte[])>(async data => {
    (string urlImage, byte[] image) = data;
    string filePath = urlImage.Substring(urlImage.IndexOf("File:") + 5);
    await File.WriteAllBytesAsync(filePath, image);
});
```

异步把数据写入本地
文件系统中

```
fetchImageFlag.LinkTo(saveData);
```

把 TransformBlock 块 fetchImageFlag 的输
出链接到 ActionBlock 块 saveData 中

在 ActionBlock 块实例化期间传递给构造函数的参数可以是委托 Action<TInput> 或 Func<TInput，Task>。后者对每个消息输入异步执行内部操作(行为)。注意，ActionBlock 有一个内部缓冲区用于处理传入的数据，其工作方式与 BufferBlock 完全相同。

记住，ActionBlock 块 saveData 使用 LinkTo 扩展方法连接到前面的 TransformBlock块fetchImageFlag。通过这种方式，TransformBlock生成的输出会在可用时被立即推送到ActionBlock。

12.2.4　连接数据流块

TDF 块可以在 LinkTo 扩展方法的帮助下进行连接。连接数据流块是一种强大的技术，用于以消息传递的方式在链接块之间自动传输每个计算结果。以声明式方法构建复杂管道的关键点就是使用链接块。如果我们从概念的角度来看 LinkTo 扩展方法的签名，它看起来像是一个函数组合。

```
LinkTo: (a -> b) -> (b -> c)
```

12.3 使用 TDF 实现复杂的生产者/消费者

TDF 编程模型可被视为一个复杂的生产者/消费者模式,因为其中的块鼓励一种这样的编程模型:生产者向解耦的消费者发送消息的管道模型。这些消息是以异步方式传递的,从而最大限度地提高了吞吐量。这种设计提供了这样的一个好处:因为 TDF 块(队列)充当缓冲区,消除了等待时间,所以不会阻塞生产者。生产者和消费者之间的同步访问听起来像是一个很抽象的问题,但其实这在并发编程中是很常见的。你可以将其视为同步两个组件的设计模式。

12.3.1 多生产者/单消费者模式

生产者/消费者模式是并行编程中使用最广泛的模式之一。开发人员使用它来隔离要处理的工作。在典型的生产者/消费者模式中,至少有两个分离的线程同时运行:一个生成并将数据推送到队列中进行处理,另一个验证新输入的数据并对其进行处理。保存这些任务的队列在这些线程之间共享,所以需要注意安全地访问这些任务。TDF 是实现这种模式的一个很好的工具,因为它同时支持多个读取器和多个写入器,并且它鼓励使用生产者向分离的消费者发送消息的管道模式来进行编程(见图 12.6)。

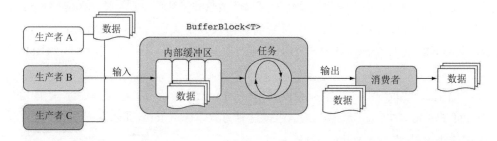

图 12.6 使用 TDF BufferBlock 的多生产者/单消费者模式,可管理和节流多个生产者的压力

在多生产者/单消费者模式中,在生成的条目数和消费的条目数之间强制进行限制是很重要的。该约束旨在在用户无法处理负载时平衡生产者之间的工作。该技术被称为节流。如果生产者比消费者更快,节流可防止程序耗尽内存。幸运的是,TDF 内置了对节流的支持,可以通过用属性 BoundedCapacity (DataFlowBlockOptions 的一部分)设置缓冲区的最大大小实现。在代码清单 12.4 中,此属性确保 BufferBlock 队列中的条目永远不会超过 10 个。此外,使用 SendAsync 函数也非常重要,通过将它与强制执行缓冲区大小的限制相结合,可以在不阻塞的情况下等待缓冲区有可用空间时来放置新条目。

代码清单 12.4　使用 TDF 的异步生产者/消费者模式

异步发送消息到缓冲块。SendAsync
方法帮助节流发送的消息

设置 BoundedCapacity 以管理和
节流来自多个生产者的压力

```
BufferBlock<int> buffer = new BufferBlock<int>(
        new DataFlowBlockOptions { BoundedCapacity = 10 });

async Task Produce(IEnumerable<int> values)
{
    foreach (var value in values)
      await buffer.SendAsync(value);;
}

async Task MultipleProducers(params IEnumerable<int>[] producers)
{
    await Task.WhenAll(
        from values in producers select Produce(values).ToArray())
            .ContinueWith(_ => buffer.Complete());
}

async Task Consumer(Action<int> process)
{
    while (await buffer.OutputAvailableAsync())
        process(await buffer.ReceiveAsync());
}

async Task Run() {
    IEnumerable<int> range = Enumerable.Range(0, 100);

    await Task.WhenAll(MultipleProducers(range, range, range),
        Consumer(n => Console.WriteLine($"value {n} - ThreadId
        {Thread.CurrentThread.ManagedThreadId}")));
}
```

并行运行多个生产者, 在缓冲块
得到通知之前等待所有生产者
终止

当所有生产者都
终止时,缓冲块将
得到通知

当队列中有任何可
用条目时,保护缓冲
区块不接收消息

TDF 块的 DataFlowBlockOptions.Unbounded 值默认设置为-1，这意味着队列
对消息的数量是无限制的。但是，可以将此值重置为特定的容量，从而限制块排
队的消息数。当队列达到最大容量时，任何额外的传入消息都将被延迟以便稍后
处理，从而让生产者在进一步工作之前进行等待。让生产者减速(或等待)是没问
题的，因为消息是异步发送的。

12.3.2　单生产者/多消费者模式

TDF BufferBlock 本质上是支持单生产者/多消费者模式的。如果生产者的执

行速度比多个消费者快，例如当它们运行密集型操作时，这种模式是很方便的。

幸运的是，在多核机器上运行这种模式时，可以使用多个内核来启动多个处理块(消费者)，每个处理块可以并发处理生产者。

实现多消费者行为只是一个配置问题而已。将 MaxDegreeOfParallelism 属性设置为要运行的并行消费者数即可。对代码清单 12.4 中的代码作如下修改，将可运行的最大并行消费者数设置为可用逻辑处理器的数量。

```
BufferBlock<int> buffer = new BufferBlock<int>(new DataFlowBlockOptions {
        BoundedCapacity = 10,
        MaxDegreeOfParallelism = Environment.ProcessorCount });
```

注意 逻辑内核是物理内核的数量乘以可以在每个物理内核上运行的线程的数量。每个物理内核能够运行两个线程的 8 核处理器有 16 个逻辑处理器。

默认情况下，TDF 块设置为一次只处理一条消息，同时缓冲其他传入的消息，直到上一条消息完成。每个块都独立于其他块，因此一个块可以处理一个条目，而另一个块则可以处理另一个不同的条目。但是可以通过在构造块时将 DataFlowBlockOptions 中的 MaxDegreeOfParallelism 属性设置为大于 1 的值来更改此行为。在使用 TDF 时，可以通过指定可并行处理的消息数来加速计算。另外，该类会在内部处理其余部分的事情，包括数据序列的排序等。

12.4　使用 TPL Dataflow 在 C#中启用代理模型

默认情况下，TDF 块是被设计为无状态的，这对于大多数场景都是完美的。但是，在应用程序中有一些需要维护状态的很重要的场景，例如全局计数器、集中的内存缓存或用于事务操作的共享数据库上下文。

在以上这些情况中，由于需要持续地跟踪某些值，因此共享的状态很可能也是一个可变对象。这就遇到了一个常见的问题：如何处理与可变状态相结合的异步计算。如前所述，共享状态的可变性会使程序在多线程环境中变得危险，会导致你陷入并发问题的泥潭(http://curtclifton.net/papers/MoseleyMarks06a.pdf)。幸运的是，TDF 将状态封装在了块内，唯一的依赖关系只有块之间的通道。这种设计允许以安全的方式来对可变性进行隔离。

如第 11 章所示，F# MailboxProcessor 可以解决这些问题，因为它采用了代理模型，通过使其访问实现并发安全(一次只有一个线程可以访问代理)，从而维护内部状态。F# MailboxProcessor 通过向 C#代码暴露一组 API,从而令 C#代码可以轻松地使用它。或者,你可以使用 TDF 在 C#中实现代理对象,让代理对象充当F# MailboxProcessor 的角色,从而达到相同的性能。

> **有状态与无状态**
> 有状态意味着程序需要跟踪交互的状态。这通常通过在为此目的指定的存储字段中设置值来实现。
> 无状态意味着没有先前交互的记录,并且每个交互请求必须完全基于其附带的新信息来处理。

StatefulDataFlowAgent 的实现依赖 ActionBlock 实例来接收、缓冲和处理传入的不受限的消息(见图 12.7)。注意,最大并行度被设置为默认值 1,以体现代理模型的单线程性质。代理的状态可以在构造函数中初始化并通过多态和可变值TState 来进行维护,其在处理每条消息时将被重新赋值(记住,代理模型一次只允许一个线程访问,从而确保按顺序处理消息以消除任何并发问题)。不管代理实现提供何种安全性,使用不可变状态都是一种良好的实践。

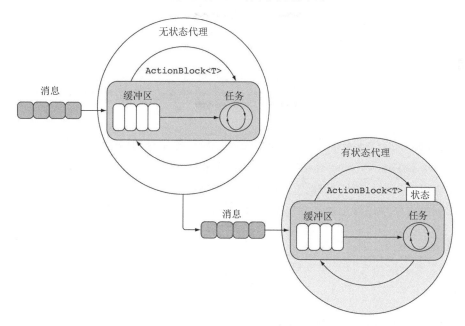

图 12.7　使用 TDF ActionBlock 实现的有状态和无状态代理。有状态代理有一个内部隔离的任意值,用于维护内存中可以更改的状态

代码清单 12.5 展示了 StatefulDataFlowAgent 类的实现，该类定义了一个有状态的通用代理，封装了 TDF AgentBlock 以处理和存储类型值(以粗体显示)。

代码清单 12.5   C#中使用 TDF 的有状态代理

```
class StatefulDataFlowAgent<TState, TMessage> : IAgent<TMessage>
{
    private TState state;
    private readonly ActionBlock<TMessage> actionBlock;

    public StatefulDataFlowAgent(                      使用异步函数来定义
        TState initialState,                            代理的行为
        Func<TState, TMessage, Task<TState>> action,
        CancellationTokenSource cts = null)
    {
        state = initialState;
        var options = new ExecutionDataFlowBlockOptions {
            CancellationToken = cts != null ?
                cts.Token : CancellationToken.None
        };
        actionBlock = new ActionBlock<TMessage>(
                                                   构造充当封装代理的内
  如果没有在构造函数中提供取消令               部 ActionBlock
  牌，那么这里就需要提供一个

            async msg => state = await action(state, msg), options);
    }
    public Task Send(TMessage message) => actionBlock.SendAsync(message);
    public void Post(TMessage message) => actionBlock.Post(message);
}
```

CancellationToken 可以随时停止代理，它是传递给构造函数的唯一一个可选参数。函数 Func<TState,TMessage, Task<TState>>结合当前状态应用于每个消息。操作完成后，将更新当前状态，并且代理将会移动以处理下一条可用消息。该函数需要一个异步操作，该操作可通过 Task<TState>的返回类型识别。

注意   在本书的配套源代码中，可以找到一些有用的辅助函数和使用 TDF 的代理
实现，以及支持异步或同步操作的构造函数(为简洁起见，在代码清单 12.5
中省略了这些函数)。

代理通过 IAgent<TMessage>接口实现继承，它定义了两个成员 Post 和 Send，分别用于同步或异步地将消息传递给代理。

```
public interface IAgent<TMessage>
{
```

```
Task Send(TMessage message);
void Post(TMessage message);
}
```

通过使用辅助工厂函数 Start，可以像在 F# MailboxProcessor 中一样，初始化一个新代理并表示为 IAgent<TMessage>接口。

```
IAgent<TMessage> Start<TState, TMessage>(TState initialState,
➥ Func<TState, TMessage, Task<TState>> action,
➥ CancellationTokenSource cts = null) =>
    new StatefulDataFlowAgent<TState, TMessage>(initialState, action, cts);
```

由于与代理的交互仅通过发送(Post 或 Send)消息进行，因此 IAgent<TMessage>接口的主要目的是避免暴露状态的类型参数，这属于代理的实现细节。

在代码清单 12.6 中，agentStateful 是 StatefulDataFlowAgent 代理的一个实例，它接收一条消息，消息中包含应异步下载其内容的 Web 地址。然后，将操作的结果缓存到本地状态 ImmutableDictionary<string, string>中，以避免重复相同的操作。例如，Google 网站在 urls 集合中被提及两次，但它只被下载了一次。最终，对于这个例子，每个网站的内容都将被保存到本地文件系统中。注意，除了在下载和持久化数据时产生的副作用外，实现本身是没有副作用的。通过将状态作为参数传递给操作函数(或 Loop 函数)，可以捕获状态的变化。

代码清单 12.6　基于 TDF 的代理

```
List<string> urls = new List<string> {
                @"http://www.google.com",
                @"http://www.microsoft.com",
                @"http://www.bing.com",
                @"http://www.google.com"
            };
var agentStateful = Agent.Start(ImmutableDictionary<string,string>.Empty,
    async (ImmutableDictionary<string,string> state, string url) => {
        if (!state.TryGetValue(url, out string content))
        using (var webClient = new WebClient()){
            content = await webClient.DownloadStringTaskAsync(url);
            await File.WriteAllTextAsync(createFileNameFromUrl(url), content);
            return state.Add(url, content);
        }
    return state;
    });
urls.ForEach(url => agentStateful.Post(url));
```

使用异步匿名函数来构建代理。该函数执行当前状态和接收到的输入消息

该函数充当代理的行为，返回更新的状态，以跟踪下一个消息处理可用的任何变更

12.4.1   代理折叠状态和消息：聚合

代理的当前状态是使用初始状态作为累加器值并将函数作为归约器归约到目前为止它接收到的所有消息的结果。可以将该代理想象为接收到的消息流上的折叠(聚合器)。有趣的是，StatefulDataFlowAgent 构造函数有一个与 LINQ 扩展方法 Enumerable.Aggregate 类似的签名和行为。出于演示的目的，以下代码将前面实现中的代理构造替换为对应的 LINQ 运算符 Aggregate。

```
urls.Aggregate(ImmutableDictionary<string,string>.Empty,
            async (state, url) => {
    if (!state.TryGetValue(url, out string content))
        using (var webClient = new WebClient())
        {
            content = await webClient.DownloadStringTaskAsync(url);
            await File.WriteAllTextAsync(createFileNamFromUrl(url),
content);
            return state.Add(url, content);
        }
    return state;
});
```

正如你所见，核心逻辑并没有改变。通过使用 StatefulDataFlowAgent 构造函数来操作消息传递而不是集合，可以实现类似于 LINQ 运算符 Aggregate 的异步归约器。

12.4.2   代理交互：并行单词计数器

根据 Carl Hewitt(参见 https://en.wikipedia.org/wiki/Carl_Hewitt)对参与者的定义，参与者模型背后的思想是：一个参与者并不只是参与者。它们是有系统的。这意味着参与者将进入系统并相互通信。同样的规则也适用于代理。让我们看一个使用相互交互的代理对一个单词在一组文本文件中出现的次数来进行分组计数的示例(见图 12.8)。

首先从一个简单的无状态代理开始，它接收一个字符串消息并将其打印出来。可以使用该代理记录维护消息顺序的应用程序的状态。

```
IAgent<string> printer = Agent.Start((string msg) =>
        WriteLine($"{msg} on thread {Thread.CurrentThread.
    ManagedThreadId}"));
```

输出中包括了当前线程的 ID，从而验证使用的是多线程。代码清单 12.7 展示了用于分组计数单词的代理系统的实现。

代码清单 12.7　使用代理的单词计数器管道

代理发送一个日志给打印代理

读取器代理从一个给定文件异步读取所有文本行

```
IAgent<string> reader = Agent.Start(async (string filePath) => {
  await printer.Send("reader received message");

    var lines = await File.ReadAllLinesAsync(filePath);

    lines.ForEach(async line => await parser.Send(line));
});
```

将给定文件中的所有文本行发送给解析器代理。
ForEach 是本书配套源代码中的一个扩展方法

```
char[] punctuation = Enumerable.Range(0, 256).Select(c => (char)c)
        .Where(c=>Char.IsWhiteSpace(c)|| Char.IsPunctuation(c)).ToArray();

IAgent<string> parser = Agent.Start(async (string line) => {
  await printer.Send("parser received message");
    foreach (var word in line.Split(punctuation))
        await counter.Send(word.ToUpper());
});
```

解析器代理将文本拆分为单个单词并将它们发送给计数器代理

```
IReplyAgent<string, (string, int)> counter =
    Agent.Start(ImmutableDictionary<string, int>.Empty,
        (state, word) => {
            printer.Post("counter received message");
              int count;
            if (state.TryGetValue(word, out count))
                return state.Add(word, count++);
            else return state.Add(word, 1);
      }, (state, word) => (state, (word, state[word])));
```

代理发送一个日志给打印代理

```
foreach (var filePath in Directory.EnumerateFiles(@"myFolder", "*.txt"))
        reader.Post(filePath);

var wordCount_This = await counter.Ask("this");
var wordCount_Wind = await counter.Ask("wind");
```

计数器代理允许双向通信，因此可以异步发送询问消息以接收结果(回复)

计数器代理检查该单词是否存在于本地状态中并相应地递增计数器或创建新条目

该系统由三个代理组成，它们相互通信以形成一个操作链。

- 读取器代理
- 解析器代理
- 计数器代理

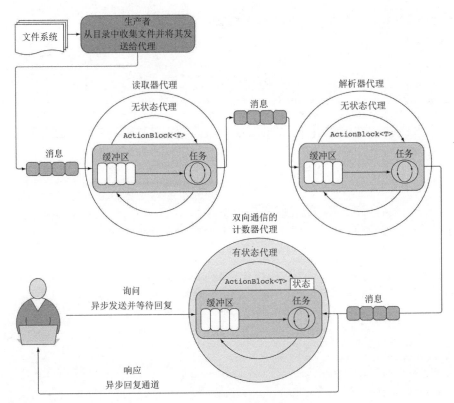

图 12.8　通过交换消息在代理之间进行简单的交互。代理编程模型采用单一责任原则来编写代码。注意，计数器代理提供了双向通信，因此用户可以询问代理，在任何给定时间发送消息并以通道的形式接收回复(该通道充当了异步回调)。操作完成后，回调将提供结果

单词计数过程从 for-each 循环开始，将给定文件夹的文件路径发送到开始的读取器代理。该读取器代理从文件中读取文本，然后将文本的每一行发送给解析器代理。

```
var lines = await File.ReadAllLinesAsync(filePath);
lines.ForEach(async line => await parser.Send(line));
```

解析器代理将文本消息拆分为单个单词，然后将每个单词传递给最后的计数器代理。

```
lines.Split(punctuation).ForEach(async word =>
                    await counter.Send(word.ToUpper()));
```

计数器代理是一个有状态的代理，用于维护单词更新时的计数。

ImmutableDictionary 集合定义了存储单词的计数器代理的状态以及每个单词被找到的次数。对于接收到的每条消息，计数器代理检查单词是否存在于内部状态 ImmutableDictionary<string，int>中，以递增现有的计数器或启动新的计数器。

注意　使用代理编程模型实现单词数统计的好处在于，代理是线程安全的，并且可以在处理相关文本的线程之间自由共享。此外，通过使用不可变的 ImmutableDictionary 来存储状态，可以在代理外部传递它并进行处理，而不必担心内部状态变得不一致和损坏。

计数器代理比较有趣的一个功能是使用 Ask 方法异步响应调用者。你可以随时查询代理以获取某一特定单词的计数。

下面的 IReplyAgent 接口是使用 Ask 方法扩展先前 IAgent 接口的功能的结果。

```
interface IReplyAgent<TMessage, TReply> : IAgent<TMessage>
{
        Task<TReply> Ask(TMessage message);
}
```

代码清单12.8展示了StatefulReplyDataFlowAgent双向通信代理的实现，其中内部状态由单个多态可变变量表示。

该代理有两个不同的行为：

- 一个用于处理发送消息的 Send 方法。
- 一个处理 Ask 方法。Ask 方法发送消息，然后异步等待响应。

这些行为以泛型Func委托的形式传递到代理的构造函数中。第一个函数 (Func<TState, TMessage, Task<TState>>)结合当前状态处理每条消息并对其进行相应的更新。此逻辑与StatefulDataFlowAgent代理相同。

第二个函数(Func<TState, TMessage, Task<(TState, TReply)>>)处理传入的消息，计算代理的新状态并最终回复发送者。该函数的输出类型是一个元组，它包含了代理的状态，包括作为响应(回复)的句柄(回调)。与任何异步函数一样，元组被包装成一个 Task 类型，以便在不阻塞的情况下进行等待。

当创建 Ask 消息询问代理时，发送者将把 TaskCompletionSource<TReply>的实例传递到消息的有效负载中，并且 Ask 函数会将引用返回给调用者。 TaskCompletionSource 对象是通过回调向发送方提供异步通信通道的基础，当计算结果就绪时，代理将通知回调。该模型有效地生成了双向通信。

代码清单 12.8　C#中使用 TDF 的无状态代理

IReplyAgent 接口定义了 Ask 方法,以确保代理启用双向通信

ActionBlock 消息类型是一个元组,其中 TaskCompletionSource 选项被传递到有效负载中,以向调用者提供一个异步通信通道

```
class StatefulReplyDataFlowAgent<TState, TMessage, TReply> :
                                IReplyAgent<TMessage, TReply>
{
        private TState state;
        private readonly ActionBlock<(TMessage,
```

```
            Option<TaskCompletionSource<TReply>>) actionBlock;

    public StatefulReplyDataFlowAgent(TState initialState,
        Func<TState, TMessage, Task<TState>> projection,
        Func<TState, TMessage, Task<(TState, TReply)>> ask,
        CancellationTokenSource cts = null)
    {
        state = initialState;
        var options = new ExecutionDataFlowBlockOptions {
        CancellationToken = cts?.Token ?? CancellationToken.None };


            actionBlock = new ActionBlock<(TMessage,
                        Option<TaskCompletionSource<TReply>>)>(
            async message => {
(TMessage msg, Option<TaskCompletionSource<TReply>> replyOpt) = message;
await replyOpt.Match(
        None: async () => state = await projection(state, msg),
        Some: async reply => {
        (TState newState, TReply replyresult) = await ask(state, msg);
            state = newState;
        reply.SetResult(replyresult);
        });
    }, options);
    }

    public Task<TReply> Ask(TMessage message)
    {
        var tcs = new TaskCompletionSource<TReply>();
        actionBlock.Post((message, Option.Some(tcs)));
        return tcs.Task;
    }

    public Task Send(TMessage message) =>
        actionBlock.SendAsync((message, Option.None));
}
```

代理构造采用两个函数来分别定义
"即发即忘"通信和双向通信

如果 TaskCompletionSource 是
None，则应用投影函数

如果 TaskCompletionSource 是
Some，则应用 Ask 函数来回
复调用者

Option 类型的 Match 扩展方法用于分支
TaskCompletionSource 选项的行为

Ask 成员创建一个 TaskCompletionSource，用
作当代理运行的操作完成后与调用者通信的
通道

注意 TDF 并不保证内置隔离，因此不可变的状态可以在进程函数之间共享并在
       代理的作用域之外发生变化，从而会导致不需要的行为。强烈建议尽量限
       制和控制对共享可变状态的访问。

    为了使 StatefulReplyDataFlowAgent 能够处理两种类型的通信(单向的 Send 和

双向的 Ask)，消息是通过包含 TaskCompletionSource 选项类型来构造的。通过这种方式，代理可以推断出消息是来自 Post 方法(TaskCompletionSource 为 None)还是来自 Ask 方法(TaskCompletionSource 为 Some)。Option 类型的 Match 扩展方法 Match<T, R>(None：Action<T>, Some(item)：Func<T,R>(item))用于分支到代理的相应行为。

12.5　压缩和加密大型流的并行工作流

在本节中，你将构建一个完整的异步并行工作流，并结合代理编程模型来演示 TDF 库的强大功能。该示例使用了 TDF 块和 StatefulDataFlowAgent 代理的组合，它们被连接在一起以像并行管道那样工作。该示例的目的是分析和构建一个真实案例应用程序。然后使用它来评估在程序开发过程中遇到的挑战，并研究如何在设计中引入 TDF 来解决这些挑战。

TDF 以不同的速率并行地处理构成工作流的块。更重要的是，它可以有效地将工作分散到多个 CPU 内核中，从而最大限度地提高计算速度和整体可扩展性。当你需要处理可能会生成数百甚至数千个数据块的大型字节流时，这一点尤其有用。

12.5.1　上下文：处理大型数据流的问题

假设你需要压缩一个大文件以便更容易地通过网络保存或传输，或者必须加密文件的内容以保护该信息。这通常必须同时应用到压缩和加密。如果一次性处理整个文件，则这些压缩和加密操作可能需要很长时间才能完成。而且，跨网络移动文件或流数据是一项挑战，并且由于外部因素(如延迟和不可预测的带宽)，复杂性会随着文件大小而增加。此外，如果文件在一个事务中传输时出现问题，那么将会尝试重新发送整个文件，这可能会耗费时间和资源。在接下来的小节中，将逐步解决这些问题。

在.NET 中，压缩大于 4GB 的文件并不容易，因为要压缩的数据大小受到了框架的限制。由于 32 位指针的最大可寻址大小限制，如果创建的数组超过 4GB，则会引发 OutOfMemoryArray 异常。从.NET 4.5 开始，对于 64 位平台，可以使用 gcAllowVeryLargeObjects(http://mng.bz/x0c4)选项来启用大于 4GB 的数组。该选项允许 64 位应用程序具有最多 UInt32.MaxValue(4 294 967 295)个元素的多维数组。从技术上讲，可以将用于压缩字节流的标准 GZip 压缩应用于大于 4GB 的数据，但 GZip 发行版默认不支持该功能。相关的.NET GZipStream 类也继承了这个 4GB

的限制。

那么如何在不受框架类所施加的 4GB 限制的情况下压缩和加密大型文件呢？一个比较实用的解决方案是使用一个分块例程来切碎数据流。通过切碎数据流，可以更轻松地单独压缩和加密每个块，并最终将块内容写入输出流中。分块技术通常将数据分为大小相同的块，并对每个块应用适当的转换(先压缩后加密)，然后按正确的顺序将块粘合在一起，最后再压缩这些数据。在重新组装时，确保块的正确顺序至关重要。由于密集的 I/O 异步操作，包可能无法以正确的顺序到达，特别是数据是通过网络传输的情况下。因此在重新组装过程中，必须验证顺序(见图 12.9)。

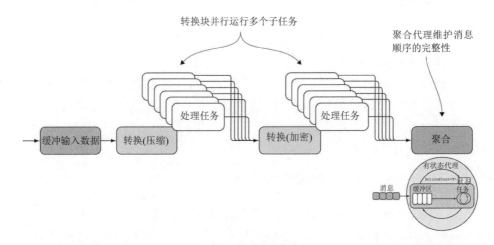

图 12.9   转换块并行处理消息。操作完成后，结果将被发送到下一个块。聚合代理的目的是维护消息顺序的完整性，类似于 AsOrdered PLINQ 扩展方法

并行的机会天然地适用于此设计，因为数据块可以独立处理。

加密和压缩：顺序很重要

因为压缩和加密操作彼此独立，所以我们感觉将它们应用于文件的先后顺序似乎没有区别。但是事实并非如此。压缩和加密操作的应用顺序至关重要。

加密具有将输入数据转换为高熵数据(信息熵被定义为由随机数据源产生的平均信息量)的作用，这是衡量信息内容不可预测性的指标。因此，加密的数据看起来就像一个随机的字节数组，这使得查找常见模式的可能性降低。相反，当数据中存在多个类似模式时，压缩算法的工作效果最佳，这些模式可以用较少的字节表示。

当数据必须同时被压缩和加密时，可以通过先压缩后加密数据来获得最佳结果。通过这种方式，压缩算法可以找到相似的模式来进行压缩，从而加密算法产

生的数据块大小几乎相同。此外，如果操作的顺序是先压缩后加密，那么不仅输出的文件要小一些，而且加密所需的时间很可能会少一些，因为它对更少的数据进行操作。

代码清单 12.9 展示了并行压缩加密工作流的完整实现。注意，在源代码中，可以找到解密和解压缩数据的反向工作流，以及使用异步辅助函数来压缩和加密字节数组。

CompressAndEncrypt 函数将要处理的源和目标流作为参数，chunkSize 参数定义数据拆分的大小(如果未提供值，则默认值为 1MB)，CancellationTokenSource 用于在任意时候停止数据流执行。如果未提供 CancellationTokenSource，则会定义新令牌并通过数据流操作传播。

该函数的核心包括三个 TDF 构建块和一个完成工作流的有状态代理。inputBuffer 是一个 BufferBlock 类型，顾名思义，它缓冲从源流读取的传入字节块，并保存这些条目以将它们传递给流中的下一个块，即连接的 TransformBlock 块compressor(要注意的代码以粗体表示)。

代码清单 12.9　使用 TDF 进行并行流压缩和加密

如果构造函数中未提供任何取消令牌，则提供新的取消令牌

设置 BoundedCapacity 值，通过限制同时创建的 MemoryStream 数来节流消息并减少内存消耗

```
async Task CompressAndEncrypt(
    Stream streamSource, Stream streamDestination,
    long chunkSize = 1048576, CancellationTokenSource cts = null)
{
    cts = cts ?? new CancellationTokenSource();

    var compressorOptions = new ExecutionDataflowBlockOptions {
    MaxDegreeOfParallelism = Environment.ProcessorCount,
    BoundedCapacity = 20,
    CancellationToken = cts.Token
    };

var inputBuffer = new BufferBlock<CompressingDetails>(
        new DataflowBlockOptions {
            CancellationToken = cts.Token, BoundedCapacity = 20 });
```

异步压缩数据(该方法在本书的配套源代码中有提供)

```
var compressor = new TransformBlock<CompressingDetails,
    CompressedDetails>(async details => {
        var compressedData = await IOUtils.Compress(details.Bytes);
```

```
            return details.ToCompressedDetails(compressedData);
        }, compressorOptions);
```

将数据和元数据组合成一个字节数组模式,在反向
操作解密/解压缩期间将对其进行解构和解析

```
    var encryptor = new TransformBlock<CompressedDetails, EncryptDetails>(
        async details => {
            byte[] data = IOUtils.CombineByteArrays(details.CompressedDataSize,
            details.ChunkSize, details.Bytes);
            var encryptedData = await IOUtils.Encrypt(data);
            return details.ToEncryptDetails(encryptedData);
        }, compressorOptions);
```

异步加密数据(该方法在本书的配套
源代码中有提供)

将当前数据结构转换为消
息形式以发送到下一个块

```
    var asOrderedAgent = Agent.Start((new Dictionary<int, EncryptDetails>(),0),
    async((Dictionary<int,EncryptDetails>,int)state,EncryptDetails msg)=>{
        Dictionary<int, EncryptDetails> details, int lastIndexProc) = state;
        details.Add(msg.Sequence, msg);
        while (details.ContainsKey(lastIndexProc+1)){
            msg = details[lastIndexProc + 1];
            await streamDestination.WriteAsync(msg.EncryptedDataSize, 0,
                                        msg.EncryptedDataSize.Length);
            await streamDestination.WriteAsync(msg.Bytes, 0,
                                        msg.Bytes.Length);

            lastIndexProc = msg.Sequence;
            details.Remove(lastIndexProc);
        }
        return (details, lastIndexProc);
    }, cts);
```

asOrderedAgent 代理的行为会
跟踪收到的消息的顺序并维护
该顺序(保留数据)

异步地持久化数据。文件流可以用
网络流替换,以通过网络发送数据

处理的数据块将从本地状态中删
除,以跟踪要执行的条目

ActionBlock 读取器将包裹到详细信
息数据结构中的数据块发送到
asOrdered 代理

```
    var writer = new ActionBlock<EncryptDetails>(async details => await
                    asOrderedAgent.Send(details), compressorOptions);


    var linkOptions = new DataflowLinkOptions { PropagateCompletion = true };
    inputBuffer.LinkTo(compressor, linkOptions);
    compressor.LinkTo(encryptor, linkOptions);
    encryptor.LinkTo(writer, linkOptions);
```

链接数据流块以组成工作流

```
    long sourceLength = streamSource.Length;
    byte[] size = BitConverter.GetBytes(sourceLength);
    await streamDestination.WriteAsync(size, 0, size.Length);
```

文件流的总大小作为第一个数据块被持久化。通过
这种方式,解压缩算法知道如何检索信息以及运行
多长时间

确定分区数据的块大小

```
    chunkSize = Math.Min(chunkSize, sourceLength);
```

```
int indexSequence = 0;
while (sourceLength > 0) {
    byte[] data = new byte[chunkSize];
    int readCount = await streamSource.ReadAsync(data, 0, data.Length);
    byte[] bytes = new byte[readCount];
    Buffer.BlockCopy(data, 0, bytes, 0, readCount);
    var compressingDetails = new CompressingDetails {
            Bytes = bytes,
            ChunkSize = BitConverter.GetBytes(readCount),
            Sequence = ++indexSequence
        };
    await inputBuffer.SendAsync(compressingDetails);
    sourceLength -= readCount;
    if (sourceLength < chunkSize)
        chunkSize = sourceLength;
    if (sourceLength == 0)
        inputBuffer.Complete();
}
await inputBuffer.Completion.ContinueWith(task => compressor.Complete());
await compressor.Completion.ContinueWith(task => encryptor.Complete());
await encryptor.Completion.ContinueWith(task => writer.Complete());
await writer.Completion;
await streamDestination.FlushAsync();
    }
```

将源流读取到块中，直到
流结束

将从源流读取的数据块发
送到 inputBuffer

在每个读取操作之后检查当前源流
位置以决定何时完成该操作

当源流到达末尾时通
知输入缓冲区

使用 SendAsync 方法将从流中读取的字节发送到缓冲区块。

```
var compressingDetails = new CompressingDetails {
    Bytes = bytes,
    ChunkSize = BitConverter.GetBytes(chunkSize),
    Sequence = ++indexSequence
};
await buffer.SendAsync(compressingDetails);
```

从源流读取的每个字节块都被包装到数据结构的 CompressingDetails 中，其中包含字节数组大小的附加信息。该单调值稍后将用于生成的块序列以保持顺序。单调值是有序集之间的一个函数，它保留或反转给定的值，并且该值总是减少或增加。块的顺序对于正确地执行压缩加密操作以及正确地解密和解压缩到原始形式都很重要。

通常，如果块的目的纯粹是将条目操作从一个块转发到其他几个块，那么就不需要 BufferBlock。但是，在读取大量或连续数据流的情况下，此块可用于通过设置适当的 BoundedCapacity 值来控制由分配给流的大量数据产生的背压。在该示例中，BoundedCapacity 限制为 20 个条目的容量。当此块中有 20 个条目时，它将停止接受新条目，直到其中一个现有条目被传递到下一个块。由于数据流源来自异步 I/O 操作，因此可能存在处理大量数据的风险。我们建议通过在构造 BufferBlock 时定义的选项中设置 BoundedCapacity 属性来限制内部缓冲以节流数据。

接下来的两种块类型是压缩转换和加密转换。在第一阶段(压缩操作)，TransformBlock 将压缩应用于字节块，并使用相关数据信息(包括压缩字节数组及其大小)丰富接收到的 CompressingDetails 消息。此信息将作为解压过程中可访问的输出流的一部分而持续存在。

第二阶段(加密操作)对压缩后的字节数组的块进行加密，并创建由三个数组组成的字节序列：CompressedDataSize、ChunkSize 和数据数组。该结构指示解压缩和解密算法从流中恢复正确的字节部分。

注意 记住，当存在多个 TDF 块时，某些 TDF 任务可能在其他任务执行时处于空闲状态，因此你必须调整块的执行选项以避免潜在的饥饿。有关此优化的详细信息将在下一节中介绍。

12.5.2 确保消息流的顺序完整性

TDF 文档保证 TransformBlock 将以消息到达的相同顺序传播它们。TransformBlock 在内部使用重新排序缓冲区来修复因并发处理多个消息而可能出现的任何无序问题。遗憾的是，由于大量异步和密集的 I/O 操作并行运行，因此保持消息顺序的完整性不适用于这种情况。这就是你需要使用单调值来实现额外的顺序排序保留的原因。

如果你决定通过网络发送或流式传输数据，那么由于不可预知的带宽和不可靠的网络连接等变数，将失去按正确顺序发送包的保证。为在处理数据块时保护顺序的完整性，工作流中的最后一步将是有状态的 asOrderedAgent 代理。该代理就像多路复用器一样通过重新组合条目并将它们保存在本地文件系统中，来保持正确的顺序。序列的顺序值保存在 EncryptDetails 数据结构的属性中，该数据结构作为消息由代理接收。

多路复用器模式

多路复用器是一种通常与生产者/消费者设计相结合使用的模式。它允许消费者(在前面的示例中则是管道的最后一个阶段)以正确的顺序接收数据块。不需要对数据块进行排序或重新排序。相反，每个生产者(TDF块)队列都是本地有序的这一事实将允许多路复用器查找序列中的下一个值(消息)。多路复用器等待来自生产者数据流块的消息。当一块数据到达时，多路复用器会查看该块的序列号是否是预期序列中的下一个。如果是，则多路复用器将数据持久保存到本地文件系统。如果数据块不是序列中预期的下一个数据块，则多路复用器将值保存在内部缓冲区中并对接收的下一个消息重复分析操作。该算法允许多路复用器将来自传入的生产者消息的输入放在一起，从而确保其顺序而无须对值进行排序。

整个计算的准确性要求保留源序列和分区的顺序，以确保这些顺序在合并时是一致的。

注意　在用网络发送数据块的情况下，通过让代理在线路的另一端作为接收器工作，可以采用将数据保存到本地文件系统中的相同策略。

此代理的状态将使用元组来保留。元组的第一项是集合 Dictionary<int, EncryptDetails>，其中键表示发送数据的原始顺序的序列值。第二项 lastIndexProc 是处理的最后一个条目的索引，它可以防止多次重复处理相同的数据块。asOrderedAgent 的主体将使用 lastIndexProc 运行 while 循环，并确保数据块的处理是从未处理的最后一个条目开始。该循环继续迭代，直到条目的顺序可以继续。否则，它将从循环中断并等待下一条消息，这可能会填补序列中缺失的间隙。

asOrderedAgent 代理通过 TDF ActionBlock 写入器插入工作流中，并被发送到 EncryptDetails 数据结构以进行最终的工作。

GZipStream 与 DeflateStream：如何选择

.NET 框架提供了一些用于压缩字节流的类。代码清单 12.9 使用 System.IO-.Compression.GZipStream 作为压缩模块；而 System.IO.Compression.DeflateStream 也是一个有效的替代选项。从.NET Framework 4.5 开始，DeflateStream 压缩流将使用 zlib 库，这会带来更好的压缩算法，并且在大多数情况下，与早期版本相比，压缩数据更小。DeflateStream 压缩算法的优化保持了与使用早期版本进行压缩的数据的向后兼容性。选择 GZipStream 类的一个原因是，它会向压缩数据添加循环冗余检查(CRC)，以确定它是否被损坏。有关这些流的更多详细信息，请参阅 MSDN 联机文档(http://mng.bz/h082)。

12.5.3　连接、传播和完成

压缩加密工作流中的 TDF 块是使用 LinkTo 扩展方法来进行连接的，该方法默认只传播数据(消息)。但是，如果工作流是线性的(如本例所示)，则最好通过自动通知在块之间共享信息，例如当工作终止或产生最终错误时。此行为可以通过构造带有 DataFlowLinkOptions 可选参数和设置为 true 的 PropagateCompletion 属

性的 LinkTo 方法来实现。下面是在前面示例中内置该选项的代码:

```
var linkOptions = new DataFlowLinkOptions { PropagateCompletion = true };

inputBuffer.LinkTo(compressor, linkOptions);
compressor.LinkTo(encryptor, linkOptions);
encryptor.LinkTo(writer, linkOptions);
```

PropagateCompletion 可选属性通知数据流块在完成时自动将其结果和异常传播到下一阶段。当缓冲区块在到达流的末尾触发完成通知时,将通过调用 Complete 方法来完成此操作。

```
if (sourceLength < chunkSize)
    chunkSize = sourceLength;
if (sourceLength == 0)
    buffer.Complete();
```

然后,所有数据流块都将按如下所示作为一个链以级联形式通知。

```
await inputBuffer.Completion.ContinueWith(task => compressor.Complete());
await compressor.Completion.ContinueWith(task => encryptor.Complete());
await encryptor.Completion.ContinueWith(task => writer.Complete());
await writer.Completion;
```

最终, 可以按如下方式运行代码:

```
using (var streamSource = new FileStream(sourceFile, FileMode.OpenOrCreate,
                    FileAccess.Read, FileShare.None, useAsync: true))
using (var streamDestination = new FileStream(destinationFile,
        FileMode.Create, FileAccess.Write, FileShare.None, useAsync: true))
    await CompressAndEncrypt(streamSource, streamDestination)
```

表 12.1 展示了压缩和加密不同大小文件的基准,包括反向的解密和解压缩操作。基准测试结果是每个操作运行三次的平均值。

表 12.1　压缩和加密不同大小文件的基准

文件大小(GB)	并行度	压缩加密时间(秒)	解密解压时间(秒)
3	1	524.56	398.52
3	4	123.64	88.25
3	8	69.20	45.93
12	1	2249.12	1417.07
12	4	524.60	341.94
12	8	287.81	163.72

12.5.4　构建 TDF 工作流的规则

以下是在工作流中成功实现 TDF 的一些良好规则和实践：

- 只做一件事并做好它。这是现代 OOP 的一个原则，即单一责任原则 (https://en.wikipedia.org/wiki/Single_responsibility_principle)。其思想是块应该只执行一个操作，并且应该只有一个更改的原因。

- 组合设计。在 OOP 世界中，这被称为开放封闭原则(https://en.wikipedia.org/wiki/Open/closed_principle)，其中数据流构建块被设计为对扩展开放但对修改关闭。

- DRY。这个原则(即不要重复自己)鼓励你编写可重用的代码和数据流构建块组件。

性能提示：回收 MemoryStream

.NET 编程语言依赖于标记-清除式 GC 算法，这可能会对由于 GC 压力而生成大量内存分配的程序的性能产生负面的影响。这是(如代码清单 12.9 中所示)的代码在为每个压缩和加密操作(包括其底层字节数组)创建 System.IO.MemoryStream 实例时所付出的性能损耗。

MemoryStream 实例的数量随着要处理的数据块的数量而增加，而在大型流/文件中，这些数据块可能会有数百个。随着字节数组的增长，MemoryStream 通过分配一个新的更大的数组并将原始字节复制到该数组中来调整其大小。这样做很低效，不仅是因为它创建了新对象并丢弃了旧对象，而且还因为它必须在每次调整大小时复制内容。

缓解频繁创建和销毁大型对象可能导致的内存压力的一种方法是告诉.NET GC 使用以下设置来压缩大型对象堆(LOH)。

```
GCSettings.LargeObjectHeapCompactionMode =
GCLargeObjectHeapCompactionMode.CompactOnce
```

这个解决方案虽然可以减少应用程序的内存占用，但对于解决内存最初分配的问题没有任何帮助。一个更好的解决方案是创建一个对象池(也称为池缓冲区)，以预先分配任意数量的可重用的 MemoryStream(第 13 章提供了一个通用的和可重用的对象池)。

Microsoft 发布了一个名为 RecyclableMemoryStream 的新对象，该对象抽象出了为 MemoryStream 优化的对象池的实现，并最大限度地减少了大对象堆分配和内存碎片的数量。关于 RecyclableMemoryStream 的讨论已经超出了本书的范围。有关更多信息，请参阅 MSDN 联机文档。

12.5.5　组合 Reactive Extensions(Rx)和 TDF

TDF 和 Rx (在第 6 章中讨论过)尽管具有独立的特点和优势，但也具有重要的相似之处，因此它们是相辅相成且易于集成的。TDF 更接近基于代理的编程模型，专注于为消息传递提供构建块，这简化了具有高吞吐量和低延迟的并行 CPU 和 I/O 密集型应用程序的实现，同时也为开发人员提供了对数据缓冲方式的显式控制。

Rx 更倾向于函数式范式，它提供了大量的运算符，主要侧重于带有基于 LINQ 的 API 的事件流的协调和组合。

TDF 内置了与 Rx 集成的支持，这使得它可以将源数据流块暴露为可观察者和观察者。AsObservable 扩展方法将 TDF 块转换为一个可观察者序列，从而使数据流链的输出高效地流到任意一组反应式流畅扩展方法中，以便进一步处理。具体来说，AsObservable 扩展方法为 ISourceBlock<T>构建 IObservable<T>。

注意 TDF 也可以充当观察者。AsObserver 扩展方法为 ITargetBlock<T>创建 Iobserver<T>。

现在让我们来看一下 Rx 和 TDF 的集成。在代码清单 12.9 中，并行压缩加密数据流的最后一个块是有状态的 asOrderedAgent。该组件的特殊性在于存在内部状态，该状态跟踪收到的消息及其顺序。如上所述，有状态代理的构造签名类似于 LINQ 运算符 Aggregate，就 Rx 而言，可以使用 Observable.Scan 运算符来替换它。第 6 章介绍过该运算符。

代码清单 12.10 演示了通过替换并行压缩加密工作流的最后一个块的 asOrderedAgent 代理来集成 Rx 和 TDF。

代码清单 12.10　集成 Rx 和 TDF

```
inputBuffer.LinkTo(compressor, linkOptions);
compressor.LinkTo(encryptor, linkOptions);
                                            集成 Rx 和 TDF
encryptor.AsObservable()          ◄────┐
        .Scan((new Dictionary<int, EncryptDetails>(), 0),
(state, msg) => Observable.FromAsync(async() => {    ◄──────┐
(Dictionary<int,EncryptDetails> details, int lastIndexProc) = state;
details.Add(msg.Sequence, msg);
while (details.ContainsKey(lastIndexProc + 1)) {      异步运行 Rx Scan
    msg = details[lastIndexProc + 1];                 操作
    await streamDestination.WriteAsync(msg.EncryptedDataSize, 0,
                                    msg.EncryptedDataSize.Length);
    await streamDestination.WriteAsync(msg.Bytes, 0, msg.Bytes.Length);
```

```
        lastIndexProc = msg.Sequence;
        details.Remove(lastIndexProc);
        }
    return (details, lastIndexProc);                    Rx 订阅 TaskPoolScheduler
}) .SingleAsync().Wait())
.SubscribeOn(TaskPoolScheduler.Default).Subscribe(); ◄
```

正如你所见，可以在不更改内部功能的情况下将 asOrderedAgent 与 Rx Observable.Scan 运算符交换。TDF 块和 Rx 可观察者流可以成功地完成，也可以有错误地完成，AsObservable 方法将把块完成(或故障)转换为可观察者流的完成。但是如果块出现异常，那么当异常传递给可观察者流时，将被包装到 AggregateException 中。这类似于链接块传播其错误的方式。

12.6　本章小结

- 使用 TPL Dataflow 编写的系统可以从多核系统中受益，因为组成工作流的所有块都可以并行运行。
- TDF 支持运行尴尬并行问题的有效技术，其中许多独立计算可以明显的方式并行执行。
- TDF 内置了对节流和异步的支持，改进了 I/O 密集型和 CPU 密集型操作。特别是，它提供了构建响应式客户端应用程序的能力，同时仍能获得大量并行处理的好处。
- TDF 可用于并行化工作流，以不同速率处理数据块来压缩和加密大型数据流。
- Rx 和 TDF 的组合和集成简化了并行 CPU 和 I/O 密集型应用程序的实现，同时还为开发人员提供了对数据缓冲方式的显式控制。

第 III 部分

现代并发编程模式应用

本书的第 III 部分也是最后一部分会将迄今为止学到的所有函数式并发编程技术付诸实践。这些章节将成为并发相关问题和答案的首选参考。

第 13 章介绍了使用函数式范式来解决并发应用程序中可能会遇到的常见和复杂问题的方法。第 14 章将指导你全面实现一个可扩展、高性能的股票市场服务器应用程序，包括面向客户端的 iOS 和 WPF 版本。

本书前面所学到的函数式范式原则将被应用于设计和体系结构决策以及代码开发，以实现高性能和可扩展的解决方案。在本节中，你将看到应用函数式范式原则以减少 bug 并提高可维护性所带来的积极副作用。

第 *13* 章

成功的并发编程的配方和设计模式

本章主要内容：

- 12 个用于解决并行编程中常见问题的代码配方

本章介绍的 12 个配方具有广泛的应用。当你遇到类似的问题并需要一个快速的答案时，可以将其对应配方的核心思想作为参考。这些参考材料演示了本书中所涵盖的函数式并发抽象以及如何通过用相对较少的代码行数开发复杂而丰富的函数来解决复杂的问题。我已经尽量简化了配方的实现，所以你需要不时地额外进行取消和异常处理。

本章介绍了如何将迄今为止所学的所有内容组合在一起，使用函数式编程抽象将并发编程模型结合起来，从而编写出高效且性能良好的程序。到本章结束时，你将拥有一套有用且可重用的工具来解决常见的并发编码问题。

每个配方都是使用 C#或 F#构建的。对于大多数代码实现，你可以在本书配套源代码中找到这两个版本。另外，请记住，F#和 C#都是.NET 编程语言，具有互操作性支持，相互之间可以进行交互。你可以很容易地在 F#中使用 C#程序，反之亦然。

13.1   循环利用对象以减少内存消耗

在本节中，你将实现一个可重用的异步对象池。这应该在对象的循环利用有利于减少内存消耗的情况下使用。最大限度地减少 GC 生成次数可使你的程序享受更好的性能速度。图 13.1 再次使用第 12 章的配图来展示如何应用代码清单 12.9 中的并发生产者/消费者模式来并行压缩和加密大型文件。

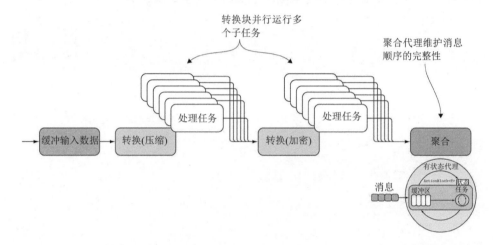

图 13.1   转换块并行处理消息。操作完成后，结果将被发送到下一个块。聚合代理的目的是维护消息顺序的完整性，类似于 AsOrdered PLINQ 扩展方法

代码清单 12.9 中的 CompressAndEncrypt 函数将一个大文件划分为一组字节数组块，由于内存消耗很高，因此会造成大量的 GC 生成并带来负面的影响。当内存压力达到需要更多资源的触发点时，将会创建、处理和回收每个内存块。

这种创建和销毁字节数组的大量操作会导致许多 GC 生成，这会对应用程序的整体性能产生负面影响。实际上，程序以多线程的方式为其完全执行分配了大量的内存缓冲区(字节数组)，这意味着多个线程可以同时分配相同数量的内存。假设每个缓冲区是 4096 字节的内存，25 个线程同时运行；在这种情况下，堆就同时分配了大约 102 400 个字节。此外，当每个线程完成其执行时，许多缓冲区会超出范围，迫使 GC 开始生成。这对性能不利，因为应用程序处于繁重的内存管理之下。

解决方案：异步循环利用对象池

为优化内存消耗很高的并发应用程序的性能，要循环利用可能会被系统垃圾收集的对象。在并行压缩和加密流的示例中，你希望重用生成的相同字节缓冲区

(字节数组)，而不是创建新的缓冲区。这时就可以使用 ObjectPool，这是一个旨在提供对象缓存池的类，用于回收并未被使用的条目。这种对象的重用避免了昂贵的资源获取和释放，从而最大限度地减少了潜在的内存分配。特别是在高度并发的示例中，你需要一个线程安全且非阻塞(基于任务的)的并发对象池(见图 13.2)。

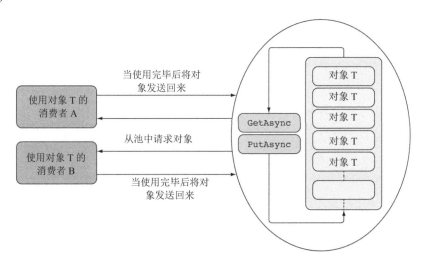

图 13.2　对象池可以异步处理来自多个消费者的对可重用对象的多个并发请求。然后，消费者在完成工作后将对象发送回对象池。对象池在内部使用给定的工厂委托生成对象队列。然后循环利用这些对象以减少内存消耗和新实例化的成本

在代码清单 13.1 中，ObjectPoolAsync 的实现是基于使用 BufferBlock 作为构建块的 TDF。ObjectPoolAsync 预初始化一组对象，以供应用程序在需要时使用和重用。此外，TDF 本质上是线程安全的，同时提供异步和非阻塞语义。

代码清单 13.1　使用 TDF 的异步对象池实现

```
public class ObjectPoolAsync<T> :IDisposable
{
    private readonly BufferBlock<T> buffer;
    private readonly Func<T> factory;
    private readonly int msecTimeout;
    public ObjectPoolAsync(int initialCount, Func<T> factory,
  ➥ CancellationToken cts, int msecTimeout = 0)
  {
    this.msecTimeout = msecTimeout;
    buffer = new BufferBlock<T>(                          ◀── 使用 BufferBlock 异步协
        new DataflowBlockOptions { CancellationToken = cts });  调类型 T 的底层集合
    this.factory = () => factory();                       ◀── 使用工厂委托生成类型为
                                                             T 的新实例
```

```
        for (int i = 0; i < initialCount; i++)
```

在对象池的初始化过程中,往缓冲区中填充类型为 T 的实例,以便从一开始就有对象可以使用

当消费者完成后,会将对象类型 T 发送回对象池以进行循环利用

```
    buffer.Post(this.factory());
}

public Task<bool> PutAsync(T item) => buffer.SendAsync(item);

public Task<T> GetAsync(int timeout = 0)
```

当消费者发出请求时,对象池将发送类型 T 对象

```
{
    var tcs = new TaskCompletionSource<T>();
    buffer.ReceiveAsync(TimeSpan.FromMilliseconds(msecTimeout))
        .ContinueWith(task =>
        {
            if (task.IsFaulted)
                if (task.Exception.InnerException is TimeoutException)
                    tcs.SetResult(factory());
                else
                    tcs.SetException(task.Exception);
            else if (task.IsCanceled)
                tcs.SetCanceled();
            else
                tcs.SetResult(task.Result);
        });
    return tcs.Task;
}
public void Dispose() => buffer.Complete();

}
```

ObjectPoolAsync 接收要创建的初始对象数和工厂委托构造函数作为参数。它公开了两个函数来编排对象的循环利用。

- PutAsync——可以将一个条目异步放入池中。
- GetAsync——可以从池中异步获取一个条目。

在本书配套的源代码中,你可以找到使用了 ObjectPoolAsync 的 CompressAndEncrypt 程序的完整解决方案。图 13.3 是程序的原始版本和使用 ObjectPoolAsync 的新版本两者之间不同大小文件的 GC 生成的图形化比较。

图表中显示的结果演示了使用 ObjectPoolAsync 实现的 CompressAndEncrypt 程序如何显著减少 GC 生成,从而提高应用程序的总体性能。在八核机器中,新版本的 CompressAndEncrypt 的速度提高了约 8%。

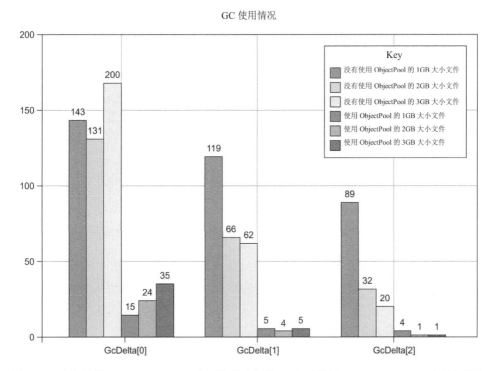

图 13.3　本章使用 ObjectPoolAsync 实现的版本与第 12 章不使用 ObjectPoolAsync 实现的版本在处理不同的大文件(1GB、2GB 和 3GB)时的比较结果。与不使用对象池的版本相比，使用对象池的实现具有更少的 GC 生成数。将 GC 生成最小化会带来更好的性能

13.2　自定义并行 Fork/Join 运算符

在本节中，你将实现一个可重用的扩展方法来并行 Fork/Join 操作。假设你在程序中发现了这么一段代码，这段代码可以通过使用"分而治之"模式来并行执行从而提高性能。于是你决定使用并发 Fork/Join 模式来重构代码(见图 13.4)，而且你在继续检查程序代码的过程中，发现越来越多类似的模式。

注意　正如你在本书 4.2 节中所学到的那样，Fork/Join 类似于分而治之模式，将工作分解为小任务，直到每个小任务都足够简单，无须更进一步分解即可解决，然后再协调并行工作者。

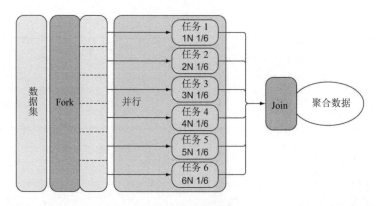

图 13.4　Fork/Join 模式将任务拆分为可以并行独立执行的子任务。操作完成后,再连接这些子任务。这种模式通常用于实现数据并行,这不是巧合。事实上,两者有明显的相似之处

遗憾的是,在.NET 中,并没有内置支持并行 Fork/Join 扩展方法来按需重用。但是,你可以创建一个可重用且灵活的运算符,它可以执行以下操作:

- 拆分数据
- 并行应用 Fork/Join 模式
- 允许你配置并行度(可选)
- 使用归约函数合并结果

.NET 运算符 Task.WhenAll 和 F# Async.Parallel 可以并行组合一组给定的任务。但是这些运算符不提供聚合(或归约)功能来合并结果。此外,当你想要控制并行度时,它们缺乏可配置性。要获得满足如上需求的运算符,你需要一个量身定制的解决方案。

解决方案:组合步骤管道以形成 Fork/Join 模式

通过使用 TDF,可以将不同的构建块组合在一起作为管道。你可以使用管道来定义 Fork/Join 模式的步骤(见图 13.5),其中 Fork 步骤并行运行一组任务,然后接下来的步骤连接结果,最后一步应用归约器块以得到最终输出结果。对于聚合结果工作流的后续步骤,你需要一个维护前面步骤状态的对象。在这种情况下,你可以使用第 12 章中的使用 TDF 构建的基于代理的块。

Fork/Join 模式是作为通用 IEnumerable 的扩展方法实现的,可以从代码中以流畅式风格很方便地访问它,如代码清单 13.2 所示(要注意的代码以粗体表示)。

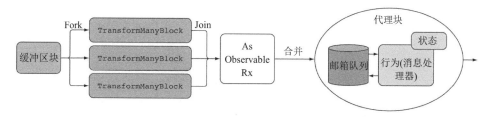

图 13.5　使用 TDF 实现的 Fork/Join 模式，其中计算的每个步骤使用不同的数据流块来定义

代码清单 13.2　使用 TDF 的并行 ForkJoin

map 和 aggregate 函数返回一个
Task 类型以确保并发行为

partitionLevel 设置为默认值 8，
boundCapacity 设置为 20；这些
都是任意值，可以而且应该根据
你的实际需要进行修改

```
public static async Task<R> ForkJoin<T1, T2, R>(
    this IEnumerable<T1> source,
    Func<T1, Task<IEnumerable<T2>>> map,
    Func<R, T2, Task<R>> aggregate,
    R initialState, CancellationTokenSource cts = null,
    int partitionLevel = 8, int boundCapacity = 20)
{
    cts = cts ?? new CancellationTokenSource();
    var blockOptions = new ExecutionDataflowBlockOptions {
        MaxDegreeOfParallelism = partitionLevel,
        BoundedCapacity = boundCapacity,
        CancellationToken = cts.Token
    };

    var inputBuffer = new BufferBlock<T1>(
        new DataflowBlockOptions {
            CancellationToken = cts.Token,
            BoundedCapacity = boundCapacity
        });

    var mapperBlock = new TransformManyBlock<T1, T2>
    (map, blockOptions);
    var reducerAgent = Agent.Start(initialState, aggregate, cts);
    var linkOptions = new DataflowLinkOptions{PropagateCompletion=true};
    inputBuffer.LinkTo(mapperBlock, linkOptions);

    IDisposable disposable = mapperBlock.AsObservable()
        .Subscribe(async item => await reducerAgent.Send(item));

    foreach (var item in source)
        await inputBuffer.SendAsync(item);
```

构成 Fork/Join 管道的构建块的
实例

打包执行详细信息的属性以配
置 inputBuffer BufferBlock

连接构建块以形成和连接步骤
来运行 Fork/Join 模式

通过将输入集合的条目推送到管道的第一
步来启动 Fork/Join 过程

TransformmanyBlock 被转换成
一个 Observable，用于将输出
作为消息推送到 reducerAgent

```
inputBuffer.Complete();

var tcs = new TaskCompletionSource<R>();

await inputBuffer.Completion.ContinueWith(task =>
                                mapperBlock.Complete());
await mapperBlock.Completion.ContinueWith(task => {
    var agent = reducerAgent as StatefulDataflowAgent<R, T2>;
    disposable.Dispose();
    tcs.SetResult(agent.State);
});
return await tcs.Task;
}
```

当 mapperBlock 完成时，延续 Task
将 reducerAgent 设置为 tcs 作为输
出传递给调用者的 Task 的结果

ForkJoin 扩展方法接收一个 IEnumerable 源作为参数来处理映射函数，转换其
条目，以及使用聚合(归约)函数来合并来自映射计算的所有结果。initialState 参数
是聚合函数对初始状态值所需的种子。但是，如果可以组合结果类型 T2(因为满
足了幺半群相关定律)，则可以修改该方法以使用具有零初始状态的归约函数，如
代码清单 5.10 所示。

底层数据流块被连接以形成管道。有趣的是，mapperBlock 使用 AsObservable
扩展方法转换为 Observable，然后订阅以便在物化输出时向 reducerAgent 发送消
息。partitionLevel 值和 boundCapacity 值分别用于设置并行度和限定的容量。

下面是一个如何使用 ForkJoin 运算符的简单示例。

```
Task<long> sum = Enumerable.Range(1, 100000)
        .ForkJoin<int, long, long>(
                async x => new[] { (long)x * x },
                async (state, x) => state + x, 0L);
```

这段示例代码使用 Fork/Join 模式将从 1 到 100 000 的每个数字的平方进行
相加。

13.3   并行具有依赖关系的任务：设计代码以优化性能

假设你需要编写一个工具来执行一系列异步任务，每个任务都有一组不同的
依赖关系，这些依赖关系会影响操作的顺序。你可以通过顺序和命令式执行来解
决这一问题。但是，如果你想最大限度地提高性能，顺序操作则无法做到这点。
你必须构建并行运行的任务。许多并发问题可以被视为原子操作的静态集合，其
输入和输出之间存在依赖关系。操作完成后，输出将用作其他相关操作的输入。
为优化性能，需要根据这些依赖关系来调度这些任务，必须优化算法，以尽可能

地将原来串行运行的任务以并行方式运行。

你需要一个可重用的组件,该组件在确保尊重所有可能会影响操作顺序的依赖项的前提下,并行运行一系列任务。那么如何根据与其他操作的依赖关系来创建这么一个编程模型(该模型会暴露高效执行的操作集合的底层并行性,并且这些操作可以并行执行,也可以串行执行,具体取决于与其他操作的依赖性)呢?

解决方案:实现任务的依赖关系图

该解决方案称为有向无环图(DAG),其目的是通过将操作分解为一系列具有定义的依赖性的原子任务来形成一个图。图的无环性质很重要,因为它消除了任务之间发生死锁的可能性,前提是任务是真正原子的。在指定图形时,了解任务之间的所有依赖关系非常重要,尤其是可能导致死锁或竞态条件的隐藏依赖关系。图 13.6 是一个典型的图形数据结构示例,它可以用来表示图形操作之间的调度约束。图形是计算机科学中一种非常强大的数据结构,可以产生强大的算法。

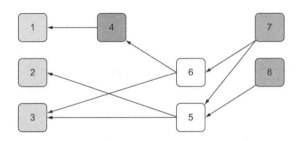

图 13.6　图形是由边连接的顶点的集合。在 DAG 的这种表示形式中,节点 1 依赖于节点 4,
节点 2 依赖于节点 5,节点 3 依赖于节点 5 和 6

可以将 DAG 结构作为一种策略应用于考虑依赖关系顺序的任务并行以提高性能。可以使用 F# MailboxProcessor 来定义该图形结构,并以边依赖的模型保留注册执行的任务的内部状态。

验证有向无环图

在处理任何图形数据结构(如 DAG)时,需要正确处理注册边的问题。在图 13.6 中,如果节点 2 具有与节点 7 和 8 的依赖关系,但节点 8 却不存在,那该怎么办?也可能发生一些边会相互依赖的情况,这样就会导致有向循环。有无有向循环对能否并行运行任务至关重要。如果有有向循环,某些任务可能会永远等待另一个任务完成,陷入死锁。

对应的解决方案称为拓扑排序,这意味着你可以将图中所有顶点排序,使得所有的有向边均从排在前面的元素指向排在后面的元素(或者指示出无法做到这一点)。例如，如果任务 A 必须在任务 B 之前完成，任务 B 必须在任务 C 之前完成，而任务 C 又必须在任务 A 之前完成，那么就形成一个循环引用，系统将会通过抛出异常来通知你出错了。如果优先约束中有一个有向循环，那么就没有解决方案了。这种检查称为有向环检测。如果一个有向图满足了以上规则，它就被认为是一个 DAG，已经准备好可以并行运行几个具有依赖关系的任务。

可以在本书配套源代码中找到包含 DAG 验证的代码清单 13.4 的完整版本。

代码清单 13.3 使用 F# MailboxProcessor 作为一个完美的候选者来实现一个 DAG，以并行运行具有依赖性的操作。首先，让我们定义用于管理任务并运行其依赖关系的可区分联合。

代码清单 13.3　用于协调任务执行的消息类型和数据结构

```
type TaskMessage =                            命令被发送到 ParallelTasksDag 的底层
    | AddTask of int * TaskInfo               dagAgent 代理，该代理负责任务的执行协调
    | QueueTask of TaskInfo
    | ExecuteTasks
and TaskInfo =                                 包装要运行的每个任务
    { Context : System.Threading.ExecutionContext  的详细信息
      Edges : int array; Id : int; Task : Func<Task>
      EdgesLeft : int option; Start : DateTimeOffset option
      End : DateTimeOffset option }
```

TaskMessage 类型表示发送到 ParallelTasksDAG 的底层代理的消息用例，如代码清单 13.4 所示。这些消息用于任务协调和依赖关系同步。TaskInfo 类型包含并跟踪在执行 DAG 期间注册任务的详细信息，包括依赖边。捕获执行上下文(http://mng.bz/2F9o)是为了在延迟执行期间访问信息，例如当前用户、与逻辑执行线程相关联的任何状态、代码访问安全信息等。当事件触发时，将会发布执行的开始和结束时间。

代码清单 13.4　F#代理 DAG 并行操作的执行

```
显示 onTaskCompletedEvent 实例的            用于跟踪任务及其依赖项的代理内部状态。集
事件，用于在任务完成时通知              合是可变的，因为状态在 ParallelTasksDag 的
                                         执行过程中发生更改，并且因为它们继承了代
   type ParallelTasksDAG() =            理内部的线程安全性

       let onTaskCompleted = new Event<TaskInfo>()

   let dagAgent = new MailboxProcessor<TaskMessage>(fun inbox ->
异步等待    let rec loop (tasks : Dictionary<int, TaskInfo>)
消息                 (edges : Dictionary<int, int list>) = async {
      let! msg = inbox.Receive()
      match msg with            开始执行 ParallelTasksDag 的消息
      | ExecuteTasks ->         用例
```

```
let fromTo = new Dictionary<int, int list>()
let ops = new Dictionary<int, TaskInfo>()
for KeyValue(key, value) in tasks do
    let operation =
        { value with EdgesLeft = Some(value.Edges.Length) }
    for from in operation.Edges do
      let exists, lstDependencies = fromTo.TryGetValue(from)
      if not <| exists then
          fromTo.Add(from, [ operation.Id ])
      else fromTo.[from] <- (operation.Id :: lstDependencies)
      ops.Add(key, operation)
    ops |> Seq.iter (fun kv ->
```

该过程遍历任务列表,分析其他任务之间的依赖关系,以创建表示任务执行顺序的拓扑结构

将单调递增的索引映射到要运行的任务的集合

消息用例,用于对任务进行排队,运行它,最终在完成时将其作为活动依赖项从代理状态中删除

```
            match kv.Value.EdgesLeft with
            | Some(n) when n = 0 -> inbox.Post(QueueTask(kv.Value))
            | _ -> ())
    return! loop ops fromTo
| QueueTask(op) ->
    Async.Start <| async {
        let start = DateTimeOffset.Now
        match op.Context with
        | null -> op.Task.Invoke() |> Async.AwaitATsk
        | ctx -> ExecutionContext.Run(ctx.CreateCopy(),
                    (fun op -> let opCtx = (op :?> TaskInfo)
                            opCtx.Task.Invoke().ConfigureAwait(false)),
        taskInfo)
        let end' = DateTimeOffset.Now
        onTaskCompleted.Trigger { op with Start = Some(start)
                                        End = Some(end') }
```

如果捕获的 ExecutionContext 为 null,则在当前上下文中运行任务函数

使用捕获的 ExecutionContext 运行任务

触发并发布 onTaskCompleted 事件以通知任务已完成。该事件包含了任务信息

```
        let exists, deps = edges.TryGetValue(op.Id)
        if exists && deps.Length > 0 then
            let depOps = getDependentOperation deps tasks []
            edges.Remove(op.Id) |> ignore
            depOps |> Seq.iter (fun nestedOp ->
                            inbox.Post(QueueTask(nestedOp))) }
        return! loop tasks edges
| AddTask(id, op) -> tasks.Add(id, op)
                    return! loop tasks edges}
loop (new Dictionary<int, TaskInfo>(HashIdentity.Structural))
    (new Dictionary<int, int list>(HashIdentity.Structural)))
```

根据任务的依赖关系(如果有)添加要执行的任务的消息用例

触发并发布 onTaskCompleted 事件以通知任务已完成。该事件包含了任务信息

```
    [<CLIEventAttribute>]
    member this.OnTaskCompleted = onTaskCompleted.Publish
    member this.ExecuteTasks() = dagAgent.Post ExecuteTasks
    member this.AddTask(id, task, [<ParamArray>] edges : int array) =
        let data = { Context = ExecutionContext.Capture()
                     Edges = edges; Id = id; Task = task
                     NumRemainingEdges = None; Start = None; End=None}
        dagAgent.Post(AddTask(id, data))
```

为 DAG 执行添加任务及其依赖项和　　　　　　　　　　　　　　开始执行已注册的任务
当前 ExecutionContext

　　函数 AddTask 的目的是注册包含任意依赖边的任务。该函数接收一个唯一的
ID、一个必须执行的函数任务以及一个表示其他已注册任务 ID 的边的数组(所有
这些边都必须在执行当前任务之前完成)。如果数组为空，则表示没有依赖项。名
为 dagAgent 的 MailboxProcessor 将已注册的任务保存在当前状态 tasks 中，tasks
是每个任务的 ID 与其详细信息之间的映射(tasks：Dictionary<int，TaskInfo>)。代
理还保留了每个任务 ID 的边依赖的状态(edges：Dictionary<int，int list>)。Dictionary
集合是可变的，因为状态在 ParallelTasksDag 的执行过程中发生了更改，并且因为
它们继承了代理内部的线程安全性。当代理接收到开始执行的通知后，整个过程
会有一部分涉及验证所有边依赖是否已注册，以及图形中是否没有循环。本书配
套源代码中的 ParallelTasksDAG 的完整实现提供了此验证步骤。下面的示例代码
是一个 C#示例，它引用并使用 F#库来运行 ParallelTasksDAG。注册的任务反映了
图 13.6 中的依赖关系。

```
Func<int, int, Func<Task>> action = (id, delay) => async () => {
    Console.WriteLine($"Starting operation{id} in Thread Id
{Thread.CurrentThread.ManagedThreadId} . . . ");
    await Task.Delay(delay);
};

var dagAsync = new DAG.ParallelTasksDAG();
dagAsync.OnTaskCompleted.Subscribe(op =>
    Console.WriteLine($"Operation {op.Id} completed in Thread Id {
      Thread.CurrentThread.ManagedThreadId}"));

dagAsync.AddTask(1, action(1, 600), 4, 5);
dagAsync.AddTask(2, action(2, 200), 5);
dagAsync.AddTask(3, action(3, 800), 6, 5);
dagAsync.AddTask(4, action(4, 500), 6);
dagAsync.AddTask(5, action(5, 450), 7, 8);
```

```
dagAsync.AddTask(6, action(6, 100), 7);
dagAsync.AddTask(7, action(7, 900));
dagAsync.AddTask(8, action(8, 700));
dagAsync.ExecuteTasks();
```

action 辅助函数的目的是在任务启动时打印，通过指示当前线程 Id 来证明在多线程环境中的功能应用。注册 OnTaskCompleted 事件以在控制台中完成每个任务的打印后通知任务 ID 和当前线程 Id。下面是调用 ExecuteTasks 方法时的输出：

```
Starting operation 8 in Thread Id 23...
Starting operation 7 in Thread Id 24...
Operation 8 Completed in Thread Id 23
Operation 7 Completed in Thread Id 24
Starting operation 5 in Thread Id 23...
Starting operation 6 in Thread Id 25...
Operation 6 Completed in Thread Id 25
Starting operation 4 in Thread Id 24...
Operation 5 Completed in Thread Id 23
Starting operation 2 in Thread Id 27...
Starting operation 3 in Thread Id 30...
Operation 4 Completed in Thread Id 24
Starting operation 1 in Thread Id 28...
Operation 2 Completed in Thread Id 27
Operation 1 Completed in Thread Id 28
Operation 3 Completed in Thread Id 30
```

如你所见，任务是以不同的执行线程(不同的线程 ID)并行运行的，而且依赖项顺序也得到保留。

13.4　用于协调并发 I/O 操作共享资源的闸门：一次写入，多次读取

假设你正在实现这样一个服务器应用程序，它有许多并发客户端请求进入。这些并发请求进入服务器应用程序是因为需要访问共享数据。有时还会有需要修改共享数据的请求出现，所以就需要同步数据。

当一个新的客户端请求到达时，线程池将调度一个线程来处理该请求并开始其过程。假设此时该请求想要以线程安全的方式来更新服务器中的数据，你就必须面对这样一个问题：如何协调读写操作，使它们能够同时访问资源而又不阻塞。在这种情况下，阻塞意味着需要协调对共享资源的访问。而这样做的话，写入操作将锁定其他操作，以取得资源的所有权，直到其完成为止。

一种可能的解决方案是使用基元锁,例如 ReaderWriterLockSlim(http://mng. bz/FY0J),它还管理对资源的访问,允许采用多线程。

但在本书中,你学到了应尽可能避免使用基元锁。锁会阻碍代码并行运行,并且在许多情况下,锁会强制线程池为每个请求创建一个新的线程从而把线程池淹没。其他线程在获取对同一资源的访问权限时会被阻塞。还有一个缺点是,锁可能会被保持很长时间,从而导致从线程池中唤醒线程来处理读取请求时,会立即进入休眠状态,来等待写入线程完成其任务。另外,这种设计不具有扩展性。

最后,应该以不同的方式来处理读取和写入操作,以允许同时进行多个读取操作,因为这些读操作是不会更改数据的。这应该通过确保每次只处理一个写入操作来实现平衡,同时还要阻止从过时数据中检索读取数据。

你需要一个可以异步地同步读取和写入操作而不会阻塞的自定义协调器。这个协调器应该按顺序每次只执行一个写入操作,不会阻塞任何线程,并且让读取操作并行运行。

解决方案:将多个读/写操作应用于共享线程安全资源

ReaderWriterAgent 在不阻塞任何线程并且保持 FIFO 操作顺序的前提下提供读写器异步语义。它减少了资源消耗并提高了应用程序的性能。事实上,ReaderWriterAgent 只需要使用几个线程就可以完成大量的工作。无论要进行的操作数量如何,ReaderWriterAgent 都只需要少量资源。

在下面的示例中,你希望向共享数据库发送多个读写操作。在处理这些操作时,读取线程的优先级高于写入线程,如图 13.7 所示。相同的概念可以应用于其他任何资源,例如文件系统。

注意 通常,ReaderWriterAgent 更适合于使用 I/O 操作来同步异步访问资源的程序。

代码清单 13.5 是使用 F# MailboxProcessor 实现的 ReaderWriterAgent。选择 F# MailboxProcessor 的原因是为了简化状态机的定义,从而便于实现读写器异步协调器。首先,需要定义一个消息类型来表示 ReaderWriterAgent 协调和同步读写操作的操作。

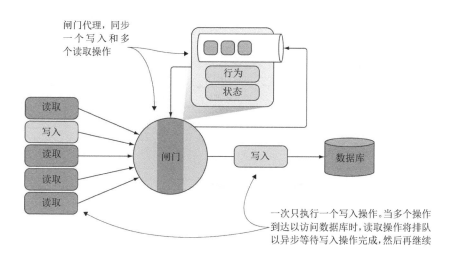

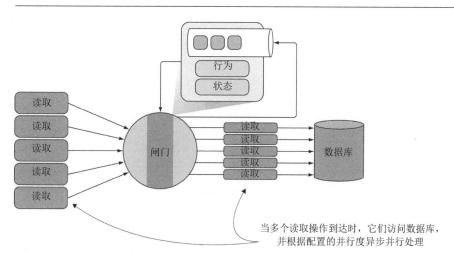

图 13.7　ReaderWriterAgent 充当闸门代理，以异步地同步对共享资源的访问。在上图中，一次
只执行一次写入操作，而读取操作将排队以异步等待写入操作完成，然后再继续。在下图中，
将根据配置的并行度来并行异步处理多个读取操作

代码清单 13.5　ReaderWriterAgent 协调程序使用的消息类型

```
type ReaderWriterMsg <'r,'w> =                    使用一个 DU,其中的命令用例用来发
    | Command of ReadWriteMessages<'r,'w>          送读取/写入操作的队列
    | CommandCompleted
and ReaderWriterGateState =                        使用消息类型来更改状态并协调
    | SendWrite                                     ReaderWriterAgent 内部队列中的操作
    | SendRead of count:int
    | Idle
and ReadWriteMessages<'r,'w> =
```

```
| Read of r:'r
| Write of w:'w
```

ReaderWriterMsg 消息类型表示读/写数据库或通知操作已完成的命令。Reader-
WriterGateState 是一个 DU，用于将读/写操作排队到读写器代理中。最终，
ReadWriteMessages DU 确认内部 ReaderWriterAgent 中所排队的读/写操作的情况。
代码清单 13.6 展示了 ReaderWriterAgent 类型的实现。

代码清单 13.6   ReaderWriterAgent 协调异步操作

构造函数的第一个参数是使用工作者的数量来配置并行度，
第二个参数是访问数据库以进行读/写操作的代理的行为，第
三个参数是处理错误的可选参数，第四个参数是取消底层代
理以停止仍然活动的操作

如果没有将可选参数传
递给构造函数，则会使用
默认值初始化这些参数

```
type ReaderWriterAgent<'r,'w>(workers:int,
   behavior: MailboxProcessor<ReadWriteMessages<'r,'w>> ->
➡ Async<unit>,?errorHandler, ?cts:CancellationTokenSource) =

      let cts = defaultArg cts (new CancellationTokenSource())
      let errorHandler = defaultArg errorHandler ignore
      let supervisor = MailboxProcessor<Exception>.Start(fun inbox->async{
             while true do
                 let! error = inbox.Receive(); errorHandler error })

      let agent=MailboxProcessor<ReaderWriterMsg<'r,'w>>.Start(fun inbox ->
            let agents = Array.init workers (fun _ ->
              (new AgentDisposable<ReadWriteMsg<'r,'w>>(behavior, cts))
                .withSupervisor supervisor)
```

监督代理处理异常。
while-true 循环用于异步等
待传入的消息

每个新创建的代理都注册错
误处理程序以通知监督代理

Command Read 用例基于当前代理状态，可以
排队新的读取操作，当 writeQueue 为空时启动
读取操作或保持空闲

创建具有给定行为的代理
集合，以便将读/写操作并行
到数据库。访问是同步的

```
      cts.Token.Register(fun () ->
        agents |> Array.iter(fun agent -> (agent:>IDisposable).Dispose()))

      let writeQueue = Queue<_>()
      let readQueue = Queue<_>()
      let rec loop i state = async {
         let! msg = inbox.Receive()
         let next = (i+1) % workers
         match msg with
         | Command(Read(req)) ->
           match state with
           | Idle -> agents.[i].Agent.Post(Read(req))
```

注册取消策略以停止底层代
理工作者

使用内部队列来管理读/写操
作的访问和执行

```
                    return! loop next (SendRead 1)
          | SendRead(n) when writeQueue.Count = 0 ->
            agents.[i].Agent.Post(Read(req))
            return! loop next (SendRead(n+1))
          | _ -> readQueue.Enqueue(req)
                    return! loop i state
      | Command(Write(req)) ->
        match state with
        | Idle -> agents.[i].Agent.Post(Write(req))
               return! loop next SendWrite
        | SendRead(_) | SendWrite -> writeQueue.Enqueue(req)
                            return! loop i state
      | CommandCompleted ->
        match state with
        | Idle -> failwith "Operation no possible"
        | SendRead(n) when n > 1 -> return! loop i (SendRead(n-1))
        | SendWrite | SendRead(_) ->
          if writeQueue.Count > 0 then
                  let req = writeQueue.Dequeue()
          agents.[i].Agent.Post(Write(req))
          return! loop next SendWrite
        elif readQueue.Count > 0 then
          readQueue |> Seq.iteri (fun j req ->
              agents.[(i+j)%workers].Agent.Post(Read(req)))
          let count = readQueue.Count
          readQueue.Clear()
          return! loop ((i+ count)%workers) (SendRead count)
        else return! loop i Idle }
    loop 0 Idle), cts.Token)


  let postAndAsyncReply cmd createRequest =
    agent.PostAndAsyncReply(fun ch ->
              createRequest(AsyncReplyChannelWithAck(ch, fun () ->
⇒ agent.Post(CommandCompleted))) |> cmd |> ReaderWriterMsg.Command

    member this.Read(readRequest) = postAndAsyncReply Read readRequest
    member thisWrite(writeRequest) = postAndAsyncReply Write writeRequest
```

基于当前代理状态的 Command Write 用例可以保持空闲状态，也可以将写入操作排队

CommandCompleted 在操作完成后更新读/写队列的当前状态

该函数在代理和调用者之间建立异步双向通信，以发送命令并等待响应而不阻塞

ReaderWriterAgent 类型中底层 F# MailboxProcessor 的实现是一个多状态机，用于协调独占写入和读取对共享资源的访问。ReaderWriterAgent 创建子代理，根据收到的 ReadWriteMsg 消息类型访问资源。当代理协调器收到 Read 命令时，将使用以下模式匹配应用独占访问逻辑来检查其当前状态。

- 如果状态为 Idle，则将 Read 命令发送给要处理的子代理。如果没有写入活动，那么主代理的状态将更改为 SendRead。
- 如果状态为 SendRead，则仅当没有写入活动时，才将 Read 操作发送给子代理。
- 在其他情况下，Read 操作将被放置在本地 Read 队列中，以供以后处理。

当代理协调器收到 Write 命令时，将根据其当前状态进行如下模式匹配和处理。

- 如果状态为 Idle，则将 Write 命令发送到要处理的子代理收件箱。 然后将主代理的状态更改为 SendWrite。
- 在其他情况下，Write 操作将被放置在本地 Write 队列中，以供以后处理。

图 13.8 显示了 ReaderWriterAgent 多状态机。

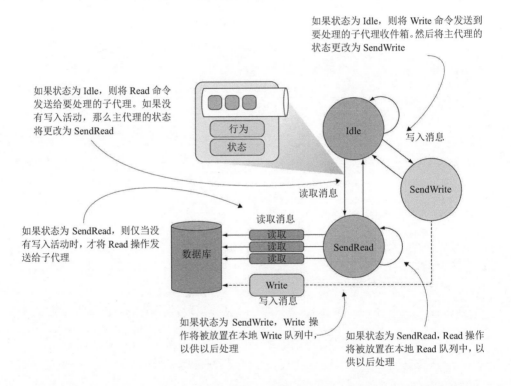

图 13.8   ReaderWriterAgent 就像一个状态机一样工作，其中每个状态都旨在异步地同步对共享资源(在本例中是数据库)的访问

以下代码段是一个使用 ReaderWriterAgent 的简单示例。为简单起见，改为以线程安全和非阻塞的方式访问本地可变字典来代替采用并发方式来访问数据库：

```
type Person = { id:int; firstName:string; lastName:string; age:int }

let myDB = Dictionary<int, Person>()

let agentSql connectionString =
    fun (inbox: MailboxProcessor<_>) ->
        let rec loop() = async {
        let! msg = inbox.Receive()
        match msg with
        | Read(Get(id, reply)) ->
            match myDB.TryGetValue(id) with
            | true, res -> reply.Reply(Some res)
            | _ -> reply.Reply(None)
        | Write(Add(person, reply)) ->
            let id = myDB.Count
            myDB.Add(id, {person with id = id})
            reply.Reply(Some id)
        return! loop() }
      loop()

let agent = ReaderWriterAgent(maxOpenConnection, agentSql connectionString)

let write person = async {
    let! id = agent.Write(fun ch -> Add(person, ch))
    do! Async.Sleep(100)
}

let read personId = async {
    let! resp = agent.Read(fun ch -> Get(personId, ch))
    do! Async.Sleep(100)
}

[ for person in people do
    yield write person
    yield read person.Id
    yield write person
    yield read person.Id
    yield read person.Id ]
    |> Async.Parallel
```

以上代码示例创建了一个 agentSql 对象,其目的是模拟访问本地资源 myDB 数据库。ReaderWriterAgent 类型的实例代理协调并行的读/写操作,这些操作以线程安全的方式并发访问 myDB 字典而不阻塞。在现实场景中,可变集合 myDB 可以替换为数据库、文件或任何类型的共享资源。

13.5   线程安全的随机数生成器

在处理多线程代码时,通常需要为程序中的操作生成随机数。现在举个例子,假设你正在编写一个 Web 服务器应用程序,该应用程序需要在用户发送请求后随机发送回一个音频剪辑。当要并发接收大量请求时,出于对性能的考虑,整组音频剪辑都会被加载到服务器内存中。对于每个请求,则随机选择一个音频剪辑并将其发送回用户以进行播放。

在大多数情况下,System.Random 类是一个可用于生成随机数值的快速解决方案。但是,在并行访问和高性能场景下,如何保证 Random 实例的有效性是需要解决的一个挑战性问题。因为当 Random 类的一个实例被多个线程使用时,其内部状态可能会受到影响,从而导致它可能总是返回零。

注意 System.Random 类在加密图形层面上可能不是真正随机的。如果你比较关心随机数的质量,那么应该使用 RNGCryptoServiceProvider,它会生成加密的强随机数。

解决方案:使用 ThreadLocal 对象

ThreadLocal<T>确保每个线程都接收一个只属于自己的 Random 类实例,从而保证即使在多线程程序中也能完全线程安全地访问。代码清单 13.7 展示了使用 ThreadLocal<T>类的线程安全的随机数生成器的实现,提供了一个强类型化的本地作用域类型,以创建对每个线程保持独立的对象实例。

代码清单 13.7   线程安全的随机数生成器

```
public class ThreadSafeRandom : Random                      使用 ThreadLocal<T>类来创建
{                                                           一个线程安全的随机数生成器
    private ThreadLocal<Random> random =
        new ThreadLocal<Random>(()=>new Random(MakeRandomSeed()));
```

```
public override int Next() => random.Value.Next();

public override int Next(int maxValue) =>
                            random.Value.Next(maxValue);

public override int Next(int minValue, int maxValue) =>
                            random.Value.Next(minValue, maxValue);

public override double NextDouble() => random.Value.NextDouble();

public override void NextBytes(byte[] buffer) =>
                                random.Value.NextBytes(buffer);

static int MakeRandomSeed() =>
                Guid.NewGuid().ToString().GetHashCode();
}
```

暴露该 Random 类的方法　　　　　　　　　　　创建一个不依赖于系统时钟的种子。
　　　　　　　　　　　　　　　　　　　　　　每次调用都会创建一个唯一的值

　　ThreadSafeRandom 表示一个线程安全的伪随机数生成器。该类是 Random 的子类并重写了 Next、NextDouble 和 NextBytes 方法。MakeRandomSeed 方法为底层 Random 类的每个实例提供一个不依赖于系统时钟的唯一值。

　　ThreadLocal<T>的构造函数接收一个 Func<T>委托以创建一个 Random 类的线程本地实例。ThreadLocal<T>.Value 用于访问底层值。现在，你可以通过在并行循环中访问 ThreadSafeRandom 实例来模拟并发环境。

　　在下面的示例中,在并行循环中并发调用 ThreadSafeRandom 以获取一个随机数来访问 clips 数组。

```
var safeRandom = new ThreadSafeRandom();

string[] clips = new string[] { "1.mp3", "2.mp3", "3.mp3", "4.mp3"};

Parallel.For(0, 1000, (i) =>
{
    var clipIndex = safeRandom.Next(4);
    var clip = clips[clipIndex];

    Console.WriteLine($"clip to play {clip} - Thread Id
                    {Thread.CurrentThread.ManagedThreadId}");
});
```

下面是打印到控制台上的结果:

```
clip to play 2.mp3 - Thread Id 11
```

```
clip to play 2.mp3 - Thread Id 8
clip to play 1.mp3 - Thread Id 20
clip to play 2.mp3 - Thread Id 20
clip to play 4.mp3 - Thread Id 13
clip to play 1.mp3 - Thread Id 8
clip to play 4.mp3 - Thread Id 11
clip to play 3.mp3 - Thread Id 11
clip to play 2.mp3 - Thread Id 20
clip to play 3.mp3 - Thread Id 13
```

注意　单 ThreadLocal<T>的一个实例就分配了几百个字节，因此考虑会有多少这些活动实例在任何时候都是很重要的。如果程序需要许多并行操作，那么建议尽可能多地使用本地副本来避免访问线程本地存储。

13.6　多态事件聚合器

在本节中，假设有一个程序需要在系统中引发多个不同类型事件，而你需要一个可以访问这些事件的发布和订阅系统。

解决方案：实现多态的发布者 - 订阅者模式

图 13.9 说明了如何管理不同类型的事件。代码清单 13.8 展示了使用 Rx 的 EventAggregator 实现(以粗体显示)。

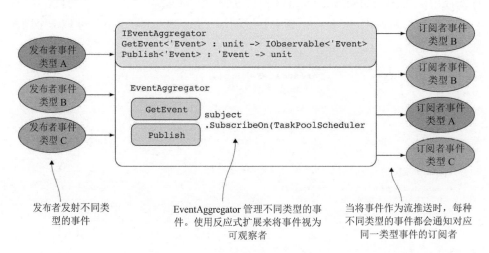

图 13.9　EventAggregator 管理不同类型的事件。当发布事件时，EventAggregator 会匹配并通知对应同一类型事件的订阅者

> **代码清单 13.8　使用 Rx 的 EventAggregator**

定义 EventAggregator 合约的接口，该接口还实现　　　　　　协调事件注册和通知的 Subject
IDisposable 接口以确保清理资源 Subject　　　　　　　　　类型(Rx)的实例

```
type IEventAggregator =
    inherit IDisposable
    abstract GetEvent<'Event> : unit -> IObservable<'Event>
    abstract Publish<'Event> : eventToPublish:'Event -> unit

type internal EventAggregator() =
    let disposedErrorMessage = "The EventAggregator is already disposed."

    let subject = new Subject<obj>()
```
根据类型将事件检索为 IObservable
```
    interface IEventAggregator with
        member this.GetEvent<'Event>(): IObservable<'Event> =
            if (subject.IsDisposed) then failwith disposedErrorMessage

            subject.OfType<'Event>().AsObservable<'Event>()
                .SubscribeOn(TaskPoolScheduler.Default)
```
在 TaskPool 调度程序中订阅 Observable 以强制执行并发行为
```
        member this.Publish(eventToPublish: 'Event): unit =
            if (subject.IsDisposed) then failwith disposedErrorMessage

            subject.OnNext(eventToPublish)
```
向该事件类型的所有订阅者发布事件通知
```
        member this.Dispose(): unit = subject.Dispose()

    static member Create() = new EventAggregator():>IeventAggregator
```

　　IEventAggregator 接口有助于松散地耦合 EventAggregator 实现。这意味着即使类的内部工作方式改变了，只要接口不改变，使用它的代码也不需要改变。注意，IEventAggregator 继承了 IDisposable 以清理在创建 EventAggregator 实例时分配的所有资源。

　　GetEvent 和 Publish 方法封装了 Rx Subject 类型的实例，该实例充当事件的集线器。GetEvent 暴露了 Subject 实例中的 IObservable，以允许用一种简单的方法来处理事件订阅。默认情况下，Rx Subject 类型是单线程的，因此你使用 SubscribeOn 扩展方法来确保 EventAggregator 是并发运行的并利用 TaskPoolScheduler。EventAggregator 的 Publish 方法并发地通知订阅者。

静态成员 Create 生成 EventAggregator 的实例,并且只以单个接口 IEventAggregator 对外暴露。以下代码示例演示了如何使用 EventAggregator 来订阅和发布事件,以及程序运行后的输出。

```
let evtAggregator = EventAggregator.Create()

type IncrementEvent = { Value: int }
type ResetEvent = { ResetTime: DateTime }

evtAggregator
    .GetEvent<ResetEvent>()
    .ObserveOn(Scheduler.CurrentThread)
    .Subscribe(fun evt -> printfn "Counter Reset at: %A - Thread Id %d"
➡ evt.ResetTime Thread.CurrentThread.ManagedThreadId)


evtAggregator
    .GetEvent<IncrementEvent>()
    .ObserveOn(Scheduler.CurrentThread)
    .Subscribe(fun evt -> printfn "Counter Incremented. Value: %d - Thread
➡ Id %d" evt.Value Thread.CurrentThread.ManagedThreadId)

for i in [0..10] do
    evtAggregator.Publish({ Value = i })
evtAggregator.Publish({ ResetTime = DateTime(2015, 10, 21) })
```

输出结果如下所示:

```
Counter Incremented. Value: 0 - Thread Id 1
Counter Incremented. Value: 1 - Thread Id 1
Counter Incremented. Value: 2 - Thread Id 1
Counter Incremented. Value: 3 - Thread Id 1
Counter Incremented. Value: 4 - Thread Id 1
Counter Incremented. Value: 5 - Thread Id 1
Counter Incremented. Value: 6 - Thread Id 1
Counter Incremented. Value: 7 - Thread Id 1
Counter Incremented. Value: 8 - Thread Id 1
Counter Incremented. Value: 9 - Thread Id 1
Counter Incremented. Value: 10 - Thread Id 1
Counter Reset at: 10/21/2015 00:00:00 AM - Thread Id 1
```

EventAggregator 的有趣之处在于它是如何处理不同类型的事件的。在该示例中,EventAggregator 实例注册了两种不同的事件类型(IncrementEvent 和 ResetEvent),而 Subscribe 函数仅对对应同一类型事件的订阅者发送通知。

13.7　自定义 Rx 调度程序来控制并行度

假设你需要实现一个异步查询大量事件流并且需要并发控制级别的系统。构建异步的基于事件的程序的有效解决方案就是 Rx，它基于可观察者来并发生成序列数据。但正如第 6 章所讨论的，Rx 在默认情况下不是多线程的。若要启用并发模型，必须通过调用 SubscribeOn 扩展来配置 Rx 以使用支持多线程的调度程序。例如，Rx 提供了一些调度程序选项，包括 TaskPool 和 ThreadPool 类型，它们可以使用不同的线程来安排所有操作。

但是这里会有一个问题，因为两个调度程序在默认情况下都是先从一个线程开始的，然后经过大约 500 毫秒的时间延迟，最后它们才会根据需要增加所需的线程数。这样的行为可能会产生性能影响。

例如，在一台具有四个内核的计算机上调度八个操作。默认情况下，Rx 线程池先从一个线程开始。假设每个操作需要 2000 毫秒，那么在增加 Rx 调度程序线程池的大小之前，将有三个操作排队等待 500 毫秒。因此，并不是立即就并行执行四个操作(这样的话，八个操作总共只需要 4 秒)，而是要 5.5 秒才能完成工作，因为队列中有三个任务空闲了 500 毫秒。幸运的是，这种扩展线程池的成本只是一次性的损失。在这种情况下，你就需要一个自定义的 Rx 调度程序，它不但支持并发，而且还可以对并行级别进行精细的控制。它会在启动时就初始化内部线程池，而不是等到需要时才初始化，以避免在关键时刻计算期间产生扩展线程池的成本。

另外使用现有的调度程序在 Rx 中启用并发是无法配置最大并行度的。这在某些你只希望使用很少的线程来并行处理事件流的情况下就是一个限制，这时你也需要一个自定义的 Rx 调度程序。

解决方案：实现具有多个并发代理的调度程序

Rx SubscribeOn 扩展方法要求传递一个实现 IScheduler 接口的对象作为参数。该接口定义了负责调度要执行的操作的方法，该操作可以是及早执行，也可以是在将来某个时间点执行。可以为 Rx 构建一个自定义调度程序，该调度程序不但支持并发模型，并且还可以选择配置并行度，如图 13.10 所示。

Rx 调度程序使用代理来协
调和管理并行性。这是通过
代理工作者池向订阅者推送
通知来实现的

代理调度程序实现 IScheduler 接
口以自定义 Rx 调度程序的并发
行为

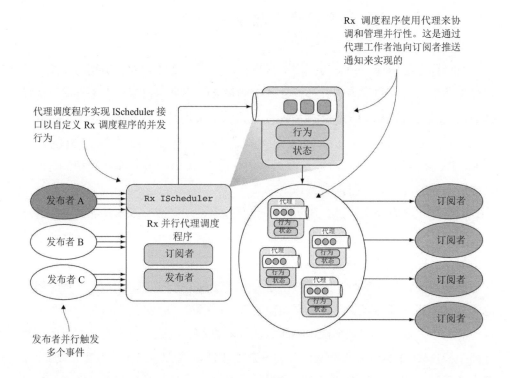

发布者并行触发
多个事件

图 13.10 ParallelagentScheduler 是一个自定义的调度程序，旨在自定义 Rx 的并发行为。Rx 调度程序使用代理来协调和管理并行性。这是通过代理工作者池向订阅者推送通知来实现的

代码清单 13.9 展示了用于 Rx 的 ParallelAgentScheduler 调度程序的实现，它使用(如代码清单 11.5 所示的)parallelWorker 代理来管理并行度(要注意的代码以粗体显示)。

代码清单 13.9 用于管理并行度的 Rx 自定义调度程序

使用消息类型来调度工作。该消息响应是一个包装在应答通道中的 IDisposable。该 IDisposable 对象用于取消订阅通知

schedulerAgent 函数创建一个 MailboxProcessor 实例，该实例对要运行的作业请求进行优先级排序和协调

```
type ScheduleMsg = ScheduleRequest * AsyncReplyChannel<IDisposable>

let schedulerAgent (inbox:MailboxProcessor<ScheduleMsg>) =
    let rec execute (queue:IPriorityQueue<ScheduleRequest>) = async {
        match queue |> PriorityQueue.tryPop with
        | None -> return! idle queue -1
        | Some(req, tail) ->
            let timeout =

                int <| (req.Due - DateTimeOffset.Now).TotalMilliseconds
            if timeout > 0 && (not req.IsCanceled)
```

当代理正在执行并接收到作业请求时，它将尝试从内部优先级队列中弹出要运行的作业。如果没有要执行的作业，代理将切换到空闲状态

```
        then return! idle queue timeout
        else
            if not req.IsCanceled then req.Action.Invoke()
                    return! execute tail }
    and idle (queue:IPriorityQueue<_>) timeout = async {
        let! msg = inbox.TryReceive(timeout)
        let queue =
            match msg with
            | None -> queue
            | Some(request, replyChannel)->
                    replyChannel.Reply(Disposable.Create(fun () ->
                            request.IsCanceled <- true))
                    queue |> PriorityQueue.insert request
        return! execute queue }
    idle (PriorityQueue.empty(false))-1

type ParallelAgentScheduler(workers:int) =
    let agent = MailboxProcessor<ScheduleMsg>
            .parallelWorker(workers, schedulerAgent)

    interface IScheduler with
        member this.Schedule(state:'a, due:DateTimeOffset,
    action:ScheduledAction<'a>) =
            agent.PostAndReply(fun repl ->
                let action () = action.Invoke(this :> IScheduler, state)
                let req = ScheduleRequest(due, Func<_>(action))
                req, repl)

    member this.Now = DateTimeOffset.Now
    member this.Schedule(state:'a, action) =
        let scheduler = this :> IScheduler
        let due = scheduler.Now
        scheduler.Schedule(state, due, action)
    member this.Schedule(state:'a, due:TimeSpan,

        action:ScheduledAction<'a>) =
        let scheduler = this :> IScheduler
        let due = scheduler.Now.Add(due)
        scheduler.Schedule(state, due, action)
```

注释：
- 返回用于取消调度操作的 Disposable 对象
- 当作业请求在代理处于空闲状态时到达，该作业将被推送到本地队列以调度执行
- 创建代理 parallelWorker 的实例(来自第 11 章)，以创建传递 schedulerAgent 行为的子代理工作者的集合
- 实现 IScheduler 接口来定义一个 Rx 调度程序
- 将作业请求发布并调度到 parallelWorker 实例，该实例将调度该作业并通过其内部代理工作者来并行运行

ParallelAgentScheduler 引入了一定程度的并发性来调度和执行在运行代理(F# MailboxProcessor)的分发池中推送的任务。注意，发送到 ParallelAgentScheduler 的所有操作都可能会乱序运行。ParallelAgentScheduler 可以通过向 SubscribeOn 扩展方法中插入新实例来用作 Rx 调度程序。以下代码段是使用该自定义调度程序的简单示例。

```
let scheduler = ParallelAgentScheduler(4)

Observable.Interval(TimeSpan.FromSeconds(0.4))
    .SubscribeOn(scheduler)
    .Subscribe(fun _ ->
      printfn "ThreadId: %A " Thread.CurrentThread.ManagedThreadId)
```

该 ParallelAgentScheduler 对象的实例设置为四个代理并发运行，并准备好在推送新通知时进行响应。在该示例中，Observable.Interval 每 0.4 秒发送一次通知，将由 parallelWorker 底层代理并发处理。使用这个 ParallelAgentScheduler 自定义调度程序的好处是，创建新线程时将不会出现停机和延迟，并且还可以精确地控制并行度。自定义调度程序的应用场景很多，例如有时需要限制用于分析事件流的并行性级别，又例如需要将等待处理的事件在底层代理的内部队列中进行缓冲而不会丢失等。

13.8 并发的反应式可扩展客户端/服务器

假设你现在面临着这样一个挑战：需要创建一个在给定端口上异步监听来自多个 TCP 客户端的传入请求的服务器。此外，你还希望该服务器具有如下特点。

- 反应式的
- 能够管理大量并发连接的
- 可扩展的
- 响应式的
- 事件驱动的

使用函数式高阶操作以声明式和非阻塞方式在 TCP 套接字连接上组成事件流操作可确保能满足你的这些要求。

接下来，客户端请求需要由服务器并发处理并将结果响应发送回客户端。传输控制协议(TCP)服务器连接可以是安全的，也可以是不安全的。TCP 是当今互联网上最常用的协议，用于提供准确的传输，以保持数据包从一个端点到另一个端点的顺序。TCP 可以检测数据包是否出错或丢失，并且管理重新发送数据包所需的操作。连接性在应用程序中非常重要，.NET 框架提供了多种不同的方法来帮助支持这种需求。

你还需要一个长期运行的客户端程序,该程序使用 TCP 套接字连接到服务器。建立连接后,客户端和服务器端点都可以异步发送和接收字节,有时会正确地关闭连接并在以后重新打开它。

尝试连接到 TCP 服务器的客户端程序是异步的、无阻塞的,并且即使在(有大量数据传输的)压力下也能够维持应用程序的响应能力。对于该示例,基于客户端/服务器套接字的应用程序一旦建立连接,就会以高速率连续传输大量数据包。数据以块的形式从服务器传输到客户端,其中每个块表示特定日期的历史股票价格。该数据流是通过读取和解析解决方案中的逗号分隔值(CSV)文件生成的。当客户端接收到数据后,它将开始实时更新图表。

该方案适用于使用基于流的反应式编程的任何操作。你可能会遇到的类似示例有远程二进制侦听器、套接字编程和任何其他不可预知的面向事件的应用程序,例如当视频需要通过网络流式传输时。

解决方案:将 Rx 和异步编程相结合

为构建代码清单 13.10 中所示的客户端/服务器程序,CLR TcpListener 和 TcpClient 类为创建具有少量代码行的套接字服务器提供了一个方便的模型。TAP 和 Rx 组合使用可提高程序的可扩展性和可靠性。但是要以反应式的方式工作,传统的应用程序设计必须要作出相应的改变。

具体来说,为达到高性能 TCP 客户端/服务器程序的要求,需要以异步方式实现 TCP 套接字。因此,请考虑使用 Rx 和 TAP 的组合。反应式编程尤其适合这种情况,因为它可以处理来自任何流的源事件,而不管其类型(网络、文件、内存等)。以下是来自微软的 Rx 定义:

Reactive Extensions(Rx)是一个使用可观察的序列和 LINQ 类型的查询运算符来组合异步和基于事件的程序的库,并使用调度程序来参数化异步数据流中的并发性。

为了以可扩展的方式实现服务器,TcpListener 类的实例将侦听传入的连接。建立连接后,它将作为 TcpClient 从侦听器处理程序进行路由,以管理 NetworkStream。然后,该流用于读取和写入字节,以便在客户端和服务器之间共享数据。图 13.11 展示了服务器程序的连接逻辑。

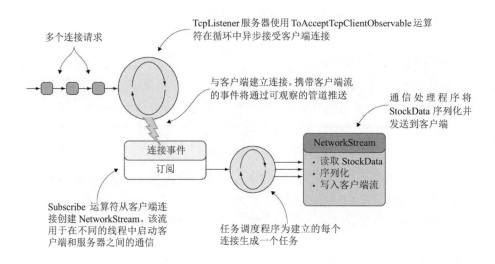

图 13.11　TcpListener 服务器在循环中异步接受客户端连接。建立连接时，将通过 Observable
管道推送承载客户端流的事件以进行处理。接下来，连接处理程序开始读取股票历史记录，序
列化数据并写入客户端 NetworkStream

代码清单 13.10　反应式 TcpListener 服务器端程序

收集股票数据文件(csv)

```
static void ConnectServer(int port, string sslName = null)
{
    var cts = new CancellationTokenSource();
    string[] stockFiles = new string[] { "aapl.csv", "amzn.csv", "fb.csv",
    "goog.csv", "msft.csv" };

    var formatter = new BinaryFormatter();

    TcpListener.Create(port)
        .ToAcceptTcpClientObservable()
        .ObserveOn(TaskPoolScheduler.Default)
        .Subscribe(client => {
    using (var stream = GetServerStream(client, sslName))
    {

        stockFiles
        .ObservableStreams(StockData.Parse)
```

为方便演示，这里使用.NET Binary
Formatter。你可以使用任何其他序
列化工具来替换它

从 ToAcceptTcpClientObservable
订阅事件流以在当前 TaskPoll 调
度程序上运行以确保并发行为

创建网络流以启动通信和数据传
输。如果提供 sslName 值，则返回
的网络流将使用安全的 SSL 基本
套接字

将 TcpListener 转换为给定端口上
的可观察序列

返回一个可观察者，推送每个文件中的股
票历史并解析为 StockData 类型的集合

```
        .Subscribe(async stock => {
        var data = Serialize(formatter, stock);
        await stream.WriteAsync(data, 0, data.Length, cts.Token);
    });
  }
},

error => Console.WriteLine("Error: " + error.Message),
() => Console.WriteLine("OnCompleted"),
cts.Token);
}
```

从 ObservableStreams 订阅事件通知，将接收到的 StockData 序列化为字节数组，然后将数据写入网络流

实现 Observer 方法 OnError 和 OnCompleted

在以上示例中，服务器演示了一个反应式 TCP 侦听器的实现，该侦听器充当股票行情的一个可观察者。一个侦听器最自然的实现方法是订阅端点并在客户端连接时接收它们。这点是通过 ToAcceptTcpClientObservable 扩展方法来实现的，该方法生成一个 IObservable<TcpClient>的可观察者。ConnectServer 方法使用 TcpListener.Create 构造并使用服务器异步侦听的给定端口号来生成 TcpListener，同时使用可选的安全套接字层(SSL)名称来建立安全或常规连接。

自定义的 Observable 扩展方法 toAcceptTcpClientToServable 使用给定的 TcpListener 实例来提供跨底层套接字对象的中级网络服务。当一个远程客户端建立连接并变为可用时，将创建一个 TcpClient 对象来处理新通信，然后使用 Task 对象将其发送到另一个长时间运行的线程。

接下来，为保证套接字处理程序的并发行为，调度程序使用 ObserveOn 运算符来进行配置，订阅并将工作移动到另一个调度程序 TaskPoolScheduler。通过这种方式，ToAcceptTcpClientObservable 运算符可以将大量 TcpClient 作为一个序列并发地进行编排。

然后，可观察的 ToAcceptTcpClientObservable 从任务中获取 TcpClient 引用并创建用作通道的网络流，发送由 ObservableStreams 自定义可观察运算符生成的数据包。GetServerStream 方法根据 nameSsl 传递的值来检索安全或常规流。该方法将确定是否已设置 SSL 连接的 nameSsl 值，如果该值已设置，则使用 TcpClient.GetStream 来创建 SslStream，并使用所配置的服务器名称来获取服务器证书。

如果不使用 SSL，则 GetServerStream 将使用 TcpClient.GetStream 方法从客户端获取 NetworkStream。你可以在本书配套源代码中找到 GetServerStream 方法。当 ObservableStreams 物化时，生成的事件流将流入 Subscribe 运算符。然后，该运算符将异步地将所传入的数据序列化为字节数组块，这些字节数组块将通过客

户端流来跨网络发送。这里为简单起见，将采用 .NET 二进制格式化器作为序列化器，但你可以将其替换为更符合你需求的格式化器。

数据将以字节数组的形式通过网络发送，因为它是唯一可以包含任何对象形式的可重用数据消息类型。代码清单 13.11 展示了核心可观察运算符 ToAcceptTcpClientObservable 的一个实现，它被底层 TcpListener 所使用，以侦听远程连接并作出相应的响应。

代码清单 13.11　异步的反应式 ToAcceptTcpClientObservable

开始侦听给定客户端的缓冲区待办事项

创建从上下文捕获取消令牌的 Observable 运算符

```
static IObservable<TcpClient> ToAcceptTcpClientObservable(this TcpListener
➥ listener, int backlog = 5)
{
    listener.Start(backlog);

    return Observable.Create<TcpClient>(async (observer, token) =>
    {
        try
        {
            while (!token.IsCancellationRequested)
            {
                var client = await listener.AcceptTcpClientAsync();
                Task.Factory.StartNew(_ => observer.OnNext(client), token,
                        TaskCreationOptions.LongRunning);
            }
            observer.OnCompleted();
        }
        catch (OperationCanceledException)
        {
            observer.OnCompleted();
        }
        catch (Exception error)
        {
            observer.OnError(error);
        }
        finally
        {
            listener.Stop();
        }
        return Disposable.Create(() =>
        {
            listener.Stop();
            listener.Server.Dispose();
```

while 循环迭代，直到该取消令牌发出取消请求为止

异步地从侦听器接受新客户端

将可观察者的客户端连接路由到异步任务中，以允许多个客户端连接在一起

实现 Observer 方法 OnCompleted 和 OnError 以分别处理取消和异常用例

创建一个清理函数，该函数在释放可观察者时运行

```
        });
      });
    }
```

ToAcceptTcpClientObservable 接收一个 TcpListener 实例，该实例在 while 循环中开始异步侦听新的传入连接请求，直到收到取消操作请求。当一个客户端成功连接时，将有一个 TcpClient 引用作为一个序列中的消息流出。该消息执行进异步任务中，以服务于客户端/服务器交互，从而允许多个客户端并发连接到同一个侦听器。一旦一个连接被接受，将有另一个任务开始重复地监听新连接请求的过程。

最终，当可观察者被释放或者取消令牌发出取消请求时，将触发传递到 Disposable.Create 运算符的函数以停止和关闭底层服务器侦听器。

注意　一般情况下，会使用 Disposable.Create 方法编写一个操作来清理资源，以阻止无用的消息流向一个已被释放的观察者。

要传输的数据是通过 ObservableStreams 扩展方法生成的，该方法读取并解析一组 CSV 文件以提取股票价格历史。然后将这些数据推送到通过 NetworkStream 连接的客户端。

代码清单 13.12 展示了 ObservableStreams 的实现。

代码清单 13.12　自定义 Observable 流读取器和解析器

ObservableStreams 自定义可观察扩展方法将要处理的文件路径列表和用于文件内容转换的 lambda 函数作为参数

为每个文件创建一个 FileLinesStream 实例并用于生成一个可观察者。此可观察者读取文件的每一行并应用 map 函数进行转换

```
static IObservable<StockData> ObservableStreams
    (this IEnumerable<string> filePaths,
  Func<string, string, StockData> map, int delay = 50)
{
    return filePaths
       .Select(key =>
          new FileLinesStream<StockData>(key, row => map(key, row)))
       .Select(fsStock => {
          var startData = new DateTime(2001, 1, 1);
          return Observable.Interval(TimeSpan.FromMilliseconds(delay))
             .Zip(fsStock.ObserveLines(), (tick, stock) => {
                   stock.Date = startData + TimeSpan.FromDays(tick);
                   return stock;
                });
          }
       )
```

Zip 运算符依次组合每个序列的元素。在这里，将从 Interval 运算符生成一个序列，这可确保为每个通知应用延迟

Interval 运算符用于在通知之间应用延迟。将该值设置为零就可以禁用延迟

```
        .Aggregate((o1, o2) => o1.Merge(o2));        ◄─────   Aggregate 运算符将所
}                                                              有可观察者合并(归
                                                              约)为一个
```

ObservableStreams 生成一系列 StockData 类型的可观察者，其中所传递过来的每个文件路径都对应一个。为简单起见，FileLinesStream 类的实现在这里被省略了，该类用于打开给定文件路径的 FileStream。然后以可观察的形式从流中读取内容文本，并且应用投影将所读取的每一行文本都转换为 StockData 类型。最终，它将结果作为一个可观察者推出。

代码中最有趣的部分是应用了两个 Observable 运算符 Interval 和 Zip，它们组合在一起用于在消息之间应用任意延迟(如果有指定)。Zip 运算符依次组合来自每个序列的元素，这意味着每个 StockData 条目将与每个间隔时间生成的元素成对出现。在这种情况下，StockData 与间隔时间的组合确保了每个通知的延迟。

最终，Aggregate 和 Merge 运算符的组合用于合并从每个文件生成的可观察者。

```
.Aggregate((o1, o2) => o1.Merge(o2));
```

接下来，要完成该客户端/服务器程序，还需要实现反应式客户端类，如图 13.12 所示。代码清单 13.13 展示了客户端的实现。

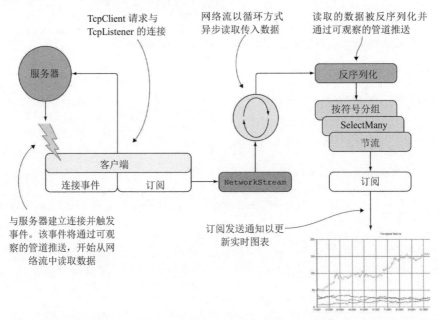

图 13.12　TcpClient 请求与 TcpListener 服务器的连接。建立连接后，它会触发一个承载客户端流的事件并通过可观察的管道推送。接下来，将创建 NetworkStream 以开始在循环中从服务器异步读取数据。之后会对读取的数据进行反序列化并通过可观察的管道进行分析，以最终更新实时图表

代码清单 13.13　反应式 TcpClient 程序

在 TCPClient 对象的实例上创建一个可观察对象，以便在与服务器建立连接时启动和通知

从底层流传递连续的字节块，直到可以读取或请求取消。该字节数组以异步方式通过可观察管道

```
var endpoint = new IPEndPoint(IPAddress.Parse("127.0.0.1"), 8080);
var cts = new CancellationTokenSource();
var formatter = new BinaryFormatter();

endpoint.ToConnectClientObservable()
    .Subscribe(client => {
        GetClientStream(client, sslName)

        .ReadObservable(0x1000, cts.Token)
        .Select(rawData => Deserialize<StockData>(formatter, rawData))
        .GroupBy(item => item.Symbol)
        .SelectMany(group =>
                group.Throttle(TimeSpan.FromMilliseconds(20))
                .ObserveOn(TaskPoolScheduler.Default))

        .ObserveOn(ctx)
        .Subscribe(stock =>
            UpdateChart(chart, stock, sw.ElapsedMilliseconds) );
    },
    error => Console.WriteLine("Error: " + error.Message),
    () => Console.WriteLine("OnCompleted"),
    cts.Token);
```

从用于服务器和客户端之间通信的网络流中创建流

通过股票代码对传入数据进行分组，为每个股票代码创建一个可观察对象

可观察管道的最后一步是订阅更新活动图表的通知

节流传入的通知以避免压垮消费者。节流可以基于数据流本身(而不只是一个时间跨度)完成

股票代码对流的这种分区将为每个分区启动一个新线程

代码以 IPEndPoint 实例开始，该实例以远程服务器端点为目标进行连接。Observable 运算符 ToConnectClientObservable 创建一个 TcpClient 对象的实例以启动连接。现在，你可以使用 Observable 运算符订阅远程客户端连接。当与服务器建立连接后，TcpClient 实例将被作为一个可观察对象传递，以开始接收要处理的数据流。在本例中，远程 NetworkStream 将通过调用 GetClientStream 方法来访问。数据流通过 ReadObservable 运算符流入可观察的管道，将来自底层 TcpClient 序列的传入消息路由到另一个 ArraySegment 字节类型的可观察序列中。

作为流处理代码的一部分，在从服务器接收的 rawData 块转换为 StockData 之后，GroupBy 运算符将按股票代码将股票数据筛选为多个可观察对象。在这里，每一个可观察者都可以有自己独特的操作。分组允许对每个股票交易代码进行独立的节流操作，并且只有具有相同代码的股票才会在给定的节流时间范围内进行筛选。

编写反应式代码的一个常见问题是，事件来得太快。高速移动的事件流可能会压垮你的程序的处理。在代码清单 13.13 中，虽然有大量的 UI 更新，但是使用节流运算符可以帮助处理大量的流数据，而不会影响实时更新。在节流之后，运算符 ObserveOn(TaskPoolScheduler.Default)将为 GroupBy 发起的每个分区启动一个新线程。最终 Subscribe 方法将使用股票值来更新实时图表。代码清单 13.14 是 ToConnectClientObservable 运算符的实现。

代码清单 13.14　自定义 Observable ToConnectClientObservable 运算符

创建一个 Observable，从当前
上下文传递取消令牌

开始与服务器建立
连接并异步等待

```
static IObservable<TcpClient> ToConnectClientObservable(this IPEndPoint
➥ endpoint)
{
    return Observable.Create<TcpClient>(async (observer, token) => {
      var client = new TcpClient();
      try
      {
          await client.ConnectAsync(endpoint.Address, endpoint.Port);

          token.ThrowIfCancellationRequested();

          observer.OnNext(client);
      }
      catch (Exception error)
      {
          observer.OnError(error);
      }
      return Disposable.Create(() => client.Dispose());
    });
}
```

检查是否已发送取消通知以停止观察连接

建立连接并将通知推送到观察者

当 Observable 被释放时，TcpClient 及其连接将被关闭

ToConnectClientObservable 从给定的 IPEndPoint 端点创建 TcpClient 实例，然后尝试异步连接到远程服务器。当成功建立连接后，将通过观察者推送 TcpClient 客户端引用。

要编写的最后一段代码是 ReadObservable 可观察运算符，该运算符是为异步和连续地从流中读取数据块而构建的(如代码清单 13.15 所示)。在本程序中，流是指由服务器和客户端之间的连接而产生的 NetworkStream。

代码清单 13.15　Observable 流读取器

```
public static IObservable<ArraySegment<byte>> ReadObservable(this Stream
➥ stream, int bufferSize, CancellationToken token =
```

```
    default(CancellationToken))
{
    var buffer = new byte[bufferSize];
        var asyncRead = Observable.FromAsync<int>(async ct => {
        await stream.ReadAsync(buffer, 0, sizeof(int), ct);



        var size = BitConverter.ToInt32(buffer, 0);
        await stream.ReadAsync(buffer, 0, size, ct);
        return size});
    return Observable.While(
        () => !token.IsCancellationRequested && stream.CanRead,
        Observable.Defer(() =>
                !token.IsCancellationRequested && stream.CanRead
                    ? asyncRead
                    : Observable.Empty<int>())
                .Catch((Func<Exception, IObservable<int>>)(ex =>
    Observable.Empty<int>())))
                .TakeWhile(returnBuffer => returnBuffer > 0)
                .Select(readBytes =>
    new ArraySegment<byte>(buffer, 0, readBytes)))
            .Finally(stream.Dispose);
}
```

将异步操作转换为 Observable

从流中读取数据块(缓冲区)的大小以配置读取长度，并使用给定的大小读取缓冲区

在 while 循环中继续读取，直到有要读取的数据

从流中读取数据块(缓冲区)的大小以配置读取长度，并使用给定的大小读取缓冲区

静默处理有错误的分支，传递空结果

当读取一块数据时，会创建一个 ArraySegment 实例来包装缓冲区，然后将其推送给观察者

迭代调用 Observable 工厂，从当前流位置开始。该 Observable.Defer 运算符仅在有订阅者存在时才启动进程

在实现该 ReadObservable 时需要考虑的一个重要注意事项是，流必须以块的形式读取，这样才能进行响应。这就是为什么 ReadObservable 运算符将缓冲区大小作为参数来定义块的大小的原因。

ReadObservable 运算符的目的是以块的形式读取流，以便处理大于可用内存的数据，或者可能是无限的大小未知的数据，例如来自网络的流。此外，它还提升了 Rx 的组合性质，以便将多个转换应用于流本身，因为一次读取块可以在流仍在运行时进行数据转换。现在，你拥有了一个在流中的字节上迭代的扩展方法。

在代码中，FromAsync 扩展方法允许你将 Task<T>(在本例中为 stream.ReadAsync)转换为 IObservable<T>，以将数据视为事件流并使用 Rx 进行编程。Observable. FromAsync 在底层创建了一个仅在每次订阅时独立启动操作的可观察者。

然后，将底层流作为 Observable while 循环读取，直到数据可用或操作被取消。Observable Defer 操作符将一直等待到有观察者订阅它，然后开始将数据作为流推送。 接下来，在每次迭代期间，都会从流中读取数据块。然后，这些数据被推入

一个缓冲区,该缓冲区采用 ArraySegment<byte>的形式,以正确的长度来分割有效负载。ReadObservable 返回 ArraySegment<byte>的 IObservable,这是一个管理池中字节数组的高效方法。例如,缓冲区大小可能会大于接收字节的有效负载,因此使用 ArraySegment<byte>可以保存字节数组和有效负载长度。

　　总之,在接收和处理数据时,.NET Rx的代码比传统解决方案更短、更干净。此外,与传统模型相比,构建基于TCP的反应式客户端/服务器程序的复杂性大大降低。实际上,你不必处理低级别的TcpClient和TcpListener对象,并且可以通过可观察运算符提供的高级别抽象来处理字节流。

13.9　可复用的自定义高性能并行 filter-map 运算符

　　你有一个数据集合,你需要对数据的每个元素执行相同的操作以满足给定的条件。该操作是 CPU 密集型的,可能需要一些时间。你决定创建一个自定义的、可重用的高性能操作符来筛选和映射给定集合的元素。筛选和转换集合元素的组合是分析数据结构的常见操作。虽然可以使用 LINQ 或 PLINQ 与 Where 和 Select 运算符并行实现一个解决方案,但是还有比这更优化的性能解决方案。正如你在 5.2.1 节中所看到的那样,对每次调用都重复使用高阶运算符,例如 map(Select)、filter(Where)以及 PLINQ 查询(和 LINQ)的其他类似函数,则会生成不必要的中间序列而增加内存分配,如图 13.13 所示。这是因为 LINQ 和 PLINQ 内在的函数式特性,集合是被转换的而不是变化的。因此在转换大序列的情况下,为释放内存而支付给 GC 的代价越来越高,这对程序的性能产生了负面影响。

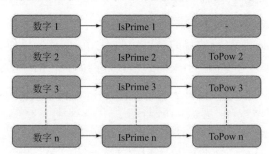

图 13.13　在此图中,每个数字(第一列)首先由 IsPrime(第二列)筛选,以验证它是否为素数。
然后,素数被传给 ToPow 函数(第三列)。例如,第一个值(数字 1)不是素数,
因此 ToPow 函数未运行

　　在如上示例中,你希望得出 1 到 1 亿中所有素数的总和。

解决方案: 组合 filter 和 map 并行操作

要实现具有最高性能的自定义的并行 filter 和 map 操作符需要注意最小化(或消除)不必要的临时数据分配，如图 13.14 所示。这种在数据操作期间减少数据分配以提高程序性能的技术称为择伐。

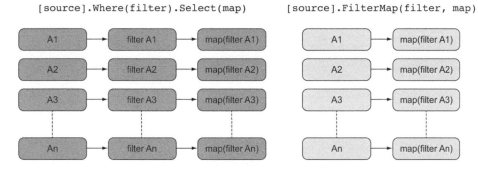

图 13.14　左图展示了在给定源上执行的 Where 和 Select 操作，这些操作是通过单独的步骤完成的，这将引入额外的内存分配，从而导致更多的 GC 生成。而右图所展示的是在一个步骤中同时应用 Where 和 Select(filter 和 map)操作可以避免额外的分配并减少 GC 的生成，从而提高程序的速度

代码清单 13.16 展示了 ParallelFilterMap 函数的代码，该函数使用 Parallel.ForEach循环，通过仅处理一个数组来消除中间数据分配，而不是为每个运算符都创建一个临时集合。

代码清单 13.16　ParallelFilterMap 运算符

该扩展方法使用 lambda 函数来 filter(谓词)
并 map(转换)来自源的输入值

创建(在第 3 章中定义的)Atom 对象的实例，
以线程安全的方式对底层 ImmutableList 应用
CAS 更新操作

```
static TOutput[] ParallelFilterMap<TInput, TOutput>(this IList<TInput>
    input, Func<TInput, Boolean> predicate,
                Func<TInput, TOutput> transform,
                ParallelOptions parallelOptions = null)
{
    parallelOptions = parallelOptions ?? new ParallelOptions();

    var atomResult = new Atom<ImmutableList<List<TOutput>>>
                (ImmutableList<List<TOutput>>.Empty);
```

每个线程使用 List<TOutput>的 Local-Thread
实例来进行隔离和线程安全的操作

```
    Parallel.ForEach(Partitioner.Create(0, input.Count),
        parallelOptions,
        () => new List<TOutput>(),
```

```
          delegate (Tuple<int, int> range, ParallelLoopState state,
                    List<TOutput> localList)
      {
             for (int j = range.Item1; j < range.Item2; j++)
             {
                 var item = input[j];
                 if (predicate(item))
                     localList.Add(transform(item));



             }
             return localList;
      }, localList => atomResult.Swap(r => r.Add(localList)));
      return atomResult.Value.SelectMany(id => id).ToArray();
   }
```

为当前部分数据集的每个条目应用 filter 和 map 函数

每个迭代都从线程池运行一个独立的线程(任务)，对来自输入源的分区集执行 filter 和 map 操作

最终，结果被展平为一个数组

每个迭代完成后，共享的 atomResult Atom 对象将更新底层的 ImmutableList

　　并行 ForEach 循环为输入集合的每个元素应用 filter 和 map 函数。通常，如果并行循环的主体只执行少量的工作，那么将迭代划分为更大的工作单元会产生更好的性能结果。其原因是处理循环时的开销会涉及管理工作线程和调用委托方法的成本。因此，使用 Partitioner.Create 构造函数将并行迭代空间划分为某个常量是一个很好的实践。然后，每个主体为特定范围的元素调用 filter 和 map 函数，分摊循环主体委托的调用。

注意 由于并行性的原因，不能保证值的处理顺序和结果的顺序是相同的。

　　对于 ForEach 循环的每次迭代，都会有一个匿名委托调用，这会导致内存分配方面的损失，从而导致性能方面的损失。对 filter 函数发生一次调用，对 map 函数发生第二次调用，最后传递到并行循环的委托又发生一次调用。解决方案是定制特定于 filter 和 map 操作的并行循环，以避免对主体委托进行额外的调用。

　　并行 ForEach 运算符分叉出一组线程，每个线程通过在自己的数据分区上执行 filter 和 map 函数并将值放入中间数组中的专用槽中来计算中间结果。

　　由并行循环控制的每个线程(任务)通过本地值的概念捕获本地 List<TOutput> 的隔离实例。本地值是指在并行循环中本地存在的变量。循环的主体可以直接访问本地值，而不必担心同步方面的问题。

注意 使用 List<TOutput>的本地和隔离实例的原因是为了避免过度争用。过度争用发生在太多线程试图同时访问单个共享资源时，会导致性能下降。

每个分区将计算其自己的中间值，然后将其合并为一个最终值。

当循环完成，并且准备好聚合每个本地结果时，会使用 localFinally 委托来进行聚合。但是该委托需要同步访问保存最终结果的变量。所以 ImmutableList 集合的实例就用于克服该限制，以线程安全的方式合并最终结果。

> **注意**　不可变集合中的写入操作(例如添加条目)将返回新的不可变实例，而不是更改现有实例。然而这并不像一开始听起来那么浪费，因为不可变的集合是共享它们的内存的。

注意，ImmutableList 封装在第 3 章介绍过的 Atom 对象中。Atom 对象使用 CAS 策略来应用线程安全的写入和对象更新，而无需锁和其他形式的基元同步。在该示例中，Atom 类包含了对不可变列表的引用并会自动更新它。

以下代码片段对 1 到 1 亿中所有素数进行并行求和。

```
bool IsPrime(int n)
{
    if (n == 1) return false;
    if (n == 2) return true;
    var boundary = (int) Math.Floor(Math.Sqrt(n));
    for (int i = 2; i <= boundary; ++i)
        if (n % i == 0) return false;
    return true;
}

BigInteger ToPow(int n) => (BigInteger) Math.BigMul(n, n);
var nums = Enumerable.Range(0, 100000000).ToList();

BigInteger SeqOperation() =>
            nums.Where(IsPrime).Select(ToPow).Aggregate(BigInteger.Add);
BigInteger ParallelLinqOperation() =>
 nums.AsParallel().Where(IsPrime).Select(ToPow).Aggregate(BigInteger.Add);

BigInteger ParallelFilterMapInline() =>
        nums.ParallelFilterMap(IsPrime, ToPow).Aggregate(BigInteger.Add);
```

图 13.15 以顺序代码版本作为比较基准和 PLINQ 版本以及自定义 ParallelFilterMap 运算符版本进行了比较。该图展示了运行对 1 到 1 亿中所有素数进行求和的基准代码的结果。比较基准测试是在一个具有 6GB 内存的四核机器上执行的。用作比较基准的顺序代码版本运行平均需要 196.482 秒。PLINQ 版本的代码速度更快，运行时间为 74.926 秒，几乎是三倍，这在四核计算机中是可以预期的。自定义 ParallelFilterMap 运算符版本则是最快的，大约 52.566 秒。

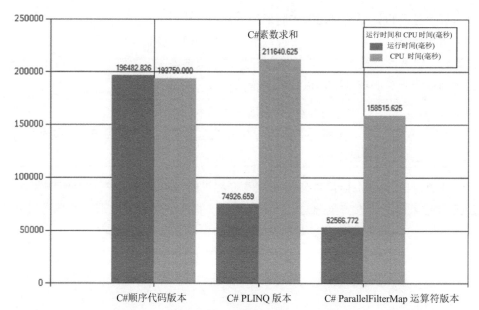

图 13.15　以顺序代码版本作为比较基准和 PLINQ 版本以及自定义 ParallelFilterMap 运算符版本进行比较的图表。在四核机器中，自定义的 ParallelFilterMap 运算符版本比顺序版本的代码快 80%，比 PLINQ 版本快 30%

13.10　无阻塞同步消息传递模型

让我们假设你需要构建一个能够处理大量操作而不阻塞任何线程的可扩展程序。例如，你需要一个加载、处理和保存大量图像的程序。这些操作以协作方式使用很少的线程进行处理，从而可以在不阻塞任何线程的情况下优化资源，并且不会影响程序的性能。

与生产者/消费者模式类似，会有两个数据流。一个是输入流，处理从这里开始，然后是转换数据的中间步骤，最后是最终操作结果的输出。在这些过程中，生产者和消费者会共享一个固定大小的、公共的缓冲区来用作队列。对队列进行缓冲以提高整体速度和吞吐量，从而允许多个消费者和生产者使用。事实上，当多个消费者和生产者安全地使用队列时，可以很容易地在运行时更改管道不同部分的并发级别。但是，生产者可以在队列未满时写入队列，或者相反，当队列已满时，生产者会阻塞队列。另外，当队列不为空时，消费者可以从该队列中进行读取，但在其他情况下，当队列为空时，它也会阻塞。如果你希望基于消息传递来实现生产者和消费者模式，那就要避免线程阻塞来最大化应用程序的可扩展性。

解决方案：使用代理编程模型来协调操作之间的负载

并发系统有两种消息传递模型：同步和异步。你已经熟悉异步模型，如第 11 章和第 12 章中介绍的代理和参与者模型，并且它们是基于异步消息传递的。在本配方中，你将使用消息传递的同步版本，也称为通信顺序进程(CSP)。

CSP 与参与者模型有很多共同点，并且两者都是基于消息传递的。但 CSP 强调的是用于通信的渠道，而不是通信发生的实体。

这种用于并发编程模型的 CSP 同步消息传递用于通道之间的数据交换，可以调度到多个线程，并且可以并行运行。通道类似于通过发布消息直接相互通信的线程工作者，然后其他通道可以在发送者不知道谁在监听的情况下监听这些消息。

你可以将通道想象为一个线程安全队列，其中任何引用通道的任务都可以向一端添加消息，任何引用的任务都可以从另一端删除消息。图 13.16 说明了通道模型。

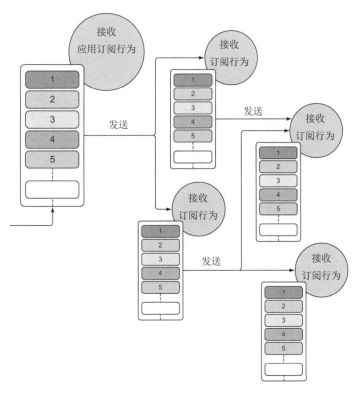

图 13.16　通道接收消息并应用订阅行为。通道通过发送消息来进行通信，通常会创建一个类似于参与者模型的互连系统。每个通道都包含一个本地消息队列，用于在无阻塞的情况下与其他通道同步通信

　　一个通道不需要知道哪个通道稍后将在管道中处理消息，它只需要知道将消息转发到哪个通道即可。另外，通道上的侦听器可以订阅和取消订阅，而不会影响发送消息的任何通道。这种设计促进了通道之间的松散耦合。

　　CSP 的主要优点是它的灵活性，其中通道是处于头等地位的，可以独立创建、写入、读取和在任务之间传递。代码清单 13.17 展示了 F#中通道的实现，由于与代理编程模型非常相似，它将使用 MailboxProcessor 来进行底层消息同步。同样的概念也适用于 C#。你可以在本书的配套源代码中找到在 C#中使用 TDF 的实现。

代码清单 13.17　使用 MailboxProcessor 的 ChannelAgent CSP 实现

使用一个 DU 来定义要发送到 ChannelAgent 的消息类型，以便协调通道操作

使用内部队列来跟踪通道的读写操作

```fsharp
type internal ChannelMsg<'a> =
    | Recv of ('a -> unit) * AsyncReplyChannel<unit>
    | Send of 'a * (unit -> unit) * AsyncReplyChannel<unit>


type [<Sealed>] ChannelAgent<'a>() =
    let agent = MailboxProcessor<ChannelMsg<'a>>.Start(fun inbox ->
        let readers = Queue<'a -> unit>()
        let writers = Queue<'a * (unit -> unit)>()

        let rec loop() = async {
            let! msg = inbox.Receive()
            match msg with
            | Recv(ok , reply) ->
                if writers.Count = 0 then
                    readers.Enqueue ok
                    reply.Reply( () )
                else
                    let (value, cont) = writers.Dequeue()
                    TaskPool.Spawn cont
                    reply.Reply( (ok value) )
                    return! loop()
            | Send(x, ok, reply) ->
                if readers.Count = 0 then
                    writers.Enqueue(x, ok)
                    reply.Reply( () )
                else
                    let cont = readers.Dequeue()
                    TaskPool.Spawn ok
                    reply.Reply( (cont x) )
            return! loop() }
        loop())
```

当接收到 Recv 消息时，如果当前写入器队列为空，则读取函数将进行排队，等待写入器函数以平衡工作

当接收到 Recv 消息并且队列中至少有一个可用的写入器函数时，会生成一个任务来运行读取函数

当接收到 Send 消息时，如果当前读取器队列为空，则写入函数将进行排队，等待读取器函数以平衡工作

当接收到 Send 消息并且队列中至少有一个读取器函数可用时，将生成一个任务来运行写入函数

当接收到 Send 消息时，如果当前读取器队列为空，则写入函数将进行排队，等待读取器函数以平衡工作

```
member this.Recv(ok: 'a -> unit) =
    agent.PostAndAsyncReply(fun ch -> Recv(ok, ch)) |> Async.Ignore

member this.Send(value: 'a, ok:unit -> unit) =
    agent.PostAndAsyncReply(fun ch -> Send(value, ok, ch)) |> Async.
Ignore

    member this.Recv() =
        Async.FromContinuations(fun (ok, _,_) ->
            agent.PostAndAsyncReply(fun ch -> Recv(ok, ch))
            |> Async.RunSynchronously)

    member this.Send (value:'a) =
        Async.FromContinuations(fun (ok, _,_) ->
            agent.PostAndAsyncReply(fun ch -> Send(value, ok, ch))
            |> Async.RunSynchronously )

let run (action:Async<_>) = action |> Async.Ignore |> Async.Start

let rec subscribe (chan:ChannelAgent<_>) (handler:'a -> unit) =
    chan.Recv(fun value -> handler value
                    subscribe chan handler) |> run
```

该辅助函数注册应用于通道中下一个可用消息的处理程序。该函数以递归和异步方式(无阻塞)等待来自通道的消息(无阻塞)

在单独的线程中运行异步操作，释放结果

该 ChannelMsg DU 表示 ChannelAgent 处理的消息类型。当消息到达时，Recv 分支用于执行应用于传递的有效负载的行为。Send 分支用于将消息传递给通道。

底层的 MailboxProcessor 包含两个通用队列，Recv 或 Send 每个操作各一个。如你所见，当接收或发送消息时，代理在函数 loop()中的行为会检查可用消息的计数，以实现负载平衡，并在不阻塞任何线程的情况下同步通信。ChannelAgent 通过其 Recv 和 Send 操作接受延续函数。如果匹配可用，则立即调用延续；否则，将排队等待稍后处理。记住，同步通道最终会给出一个结果，因此调用在逻辑上是阻塞的。但是，当使用 F#异步工作流时，在等待时是不会阻塞任何实际线程的。

该代码中的最后两个函数帮助运行通道操作(通常是 Send)，而 subscribe 函数则用于注册和应用一个处理程序来处理接收到的消息。该函数以递归方式运行并异步等待来自通道的消息。

TaskPool.Spawn 函数假定一个带签名(unit -> unit) -> unit 的函数，该函数在当前线程调度程序上分叉计算。代码清单 13.18 展示了 TaskPool 的实现，它使用

了第 7 章介绍过的概念。

代码清单 13.18   专用 TaskPool 代理(MailboxProcessor)

TaskPool 的构造函数使用工作者
的数量来设置并行度

使用记录类型来包装将操作 cont 添加到 TaskPool
时捕获的当前 ExecutionContext

```
type private Context = {cont:unit -> unit; context:ExecutionContext}

type TaskPool private (numWorkers) =
```

当有其中一个工作者代理接收到时，将使用捕
获的 ExecutionContext 来处理 Context 类型

设置每个工作者代
理的行为

```
let worker (inbox: MailboxProcessor<Context>) =
    let rec loop() = async {
        let! ctx = inbox.Receive()
        let ec = ctx.context.CreateCopy()
        ExecutionContext.Run(ec, (fun _ -> ctx.cont()), null)
        return! loop() }
    loop()
let agent = MailboxProcessor<Context>.parallelWorker(numWorkers,
 ➥ worker)
```

创建 F# MailboxProcessor parallelWorker 的实
例，以并发运行受到并行度限制的多个操作

```
static let self = TaskPool(2)

member private this.Add (continutaion:unit -> unit) =
    let ctx = { cont = continutaion;
                context = ExecutionContext.Capture() }
    agent.Post(ctx)
static member Spawn (continuation:unit -> unit) =
    self.Add continuation
```

将延续操作添加到 TaskPool。捕获当前
ExecutionContext，然后以 Context 记录类
型的形式发送到 parallelWorker 代理

当一个延续任务被发送到底层代理
时，当前的执行上下文将被捕获并
作为消息负载的一部分传递

在延续函数 cont 传递到池时，Context 记录类型用于捕获 ExecutionContext。TaskPool 初始化 MailboxProcessor parallelWorker 类型，以处理多个并发消费者和生产者(有关 parallelWorker 的实现和详细信息，请参阅第 11 章)。

TaskPool 的目的是控制要调度的任务数量并专门用于在一个紧密循环中运行延续函数。在该示例中，它只运行了一个任务，但是在实际运用中你可以运行任意数量的任务。

Add 函数对给定的延续函数进行排队，该函数将在通道上的线程提供通信而另一个线程提供相匹配的通信时执行。在通道之间实现这种补偿之前，线程将异步等待。

在以下代码段中，ChannelAgent 实现了一个 CSP 管道，它加载图像，对其进行转换，然后将新创建的图像保存到本地 MyPicture 文件夹中。

```
let rec subscribe (chan:ChannelAgent<_>) (handler:'a -> unit) =
    chan.Recv(fun value -> handler value
                       subscribe chan handler) |> run

let chanLoadImage = ChannelAgent<string>()
let chanApply3DEffect = ChannelAgent<ImageInfo>()
let chanSaveImage = ChannelAgent<ImageInfo>()

subscribe chanLoadImage (fun image ->
    let bitmap = new Bitmap(image)
    let imageInfo = { Path = Environment.GetFolderPath(Environment.
    SpecialFolder.MyPictures)
                 Name = Path.GetFileName(image)
                 Image = bitmap }
    chanApply3DEffect.Send imageInfo |> run)

subscribe chanApply3DEffect (fun imageInfo ->
    let bitmap = convertImageTo3D imageInfo.Image
    let imageInfo = { imageInfo with Image = bitmap }
    chanSaveImage.Send imageInfo |> run)

subscribe chanSaveImage (fun imageInfo ->
    printfn "Saving image %s" imageInfo.Name
    let destination = Path.Combine(imageInfo.Path, imageInfo.Name)
    imageInfo.Image.Save(destination))

let loadImages() =
    let images = Directory.GetFiles(@".\Images")
    for image in images do
        chanLoadImage.Send image |> run

loadImages()
```

如你所见，实现一个基于CSP的管道是很简单的。在定义通道chanLoadImage、chanApply3DEffect 和 chanSaveImage 之后，使用 subscribe 函数注册行为。当消息可供处理时，将应用该行为。

13.11　使用代理编程模型协调并发作业

本书前面广泛介绍了并行和异步的概念。第 9 章展示了 Async.Parallel 运算符对于并行运行大量异步操作是多么强大和方便。但是，通常情况下，你可能需要映射一系列异步操作并且并行运行元素上的函数。在这种情况下，可以实现以下这个可行的解决方案。

```
let inline asyncFor(operations: #seq<'a> Async, map:'a -> 'b) =
    Async.map (Seq.map map) operations
```

现在，你将如何限制和控制并行度来处理元素以平衡资源消耗呢？当一个程序正在执行繁重的 CPU 操作时，这个问题经常出现，并且没有理由运行比计算机上的处理器数量更多的线程。当运行的并发线程太多时，争用和上下文切换会使程序效率极低，即使对于几百个任务也是如此。这是一个节流的问题。如何在不阻塞的情况下节流等待结果的异步和 CPU 密集型计算呢？由于这些异步操作是在运行时产生的，这使得要运行的异步作业总数变得未知，因此挑战变得更加困难。

解决方案：以配置的并行度来运行作业的代理的实现

解决方案是使用一个代理模型来实现一个作业协调器，通过限制并行处理的任务数量来节流并行度，如图 13.17 所示。在这种情况下，代理的唯一任务就是对并发任务的数量进行门控，并在不阻塞的情况下发回每个操作的结果。此外，代理应该很方便地暴露一个可观察通道，你可以注册该通道，以便在计算出新结果时接收通知。

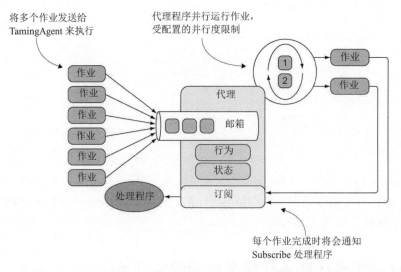

图 13.17 TamingAgent 并行运行作业，受配置的并行度限制。操作完成后，Subscribe 运算符将带着作业的输出来通知已注册的处理程序

现在让我们定义可以控制并发操作的代理。该代理必须接收消息，但还必须向调用者或订阅者发回对计算结果的响应。

在代码清单 13.19 中，TamingAgent 的实现运行异步操作，有效地节流了并行度。当并发操作的数量超过这个程度时，它们将被排队并稍后处理。

代码清单 13.19　TamingAgent

```
type JobRequest<'T, 'R> =
    | Ask of 'T * AsyncReplyChannel<'R>        使用 DU 来表示发送到 TamingAgent 以
    | Completed                               启动新作业并在作业完成时通知的消息
    | Quit


type TamingAgent<'T, 'R>(limit, operation:'T -> Async<'R>) =

事件对象用于在作业完成时通知订阅者                         辅助程序函数停止并释放
                                                      TamingAgent
    let jobCompleted = new Event<'R>()

    let tamingAgent = Agent<JobRequest<'T, 'R>>.Start(fun agent ->

        let dispose() = (agent :> IDisposable).Dispose()
        let rec running jobCount = async {           当代理正在工作时表示一
        let! msg = agent.Receive()                   个状态
        match msg with
        | Quit -> dispose()
        | Completed -> return! running (jobCount - 1)    作业完成时递减
        | Ask(job, reply) ->                             工作项计数
            do!                          启动作业项并继续处于运
异步运行作业       async { try        行状态
以获取结果              let! result = operation job

当作业完成时，将触发
jobCompleted 事件以通         jobCompleted.Trigger result
知订阅者
                                                      作业完成后，收件
将已完成作业的结                   reply.Reply(result)    箱会发送通知以减
果发送回调用方                                          少作业计数
                      finally agent.Post(Completed) }

表示由于达到并发作业上限                        将指定的异步工作流排队，以便
的限制而阻塞代理时的空闲                        在单独的线程中进行处理，以确
状态                                          保并发行为

            |> Async.StartChild |> Async.Ignore
            if jobCount <= limit - 1 then return! running (jobCount + 1)
            else return! idle () }                      使用 Scan 函数等待工作
        and idle () =                                   完成并更改代理状态
            agent.Scan(function
            | Completed -> Some(running (limit - 1))
            | _ -> None)
        running 0)          以零作业项的 running 状态启动
```

```
member this.Ask(value) = tamingAgent
                        .PostAndAsyncReply(fun ch -> Ask(value, ch))
member this.Stop() = tamingAgent.Post(Quit)
member x.Subscribe(action) = jobCompleted.Publish |>
  ➥ Observable.subscribe(action)
```

将操作进行排队并异步等
待响应

提供 Observable 支持以订阅
jobCompleted 事件

JobRequest DU 表示代理 TamingAgent 的消息类型。该消息有一个 Job 用例,
处理要发送到计算的值和带有结果的回复通道。Completed 用例被代理程序用来
通知何时终止计算并可以处理下一个可用的作业。最后的 Quit 用例用于在需要时
停止代理。

TamingAgent 构造函数有两个参数:并发执行的上限数和每个作业的异步操
作。TamingAgent 类型的主体依赖于两个函数来跟踪并发运行的操作数。当代理
以零操作开始,或者正在运行的作业数未超过所施加的并行度上限时,正在运行
的函数将等待处理新的传入消息。相反,当运行的作业达到并行度上限时,代理
的执行流会将函数切换到空闲状态。它使用 Scan 运算符来等待某种类型的消息并
忽略其他类型的消息。

Scan 运算符在 F# MailboxProcessor(代理)中仅用于处理子集和目标类型的消
息。Scan 运算符接受返回 Option 类型的 lambda 函数。在扫描过程中找到消息则
返回 Some,而忽略消息则返回 None。

传递给构造函数的操作签名是'T -> Async<'R>,它类似于 Async.map 函数。
此函数应用于通过方法成员 Ask 来发送给代理的每个作业,向代理传递一个值类
型以启动或排队新作业。当计算完成后,将使用新结果通知底层事件 jobCompleted
的订阅者,并将异步答复通过通道 AsyncReplyChannel 发送消息的调用者。

如前所述,jobCompleted 事件的目的是通过 Subscribe 方法成员通知已注册回
调函数的订阅者,使用 Observable 模块会更方便和灵活。

代码清单 13.20 所示是如何使用 TamingAgent 来转换一组图像的示例。

代码清单 13.20　使用 TamingAgent 转换一组图像

```
let loadImage = (fun (imagePath:string) -> async {
    let bitmap = new Bitmap(imagePath)
    return { Path = Environment.GetFolderPath(Environment.SpecialFolder.
    MyPictures)
            Name = Path.GetFileName(imagePath)
            Image = bitmap } })
let apply3D = (fun (imageInfo:ImageInfo) -> async {
    let bitmap = convertImageTo3D imageInfo.Image
```

从给定的文件路径加载图
像,返回包含图像及其信
息的记录类型

```
    return { imageInfo with Image = bitmap } })  ◀──────  对图像应用 3D 效
                                                           果的函数

let saveImage = (fun (imageInfo:ImageInfo) -> async {     将图像保存到本地
    printfn "Saving image %s" imageInfo.Name              MyPicture 文件夹
    let destination = Path.Combine(imageInfo.Path, imageInfo.Name)
    imageInfo.Image.Save(destination)
    return imageInfo.Name})  ◀──────

                                             使用 monadic return 和 bind async 运
                                             算符来组合前面定义的异步函数
let loadandApply3dImage (imagePath:string) =
    Async.retn imagePath >>= loadImage >>= apply3D >>= saveImage  ◀──────

let loadandApply3dImageAgent = TamingAgent<string, string>(2,
    loadandApply3dImage)  ◀──────
                                      创建一个能够同时运行两个作业的 TamingAgent 实
订阅在作业完成通知到达                 例,为每个作业应用 loadandApply3dImage 组合函数
时运行的处理程序
    loadandApply3dImageAgent.Subscribe(fun imageName -> printfn "Saved image %s
 ➡  from subscriber" imageName)

                                                  通过读取图像文件并将新作业推
                                                  送到 LoadAndApply3ImageAgent
let transformImages() =  ◀──────                  TamingAgent 实例来启动进程
    let images = Directory.GetFiles(@".\Images")
    for image in images do
        loadandApply3dImageAgent.Ask(image)
        |> run (fun imageName ->
                    printfn "Saved image %s - from reply back" imageName)
```

loadImage、apply3D 和 saveImage 这三个异步函数组合在一起,使用第 9 章中定义的 F# async bind 中缀运算符>>=来形成函数 loadandApply3dImage。现在我们复习一下该>>=中缀运算符的实现。

```
let bind (operation:'a -> Async<'b>) (xAsync:Async<'a>) = async {
    let! x = xAsync
    return! operation x }

let (>>=) (item:Async<'a>) (operation:'a -> Async<'b>) =
                                    bind operation item
```

然后,通过将参数 limit 传递给构造函数定义 TamingAgent 的 loadandApply3d-ImageAgent 实例来设置代理和参数函数 loadandApply3dImage 的并行度。loadandApply3dImage 表示作业计算的行为。Subscribe 函数注册在每个作业完成时运行的回调。在本例中,它打印已完成作业的图像名称。

注意　图像路径是按顺序发送的。TamingAgent 是线程安全的,因此多个线程可以同时发送消息,而不会出现任何问题。

loadImages()函数从目录 Images 中读取图像路径，并在 for-each 循环中将值发送给 loadandApply3dImageAgent TamingAgent。run 函数使用 CPS 在结果被计算并回复时执行回调。

13.12   组合 monadic 函数

你有一些函数使用一个简单的类型作为输入参数并返回像 Task 或 Async 这样的提升类型，而你又需要组合这些函数。你可能认为需要得到第一个结果，然后将其应用到第二个函数，之后如此类推在所有函数上重复。这个过程可能相当烦琐。这是使用函数组合概念的一个例子。提醒一下，你可以从两个较小的函数中创建一个新函数。只要函数具有匹配的输出和输入类型，这种方法通常是有效的。

该规则不适用于 monadic 函数，因为它们没有匹配的输入/输出类型。例如，无法组合 monadic Async 和 Task 函数，因为 Task<T>与 T 是不同的类型。

下面是 monadic Bind 运算符的签名：

```
Bind : (T -> Async<R>) -> Async<T> -> Async<R>
Bind : (T -> Task<R>) -> Task <T> -> Task <R>
```

Bind 运算符可以将提升的值传递给处理所包装的底层值的函数。那么如何能轻松地组合 monadic 函数？

解决方案：使用 Kleisli 组合运算符来组合异步操作

monadic 函数之间的组合称为 Kleisli 组合，在 FP 中它通常使用>=>中缀运算符来表示，该运算符可以使用 monadic Bind 运算符来构造。Kleisli 运算符实质上提供了一个 monadic 函数上的组合结构，而不是像 a -> b 和 b -> c 这样的常规函数，Kleisli 运算符用于在 a -> M b 和 b -> M c 上组合，其中 M 是一个提升类型。

Kleisli 组合运算符的签名用于提升类型，例如 Async 和 Task 类型。

```
Kleisli (>=>) : ('T -> Async<TR>) -> (TR -> Async<R>) -> T -> Async<R>
Kleisli (>=>) : ('T -> Task<TR>) -> (TR -> Task <R>) -> T -> Task <R>
```

通过使用此运算符，两个 monadic 函数可以直接按如下所示组合：

```
(T -> Task<TR>) >=> (TR -> Task<R>)
(T -> Async<TR>) >=> (TR -> Async<R>)
```

其结果是一个新的 monadic 函数。

```
T -> Task<R>
T -> Async<R>
```

以下代码片段展示了 C#中 Kleisli 运算符的实现，它使用了底层的 monadic Bind 运算符。Task 类型的 Bind(或 SelectMany)运算符已经在第 7 章介绍过。

```
static Func<T, Task<U>> Kleisli<T, R, U>(Func<T, Task<R>> task1,
Func<R, Task<U>> task2) => async value => await task1(value).Bind(task2);
```

F#中的等效函数也可以使用传统的 Kleisli 中缀运算符>=>来定义，在如下情况下应用于 Async 类型。

```
let kleisli (f:'a -> Async<'b>) (g:'b -> Async<'c>) (x:'a) = (f x) >>= g
let (>=>) (f:'a -> Async<'b>) (g:'b -> Async<'c>) (x:'a) = (f x) >>= g
```

第 9 章已经介绍过 Async bind 和>>=中缀运算符。下面让我们再复习一下。

```
let bind (operation:'a -> Async<'b>) (xAsync:Async<'a>) = async {
    let! x = xAsync
    return! operation x }

let (>>=)(item:Async<'a>) (operation:'a -> Async<'b>) = bind operation item
```

让我们来看一下 Kleisli 运算符能在何处以及如何提供帮助。思考一下你想要轻松组合的多个异步操作的情况。这些函数具有以下签名：

```
operationOne    : ('a -> Async<'b>)
operationTwo    : ('b -> Async<'c>)
operationThree  : ('c -> Async<'d>)
```

从概念上讲，最终的组合函数将如下所示：

```
('a -> Async<'b>) -> ('b -> Async<'c>) -> ('c -> Async<'d>)
```

在较高的层次上，你可以将 monadic 函数上的这种组合视为管道，其中第一个函数的结果通过管道传输到下一个函数，以此类推，直到最后一步。通常，当你考虑管道时，可以考虑两种方法：applicative(<*>)和 monadic(>>=)。因为在下一个调用中需要上一个调用的结果，所以 monadic 风格(>>=)是比 applicative 风格(<*>)更好的选择。

在本例中，你将使用上一个配方中的 TamingAgent。TamingAgent 具有一个方法成员 Ask，其签名与本场景相匹配，其中它接收一个泛型参数'T 并返回一个 Async<'R>类型。现在，你将使用 Kleisli 运算符来组合一组 TamingAgent 类型以形成代理管道，如图 13.18 所示。每个代理的结果都是独立计算的并以消息的形式作为输入传递给下一个代理，直到链的最后一个节点并在该节点上产生最终的副作用。代理的连接和组合技术可以带来稳健的设计和并发系统。当代理将结果返回(回复)给调用者时，它可以组合成代理管道。

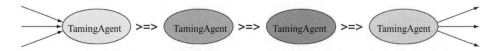

图 13.18 当你希望以多个步骤处理数据时，管道处理模式非常有用。该模式背后的思想是将输入发送到管道中的第一个代理。管道处理模式的主要好处是，它提供了一种简单的方法来平衡过度顺序处理(这可能会降低性能)和过度并行处理(这可能会产生很大的开销)

代码清单 13.21 展示了 TamingAgent 组合。该示例是代码清单 13.20 的一个返工，它重用了相同的函数来加载、转换和保存图像。

代码清单 13.21 使用 Kleisli 运算符的 TamingAgent

```
let pipe limit operation job : Async<_> =          创建 TamingAgent 类型的实例并
    let agent = TamingAgent(limit, operation)      暴露其异步 Ask 方法，确保在作业
    agent.Ask(job)                                 完成时通过 AsyncReplyChannel 回
                                                   复调用方

let loadImageAgent = pipe 2 loadImage
let apply3DEffectAgent = pipe 2 apply3D            使用 Kleisli 运算符组合管道函数
let saveImageAgent = pipe 2 saveImage             生成的异步操作
let pipeline =
        loadImageAgent >=> apply3DEffectAgent >=> saveImageAgent

为每个有关图像处理的函数创建
TamingAgent 代理管道的实例
let transformImages() =
    let images = Directory.GetFiles(@".\Images")   通过读取图像文件并将新作
    for image in images do                         业推送到管道来启动该过程
        pipeline image
        |> run (fun imageName -> printfn "Saved image %s" imageName)
```

在本例中，与代码清单 13.20 不同，程序使用 TamingAgent 来转换图像。在早期的配方中，加载、转换和保存到本地文件系统的三个函数按顺序组合在一起，形成一个新的函数。该函数由 TamingAgent 类型的单个实例处理并应用于所有传入消息。在代码清单 13.21 这个版本中，是为每个要运行的函数创建一个 TamingAgent 实例，然后代理通过底层方法 Ask 组合成一个管道。Ask 异步函数确保在作业完成时通过 AsyncReplyChannel 回复调用者。Kleisli 运算符可以更容易地组合代理。

管道函数的目的是帮助创建 TamingAgent 的实例并暴露 Ask 函数，其签名'a -> Async<'b>类似于与其他代理一起组合使用的 monadic Bind 运算符。

在定义了三个代理(loadImageAgent、apply3DEffectAgent 和 saveImageAgent)之后，使用管道辅助函数，通过使用 Kleisli 运算符组合这些代理，可以很容易地创建管道。

13.13　本章小结

- 应该使用并发对象池来循环利用同一对象实例，以优化程序的性能。通过使用对象池可以显著减少 GC 生成的数量，从而提高程序的执行速度。
- 可以使用受约束的执行顺序来并行化一组相关任务。该过程非常有用，因为它可以在执行多个任务时尽可能地最大化并行性。
- 多线程可以协调读写器类型的操作对共享资源的访问而不会阻塞，并且还能保持 FIFO 顺序。这种协调允许同时运行读取操作，并异步非阻塞地等待最终的写入操作。由于引入了并行和减少了资源消耗，这种模式提高了应用程序的性能。
- 事件聚合器的作用类似于中介者设计模式，所有事件都通过一个中介聚合器来聚合，并且可以从应用程序的任何位置使用。Rx 允许你实现一个支持多线程的事件聚合器来并发处理多个事件。
- 可以使用 IScheduler 接口实现自定义 Rx 调度程序，以便通过对并行度的精细控制来控制传入事件。此外，通过显式设置并行性级别，Rx 调度程序内部线程池不会因为在需要时扩展线程大小而受到停机的影响。
- 即使.NET 对 CSP 编程模型没有内置的支持，你也可以使用 F# MailboxProcessor 或 TDF 以非阻塞的同步消息传递方式来协调和平衡异步操作之间的有效负载。

第 14 章

使用并发函数式编程构建可扩展的移动应用程序

本章主要内容:
- 设计可扩展、高性能的应用程序
- 使用带有 WebSocket 通知的 CQRS 模式
- 使用 Rx 解耦 ASP.NET Web API 控制器
- 实现消息总线

在本章之前,你学习并掌握了用于构建高性能和可扩展应用程序的并发函数式技术和模式。本章则是这些技术的最终成果和实际应用,你将使用所学到的知识(TPL 任务、异步工作流、消息传递编程和带有 Rx 的反应式编程)来开发完全并发的应用程序。

你在本章中所构建的应用程序基于一个移动界面,该界面与 Web API 端点进行通信,以实时监控股票市场。它拥有发送命令以买入和卖出股票的功能,以及使用服务器端长时间运行的异步操作来维护这些订单的能力。当股票达到期望的价格点时,该操作会反应式地应用交易行为。

本章讨论要点包括体系结构选择,以及在设计可扩展且响应性很强的应用程序时,如何很好地适应系统的服务器和客户端的函数式范式的说明。到本章结束时,你将学会如何设计最佳的并发函数模式,以及如何选择最高效的并发编程模型。

14.1　现实世界服务器上的函数式编程

　　服务器端应用程序必须设计为可以并发处理多个请求。通常，传统的 Web 应用程序可以被认为是尴尬并行，因为请求之间是完全隔离的并且易于独立执行的。运行应用程序的服务器越强大，它可以处理的请求数量就越多。

　　现代大型 Web 应用程序的程序逻辑本质上是并发的。此外，高度交互的现代 Web 和实时应用程序(如多人浏览器游戏、协作平台和移动服务)在并发编程方面是一个巨大的挑战。这些应用程序使用即时通知和异步消息传递作为构建块来协调不同的操作，并在可能并行运行的不同并发请求之间进行通信。在这些情况下，不可能再使用单个顺序控制流来简单地编写应用程序。相反，你必须以整体方式规划独立组件的同步。你可能会问，为什么在构建服务器端应用程序时要使用 FP 呢？

　　2013 年 9 月，Twitter 发表了一篇论文《把你的服务器视为一个函数》(Marius Eriksen，https://monkey.org/~marius/funsrv.pdf)。其目的是验证 Twitter 为构建大规模服务器端软件所采用的体系结构和编程模型，其中系统表现出高度的并发性和环境可变性。以下是该文的一段引用：

> 我们提出了三个抽象，围绕这些抽象，我们构建了 Twitter 的服务器软件。它们坚持函数式编程的风格，强调不可变性、头等函数的组成和副作用的隔离并组合在一起，在灵活性、简单性、易于推理性和健壮性方面带来了巨大的收益。

　　.NET 对并发 FP 的支持是使其成为服务器端编程的一个很好的工具的关键。支持以声明式和组合语义风格异步运行操作。此外，你可以使用代理开发线程安全的组件。可以将这些核心技术组合起来，用于事件的声明式处理和与 TPL 的高效并行性。

　　函数式编程有助于实现无状态服务器(见图 14.1)，当架构需要并发处理大量请求的大型 Web 应用程序(如社交网络或电子商务网站)时，这是构建可扩展性的一项重要资产。当操作(例如函数、方法和过程)对计算状态不敏感时，程序可以是无状态的。因此，操作中使用的所有数据都作为输入传递给操作，被调用操作使用的所有数据都作为输出以传递回去。无状态设计从来都不会为以后的计算需求存储应用程序或用户数据。无状态设计简化了并发性，因为这样应用程序的每个阶段都可以很容易在不同的线程上运行。无状态设计是使设计能够根据 Amdahl 定律完美扩展的关键。

　　实际上，无状态程序可以轻松地在计算机和进程之间并行和分布，以扩展性能。你不需要知道计算在哪里运行，因为程序的任何部分都不会修改任何数据结构，从而避免数据争用。此外，计算可以在不同的进程或不同的计算机中运行，而不限于在特定环境中执行。

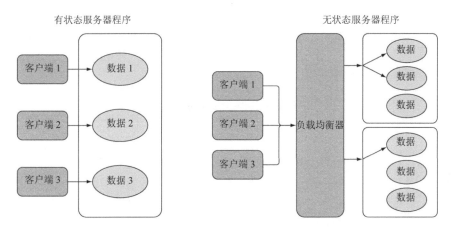

图 14.1　有状态服务器程序与无状态服务器程序的比较。有状态服务器程序必须在请求之间保持状态，这限制了系统的可扩展性，需要更多的资源才能运行。无状态服务器程序可以自动扩展，因为没有状态共享。在无状态服务器之前，可以有一个负载均衡器来分发传入的请求，这些请求可以路由到任何机器，而不需要分发到特定的服务器

通过使用 FP 技术，可以构建复杂的、完全异步的和自适应的系统，这些系统可以使用相同的抽象级别来进行自动扩展，具有相同的语义，并且涵盖从 CPU 内核到数据中心的所有维度。

14.2　如何设计一个成功的高性能应用程序

要在大规模设置中每秒同时处理数十万个请求，你需要高度的并发性和高效的 I/O 处理和同步，以确保服务器软件中的最大吞吐量和 CPU 使用都是正常健康的。效率、安全性和健壮性是最重要的目标，它们与传统的代码模块性、可重用性和灵活性相冲突。函数式范式强调声明式编程风格，它强制将异步程序结构化为一组组件，这些组件的数据依赖性将由各种异步组合器来负责。

注意　如第 8 章所述，异步 I/O 操作应该是并行运行的，因为它们的可扩展性可以比可用的处理器数量多一个数量级。此外，为正确地实现这种无限制的资源能力，必须以函数式风格来编写异步操作，通过处理不可变值来代替对内存中的状态进行操纵。

在实现一个程序时，你应该将性能目标预先在设计中考虑到。性能是软件设计的一个方面，不能事后再考虑。它必须从一开始就作为一个明确的目标包括在内。从头开始重新设计现有应用程序并非不可能，但它的成本远远高于最初就正确地设计应用程序。

14.2.1　秘制酱：ACD

你需要一个能够灵活地应对请求增加(或减少)的系统，并且可以通过增加资源的同时相应地提高速度。设计和实现这样一个系统的秘诀是异步性(asynchronicity)、缓存(caching)和分发(distribution)，即 ACD。

- 异步性是指在将来完成的操作，而不是实时完成的操作。例如，可以将异步性视为这样的一种架构设计：将工作进行排队，稍后再完成该工作以消除处理负载。在这里解耦操作将变得非常重要，以便在性能关键的路径中只需要做最少的工作。同样，你可以使用异步编程来调度夜间进程的请求。
- 缓存旨在避免重复工作。例如，缓存保存了以后可以再次使用的前期工作的结果，而无须再次重复为获得这些结果而执行的工作。通常，缓存应用于经常重复且其输出并不经常更改的耗时操作。
- 分发旨在跨多个系统划分请求以扩展处理能力。在无状态系统中实现分发更容易：服务器保持的状态越少，分发工作就越容易。

注意　在设计性能好的、可扩展的和弹性的 Web 应用程序时，必须考虑《分布式计算的谬误》(www.rgoarchitecs.com/Files/fallacies.pdf)中所提出的 7 个谬误。作者 Arnon Rotem-Gal-Oz 列出了许多开发人员对分布式系统作出的错误假设：分布式系统在一个安全、可靠、同质的网络中工作，该网络具有零延迟、无限带宽和零传输成本，并且拓扑结构不会发生变化。

ACD 是编写可扩展的、响应迅速的、可以在繁重的工作负载下保持高吞吐量的应用程序的主要组成部分。这是一项越来越重要的任务。

14.2.2　不同的异步模式：将工作排队以稍后执行

现在，你应该清楚地了解了异步编程的含义。正如你所记得的，异步性意味着你将分派一个会在未来完成的作业。这可以通过两种模式来实现。第一种是基于第 8 章和第 9 章讨论的延续传递风格(CPS)或回调。第二种是第 11 章和第 12 章介绍的基于异步消息传递。如前一节所述，异步性也可以是应用程序设计的结果(行为)。

图 14.2 中的模式在设计级别上实现了异步系统,旨在通过将操作或工作请求发送到对将来要完成的任务进行排队的服务来平滑程序的工作量。该服务可以位于远程硬件设备、云服务中的远程服务器或本地计算机中的其他进程中。在后一种情况下,执行线程以一种即发即弃的方式发送请求。使用该设计的任务的其中一个示例就是调度要发送到邮件列表的消息。

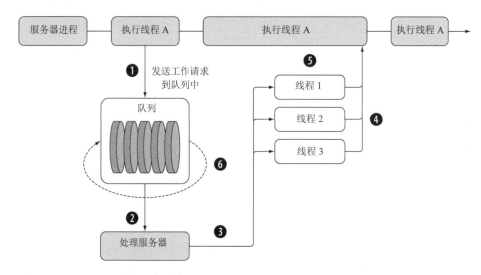

图 14.2　工作将被传递到一个队列中,远程工作者接收消息并在未来执行所请求的操作

当操作完成时,它可以向请求的来源(发送者)发送一个包含结果详细信息的通知。图 14.2 展示了六个步骤。

(1) 执行线程将作业或请求发送给服务,服务对其进行排队。该任务将被提取并存储起来,以便在以后执行。

(2) 在某些时候,服务从队列中获取任务并分派要处理的工作。处理服务器负责调度线程以运行该操作。

(3) 被调度的线程运行该操作,可能每个任务会使用不同的线程。

(4) 最理想的情况是,当工作完成时,服务通知来源(发送者)工作已完成。

(5) 当请求在后台处理时,执行线程可以自由地执行其他工作。

(6) 如果出现问题,则重新安排任务(重新排队)以便在以后执行。

一开始,在线服务提供商通过投资更强大的硬件来满足不断增加的请求量。考虑到相关成本,该方法已经被证明是一种昂贵的选择。近年来,Twitter、Facebook、StackOverflow.com 和其他公司已经证明,通过使用优秀的软件设计和模式(如 ACD),可以使用更少的机器来实现快速响应的系统。

14.3　选择正确的并发编程模型

多年来，使用并发和并行来提高程序性能一直是讨论和研究的核心。这项研究的结果出现了多种并发编程模型，每种模型都有其各自的优点和缺点。这些模型的共同主题和共同目标就是提供特性以实现更快的代码。除了这些并发编程模型外，业内各家公司还开发了此类编程的辅助工具：微软创建了 TPL，而英特尔创建了线程构建块(TBB)。它们可用来生成高质量和高效率的库，以帮助专业开发人员构建并行程序。众多并发编程模型在其任务交互机制、任务粒度、灵活性、可扩展性和模块性方面都各不相同。

根据我多年构建高可扩展性系统的经验，我确信正确的编程模型应该是针对系统各个部分量身定制的编程模型的组合。你可以考虑在消息传递系统中使用参与者模型，在每个节点中使用 PLINQ 进行数据并行计算，通过使用非阻塞 I/O 异步处理下载数据进行预计算分析。关键是要为每个工作找到合适的工具或工具组合。

下面的列表代表了我对基于常见情况的并发技术的选择。
- 在纯函数和操作具有明确控制依赖关系的前提下,如果数据能够以递归方式分区或操作，则可以考虑使用 TPL 以 Fork/Join 或分而治之的形式来建立动态任务并行计算。
- 如果并行计算需要保留操作的顺序，或者算法依赖于逻辑流，那么可以考虑将 DAG 与 TPL 任务基元或代理模型一起使用(参见第 13 章)。
- 在顺序循环的情况下,每个迭代都是独立的,并且步骤之间没有依赖关系，TPL 并行循环可以通过计算在单独任务中运行的并发操作中的数据来加速性能。
- 在以组合运算符的形式处理数据的情况下(例如筛选和聚合输入元素)，并行 LINQ(PLINQ)可能是加速计算的良好解决方案。可以考虑并行归约器(也称为折叠或聚合)，例如并行 Aggregator 函数，用于合并结果和使用 Map-Reduce 模式。
- 如果应用程序被设计为作为工作流来执行一系列操作,并且一组任务的执行顺序是相关的且必须遵守的，那么则可以考虑使用管道或生产者/消费者模式。这些都是毫不费力地并行化操作的绝佳解决方案。可以使用 TPL 数据流或 F# MailboxProcessor 来轻松实现这些模式。

在构建确定性并行程序时请记住，可以通过组合确定性并行计算模式和数据访问来自下而上地构建它们。建议并行模式应该控制其执行的粒度并根据可用资源来扩展和收缩并行性。

在本节中，你将构建一个模拟在线股票市场服务的应用程序(见图 14.3)。此服务定期更新股票价格并将更新实时推送到所有连接的客户端。该高性能应用程序可以处理 Web 服务器内的大量并发连接。

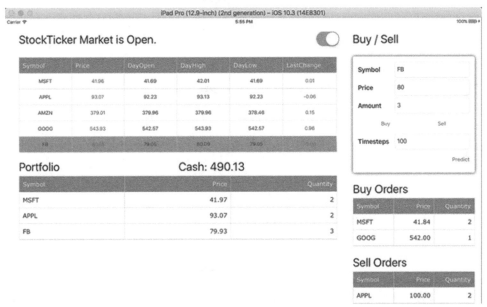

图 14.3　股票市场移动用户界面的例子。左侧面板实时提供股票价格更新。右侧面板用于管理投资组合并设置买卖股票的交易订单

该客户端是一个移动客户端应用程序。它是一个使用 Xamarin 和 Xamarin.Forms 构建的 iPhone iOS 应用程序。在移动客户端中，会响应来自服务器的通知并实时更改值。该应用程序的用户可以通过设置订单来管理自己的投资组合，以便在特定股票达到预定价格时买入和卖出该股票。除了移动客户端应用程序外，本书配套源代码还提供了 WPF 版本的客户端程序。

注意　要运行该客户端项目，请安装 Xamarin(www.xamarin.com)。有关详细说明，请参阅 Xamarin 的联机文档。

Xamarin 和 Xamarin.Forms

Xamarin 是一个开发人员可以用来快速创建跨平台用户界面的框架。它为在 iOS、Android、Windows 或 Windows Phone 上使用原生控件呈现的用户界面提供了一个抽象。这意味着应用程序可以共享其大部分用户界面代码，并且仍然保留目标平台的原生外观。

Xamarin.Forms 是一个跨平台、原生支持的 UI 工具包抽象，开发人员可以使用它来轻松创建可在 Android、iOS、Windows 和 Windows Phone 之间共享的用户界面。用户界面将使用目标平台的原生控件来呈现，使 Xamarin.Forms 应用程序能够为每个平台保持对应的外观和感觉。

Xamarin 和 Xamarin.forms 都是与本书上下文无关的大主题。有关更多信息，请访问 www.xamarin.com/forms。

在构建应用程序时，你将更深入地了解如何将函数式并发应用于该类应用程序。你将把这些知识与前面章节中介绍的函数式并发技术和模式结合起来。你将使用命令和查询责任分离(CQRS)模式、Rx 和异步编程来处理并行请求。你还将使用包括基于函数式持久性的事件源(即使用代理编程模型的事件存储)等技术。稍后我将用应用程序的对应部分来解释这些模式。

示例中的 Web 服务器应用程序是一个 ASP.NET Web API，它使用 Rx 将来自控制器的传入请求所产生的消息推送到应用程序的其他组件。这些组件使用代理(F# MailboxProcessor)来实现，将为每个已建立和活动的用户连接生成新代理。通过这种方式，应用程序可以在每个用户都具有其隔离状态的情况下维护，这使可扩展变得简单。

示例中的移动应用程序是使用 C#构建的，这通常是与 TAP 模型和 Rx 结合的客户端开发的不错选择。而对于 Web 服务器代码，你将使用 F#而不是 C#。但是你一样可以在本书的配套源代码中找到该程序的 C#版本。选择使用 F#来实现服务器端代码的主要原因是作为其默认的构造的不可变性，这点完全适合股票市场示例中使用的无状态体系结构。此外，使用 F# MailboxProcessor 对代理编程模型的内置支持可以以线程安全的方式轻松地封装和维护状态。正如你稍后将看到的，与 C#相比，F#表现了一种可用于实现 CQRS 模式、使代码显式化、捕获函数中发生的事件而没有隐藏的副作用、不太冗长的解决方案。

该应用程序使用 ASP.NET SignalR 为实时更新提供服务器广播功能。服务器广播是指由服务器发起并随后发送给客户端的通信。

使用 SignalR 的实时通信

Microsoft 的 SignalR 库提供了一些将服务器端内容实时推送到连接的客户端所必需的传输的抽象。这意味着服务器及其客户端建立了双向通信通道，可以实时地来回推送数据。SignalR 可以使用多种传输方式，并会自动选择客户端和服务器提供的最佳可用传输方式。

连接将以HTTP方式启动，然后升级到WebSocket连接(如果可用)。WebSocket是SignalR的理想传输方式，因为它可以最高效地使用服务器内存，具有最低的延迟，并且具有最多的底层功能。如果不能满足使用WebSocket的要求，SignalR则会尝试降级使用其他传输方式来建立连接，例如Ajax长轮询。SignalR将始终尝试首先使用最高效的传输方式，如果失败则将不断降级，直到它成功选择与上下文兼容的最佳传输方式。这个决定是在客户端和服务器之间通信的初始阶段(称为协商)自动做出的。

14.4　实时交易：股票市场示例的高层架构

在深入了解股票市场应用程序的代码实现之前，让我们回顾一下该应用程序的高层架构，以便可以很好地处理正在开发的内容。该体系结构是基于 CQRS 模式的，CQRS 模式强制了领域层之间的分离并使用模型来进行读取和写入。

注意　本章中用于实现应用程序的服务器端的代码是 F#版本的，但你也可以在本书配套源代码中找到完整的 C#版本实现。接下来的章节中所解释的相同原则是 C#和 F#两种语言都适用的。

CQRS 的关键原则是将命令(即 CQRS 中的 C)和查询(即 CQRS 中的 Q)分开，命令在这里特指会导致状态改变的操作(即系统中的副作用)，查询在这里特指为只读活动提供数据而不会改变任何对象状态的查询请求，如图 14.4 所示。CQRS 模式同样也是基于关注点分离的，这对于软件开发的各个方面以及在基于消息的体系结构上构建的解决方案都很重要。

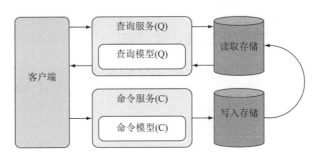

图 14.4　CQRS 模式强制了领域层之间的分离并使用模型来进行读取和写入。应用程序可以从专门针对查询优化的单独数据存储中受益，从而最大限度地提高读取操作的性能。通常，这种存储可能是一个 NoSQL 数据库。读取/写入存储实例之间的同步是在后台模式下异步执行的，这可能需要一些时间。这样的数据存储被视为是最终一致的

使用 CQRS 模式的好处包括获得能够管理更多业务复杂性的能力、能够使系统更容易缩小的能力、编写查询优化的能力，以及通过包装 API 的读取部分来简化缓存机制的引入。对于写入和读取的工作负载之间存在巨大差异的系统，使用 CQRS 可以极大地提升读取部分的性能。图 14.5 展示了基于 CQRS 模式的股票市

场 Web 服务器应用程序的关系图。

可以将该函数式体系结构视为数据流体系结构。在应用程序内部，数据流会流经各个阶段。在每个步骤中，数据会被过滤、充实、转换、缓冲、广播、持久化或以其他任何方式处理。图 14.5 所示的流程步骤如下所示。

(1) 用户向服务器发送请求。该请求被设计成一个命令来设置一个交易指令去买卖一个给定的股票。ASP.NET Web API 控制器实现 IObservable 接口以公开 Subscribe 方法，该方法注册侦听传入请求的观察者。该设计转换消息发布者中的控制器，消息发布者将命令发送给订阅者。在该示例中，只有一个订阅者，是一个充当消息总线的代理(MailboxProcessor)。但是在实际应用中可以有任意数量的订阅者，例如用于日志和性能指标的订阅者。

(2) 进入 Web API 操作的传入请求被验证并转换为一个系统命令，该命令被包装到信封中，该信封使用诸如时间戳和唯一 ID 之类的元数据来丰富它。该唯一 ID 通常用 SignalR 连接 ID 来表示，稍后将用于存储由用户特定的唯一标识符聚合的事件，这简化了潜在查询的定位和执行以及重放事件历史记录。

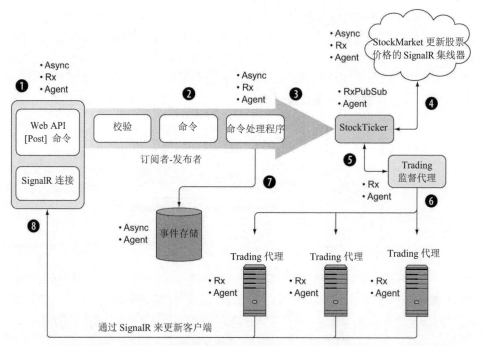

图 14.5 股票市场 Web 服务器应用程序的模型，它是基于 CQRS 模式的。命令(写入)通过应用程序管道推送，以在与查询(读取)不同的通道中执行交易操作。在该设计中，查询(读取)由系统以服务器通知的形式自动执行，服务器通过 SignalR 连接并把通知广播到客户端。可以把 SignalR 想象为允许客户端接收从服务器生成的通知的通道。在本应用程序示例的标注中，它被指定为用于实现指定组件的技术

(3) 该命令被传递到命令处理程序，该处理程序通过消息总线将消息推送给订阅者。命令处理程序的订阅者是 StockTicker，这是一个使用代理实现的对象，顾名思义，用于维护股票市场代码的状态。

(4) StockTicker 和 StockMarket 类型建立双向通信，用于通知股票价格更新。在这种情况下，Rx 用于随机和不断地更新发送到 StockMarket 的股票价格，然后流向 StockTicker。然后，SignalR 集线器将该更新广播到所有活动的客户端连接。

(5) StockTicker 将通知发送到 TradingCoordinator 对象，该对象是维护活动用户列表的代理。当一个用户向应用程序注册时，如果该用户是一个新用户，则TradingCoordinator 会收到通知并生成新的代理。应用程序服务器将为表示新客户端连接的每个传入请求创建新的代理程序实例。TradingCoordinator 对象实现了IObservable 接口，该接口用于使用 Rx 来建立反应式发布者-订阅者，以将消息发送给注册的观察者 TradingAgent。

(6) TradingCoordinator 接收交易操作的命令并将其发送给相关代理(用户)以验证唯一的客户端连接标识符。TradingAgent 类型是实现 IObserver 接口的代理，该接口已注册以接收来自 IObservable TradingCoordinator 的通知。每个用户都有一个 TradingAgent，主要目的是维持投资组合的状态以及买卖股票的交易订单。该对象持续地接收股票市场更新以验证其状态中的任何订单是否满足触发交易操作的标准。

(7) 该应用程序实现了事件溯源以存储交易事件。事件按用户分组并按时间戳来进行排序，因此可以重播每个用户的历史。

(8) 当交易被触发时，TradingAgent 会通过 SignalR 来通知客户的移动客户端应用程序。该应用程序的目标是让客户端发送交易订单并在每个操作完成时异步等待通知。

图 14.5 中的应用程序图是基于 CQRS 模式的，在读取和写入之间有一个清晰的分离。有趣的是，它为查询端(读取)启用了实时通知，因此用户不需要发送请求来检索更新。

信封

通常，将消息包装在信封中是一种好习惯，因为它们可以携带有关消息的额外信息，这对于实现消息传递系统很方便。通常，最重要的额外信息是创建消息时的唯一 ID 和时间戳。消息 ID 很重要，因为它们可以用来检测重放从而使你的系统具有幂等性。

回到图 14.4 中的 CQRS 模式图，如图 14.6 所示，你可以看到有两个独立的存储：一个用于读取；另一个用于写入。建议使用 CQRS 模式以这种方式来设计存储分离，最大限度地提高读取操作的性能。在这种两个存储器分离的情况下，写入端必须去更新读取端。该同步是在后台模式下异步执行，并且可能需要一些时间，因此读取数据存储被视为最终是一致的。

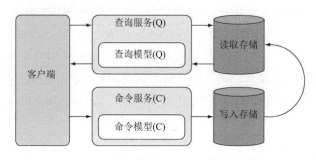

图 14.6   CQRS 模式

最终一致性以及一致性、可用性和分区(CAP)定理

CAP 定理认为，分布式系统中的持久状态是很难正确实现的。这个定理表明，对于具有内在相关性的分布式系统，有以下三个不同且理想的属性，但是对于有任何共享数据的任何实际系统，这三个属性最多只能同时实现两个，不可能三者兼顾。

- 一致性是指分布式系统所有节点上的数据在同一时刻是相同的，其中系统确保写操作具有原子特性，并且同时把更新传播到所有节点，从而产生相同的结果。
- 可用性是指即使在出现故障的情况下，系统最终也能在合理的时间内响应每个请求。
- 分区容错性是指系统对节点之间的消息丢失具有弹性。这里的分区特指系统节点之间会导致消息完全丢失的任意分割。

最终一致性是分布式计算中用于实现高可用性的一致性模型，以确保最终对某项的所有访问都将返回最后更新的值。然而，在该股票市场示例应用程序中，最终一致性是由系统自动处理的。当数据发生变化时，用户将通过实时通知来接收更新和最新值。由于服务器和客户端之间的 SignalR 双向通信，这是可能的，而这也是一种很方便的机制，因为用户不必请求更新，服务器将自动提供更新。

14.5　股票市场应用程序的基本要素

到现在你还尚未学习股票市场示例应用程序的几个基本要素，因为我假设你之前已经遇到过这些主题。现在我将简要回顾一下这些内容，并且指出本书中可供你继续学习的地方。

第一个基本要素是 F#。如果你对 F#的知识了解较浅，请参阅附录 B 来了解可能有用的信息和总结。

服务器端应用程序是基于 ASP.NET Web API 的，因此需要了解这些技术。对于客户端，移动应用程序是使用 Xamarin 和 Xamarin.Forms 来构建的，并使用 Model-View-ViewModel(MVVM)模式来进行数据绑定，但是你不需要对这些框架有任何特定的知识。

> **MVVM 模式**
>
> MVVM 模式可用于所有 XAML 平台。其目的是在 UI 控件及其逻辑之间提供清晰的关注点分离。MVVM 模式中有三个核心组件：Model(包括业务规则、数据访问、模型类)、View(UI XAML)和 ViewModel(View 和 Model 之间的代理或中间人)。它们每个都扮演着独特而独立的角色。ViewModel 充当 Model 和 View 之间的接口。它提供 View 和 Model 数据之间的数据绑定，以及使用命令处理所有 UI 操作。View 将绑定 ViewModel 上的属性，而 ViewModel 又暴露 Model 对象中所包含的数据。

在本章的其余部分，你将使用以下内容：
- .NET 的反应式扩展(Reactive Extensions，Rx)
- 任务并行库(Task Parallel Library，TPL)
- F# MailboxProcessor
- 异步工作流

以下代码示例中所应用的相同概念适用于所有.NET 编程语言。

14.6　编写股票市场交易应用程序

本节介绍实现具有交易功能的股票市场实时移动端应用程序的代码示例，如图 14.7 所示。该示例程序中与本章目的无关或不重要的部分将被省略，但你可以在本书配套源代码中找到完整的功能实现。

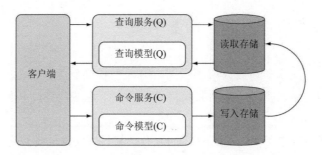

图 14.7   股票市场示例的 Web 服务器应用程序的体系结构图。与图 14.5 相比，这是一个高级别图表，旨在阐明应用程序的组件。请注意，除了校验和命令之外，每个组件都是使用 Rx、IObservable 和 IObserver 接口以及代理编程模型的组合来实现的

让我们先从服务器 Web API 控制器开始，移动应用程序客户端将发送执行交易操作的请求到该控制器。

注意 本书的配套源代码中也有客户端应用程序的 WPF 实现。

注意，控制器虽然表示了 CQRS 模式的整个写入领域，但实际上仅是代码清单 14.1 所示的 HTTP POST 操作而已(要注意的代码以粗体表示)。

代码清单 14.1   Web API 控制器 TradingController

```
[<RoutePrefix("api/trading")>]
type TradingController() =
    inherit ApiController()


    let subject = new Subject<CommandWrapper>()          ◄──  控制器使用 Subject 实例作为 Observable 来向注册的观察者发布命令

使用 Result 类型来校验该命令
    let publish connectionId cmd =          ◄──  使用 Rx 来发布该命令
        match cmd with
        | Result.Ok(cmd) ->          围绕给定命令创建包装器，以使用元数据来丰富类型

            CommandWrapper.Create connectionId cmd  ◄──
            subject.OnNext          ◄──
        | Result.Error(e) -> subject.OnError(exn (e))
            cmd
                                              使用辅助函数为控制器操作提供 HTTP 响应
    let toResponse (request : HttpRequestMessage) result =
            match result with
            | Ok(_) -> request.CreateResponse(HttpStatusCode.OK)
            | _ -> request.CreateResponse(HttpStatusCode.BadRequest)  ◄──

                                              显示来自 SignalR 上下文的当前连接 ID
    [<Route("sell"); HttpPost>]
    member this.PostSell([<FromBody>] tr : TradingRequest) = async {
            let connectionId = tr.ConnectionID          ◄──
```

```
        return
            {   Symbol = tr.Symbol.ToUpper()
                Quantity = tr.Quantity
                Price = tr.Price                        使用函数组合
                Trading = TradingType.Sell }            来校验
            |> tradingdValidation        ◄────────┘

            |> publish connectionId      ◄────  使用 Rx 来发布命令

            |> toResponse this.Request   ◄──── 使用辅助函数为控制器
                                               操作提供 HTTP 响应
     } |> Async.StartAsTask  ◄────         将操作作为任务来启
                                           动，以使操作异步运行
 interface IObservable<CommandWrapper> with
     member this.Subscribe observer = subject.Subscribe observer ◄────┐
                                                 控制器使用 Subject 实例作为
 override this.Dispose disposing =               Observable 来向注册的观察者
     if disposing then subject.Dispose()         发布命令
     base.Dispose disposing
```

释放该 Subject，这对释放该资源很重要

　　Web API 控制器 TradingController 暴露了卖(Postsell)和买(PostBuy)操作。这两个操作具有相同的代码实现，只是用于不同的用途而已。所以以上代码清单中只列出了一个，以避免重复。

　　每个动作控制都是围绕两个核心函数(校验和发布)来构建的。tradingdValidation 负责校验每个连接的消息，因为它们是从客户端接收的。publish 负责将消息发布到控制订阅者以进行核心业务逻辑处理。

　　PostSell 操作通过 tradingdValidation 函数来验证传入的请求，该函数根据其输入的有效性来返回 Result.Ok 或 Result.Error。然后，使用 CommandWrapper.Create 函数将验证函数的输出封装到命令对象中并发布给订阅的观察者 subject.OnNext。

　　TradingController 使用一个来自 Rx 库的 Subject 类型的实例，通过实现 IObservable 接口来充当可观察对象。通过这种方式，该控制器是松散耦合的，并且是以发布者/订阅者模式工作的，将命令发送给注册的观察者。使用实现 IHttpControllerActivator 的类来将该控制器作为 Observable 注册到 Web API 框架中，如代码清单 14.2 所示(要注意的代码以粗体显示)。

代码清单 14.2　将 Web API 控制器作为 Observable 注册

用于将新的控制器构造函数或激活
器插入 Web API 框架的接口

```
 type ControlActivatorPublisher(requestObserver:IObserver<CommandWrapper>) =
     interface IHttpControllerActivator with
```

```
member this.Create(request, controllerDescriptor, controllerType) =
    if controllerType = typeof<TradingController> then
        let obsController =
            let tradingCtrl = new TradingController()
            tradingCtrl
            |> Observable.subscribeObserver requestObserver
            |> request.RegisterForDispose
            tradingCtrl
        obsController :> IHttpController
    else raise (ArgumentException("Unknown controller type requested"))
```

如果请求的控制器类型与 TradingController 相匹配，则
创建一个新实例并将其注册为 Observable

　　ControlActivatorPublisher 类型实现了 IHttpControllerActivator 接口，将自定义
控制器激活器注入 Web API 框架中。在这种情况下，当请求与 TradingController
的类型相匹配时，ControlActivatorPublisher 将转换 Observable 发布者中的控制器，
然后将控制器注册到命令调度程序。tradingRequestObserver 观察者被传递到
CompositionRoot 构造函数中，用作 TradingController 控制器的订阅，现在可以响
应和解耦的方式向订阅服务器发送来自操作的消息。

　　代码清单 14.3 展示了下一步，即 TradingController 可观察控制器的订阅者。

代码清单 14.3   配置 SignalR 集线器和代理消息总线

```
type Startup() =                                                          充当消息总
    let agent = new Agent<CommandWrapper>(fun inbox ->      ◄───────      线以发送命
        let rec loop () = async {                                         令的代理的
            let! (cmd:CommandWrapper) = inbox.Receive()                   实例
            do! cmd |> AsyncHandle
            return! loop() }
        loop())
    do agent.Start()                        ◄────────────────────────
```

代理异步处理收到的命令，通过
AsyncHandle 命令处理程序来发布它们

```
    member this.Configuration(builder : IAppBuilder) =
        let config =
            let config = new HttpConfiguration()
            config.MapHttpAttributeRoutes()

            config.Services.Replace(typeof<IHttpControllerActivator>,  ◄──────
                ControlActivatorPublisher(Observer.Create(fun x ->
                                          agent.Post(x))))
```

传递到 ControlActivatorPublisher 构造函   使用自定义 ControlActivatorPublisher 来
数的根订阅者是一个观察者，以异步方式   替换 Web API 框架中内置的默认
向代理实例发送消息   IHttpControllerActivator

```
let configSignalR =
    new HubConfiguration(EnableDetailedErrors = true) ◄

Owin.CorsExtensions.UseCors(builder, Cors.CorsOptions.AllowAll)
builder.MapSignalR(configSignalR) |> ignore        在应用程序中启用 SignalR 集
builder.UseWebApi(config) |> ignore                线器
```

当Web应用程序开始应用配置设置时，将执行 Startup 函数。这是 CompositionRoot类(在代码清单14.2中定义)所属的地方，用其新实例替换默认的 IHttpControllerActivator。传递给ControlActivatorPublisher构造函数的订阅者类型是观察者，它将从TradingController操作到达的消息发布到MailboxProcessor代理实例。TradingController发布者通过观察者接口的OnNext方法将消息发送给所有订阅者，在这种情况下，代理只依赖于IObserver实现，因此减少了依赖性。

MailboxProcessor 的 Post 方法(agent.Post)使用 Rx 将包装好的消息发布到 Command 类型中。注意，控制器本身实现了 IObservable 接口，因此可以将其想象为消息端点、命令包装器和发布者。

订阅者 MailboxProcessor 代理异步处理传入的消息(就像消息总线一样)，但处理的级别要小一些，并且更集中(见图 14.8)。消息总线提供了许多优点，从可扩展性到自然解耦的系统，再到多平台的互操作性。使用消息总线的基于消息的体系结构侧重于常见的消息协定和消息传递。示例中的配置方法的其余部分的作用是令应用程序中的 SignalR 集线器能够在整个 IAppBuilder 中使用。

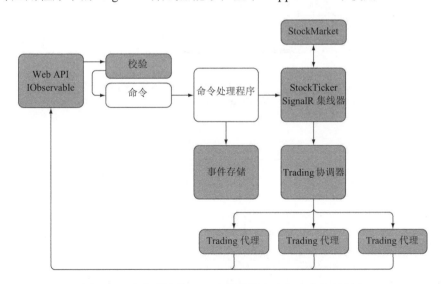

图 14.8　在代码清单 14.4 中实现的命令和命令处理程序

代码清单 14.4 展示了 AsyncHandle 函数的实现，该函数以 CQRS 命令的形式来处理代理消息。

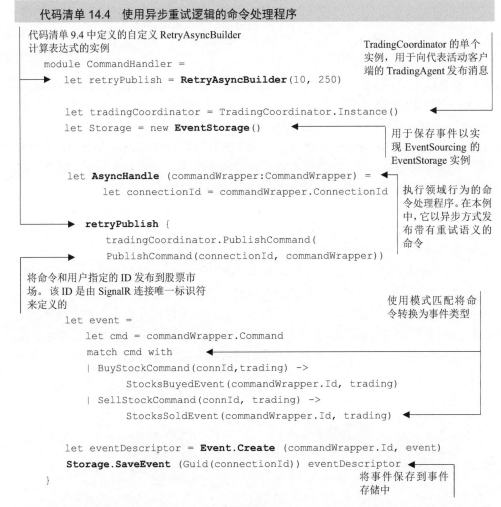

代码清单 14.4　使用异步重试逻辑的命令处理程序

代码清单 9.4 中定义的自定义 RetryAsyncBuilder
计算表达式的实例

TradingCoordinator 的单个
实例，用于向代表活动客户
端的 TradingAgent 发布消息

```
module CommandHandler =
    let retryPublish = RetryAsyncBuilder(10, 250)

    let tradingCoordinator = TradingCoordinator.Instance()
    let Storage = new EventStorage()

    let AsyncHandle (commandWrapper:CommandWrapper) =
        let connectionId = commandWrapper.ConnectionId

        retryPublish {
            tradingCoordinator.PublishCommand(
            PublishCommand(connectionId, commandWrapper))

        let event =
            let cmd = commandWrapper.Command
            match cmd with
            | BuyStockCommand(connId,trading) ->
                    StocksBuyedEvent(commandWrapper.Id, trading)
            | SellStockCommand(connId, trading) ->
                    StocksSoldEvent(commandWrapper.Id, trading)

        let eventDescriptor = Event.Create (commandWrapper.Id, event)
        Storage.SaveEvent (Guid(connectionId)) eventDescriptor
    }
```

用于保存事件以实
现 EventSourcing 的
EventStorage 实例

执行领域行为的命
令处理程序。在本例
中，它以异步方式发
布带有重试语义的
命令

将命令和用户指定的 ID 发布到股票市
场。该 ID 是由 SignalR 连接唯一标识符
来定义的

使用模式匹配将命
令转换为事件类型

将事件保存到事件
存储中

retryPublish 是代码清单 9.4 中定义的自定义 RetryAsyncBuilder 计算表达式的
一个实例。该计算表达式旨在异步运行操作并在出现错误时以应用的延迟间隔来
重试计算。AsyncHandle 是一个命令处理程序，负责执行领域上的命令行为。这
些命令表示为买入或卖出股票的交易操作。通常，命令是执行领域操作(行为)的
指令。

AsyncHandle 的目的是以消息传递风格发布从 TradingCoordinator 实例(应用
程序管道的下一步)接收的命令。该命令是 MailboxProcessor 代理所接收到的消息，
这是在应用程序启动期间定义的(见代码清单 14.3)。

这种消息驱动的编程模型引入了一种事件驱动类型的体系结构，其中消息驱动的系统接收者等待消息的到达并对它们作出反应，否则将处于休眠状态。在事件驱动系统通知中，侦听器附加到事件源并在发出事件时调用。

> **事件驱动架构**
>
> 事件驱动架构(EDA)是一种应用程序设计风格，它建立在事件通知的基本面之上，以促进即时信息传播和反应式业务流程执行。在基于 EDA 的应用程序中，信息在高度分布式的环境中实时传播，使得接收通知的应用程序的不同组件能够主动响应业务活动。EDA 增强了低延迟和高反应性系统。事件驱动系统和消息驱动系统之间的区别在于，事件驱动系统专注于可寻址的事件源，而消息驱动系统则专注于可寻址的接收者。

AsyncHandle 处理程序还负责将收到的每个命令转换为事件类型，然后将其持久化保存到事件存储中(见图14.9)。事件存储是事件溯源策略实现的一部分，用于存储代码清单14.5中应用程序的当前状态。

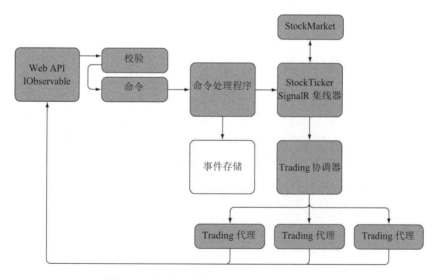

图 14.9　在代码清单 14.5 中实现的事件存储

代码清单 14.5　使用代理实现的 EventBus

```
module EventBus =
    let public EventPublisher = new Event<Event>()  ◄──  基于发布者/订阅者模
                                                          式的基于事件的通信
                                                          的事件代理

    let public Subscribe (eventHandle: Events.Event -> unit) =
        EventPublisher.Publish |> Observable.subscribe(eventHandle)  ◄──

    let public Notify (event:Event) = EventPublisher.Trigger event  ◄──
```

使用事件存储消息类型来保存
事件或获取其历史记录

```
module EventStorage =
  type EventStorageMessage =
  | SaveEvent of id:Guid * event:EventDescriptor
  | GetEventsHistory of Guid * AsyncReplyChannel<Event list option>

  type EventStorage() =

    let eventstorage = MailboxProcessor.Start(fun inbox ->
      let rec loop (history:Dictionary<Guid, EventDescription list>) =
        async {

          let! msg = inbox.Receive()
          match msg with
          | SaveEvent(id, event) ->
            EventBus.Notify event.EventData
            match history.TryGetValue(id) with

            | true, events -> history.[id] <- (event :: events)
            | false, _ -> history.Add(id, [event])
          | GetEventsHistory(id, reply) ->
            match history.TryGetValue(id) with
            | true, events ->
              events |> List.map (fun i -> i.EventData) |> Some
              |> reply.Reply
              | false, _ -> reply.Reply(None)
          return! loop history }

      loop (Dictionary<Guid, EventDescriptor list>()))
```

使用 MailboxProcessor 实现事件内存
级存储的实现，以确保线程安全

用于实现事件内存级存储的
MailboxProcessor 的状态

使用用户连接
SignalR 唯一 ID 作
为键来保存事件。
如果已存在具有
相同键的条目，则
追加该事件

基于发布者/订阅者模式
的基于事件的通信的事
件代理

检索事件
历史记录

用于实现事件内存级存
储的 MailboxProcessor
的状态

使用用户连接 SignalR 唯一 ID 作为键来保
存事件。如果已存在具有相同键的条目，则
追加该事件

```
member this.SaveEvent(id:Guid) (event:EventDescriptor) =
  eventstorage.Post(SaveEvent(id, event))

member this.GetEventsHistory(id:Guid) =
  eventstorage.PostAndReply(fun rep -> GetEventsHistory(id,rep))
  |> Option.map(List.iter)
```

检索事件历史记录

重排事件历史记录

  EventBus 类型是事件的发布者/订阅者模式的简单实现。Subscribe 函数在内部使用 Rx 来注册任何给定的事件，当通过 Notify 函数触发 EventPublisher 时则会通知。EventBus 类型是一种很方便的方法，当组件在达到给定状态时发出通知后，可以向应用程序的不同部分发出信号。

事件是已经发生的操作的结果，很可能是执行命令的输出。EventStorage 类型是用于支持事件源概念的内存级存储，其基本思想就是保持应用程序的一系列状态更改事件而不是存储实体的当前状态。通过这种方式，应用程序能够在任何给定时间通过重放事件来重建实体的当前状态。因为保存一个事件是一个单一的操作，所以它本质上是原子的。

EventStorage 实现是基于 F# MailboxProcessor 代理的，它保证了访问底层事件数据结构历史 Dictionary<Guid, EventDescriptor list> 的线程安全性。EventStorageMessage DU 定义了针对事件存储运行的两个操作。

- SaveEvent 按给定的唯一 ID 将 EventDescriptor 添加到事件存储代理的内部状态中。如果该 ID 已存在，则附加该事件。
- GetEventsHistory 按给定的唯一 ID 中的时间以有序顺序检索事件的历史记录。通常，可以使用给定的函数操作来重放事件历史记录，如代码清单 14.5 所示。

该实现使用了一个代理，因为它是抽象出事件存储的基础的一种便捷方式。有了它，你只需要更改 SaveEvent 和 GetEventsHistory 这两个函数，就可以轻松地创建不同类型的事件存储。

让我们看一下图 14.10 所示的 StockMarket 对象。代码清单 14.6 展示了应用程序的核心实现，即 StockMarket 对象。

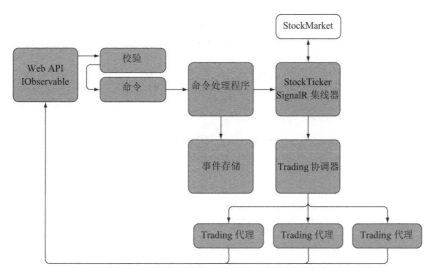

图 14.10   在代码清单 14.6 中实现的 StockMarket 对象

代码清单 14.6   用于协调用户连接的 StockMarket 类型

```
type StockMarket (initStocks : Stock array) =        该实例模拟股票市场，
                                                     更新股票
```

```
        let subject = new Subject<Trading>()          ◄──── 实现发布者/订阅者模式
MailboxProcessor 的状态，用                                   的 Rx Subject 的实例
于保持更新的股票值
     static let instanceStockMarket =
            Lazy.Create(fun () -> StockMarket(Stock.InitialStocks()))

     let stockMarketAgent =                          使用代理的两种状态(Open 或
                                                     Close)来更改市场的状态
     Agent<StockTickerMessage>.Start(fun inbox ->
         let rec marketIsOpen (stocks : Stock array)  ◄──────────┘
             (stockTicker : IDisposable) = async {


             let! msg = inbox.Receive()          使用模式匹配将消息分派给
             match msg with                       相对应的行为
             | GetMarketState(c, reply) ->
                reply.Reply(MarketState.Open)
                return! marketIsOpen stocks stockTicker
             | GetAllStocks(c, reply) ->
                reply.Reply(stocks |> Seq.toList)
                return! marketIsOpen stocks stockTicker
             | UpdateStockPrices ->                    使用 PSeq 进行并行迭
                stocks                                 代,以尽快发送股票的
                |> PSeq.iter(fun stock ->    ◄──────   更新
更新股票值,向订             let isStockChanged = updateStocks stock stocks
阅者发送通知               isStockChanged
                          |> Option.iter(fun _ ->
使用代理的两种状态          subject.OnNext(Trading.UpdateStock(stock))))
(Open 或 Close)来更改市     return! marketIsOpen stocks stockTicker
场的状态                | CloseMarket(c) ->
                   stockTicker.Dispose()
                   return! marketIsClosed stocks
             | _ -> return! marketIsOpen stocks stockTicker }
         and marketIsClosed (stocks : Stock array) = async {
             let! msg = inbox.Receive()
             match msg with                     使用模式匹配将消息
             | GetMarketState(c, reply) ->       分派给相对应的行为
                 reply.Reply(MarketState.Closed)
                 return! marketIsClosed stocks
             | GetAllStocks(c,reply) ->
                 reply.Reply((stocks |> Seq.toList))
                 return! marketIsClosed stocks
             | OpenMarket(c) ->
                 return! marketIsOpen stocks (startStockTicker inbox)
             | _ -> return! marketIsClosed stocks }
         marketIsClosed (initStocks))

 member this.GetAllStocks(connId) =
```

```
        stockMarketAgent.PostAndReply(fun ch -> GetAllStocks(connId, ch))

    member this.GetMarketState(connId) =
        stockMarketAgent.PostAndReply(fun ch -> GetMarketState(connId, ch))

    member this.OpenMarket(connId) =
        stockMarketAgent.Post(OpenMarket(connId))

    member this.CloseMarket(connId) =
        stockMarketAgent.Post(CloseMarket(connId))

    member this.AsObservable() = subject.AsObservable().
        SubscribeOn(TaskPoolScheduler.Default)  ◀──────  将 StockMarket 类型暴
                                                          露为 Observable 以订
    static member Instance() = instanceStockMarket.Value   阅底层更改
```

StockMarket 对象负责在本示例应用程序中模拟股票市场。它使用 OpenMarket 和 CloseMarket 等操作来启动或停止股票更新的广播通知,使用 GetAllStocks 操作来检索股票行情以让用户来进行监控和管理。StockMarket 类型实现是基于使用 MailboxProcessor 的代理模型,以利用其内在的线程安全性和便捷的并发异步消息传递语义,这是构建高性能和反应(事件驱动)系统的核心。

StockTicker 价格更新是通过使用 UpdateStockPrices 向 StockMarketAgent Mailbox-Processor 发送高速随机请求来模拟的,然后通知所有活动的客户端订阅者。

AsObservable 成员通过 IObservable 接口将 StockMarket 类型暴露为一个事件流。通过这种方式,StockMarket 类型可以在收到 UpdateStock 消息时通知订阅了股票更新 IObservable 接口的 IObserver。

更新股票的函数使用一个 Rx 计时器来为每一个登记的股票行情推送随机值,以很小的百分比增加或降低价格,如代码清单 14.7 所示。

代码清单 14.7　以给定时间间隔来更新股票价格的函数

```
let startStockTicker (stockAgent : Agent<StockTickerMessage>) =
    Observable.Interval(TimeSpan.FromMilliseconds 50.0)
    |> Observable.subscribe(fun _ -> stockAgent.Post UpdateStockPrices)
```

startStockTicker 是一个虚假的服务提供者,它每隔 50 毫秒会告诉 StockTicker 是时候更新价格了。

注意　将消息发送到 F# MailboxProcessor 代理(或 TPL Dataflow 块)不太可能是系统中的瓶颈,因为 MailboxProcessor 能够在具有 3.3 GHz 内核的计算机上每秒处理 3000 万条消息。

图 14.11 中的 TradingCoordinator 类型的目的是通过 MailboxProcessor coordinator-Agent 来管理底层的 SignalR 活动连接和充当观察者的 TradingAgent 订阅者。代码清单 14.8 展示了该实现。

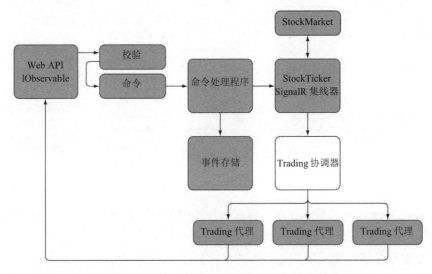

图 14.11   在代码清单 14.8 中实现的 Trading 协调者

代码清单 14.8   用来处理活跃的 Trading 子代理的 TradingCoordinator 代理

使用可区分联合来定义 TradingCoordinator 的消息类型

```
type CoordinatorMessage =
    | Subscribe of id : string * initialAmount : float *
      caller:IHubCallerConnectionContext<IStockTickerHubClient>
    | Unsubscribe of id : string
    | PublishCommand of connId : string * CommandWrapper
```

type TradingCoordinator() = ← 使用一个基于代理的类型，这是订阅子注册观察者代理和协调其执行操作的核心

在代码清单 6.6 中定义的反应式发布者/订阅者

```
    //Listing 6.6 Reactive Publisher Subscriber in C#
    let subject = new RxPubSub<Trading>()
    static let tradingCoordinator =
        Lazy.Create(fun () -> new TradingCoordinator())
```

使用 TradingCoordinator 类型的一个单例实例

使用一个充当观察者的 TradingAgent 实例以反应式风格来接收通知

```
    let coordinatorAgent =
        Agent<CoordinatorMessage>.Start(fun inbox ->
            let rec loop (agents : Map<string,
    (IObserver<Trading> * IDisposable)>) = async {
```

```fsharp
            let! msg = inbox.Receive()
                match msg with
                | Subscribe(id, amount, caller) ->
```

订阅一个新的 TradingAgent，以在股票价格更新时收到通知

```fsharp
            let observer = TradingAgent(id, amount, caller)
            let dispObsrever = subject.Subscribe(observer)
            observer.Agent
            |> reportErrorsTo id supervisor |> startAgent
                caller.Client(id).SetInitialAsset(amount)
                return! loop (Map.add id (observer :>
            IObserver<Trading>, dispObsrever) agents)
                | Unsubscribe(id) ->
                  match Map.tryFind id agents with
                  | Some(_, disposable) ->
                      disposable.Dispose()
                      return! loop (Map.remove id agents)
                | None -> return! loop agents
                | PublishCommand(id, command) ->
            match command.Command with
            | TradingCommand.BuyStockCommand(id, trading) ->
                match Map.tryFind id agents with
                | Some(a, _) ->
                  let tradingInfo = { Quantity=trading.Quantity;
                                       Price=trading.Price;
                                       TradingType = TradingType.Buy}
                  a.OnNext(Trading.Buy(trading.Symbol, tradingInfo))
                  return! loop agents
                | None -> return! loop agents
            | TradingCommand.SellStockCommand(id, trading) ->
                match Map.tryFind id agents with
                | Some(a, _) ->
                  let tradingInfo = { Quantity=trading.Quantity;
                                       Price=trading.Price;
                                       TradingType = TradingType.Sell}
                  a.OnNext(Trading.Sell(trading.Symbol, tradingInfo))
                  return! loop agents
                | None -> return! loop agents }
        loop (Map.empty))

member this.Subscribe(id : string, initialAmount : float,
  caller:IHubCallerConnectionContext<IStockTickerHubClient>) =
    coordinatorAgent.Post(Subscribe(id, initialAmount, caller))

member this.Unsubscribe(id : string) =
        coordinatorAgent.Post(Unsubscribe(id))
```

将监督逻辑应用于新创建的 TradingAgent(在第 11 章定义)

使用 SignalR 通知客户端其已经成功注册

根据给定的唯一 ID 来取消订阅现有的 TradingAgent 并关闭接收通知的通道。取消订阅是通过释放观察者来执行的

使用反应式发布者/订阅者来发布命令以设置购买或出售股票的订单

订阅一个新的 TradingAgent，以在股票价格更新时收到通知

```
member this.PublishCommand(command) =
        coordinatorAgent.Post(command)
```

TradingCoordinator 通过反应式发布者/订阅者
RxPubSub 类型的实例来暴露为一个 Observable

```
member this.AddPublisher(observable : IObservable<Trading>) =
        subject.AddPublisher(observable)
```

使用一个允许添加发布者的成员来触发
RxPubSub 的通知

使用 TradingCoordinator 类
型的一个单例实例

```
static member Instance() = tradingCoordinator.Value
```

```
interface IDisposable with
    member x.Dispose() = subject.Dispose()
```

暴露底层 RxPubSub
subject 类型(重要)

CoordinatorMessage 可区分联合定义了 coordinatorAgent 的消息。这些消息类型用于协调订阅更新通知的底层 TradingAgent 的操作。

可以将 coordinatorAgent 想象为负责维护活动客户端的代理。它将根据这些客户端是要连接到应用程序还是从应用程序断开连接来订阅或取消订阅它们,然后将操作命令分派给活动的客户端。在这种情况下,SignalR 集线器会在建立新连接或删除现有连接时通知 TradingCoordinator,以便它可以相应地注册或注销客户端。

该示例应用程序使用代理模型为每个传入请求生成一个新的代理。对于并行请求操作,TradingCoordinator 代理会生成新代理并通过消息来分配工作。这使得并行 I/O 密集型操作以及并行计算成为可能。TradingCoordinator 通过 RxPubSub 类型的实例暴露 IObservable 接口,RxPubSub 类型是在代码清单 6.6 中定义的。RxPubSub 在这里用于实现高性能的反应式发布者/订阅者,其中 TradingAgent 观察者可以注册以在股票价格更新时接收到通知。换句话说,TradingCoordinator 就是一个 Observable,TradingAgent 观察者可以订阅它,从而实现一个反应式发布者/订阅者模式来接收通知。

方法成员 AddPublisher 注册实现了 IObservable 接口的任何类型,该接口负责更新 TradingAgent 的所有订阅。在该实现中,在 TradingCoordinator 中注册为 Publisher 的 IObservable 类型是 StockMarket 类型。

StockMarket 成员方法 Subscribe 和 Unsubscribe 用于注册或注销从 StockTicker SignalR 集线器收到的客户端连接。订阅或取消订阅的请求将直接传递给底层的 coordinatorAgent 可观察者类型。

由 Subscribe 消息触发的订阅操作将检查 TradingAgent(见图 14.12)类型是否存在于本地观察者状态中,以验证其连接的唯一 ID。如果该 TradingAgent 不存在,那么将创建一个新实例并通过实现 IObserver 接口来订阅 Subject 实例。然后,将用于报告和处理错误的监督策略 reportErrorsTo 应用于新创建的 TradingAgent 观察者。该监督策略在 11.5.5 节讨论过。

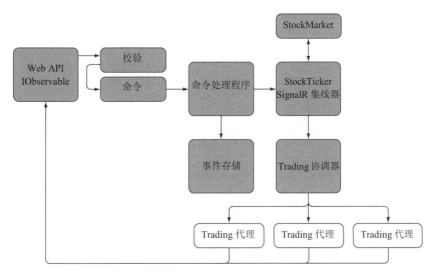

图 14.12　TradingAgent 表示连接到系统的每个用户的基于代理的投资组合。该代理使用用户投资组合来保持最新状态并协调买卖股票的操作。该 TradingAgent 在代码清单 14.9 中实现

　　注意，TradingAgent 构造引用了底层的 SignalR 通道，该通道用于实现与客户端的直接通信，在本例中客户端则为用于实时通知的移动设备。交易操作 Buy 和 Sell 被发送到相关的 TradingAgent，使用来自本地观察者状态的唯一 ID 来进行标识。分发操作是使用 Observer 类型的 OnNext 语义来执行的。如前所述，TradingCoordinator 的职责是协调 TradingAgent 的操作，TradingAgent 的实现如代码清单 14.9 所示。

代码清单 14.9　表示一个活动用户的 TradingAgent

构造函数接受 SignalR 连接的引用以启用实时通知

```
type TradingAgent(connId : string, initialAmount : float, caller :
    IHubCallerConnectionContext<IStockTickerHubClient>) =
  let agent = new Agent<Trading>(fun inbox ->
    let rec loop cash (portfolio : Portfolio)
      (buyOrders : Treads) (sellOrders : Treads) = async {
       let! msg = inbox.Receive()
       match msg with
```

TradingAgent 维护客户端投资组合的本地内存状态和正在处理的交易订单

使用特定的消息来实现观察者方法以完成(终止)通知和处理错误

```
       | Kill(reply) -> reply.Reply()
       | Error(exn) -> raise exn
```

显示交易订单消息

```
| Trading.Buy(symbol, trading) ->
    let items = setOrder buyOrders symbol trading
    let buyOrders =
        createOrder symbol trading TradingType.Buy
    caller.Client(connId).UpdateOrderBuy(buyOrders)
    return! loop cash portfolio items sellOrders
| Trading.Sell(symbol, trading) ->
    let items = setOrder sellOrders symbol trading
    let sellOrder =
        createOrder symbol trading TradingType.Sell
    caller.Client(connId).UpdateOrderSell(sellOrder)
    return! loop cash portfolio buyOrders items
| Trading.UpdateStock(stock) ->
    caller.Client(connId).UpdateStockPrice stock
    let cash, portfolio, sellOrders = updatePortfolio cash
⇨ stock portfolio sellOrders TradingType.Sell
    let cash, portfolio, buyOrders = updatePortfolio cash
⇨ stock portfolio buyOrders TradingType.Buy
```

更新股票的价格值，如果新值满足任何正在进行的交易订单，则将通知客户并更新投资组合

根据新的股票价值来检查当前投资组合的潜在更新

客户端通过底层 SignalR 通道来接收通知

```
    let asset = getUpdatedAsset portfolio sellOrders
⇨ buyOrders cash
    caller.Client(connId).UpdateAsset(asset)
    return! loop cash portfolio buyOrders sellOrders }
    loop initialAmount (Portfolio(HashIdentity.Structural))
    (Treads(HashIdentity.Structural))(Treads(HashIdentity.Structural)))

member this.Agent = agent

interface IObserver<Trading> with
    member this.OnNext(msg)、= agent.Post(msg:Trading)
    member this.OnError(exn) = agent.Post(Error exn)
    member this.OnCompleted() = agent.PostAndReply(Kill)
```

TradingAgent 实现 IObserver 接口以充当可观察的 TradingCoordinator 类型的订阅者

使用特定的消息来实现观察者方法以完成(终止)通知和处理错误

　　TradingAgent 类型是一个基于代理的对象，它实现了 IObserver 接口以允许使用反应式语义向底层代理发送消息。此外，由于 TradingAgent 类型是一个 Observer，因此它可以订阅 TradingCoordinator，从而自动地以消息传递的形式接收通知。这是一种便捷的设计，可以通过以反应式和独立的方式流动消息来分离可以进行通信的应用程序的各个部分。TradingAgent 代表一个活动客户端，这意味着每个连接的用户都有一个该代理的实例。如第 11 章所述，拥有数千个正在运

行的代理(MailboxProcessor)并不会对系统造成不利影响。

　　TradingAgent 的本地状态用于维护和管理当前的客户端投资组合，包括买入和卖出股票的交易指令。当收到 TradingMessage.Buy 或 TradingMessage.Sell 消息时，TradingAgent 将验证交易请求并将操作添加到本地状态，然后向客户端发送通知，客户端将更新交易的本地状态和相关的 UI。

　　TradingMessage.UpdateStock 消息是最关键的地方。TradingAgent 可能会收到大量的消息，其目的是以新的股票价格来更新投资组合。更重要的是，由于可以在更新中更改股票的价格，因此使用 UpdateStock 消息触发的功能会检查现有(正在进行中)的任何交易操作(buyOrders 和 sellOrders)是否对新值感到满意。如果执行了任何正在进行的交易，则会相应地更新投资组合，并且客户端会收到每个更新的通知。

　　如上所述，TradingAgent 实体保持与客户端的连接的通道引用，用于通信最终更新，这些是在 SignalR 集线器的 OnConnected 事件期间建立的(见图 14.13 和代码清单 14.10)。

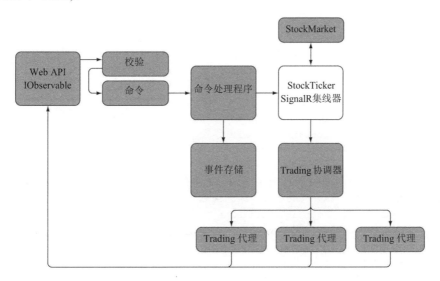

图 14.13　在代码清单 14.10 中实现的 StockTicker SignalR 集线器

代码清单 14.10　StockTicker SignalR 集线器

使用 SignalR 属性定义从要访问
的客户端引用的集线器名称

StockTickerHub 实现强类型的
Hub<IStockTickerHubClient>类
以启用 SignalR 通信

```
[<HubName("stockTicker")>]
type StockTickerHub() as this =
    inherit Hub<IStockTickerHubClient>()
```

使用 StockMarket 和 TradingCoordinator 类型的单个实例，该实例
是基于代理的，可以以线程安全方式用作一个单例实例

```
let stockMarket : StockMarket = StockMarket.Instance()
let tradingCoordinator : TradingCoordinator = TradingCoordinator.
  Instance()
```

对于引发的每个连接事件，都会
相应地订阅或取消订阅代理

使用 SignalR 基本事件来管理新
的和丢弃的连接

```
override x.OnConnected() =
    let connId = x.Context.ConnectionId
    stockMarket.Subscribe(connId, 1000., this.Clients)
    base.OnConnected()

override x.OnDisconnected(stopCalled) =
    let connId = x.Context.ConnectionId
    stockMarket.Unsubscribe(connId)
      base.OnDisconnected(stopCalled)
```

管理股票市场事件的方法

```
member x.GetAllStocks() =
    let connId = x.Context.ConnectionId
    let stocks = stockMarket.GetAllStocks(connId)
    for stock in stocks do
        this.Clients.Caller.SetStock stock

member x.OpenMarket() =
    let connId = x.Context.ConnectionId
    stockMarket.OpenMarket(connId)
    this.Clients.All.SetMarketState(MarketState.Open.ToString())

member x.CloseMarket() =
    let connId = x.Context.ConnectionId
    stockMarket.CloseMarket(connId)
    this.Clients.All.SetMarketState(MarketState.Closed.ToString())

member x.GetMarketState() =
    let connId = x.Context.ConnectionId
    stockMarket.GetMarketState(connId).ToString()
```

StockTickerHub 类派生自 SignalR Hub 类，该类被设计为用于处理连接、双向
交互和来自客户端的调用。我们将为集线器上的每个操作(如从客户端到服务器的
连接和调用)创建一个 SignalR Hub 类实例。如果你将状态放在 SignalR Hub 类中，
那么将丢失它，因为集线器实例是暂时的。这就是为什么要使用 TradingAgent 来
管理保持股票数据、更新价格和广播价格更新的机制的原因。

单例模式是将实例对象在 SignalR 集线器内保持活动的一个常用选项。在这

种情况下，你将创建一个 StockMarket 类型的单例实例；并且因为它的实现是基于代理的，所以没有线程争用和性能损失，如 3.1 节所述。

每次建立或删除新连接时，都会触发 SignalR 的基本方法 OnConnected 和 OnDisconnected，并且会相应地创建并注册或注销并销毁 TradingAgent 实例。

余下的其他方法用于处理股票市场的操作，如开市和收盘。对于每个操作，底层 SignalR 通道都会立即通知活动的客户端，如代码清单 14.11 所示。

代码清单 14.11　使用 SignalR 接收通知的客户端 StockTicker 接口

```
interface IStockTickerHub
{
    Task Init(string serverUrl, IStockTickerHubClient client);
    string ConnectionId { get; }
    Task GetAllStocks();
    Task<string> GetMarketState();
    Task OpenMarket();
    Task CloseMarket();
}
```

客户端使用 IStockTickerHub 接口来定义其可以调用的 SignalR Hub 类中的方法。若要在集线器上暴露要从客户端调用的方法，需要声明一个公共方法。注意，在接口中定义的方法可以长时间运行，因此它们将返回一个设计为异步运行的 Task(或 Task<T>)类型，以避免在使用 WebSocket 传输时阻塞连接。当方法返回 Task 对象时，SignalR 等待任务完成，然后将解包后的结果发送回客户端。

可以使用可移植类库(Portable Class Library，PCL)在不同平台之间共享相同的功能。IStockTickerHub 接口的目的是为 SignalR 集线器实现建立特定于平台的合约。这样，每个平台都必须满足该接口的精确定义，然后在运行时使用 DependencyService 类提供者(http://mng.bz/vfc3)来注入。

```
IStockTickerHub stockTickerHub = DependencyService.Get<IStockTickerHub>();
```

在定义了 IStockTickerHub 合约以建立客户端和服务器通信的方式之后，代码清单 14.12 展示了移动应用程序的实现，特别是表示核心功能的 ViewModel 类。有一些属性已经从原始源代码中删除，因为重复逻辑可能会分散对示例主要目标的注意力。

代码清单 14.12　使用 Xamarin.Forms 的客户端移动应用程序

```
public class MainPageViewModel : ModelObject, IStockTickerHubClient
{
    public MainPageViewModel(Page page)
    {
```

```
        Stocks = new ObservableCollection<StockModelObject>();
        Portfolio = new ObservableCollection<Models.OrderRecord>();
        BuyOrders = new ObservableCollection<Models.OrderRecord>();
        SellOrders = new ObservableCollection<Models.OrderRecord>();
```

使用可观察集合来通知 ViewModel 属
性的自动更新

```
        SendBuyRequestCommand =
            new Command(async () => await SendBuyRequest());
        SendSellRequestCommand =
            new Command(async () => await SendSellRequest());
```

初始化 stockTickerHub 以建立与服务器的
连接。在初始化和客户端-服务器连接期间，
UI 将会作相应的更新

使用异步命令来发送交易订单以进行
买入或卖出

```
        stockTickerHub = DependencyService.Get<IStockTickerHub>();
        hostPage = page;

        var hostBase = "http://localhost:8735/";
          stockTickerHub
          .Init(hostBase, this)
          .ContinueWith(async x =>
          {
              var state = await stockTickerHub.GetMarketState();
              isMarketOpen = state == "Open";
              OnPropertyChanged(nameof(IsMarketOpen));
              OnPropertyChanged(nameof(MarketStatusMessage));

              await stockTickerHub.GetAllStocks();
          }, TaskScheduler.FromCurrentSynchronizationContext());
```

该 stockTickerHub 是在 UI
同步上下文中执行的，以
自由地更新 UI 控件

```
        client = new HttpClient();
        client.BaseAddress = new Uri(hostBase);
        client.DefaultRequestHeaders.Accept.Clear();
        client.DefaultRequestHeaders.Accept.Add(
            new MediaTypeWithQualityHeaderValue("application/json"));
    }
    private IStockTickerHub stockTickerHub;
    private HttpClient client;
    private Page hostPage;

    public Command SendBuyRequestCommand { get; }
    public Command SendSellRequestCommand { get; }

    private double price;
    public double Price
    {
        get => price; set
        {
            if (price == value)
```

初始化用于向 Web Server
API 发送请求的 HttpClient

ViewModel 中用于与 UI 进行数据绑定的属性。这里
将仅展示一个属性以用于演示目的。其他属性将遵循
相同的结构

```
            return;
            price = value;                          使用函数向 Web Server
        OnPropertyChanged();                        API 发送请求
        }
    }
    private async Task SendTradingRequest(string url)   ◀
    {
        if (await Validate()) {
        var request = new
➡  TradingRequest(stockTickerHub.ConnectionId, Symbol, Price, Amount);
            var response = await client.PostAsJsonAsync(url, request);
            response.EnsureSuccessStatusCode();
        }
    }
    private async Task SendBuyRequest() =>
            await SendTradingRequest("/api/trading/buy");   ◀
    private async Task SendSellRequest() =>
            await SendTradingRequest("/api/trading/sell");   ◀

    public ObservableCollection<Models.OrderRecord> Portfolio { get; }
    public ObservableCollection<Models.OrderRecord> BuyOrders { get; }
    public ObservableCollection<Models.OrderRecord> SellOrders { get; }
    public ObservableCollection<StockModelObject> Stocks { get; }
```

使用可观察集合来通知 ViewModel　　　　在从 Web 服务器应用程序向客户端发送
属性的自动更新　　　　　　　　　　　　通知时，使用 SignalR 通道所触发的函数。
　　　　　　　　　　　　　　　　　　　这些函数将会更新 UI

```
    public void UpdateOrderBuy(Models.OrderRecord value) =>
                                        BuyOrders.Add(value);   ◀
    public void UpdateOrderSell(Models.OrderRecord value) =>
                                        SellOrders.Add(value);   ◀
}
```

　　MainPageViewModel 类是移动客户端应用程序的 ViewModel 组件，它是基于
MVVM 模式(http://mng.bz/qfbR)的，以实现 UI(View)和 ViewModel 之间的通信和
数据绑定。通过这种方式，UI 和表示逻辑将具有各自单独的职责，从而清楚地分
离了应用程序中的关注点。

　　注意，MainPageViewModel 类实现了 IStockTickerHubClient 接口，它使得在
建立连接后来自 SignalR 通道的通知成为可能。IStockTickerHubClient 接口在
StockTicker.Core 项目中定义，它表示服务器所依赖的客户端的约定。以下代码片
段展示了该接口的实现：

```
type IStockTickerHubClient =
    abstract SetMarketState : string -> unit
```

```
abstract UpdateStockPrice : Stock -> unit
abstract SetStock : Stock -> unit
abstract UpdateOrderBuy : OrderRecord -> unit
abstract UpdateOrderSell : OrderRecord -> unit
abstract UpdateAsset : Asset -> unit
abstract SetInitialAsset : float -> unit
```

这些通知将在应用程序中自动从服务器端流入移动客户端应用程序，并且实时更新 UI 控件。在代码清单 14.12 中，在类顶部定义的可观察集合用于与 UI 以双向方式进行通信。更新其中一个集合时，其更改将会传播到绑定的 UI 控制器以反映其状态(http://mng.bz/nvma)。

ViewModel 的 Command 用于定义绑定到按钮的数据的用户操作，可将请求异步发送到 Web 服务器，以对在 UI 中定义的股票执行交易。请求将被执行并启动 SendTradingRequest 方法，该方法用于根据目标 API 端点来买入或卖出股票。

通过初始化 stockTickerHub 接口来建立 SignalR 连接，并且通过调用 DependencyService.Get<IStockTickerHub>方法来创建实例。在创建 stockTickerHub 实例之后，将通过调用 Init 方法来执行应用程序初始化，调用远程服务器以使用方法 stockTickerHub.GetAllStocks 在本地加载股票，并使用方法 stockTicker-Hub.GetMarketState 来更新股票市场的当前状态以进行更新用户界面。

应用程序初始化是使用 FromCurrentSynchronizationContext TaskScheduler 来异步执行的，它提供了从主 UI 线程向 UI 控制器传播更新的功能，而无须应用任何线程封装操作。

最终，应用程序将通过调用 IStockTickerHubClient 接口中定义的方法，来接收来自与股票市场服务器连接的 SignalR 通道的通知。这些方法是 UpdateOrderBuy、UpdatePortofolio 和 UpdateOrderSell，它们负责通过更改对应的可观察集合来更新 UI 控制器。

衡量股票应用程序可扩展性的基准

股票代码应用程序部署在具有中等配置(两个内核和 3.5GB 内存)的 Microsoft Azure 云上并使用在线工具进行压力测试，将会模拟 5000 个并发连接，每个连接会生成数百个 HTTP 请求。该测试旨在验证 Web 服务器在过度负载下的性能，以确保关键信息和服务能以最终用户期望的速度可用。其结果显示是绿色的，这点证明了该 Web 服务器应用程序能够支持许多并发的活动用户，并且能够处理过多的 HTTP 请求负载。

14.7　本章小结

- 传统的 Web 应用程序被认为是尴尬并行，因为程序中的请求是完全隔离孤立的，并且易于独立执行。运行应用程序的服务器越强大，它可以处理的请求就越多。

- 可以轻松地在计算机和进程之间并行化和分发无状态程序，以扩展性能。不需要维护运行计算的任何状态，因为程序的任何部分都不会修改任何数据结构，从而避免数据争用。

- 异步性、缓存和分发(ACD)是设计和实现一个系统的核心组成部分，该系统能够通过添加资源以相应的并行加速来灵活地适应请求的增加(或减少)。

- 可以使用 Rx 来分离 ASP.NET Web API 并将来自控制器的传入请求所产生的消息推送到订阅者应用程序的其他组件。这些组件可以使用代理编程模型来实现，该模型将为每个已建立和活动的用户连接生成一个新的代理。通过这种方式，应用程序可以在每个用户都有一个隔离状态的情况下来维护，并为可扩展性提供一个简单的机会。

- .NET 中对并发 FP 提供的支持是使其成为服务器端编程的重要工具的关键。可以声明式和组合语义风格异步运行操作。此外，代理可用于开发线程安全的组件。这些核心技术可以组合在一起用于事件的声明式处理，以及与 TPL 的高效并行性。

- 事件驱动架构(EDA)是一种应用程序设计风格，它基于事件通知的基本面，以促进即时信息传播和反应式业务流程执行。在 EDA 中，信息在高度分布式的环境中实时传播，使得接收通知的应用程序的不同组件能够主动地对业务活动作出反应。EDA 可促进低延迟和高反应性系统。事件驱动系统和消息驱动系统的区别在于，事件驱动系统关注可寻址的事件源，消息驱动系统消息驱动系统关注可寻址的接收者。

附录 A

函数式编程

传闻学习 FP 会让你成为一个更好的程序员。确实，FP 提供了一种通常更简单的方式来思考问题。此外，FP 的许多技术可以成功地应用到其他语言中。无论你使用何种语言，以函数式风格进行编程都会受益。

与其说 FP 是一组特定的工具或语言，不如说是一种思维方式。熟悉不同的编程范式会使你成为一名更好的程序员，而且懂得多范式的程序员比懂得多语言的程序员更强大。

由于很多技术背景已经在本书的章节中解释过，因此本附录将不涉及应用于并发的 FP 方面，例如不可变性、引用透明度、纯函数和延迟计算。本附录将只涵盖 FP 意味着什么以及你应该关注它的原因等一般信息。

A.1　什么是函数式编程

FP 对不同的人有不同的意义。它是一种将计算视为对表达式求值的编程范式。范式在科学中的意思是指描述了不同的概念或思维模式。

FP 使用状态和可变数据来解决领域问题，它基于 lambda 演算，因此函数是头等值。

> **头等值**
>
> 编程语言中的头等值是指支持可供其他实体使用的所有操作的实体。这些操作通常包括作为参数传递、从函数返回或分配给变量。

FP 是一种基于表达式求值而非语句执行的编程风格。表达式一词来自数学。表达式总是返回结果(值)，而不会改变程序中的状态。而语句则不返回任何内容，并且可以改变程序中的状态。

- 语句执行是指以命令或语句序列表示的程序指令。程序指令指定如何通过创建和操作对象来实现最终结果。
- 表达式求值是指程序如何指定要获得其结果的对象属性。你不需要指定构造对象所需的步骤，也不能在创建对象之前意外地使用该对象。

A.1.1 函数式编程的好处

以下是函数式编程的好处。

- 可组合性和模块化——通过引入纯函数，可以通过组合简单的函数来创建更高级别的抽象。通过使用模块，程序可以以更好的方式来组织。可组合性是战胜复杂性的最有力的工具。它令你能为复杂问题定义和构建解决方案。
- 表达性——可以用简洁和声明式的格式来表达复杂的想法，以提高意图的清晰度和对程序进行推理的能力来降低代码的复杂性。
- 可靠性和测试——函数不存在副作用。函数仅求值并返回依赖于其参数的值。因此，可以通过仅关注其参数来检查函数，从而允许更好的可测试性以轻松验证代码的正确性。
- 并发更容易——并发鼓励引用透明度和不可变性，这是编写正确、无锁的并发应用程序并得以在多个内核上高效运行的主要关键点。
- 延迟求值——假设你有一个要分析的大数据流，那么可以按需来检索函数的结果(而不是立即检索)。通过使用 LINQ，可以使用延迟执行和延迟求值来按需处理数据分析(仅在需要时)。
- 生产力——这是一个巨大的好处：实现与其他范式相同的实现，你所需要编写的代码行更少。这种生产力减少了开发程序所需的时间，从而可以转化为更高的利润率。
- 正确性——因为可以编写更少的代码，自然就减少了 bug 的数量。
- 可维护性——这种好处源于其他好处，例如可组合性、模块化、表达性和正确性。

学习函数式编程可以实现更加模块化、面向表达式、简单易懂的代码。这些 FP 资源的组合使你可以了解代码正在执行的操作，而无论它执行了多少个线程。

A.1.2 函数式编程的原则

FP 有如下四个主要原则，从而得以实现可组合的和声明式的编程风格。

- 高阶函数(HOF)作为头等值；
- 不可变性；

- 纯函数(也称为无副作用函数);
- 声明式编程风格。

A.2 程序范式的冲突: 从命令式到面向对象再到函数式编程

面向对象编程通过封装可移动部件从而使代码更易于理解。函数式编程则通过最大限度地减少可移动部件来使代码更易于理解。

——Michael Feathers,*Working with Legacy Code* 的作者

本节描述了三种编程范式。

- 命令式编程使用语句来描述计算,这些语句改变程序中的状态并定义要执行的命令序列。因此,命令式范式是一种计算一系列语句以改变状态的编程风格。
- 函数式编程通过将计算视为表达式的求值来构建程序的结构和元素。因此,FP 提高了不可变性并避免使用状态。
- 面向对象编程(OOP)对对象而不是对操作进行组织,其数据结构包含数据而不是逻辑。该编程范式介于命令式编程范式和函数式编程范式中间。OOP 是命令式和函数式编程的正交,因为它可以同时与两者结合。你不需要因为喜欢一种编程范式而放弃另一种编程范式,你可以使用函数式或命令式概念来编写具有 OOP 风格的软件。

OOP 已存在近二十年,其设计思想被 Java、C#和 VB.Net 等语言使用。OOP 取得了巨大成功,因为它能够表示和建模用户领域以提高抽象级别。引入 OOP 背后的主要目的是代码可重用性,但这个目的经常被特定场景和特殊对象所需的修改和自定义所破坏。开发具有低耦合和良好代码可重用性的 OOP 程序感觉就像在走一个复杂的迷宫,许多秘密和复杂的代码片段降低了代码的可读性。

为缓解这种困难,开发人员开始创建设计模式来解决 OOP 的烦琐性。设计模式鼓励开发人员围绕模式来定制软件,结果导致代码库更复杂、更难以理解,并且在某些情况下,代码虽然可维护但是仍远远未能达到可重用的地步。在 OOP 中,设计模式在制定解决重复设计问题的解决方案时很有用,但它们是对 OOP 语言本身在抽象方面的缺陷的一种补救。

在 FP 中,设计模式具有不同的含义。实际上,由于较高的抽象级别和用作构造块的 HOF,大多数特定于 OOP 的设计模式在函数式语言中都是不必要的。FP 风格的低层详细信息的较高抽象级别和减少的工作量具有生成较短程序的优势。如果程序较小,则更易于理解、改进和验证。FP 对代码重用和减少重复代码

提供了出色的支持，这是编写不易出错的代码的最有效方法。

A.2.1　使用高阶函数来提升抽象级别

HOF 的原理意味着可以将函数作为参数传递给其他函数，并且函数可以在其返回值内返回不同的函数。.NET 有泛型委托的概念，例如 Action<T>和 Func<T，TResult>，它们可以用作 HOF 来传递具有 lambda 支持的函数作为参数。以下是在 C#中使用泛型委托 Func<T，R>的示例。

```
Func<int, double> fCos = n => Math.Cos( (double)n );
double x = fCos(5);
IEnumerable<double> values = Enumerable.Range(1, 10).Select(fCos);
```

可以用函数语义在 F#中表示等效代码，而无须显式使用 Func<T，TResult>委托。

```
let fCos = fun n -> Math.Cos( double n )
let x = fCos 5
let values = [1..10] |> List.map fCos
```

HOF 是利用 FP 威力的核心。HOF 具有以下优点：
- 组合和模块化；
- 代码可重用性；
- 能够创建高度动态和适应性强的系统。

FP 中的函数被认为是头等值，这意味着函数可以由变量命名、可以分配给变量，并且可以出现在任何其他语言构造可以出现的地方。如果你有直接的 OOP 经验，则可以使用该概念以非规范的方式使用函数，例如将相对通用的操作应用于标准数据结构。HOF 使你可以专注于结果，而不是步骤。这是使用函数式语言带来的根本而强大的转变。

有不同的函数式技术可让你实现函数式组合。
- 组合
- 柯里化
- 部分应用函数或部分应用函子

使用委托可以带来表达的能力，这种能力不仅针对可以完成一件事情的方法，而且还针对可以增强、重用和扩展的行为引擎。这种编程风格是函数式范式的基础，它的好处是减少了代码重构的数量，从而代替其他几种专门且严格的方法，可以用更少的代码但更多的方式来表达程序。这种通用且可重用的方法可以应对多种不同的情况。

A.2.2　用于代码可重用性的 HOF 和 lambda 表达式

使用 lambda 表达式的众多有用原因之一是能够重构代码，从而减少了代码的冗余。在内存托管语言(例如 C#)中，最好是可以确定性地处置资源。可以讨论一下以下示例：

```
string text;
using (var stream = new StreamReader(path))
{
    text = stream.ReadToEnd();
}
```

在该代码中，StreamReader 资源与 using 关键字一起使用。这是一种众所周知的模式，但是确实存在局限性。该模式不可重复使用，因为在使用范围内声明了一次性变量，从而使其在处置后无法被重用，之后如果要调用该被处置后的对象，则会导致异常。这时以传统的 OOP 风格来重构代码并不是一件容易的事。可以使用模板方法模式解决这个问题，但是该解决方案还会带来更多的复杂性，因为它需要新的基类和每个派生类的实现。更好、更优雅的解决方案是使用 lambda 表达式(匿名委托)。以下是实现静态辅助方法及其用法的代码：

```
R Using<T,R>(this T item, Func<T, R> func)where T : IDisposable {
    using (item)
        return func(item);
}

string text = new StreamReader(path).Using(stream => stream.ReadToEnd());
```

以上代码实现了一种灵活且可重用的模式，以用于清理一次性资源。这里唯一的约束就是泛型类型 T 必须是实现 IDisposable 的类型。

A.2.3　lambda 表达式和匿名函数

lambda 或 lambda 表达式一词通常是指匿名函数。lambda 表达式的目的是使用变量绑定和替换基于函数来表达计算。简单地说，lambda 表达式是一种未命名的方法，用来代替引入匿名函数概念的委托实例。

lambda 表达式提高了抽象级别，以简化编程体验。诸如 F#之类的函数式语言基于 lambda 演算，该演算用于表示函数抽象的计算。因此，lambda 表达式是 FP 语言的一部分。但是，在 C#中，引入 lambda 的主要动机是促进流抽象，它们带来了基于流的声明式 API。这种抽象为多核并行化提供了一种可访问的天然途径，从而使 lambda 表达式成为当前计算领域中的宝贵工具。

lambda 演算与 lambda 表达式

lambda 演算(也称为 λ 演算)是数学逻辑和计算机科学中的一种形式系统，用于使用变量绑定和替换(使用函数作为唯一数据结构)来表示计算。lambda 演算的行为就像一种小型编程语言，用于表达和求值任何可计算的函数。例如，.NET LINQ 就是基于 lambda 演算的。

lambda 表达式定义了一种特殊的匿名方法。匿名方法是没有实际方法声明名称的委托实例。术语 lambda 和 lambda 表达式通常就是指匿名函数。

lambda 方法是一个语法糖，是一种将非匿名方法嵌入代码中的更紧凑的语法。

```
Func<int, int> f1 = delegate(int i){ return i + 1; };   ◀──┤匿名方法
Func<int, int> f2 = i => i+1;   ◀──┤ lambda 表达式
```

要创建 lambda 表达式，可在 lambda 运算符=>(该运算符发音为 goes to)的左侧指定输入参数(如果有)，然后将表达式或语句块放在右侧。例如，lambda 表达式(x，y) => x + y 指定两个参数 x 和 y 并返回这些值的总和。

每个 lambda 表达式都包含以下三部分。

- (x, y)——参数的集合。
- =>——goes to 运算符(=>)，用于将参数列表与结果表达式分开。
- x + y——一组执行动作或返回值的语句。在该示例中，lambda 表达式返回 x 和 y 的和。

以下是三种能够达到同一目的但是具有不同实现的方法：

```
Func<int, int, int> add = delegate(int x, int x){ return x + y; };
Func<int, int, int> add = (int x, int y)=> { return x + y; };
Func<int, int, int> add = (x, y)=> x + y
```

Func<int，int，int>部分定义了一个接收两个整数并返回一个新整数的函数。

在 F#中，强类型系统可以将名称或标签绑定到函数而不需要显式声明。函数在 F#中是类似于整数和字符串的基元值。可以将前面的函数转换为等效的 F#语法，如下所示：

```
let add = (fun x y -> x + y)
let add = (+)
```

在 F#中，加号(+)运算符具有与 add 相同的签名，该函数采用两个数字并作为结果返回总和。

lambda 表达式是分配和执行内联代码块的简单高效的解决方案，尤其是在代码块仅用于一个特定目的而无须将其定义为方法的情况下。将 lambda 表达式引入代码中具有很多优点。以下是这些优点的简短列表：

- 不需要显式的类型参数化，编译器可以找出参数类型。
- 简洁的内联编码(将函数存于代码行中)避免了开发人员必须在代码中的其他地方查找功能时造成的中断。
- 捕获的变量限制了类级别变量的暴露。
- lambda 表达式使代码流更易读易懂。

A.2.4　柯里化

柯里化一词源自数学家 Haskell Curry，他对 FP 的发展具有重要影响。柯里化是一种使你可以模块化函数和重用代码的技术。其基本思想是将采用多个参数的函数的求值转换为对函数序列的求值，每个函数只具有单个参数。函数式语言与数学概念密切相关，其中函数只能有一个参数。F#遵循了该概念，具有多个参数的函数将被声明为一系列新函数，每个函数将只有一个参数。

实际上，其他.NET 语言的函数是可以具有多个参数的。从 OOP 的角度来看，如果未将期望的所有参数都全部传递给函数，编译器将会抛出异常。然而在 FP 中，编写一个柯里化函数则非常容易，它可以返回给它的任何函数。但如前所述，lambda 表达式为创建匿名委托提供了一个很好的语法，从而使得实现柯里化函数变得很容易。此外，可以在任何支持闭包的编程语言中实现柯里化，这种技术简化了 lambda 表达式，只包括单参数函数。

通过使用柯里化技术，可以将带有一个或多个参数的所有函数都视为仅接收一个参数，从而实现与执行所需的参数数量无关。这将创建一个函数链，链中的每个函数都将只使用一个参数。

在该函数链的末尾，所有参数都可以立即使用，从而得以执行其原始函数。此外，柯里化允许你创建通过修复基本函数的参数而生成的专用函数组。例如，当柯里化两个参数的函数并将其应用于第一个参数时，该函数将会受到一个维度的限制。但是这并不是限制，而是一种强大的技术，因为你可以将新函数应用于第二个参数以计算特定值。

在数学符号表示中，以下这两个函数之间存在重要的区别：

```
Add(x, y, z)
Add x y z
```

不同之处在于，第一个函数采用了一个元组类型的单个参数(由三个项 x、y 和 z 组成)，第二个函数采用输入项 x，并返回一个接收输入项 y 的函数，然后返回一个带有项 z 的函数，最后返回最终计算的结果。用简单的话来说，该函数可以等效重写为

```
(((Add x)y)z)
```

重点需要指出的是函数应用是关联的，一次只接收一个参数。先前的 Add 函数是针对 x 的应用，然后将结果应用于 y，该应用的结果((Add x) y)再应用于 z。由于这些过渡步骤中的每个步骤都会产生一个函数，因此可以将函数定义为

```
Plus2 = Add 2
```

该函数等效于 Add x。在这种情况下，可以预计 Plus2 函数是采用两个输入参数的，并且始终将 2 作为固定参数传递。为清楚起见，可以按以下方式重写前面的函数：

```
Plus2 x = Add 2 x
```

这个产生中间函数的过程(每个函数都只有一个输入参数)就称为柯里化。让我们来看一下其实际操作。考虑以下使用 lambda 表达式的简单 C#函数：

```
Func<int,int,int> add = (x,y)=> x + y;
Func<int,Func<int,int>> curriedAdd = x => y => x + y;
```

以上代码定义了 Func<int，int，int> add 函数，该函数将两个整数作为参数并返回一个整数。调用该函数时，编译器需要参数 x 和 y。但是函数 add 的柯里化版本 curriedAdd 会生成带有特殊签名 Func<int，Fun<int，int >>的委托。

通常，任何类型为 Func<A，B，R>的委托都可以转换为类型为 Func<A，Func<B，R >>的委托。该柯里化函数仅接收一个参数，然后返回以原始函数为参数的函数，最终返回 A 类型的值。柯里化函数 curriedAdd 可用于创建功能强大的专用函数。例如，可以通过添加值 1 来定义 increment 函数。

```
Func<int,int> increment = curriedAdd(1)
```

现在，可以使用该函数来定义以下几种加法形式的其他函数。

```
int a = curriedAdd(30)
int b = increment(41)
Func<int, int> add30 = curriedAdd(30)
int c = add30(12)
```

使用柯里化函数的一个好处是，专用函数的创建将更易于重用。但是真正的好处是柯里化函数引入了一个有用的概念，称为部分应用函数，这将在下一节中介绍。柯里化技术的其他好处是减少了函数参数和生成了易于重用的抽象函数。

1. C#中的自动柯里化

借助扩展方法，可以自动化并提高 C#中的柯里化技术的抽象水平。在以下示例中，Curry 扩展方法的目的是引入语法糖以隐藏实现细节。

```
static Func<A, Func<B, R>> Curry<A, B, R>(this Func<A, B, R> function)
{
    return a => b => function(a, b);
}
```

以下所示是使用该辅助扩展方法重构之前的代码：

```
Func<int,int,int> add = (x,y)=> x + y;
Func<int,Func<int,int>> curriedAdd = add.Curry();
```

这种语法看起来更简洁。请务必注意，编译器可以推断所有函数中使用的类型，这很有帮助。因此即使 Curry 函数是一个通用的函数，也不需要显式传递通用参数。通过使用这种柯里化技术，可以使用一种不同的语法来更有助于从简单函数中构建复杂的复合函数库。在本书配套源代码中包含了一个库，该库包含了辅助方法的完整实现，其中包括了用于自动柯里化的扩展方法。

2. 反柯里化

就像将柯里化技术应用到函数一样，你也可以很容易地通过使用高阶函数来还原柯里化函数从而取消对柯里化技术的使用。显然，反柯里化是与柯里化相反的转变。可以将反柯里化视为通过应用通用的反柯里化函数来撤销柯里化的技术。

在以下示例中，签名为 Func<A，Func<B，R>>的柯里化函数将被转换回多参数函数：

```
public static Func<A, B, R> Uncurry<A, B, R>(Func<A, Func<B, R>> function)
                         => (x, y)=> function(x)(y);
```

反柯里化函数的主要目的是将已经柯里化的函数的签名恢复为更加面向对象的风格。

3. F#中的柯里化

在 F#中，函数声明默认情况下是柯里化的。但是，即使编译器能够自动为你完成该操作，了解 F#如何处理柯里化函数也是很有帮助的。

以下示例展示了两个将两个值相乘的F#函数。如果你不熟悉F#，这些函数可能看起来是等效的或者至少是相似的，但事实却并非如此。

```
let multiplyOne (x,y)= x * y
let multiplyTwo x y = x * y

let resultOne = multiplyOne(7, 8)
let resultTwo = multiplyTwo 7 8
let values = (7,8)
let resultThree = multiplyOne values
```

除语法外，这些函数之间没有明显的区别，但是它们的行为却是不同的。第一个函数只有一个参数，它是具有所需值的元组，但是第二个函数却具有两个不同的参数 x 和 y。

当你再看这些函数声明的签名时，就会发现区别将变得很明显。

```
val multiplyOne : (int * int)-> int
val multiplyTwo : int -> int -> int
```

现在很明显，这些函数是不同的。第一个函数将元组作为输入参数并返回一个整数；第二个函数将一个整数作为其第一个输入并返回一个以一个整数作为输入然后返回一个整数的函数。带有两个参数的第二个函数由编译器自动转换为一系列函数，每个函数都只有一个输入参数。

以下示例展示了等效的柯里化函数，这是编译器所解释的方式。

```
let multiplyOne x y = x * y
let multiplyTwo = fn x -> fun y -> x * y

let resultOne = multiplyOne 7 8
let resultTwo = multiplyTwo 7 8
let resultThree =
   let tempMultiplyBy7 = multiplyOne 7
   tempMultiplyBy7 8
```

在 F#中，这些函数的实现是等效的，因为如前所述，它们默认情况下是柯里化的。柯里化的主要目的是优化函数以便轻松地应用部分应用。

A.2.5 部分应用函数

部分应用函数是一种将多个参数固定到一个函数并生成另一个维度较小的函数(函数的维度是指其参数的数量)的技术。这样，部分应用函数提供的函数参数将少于所预期的数量，从而为给定值生成专用函数。除组合函数之外，部分应用函数还使函数模块化成为可能。

更简单地说，部分应用函数是将值绑定到参数的过程，这意味着部分应用函数是通过使用固定(默认)值来减少函数参数数量的函数。如果你有一个带有 *N* 个参数的函数，则可以创建一个带有 *N*-1 个参数的函数，该函数以固定的参数调用原始函数。由于部分应用函数依赖于柯里化，因此这两种技术会同时出现。部分应用函数和柯里化之间的区别在于，部分应用函数将多个参数绑定到一个值，因此如果你需要求值函数的其余部分，则需要应用其余参数。

通常，部分应用函数将通用函数转换为新的专用函数。让我们来看一下 C# 的柯里化函数。

```
Func<int,int,int> add = (x,y)=> x + y;
```

如何创建一个只使用一个参数的新函数？

在这种情况下，部分应用函数就变得很有用，因为你可以将具有默认值的 HOF 部分地应用到函数中，而该函数的默认值是原始函数的第一个参数。以下是可用于部分应用函数的扩展方法：

```
static Func<B, R> Partial<A, B, R>(this Func<A, B, R> function, A argument)
                       => argument2 => function(argument, argument2);
```

这里是一个使用该技术的示例：

```
Func<int, int, int> max = Math.Max;
Func<int, int> max5 = max.Partial(5);

int a = max5(8);
int b = max5(2);
int c = max5(12);
```

Math.Max(int,int)是可以使用部分应用函数进行扩展的函数示例。在这种情况下引入部分应用的函数，默认参数 5 是固定的，它创建了一个新的专用函数 max5，该函数对两个数字之间的最大值(默认值为 5)进行求值。由于使用了部分应用，因此创建了一个新的且更具体的函数以在现有的函数之外发挥作用。

从 OOP 的角度来看，可以将部分应用函数视为重写函数的一种方式，也可以使用这种技术来扩展之前无法扩展的第三方类库的即时运行功能。

如前所述，F#中的函数默认情况下是柯里化的，这导致创建部分应用函数的方式比 C#中的方法更简单。部分应用函数有很多好处，包括下列这些。

- 可以毫不思考地组合函数。
- 避免构建不必要的类，这些类包含具有不同数量输入的相同方法的重写版本，从而减轻了传递一组单独参数的需要。
- 使开发人员可以通过参数化其行为来编写高度通用的函数。

使用部分应用函数的实际好处是，仅提供一部分自变量而构建的函数对于代码可重用性、功能可扩展性和组合性而言是很好的。此外，部分应用函数可简化编程风格中 HOF 的使用。为提高性能，也可以推迟使用部分应用函数，这在 2.6 节已介绍过。

A.2.6 部分应用函数和柯里化在 C#中的威力

让我们讨论一下部分应用函数和柯里化的更完整示例，该示例涵盖了实际使用场景。代码清单 A.1 中的 Retry 扩展方法是一个 Func<T>委托，它没有参数并且返回一个类型为 T 的值。该方法的目的是在 try-catch 块中执行传入的函数，如果在执行过程中引发异常，则将重试该函数最多三次。

代码清单 A.1　Retry 扩展方法的 C#实现

```
public static T Retry<T>(this Func<T> function)      ◄──  将静态方法应用于通
{                                                          用的 Func<T>委托
    int retry = 0;                  ◄──┤ 设置计数器
      T result = default(T);             ◄──┤ 将结果设置为默认值 T
      bool success = false;
    do{
        try {
                                              如果发生错误，
                result = function();      ◄──┤ 则增加计数
                success = true;           ◄──  执行该函数。如果成功，则停止 while
        }                                      循环并返回结果；否则将计算新的迭代
        catch {
                retry++;              ◄──
        }
    } while (!success && retry < 3);   ◄──
    return result;
}                                              ◄──  重复三次或直到成功
```

让我们使用该方法来尝试从文件中读取文本。在下面的代码中，方法 ReadText 接受文件路径作为输入并从文件中返回其文本内容。为了使附加的 Retry 行为能够在出现问题时回退并恢复，可以使用闭包，如下所示：

```
static string ReadText(string filePath)=> File.ReadAllText(filePath);

string filePath = "TextFile.txt";
Func<string> readText = ()=> ReadText(filePath);

string text = readText.Retry();
```

可以使用 lambda 表达式来捕获局部变量 filePath 并将其传递给 ReadText 方法。该过程将创建一个与 Retry 扩展方法的签名匹配的 Func<string>。如果文件被另一个进程阻塞或拥有，则会引发错误，并且按预期的那样启动 Retry 函数。如果第一次调用失败，则该方法将进行第二次和第三次重试。最后，它将返回默认值 T。

上面这样做是可行的，但是如果重试的函数需要带一个字符串参数，那该怎么办呢？解决方案就是部分应用该函数。以下代码实现了一个函数，该函数将字符串作为参数，即从中读取文本的文件路径，然后将该参数传递给 ReadText 方法。因为 Retry 行为仅适用于不带参数的函数，因此代码无法编译。

```
Func<string, string> readText = (path)=> ReadText(path);

string text = readText.Retry();
string text = readText(filePath).Retry();
```

这时 Retry 行为就不适用于该版本的 readText。一种可能的解决方案是编写另一个版本的 Retry 函数，该函数带有一个附加的泛型参数，该泛型参数指定调用后需要传递的参数的类型。然而这并不是一个理想的选择，因为你必须弄清楚如何在使用该方法的所有方法之间共享这个新的 Retry 逻辑，每个方法都将会有不同的参数或实现。

更好的选择是结合使用部分应用函数和柯里化。在代码清单 A.2 中，辅助方法 Curry 和 Partial 被定义为扩展方法。

代码清单 A.2 Retry 辅助扩展方法的 C#实现

```
static class RetryExtensions
{
    public static Func<R> Partial<T, R>(this Func<T, R> function, T arg){
        return ()=> function(arg);
    }

    public static Func<T, Func<R>> Curry<T, R>(this Func<T, R> function){
        return arg => ()=> function(arg);
    }
}

Func<string, string> readText = (path)=> ReadText(path);

string text = readText.Partial("TextFile.txt").Retry();
Func<string, Func<string>> curriedReadText = readText.Curry();
string text = curriedReadText("TextFile.txt").Retry();
```

这种方法使你可以注入文件路径并平稳地使用 Retry 函数。之所以可以这样做，是因为 Partial 和 Curry 这两个辅助函数都将 readText 函数改编为不需要参数的函数，从而最终与 Retry 的签名匹配。

附录 *B*

F#概述

本附录概述了F#的基本语法。F#是一门具有面向对象编程(OOP)支持的函数式编程语言。实际上，F#包含了.NET公共语言基础结构(CLI)对象模型，从而得以声明接口、类和抽象类。F#是一门静态且强类型的语言，这意味着编译器可以在编译时就能检测变量和函数的数据类型。F#的语法与C风格的语言(例如C#)不同，不是使用大括号来分隔代码块的。空格(而不是逗号和缩进)对于分隔参数和界定函数体的范围很重要。F#还是一门跨平台编程语言，可以在.NET生态系统内外运行。

B.1 let 绑定

在 F# 中，let 是将标识符绑定到值的最重要关键字之一，它为值指定标识符名(或者将值绑定到标识符名)。它以如下方式定义: let <identifier> = <value>。

默认情况下，let 绑定是不可变的。下面是一些代码示例:

```
let myInt = 42
let myFloat = 3.14
let myString = "hello functional programming"
let myFunction = fun number -> number * number
```

正如你从最后一行代码所看到的,可以通过 let 把 lambda 表达式 fun number -> number * number 绑定到标识符 myFunction 上。

该行代码中的 fun 关键字用于把 lambda 表达式(匿名函数)定义为 fun args -> body 方式。有趣的是,你不需要在代码中定义类型,因为 F#编译器具有强大的内置类型推理系统,可以理解它们。例如,在前面的代码中,编译器通过乘法(*)运算符就能自动推断出 myFunction 函数的参数是一个数字。

B.2 理解 F#的函数签名

与大多数函数式语言一样，F#的函数签名使用从左到右读取的箭头表示法来定义。函数是始终具有输出的表达式，因此最后一个右箭头将始终指向返回类型。例如 typeA -> typeB 这个例子，可以将它解释为采用类型 A 的输入值来生成类型 B 的值的函数。该原则同样适用于采用了两个以上参数的函数。当一个函数的签名是 typeA -> typeB -> typeC 时，按照相同原则从左到右读取箭头，这将创建两个函数。第一个函数是 typeA -> (typeB -> typeC)，它接收类型 A 的输入并处理函数 typeB -> typeC。

下面是 add 函数的签名：

```
val add : x:int -> y:int -> int
```

它接收一个参数 x:int 并返回一个函数，该函数将 y:int 作为输入并返回 int 作为结果。箭头表示法与柯里化函数和匿名函数相关。

B.3 创建可变类型：mutable 和 ref

FP 中的主要概念之一是不可变性。F#虽然是函数优先的编程语言，但是可以通过显式使用 mutable 关键字来创建行为类似于变量的可变类型，如以下示例所示：

```
let mutable myNumber = 42
```

现在可以使用<-运算符来改变 myNumber 的值。

```
myNumber <- 51
```

定义可变类型时的另一个选项是使用一个引用单元，该单元定义一个存储位置，允许使用引用语义来创建可变值。ref 运算符用于声明一个新的引用单元，它封装一个值，然后可以使用:=运算符来改变它并使用!运算符来访问它。

```
let myRefVar = ref 42
myRefVar := 53
printfn "%d" !myRefVar
```

在上述代码中，第一行使用值 42 声明引用单元 myRefVar，第二行将其值更改为 53，在最后一行代码中访问并打印该值。

可变变量和引用单元可以用于几乎相同的情况。但是首选可变类型，除非编译器不允许使用可变类型，例如在生成需要可变状态的闭包表达式中，编译器将报告不能使用可变变量，这时才需要使用引用单元来代替。在这种情况下，引用单元可以解决该问题。

B.4 函数是头等类型

在 F#中，函数是头等数据类型。可以使用 let 关键字来声明函数并以与其他任何变量完全相同的方式来使用它们。

```
let square x = x * x
let plusOne x = x + 1
let isEven x = x % 2 = 0
```

虽然没有显式的 return 关键字，但是函数始终会返回一个值。函数中所执行的最后一条语句的值就是返回值。

B.5 组合：管道和组合运算符

管道(|>)和组合(>>)运算符用于连接函数和参数，以提高代码的可读性。这些运算符使你可以灵活地建立函数管道。这些运算符的定义很简单。

```
let inline (|>) x f = f x
let inline (>>) f g x = g(f x)
```

下面的示例演示了如何利用这些运算符来构建函数式管道。

```
let squarePlusOne x = x |> square |> plusOne
let plusOneIsEven = plusOne >> isEven
```

在代码的最后一行，使用组合(>>)运算符可以消除对输入参数定义的明确需要。F#编译器能够理解 plusOneIsEven 函数是期望输入一个整数的。像这种不需要参数定义的函数称为无点函数。

管道(|>)和组合(>>)运算符之间的主要区别是它们的签名和使用。管道运算符在组合函数时接收函数和参数。

B.6 委托

在.NET 中，委托是指向函数的指针。它是一个变量，该变量包含对具有相同公共签名的方法的引用。在 F#中，可以使用函数值来代替委托。但是 F#同样为

委托提供了与.NET API 互操作的支持。以下是 F#中定义委托的语法:

```
type delegate-typename = delegate of typeA -> typeB
```

下列代码展示了创建带有表示加法操作的签名的委托的语法:

```
type MyDelegate = delegate of (int * int)-> int
let add (a, b)= a + b
let addDelegate = MyDelegate(add)
let result = addDelegate.Invoke(33, 9)
```

在示例中，F#函数 add 作为参数直接传递给委托构造函数 MyDelegate。委托可以附加到 F#函数值以及静态或实例方法。委托类型 addDelegate 上的 Invoke 方法将调用其底层函数 add。

B.7 注释

F#中的注释方式有三种: 使用(**)的块注释、使用//的行注释和使用///的可用于生成文档的注释。以下是具体示例:

```
(* 这是块注释。*)
// 这是行注释。
/// 这是可用于生成文档的注释。
```

B.8 open 语句

可以像 C#一样使用 open 关键字来引入名称空间和模块。例如，下面这行代码将引入 System 名称空间。

```
open System
```

B.9 基本数据类型

表 B.1 展示了 F#的基本数据类型。

表 B.1 基本数据类型

F#类型	.NET 类型	字节大小	范围	示例
sbyte	System.SByte	1	−128~127	42y
byte	System.Byte	1	0~255	42uy

(续表)

F#类型	.NET 类型	字节大小	范围	示例
int16	System.Int16	2	−32 768~32 767	42s
uint16	System.UInt16	2	0~65 535	42us
int/int32	System.Int32	4	−2 147 483 648~2 147 483 647	42
uint32	System.UInt32	4	0~4 294 967 295	42u
int64	System.Int64	8	−9 223 372 036 854 775 808~ 9 223 372 036 854 775 807	42L
uint64	System.UInt64	8	0~18 446 744 073 709 551 615	42UL
float32	System.Single	4	±1.5e−45~±3.4e38	42.0F
float	System.Double	8	±5.0e−324~±1.7e308	42.0
decimal	System.Decimal	16	±1.0e−28~±7.9e28	42.0M
char	System.Char	2	U+0000~U+ffff	'x'
string	System.String	20 + (2×字符串大小)	0~20 亿字符	"Hello World"
bool	System.Boolean	1	true 或 false	true

B.10　特殊字符串定义

在 F#中，字符串类型是 System.String 类型的别名。但除了传统的.NET 语义外，还可以使用一种特殊的三个双引号(""")声明方式来声明字符串。这种特殊的字符串定义使你可以直接声明字符串，而无须逐个使用转义特殊字符。下面的示例以标准方式和 F#三个双引号方式来定义相同的字符串以转义特殊字符：

```
let verbatimHtml = @"<input type="submit" value="Submit">"
let tripleHTML = """<input type="submit" value="Submit">"""
```

B.11　元组

元组是一组未命名和有序的值，可以是不同的类型。元组对于创建临时数据结构很有用，并且是函数返回多个值的便捷方式。元组定义为以逗号分隔的值集合。以下是构造元组的方式：

```
let tuple = (1, "Hello")
let tripleTuple = ("one", "two", "three")
```

元组也可以被解构。在这里，元组值 1 和"Hello"分别被绑定到标识符 a 和 b，并且函数 swap 切换给定元组(a，b)中两个值的顺序。

```
let (a, b)= tuple
let swap (a, b)= (b, a)
```

元组通常是对象，但是它们也可以定义为值类型结构，如下所示：

```
let tupleStruct = struct (1, "Hello")
```

请注意，F#类型推断系统可以自动将函数泛化为具有泛型类型，这意味着元组可以使用任何类型。使用 fst 和 snd 函数可以访问并获取元组的第一个和第二个元素。

```
let one = fst tuple
let hello = snd tuple
```

B.12　记录类型

记录类型类似于元组，不同之处在于字段被命名并定义为用分号分隔的列表。虽然元组提供了一种在单个容器中存储潜在异构数据的方法，但是当存在多个元素时，就很难解释元素的目的。在这种情况下，记录类型通过用名称标记数据的定义来帮助解释数据的用途。记录类型是使用 type 关键字明确定义的，并将其编译成一个不可变的、公开的且密封的.NET 类。此外，编译器会自动生成结构相等性和比较功能，并提供一个默认构造函数来填充记录中包含的所有字段。

注意 如果记录使用 CLIMutable 属性标记，则将包含一个默认的无参数构造函数，以供其他.NET 语言使用。

以下示例演示了如何定义和实例化新的记录类型：

```
type Person = { FirstName : string; LastName : string; Age : int }
let fred = { FirstName = "Fred"; LastName = "Flintstone"; Age = 42 }
```

可以使用属性和方法来扩展记录类型。

```
type Person with
    member this.FullName = sprintf "%s %s" this.FirstName this.LastName
```

记录类型是不可变类型，这意味着不能修改记录的实例。但是，可以使用如下 with 克隆语义来很方便地克隆记录类型：

```
let olderFred = { fred with Age = fred.Age + 1 }
```

记录类型也可以使用[<Struct>]属性来表示为结构。这在性能至关重要且还需要引用类型的灵活性的情况下很有用。

```
[<Struct>]
type Person = { FirstName : string; LastName : string; Age : int }
```

B.13　可区分联合

可区分联合(DU)是代表一组值的类型，该值可以是几种定义明确的情况之一，每种情况可能具有不同的值和类型。DU 在面向对象编程范式(OOP)中可以看作一组从同一基类继承的类。通常，DU 用于构建复杂的数据结构，是对领域建模以及表示诸如 Tree 数据类型的递归结构的工具。

以下代码展示了扑克牌的花色和等级：

```
type Suit = Hearts | Clubs | Diamonds | Spades

type Rank =
    | Value of int
    | Ace
    | King
    | Queen
    | Jack
    static member GetAllRanks()=
        [ yield Ace
          for i in 2 .. 10 do yield Value i
          yield Jack
          yield Queen
          yield King ]
```

如你所见，DU可以使用属性和方法进行扩展。卡组中所有卡的列表可以按如下所示计算：

```
let fullDeck =
  [ for suit in [ Hearts; Diamonds; Clubs; Spades] do
      for rank in Rank.GetAllRanks()do
          yield { Suit=suit; Rank=rank } ]
```

此外，DU 也可以表示为具有[<Struct>]属性的结构。

B.14 模式匹配

模式匹配是一种语言构造，可以使编译器解释数据类型的定义并对其应用一系列条件。这样，编译器通过覆盖所有可能的情况以匹配给定值来迫使你编写模式匹配结构。这被称为穷举模式匹配。模式匹配构造用于控制流。它们在概念上类似于一系列 if/then 或 case/switch 语句，但功能强大得多。它们使你可以在每次匹配期间将数据结构分解为其底层组件，然后对这些值执行某些计算。在所有编程语言中，控制流是指代码中做出的决定，这些决定会影响应用程序中语句的执行顺序。

通常，最常见的模式会涉及代数数据类型，例如可区分联合、记录类型和集合。以下代码示例包含了 Fizz-Buzz(https://en.wikipedia.org/wiki/Fizz_buzz)游戏的两个实现。第一个模式匹配构造具有一组条件，以测试对 divisibleBy 函数的求值。如果条件为真或为假，则第二个实现将使用 when 子句(称为守卫)来指定和集成必须成功匹配模式的其他测试。

```
let fizzBuzz n =
  let divisibleBy m = n % m = 0
  match divisibleBy 3,divisibleBy 5 with
  | true, false -> "Fizz"
  | false, true -> "Buzz"
  | true, true -> "FizzBuzz"
  | false, false -> sprintf "%d" n

let fizzBuzz n =
  match n with
  | _ when (n % 15)= 0 -> "FizzBuzz"
  | _ when (n % 3)= 0 -> "Fizz"
  | _ when (n % 5)= 0 -> "Buzz"
  | _ -> sprintf "%d" n

[1..20] |> List.iter fizzBuzz
```

当求值模式匹配构造时，表达式将传递到 match <expression>中，该匹配将针对每个模式进行测试，直到第一个正匹配。然后求值相应的主体。_字符被称为通配符，这是始终具有正匹配项的一种方法。通常，该模式用作通用的捕获的最终分支，以应用于常见行为。

B.15　活动模式

活动模式是扩展模式匹配功能的结构，允许对给定的数据结构进行分区和解构，从而使代码更具可读性并使分解结果可用于进一步的模式匹配，保证了转换和提取底层值的灵活性。

此外，活动模式可让你将任意值包装在 DU 数据结构中，以方便模式匹配。可以使用活动模式来包装对象，以便可以像其他任何联合类型一样轻松地在模式匹配中使用这些对象。

有时活动模式不会产生值。在这种情况下，它们被称为部分活动模式，其结果是一个选项类型。要定义部分活动模式，可在由括号和竖线字符组合创建的(| |)形式内的模式列表的末尾使用下画线通配符(_)。以下是典型的部分活动模式的示例：

```
let (|DivisibleBy|_|)divideBy n =
    if n % divideBy = 0 then Some DivisibleBy else None
```

在该部分活动模式中，如果值 n 可被值 divideBy 整除，则返回类型为 Some()，这表示活动模式成功。否则，将返回值 None 指示模式失败并移至下一个匹配表达式。部分活动模式用于仅对部分输入空间进行分区和匹配。以下代码说明了如何对部分活动模式进行模式匹配：

```
let fizzBuzz n =
    match n with
    | DivisibleBy 3 & DivisibleBy 5 -> "FizzBuzz"
    | DivisibleBy 3 -> "Fizz"
    | DivisibleBy 5 -> "Buzz"
    | _ -> sprintf "%d" n

[1..20] |> List.iter fizzBuzz
```

该函数使用部分有效模式(|DivisibleBy|_|)测试输入值 n。如果它可以被 3 和 5 整除，则第一个用例成功。如果只能被 3 整除，则第二个用例成功，以此类推。注意，& 运算符使你可以对同一参数运行多个模式。

活动模式的另一种类型是参数化活动模式，它与部分活动模式相似，但是采用一个或多个其他自变量作为输入。

更有趣的是多用例活动模式，该模式将整个输入空间划分为 DU 模型的不同数据结构。以下是使用多用例活动模式实现的 FizzBuzz 示例：

```
let (|Fizz|Buzz|FizzBuzz|Val|)n =
```

```
match n % 3, n % 5 with
| 0, 0 -> FizzBuzz
| 0, _ -> Fizz
| _, 0 -> Buzz
| _ -> Val n
```

由于活动模式会将数据从一种类型转换为另一种类型，因此非常适合数据转换和验证。活动模式有四个相关的变体：单个用例、部分用例、多个用例和部分参数化。有关活动模式的更多详细信息，请参见 MSDN 文档(http://mng.bz/Itmw)和 Isaac Abraham 的 *Get Programming with F#*(Manning，2018)一书。

B.16　集合

F#支持标准的.NET 集合，例如数组和序列(IEnumerable)。此外，它提供了一组不可变函数式集合：列表、集合和映射。

B.17　数组

数组是从零开始的可变集合，具有固定大小的相同类型的元素。它们支持快速和随机地访问元素，因为它们被编译为连续的内存块。以下是 F#创建、过滤和投影数组的方法：

```
let emptyArray= Array.empty
let emptyArray = [| |]
let arrayOfFiveElements = [| 1; 2; 3; 4; 5 |]
let arrayFromTwoToTen= [| 2..10 |]
let appendTwoArrays = emptyArray |> Array.append arrayFromTwoToTen
let evenNumbers = arrayFromTwoToTen |> Array.filter(fun n -> n % 2 = 0)
let squareNumbers = evenNumbers |> Array.map(fun n -> n * n)
```

数组的元素可以使用点运算符(.)和方括号[]来进行访问和更新。

```
let arr = Array.init 10 (fun i -> i * i)
arr.[1] <- 42
arr.[7] <- 91
```

也可以使用 Array 模块中的函数，以其他各种语法来创建数组。

```
let arrOfBytes = Array.create 42 0uy
let arrOfSquare = Array.init 42 (fun i -> i * i)
let arrOfIntegers = Array.zeroCreate<int> 42
```

B.18　序列(seq)

序列是一系列相同类型的元素。与 List 类型不同，序列是延迟求值的，这意味着可以按需求值元素(仅在需要时)。在不需要所有元素的情况下，序列提供了比列表更好的性能。以下是创建、过滤和投影序列的方法：

```
let emptySeq = Seq.empty
let seqFromTwoToFive = seq { yield 2; yield 3; yield 4; yield 5 }
let seqOfFiveElements = seq { 1 .. 5 }
let concatenateTwoSeqs = emptySeq |> Seq.append seqOfFiveElements
let oddNumbers = seqFromTwoToFive |> Seq.filter(fun n -> n % 2 <> 0)
let doubleNumbers = oddNumbers |> Seq.map(fun n -> n + n)
```

序列可以使用 yield 关键字延迟返回一个值。

B.19　列表

在 F#中，List 集合是一个不可变的单链接的相同类型元素的列表。通常，列表是枚举的不错选择，但在性能至关重要的情况下，建议不要将列表用于随机访问和串联。列表是使用[...]语法定义的。以下是一些创建、过滤和映射列表的示例：

```
let emptyList = List.empty
let emptyList = [ ]
let listOfFiveElements = [ 1; 2; 3; 4; 5 ]
let listFromTwoToTen = [ 2..10 ]
let appendOneToEmptyList = 1::emptyList
let concatenateTwoLists = listOfFiveElements @ listFromTwoToTen
let evenNumbers = listOfFiveElements |> List.filter(fun n -> n % 2 = 0)
let squareNumbers = evenNumbers |> List.map(fun n -> n * n)
```

列表使用方括号([])和分号(;)分隔符将多个条目添加到列表，使用符号::附加一个条目并使用@运算符连接两个给定的列表。

B.20　集

集是一个基于二叉树的集合，其中元素具有相同的类型。使用集时，插入顺序不会保留，并且不允许重复。集是不可变的，并且每次更新其元素的操作都会创建一个新的集。以下是创建集的几种不同方法：

```
let emptySet = Set.empty<int>
let setWithOneItem = emptySet.Add 8
let setFromList = [ 1..10 ] |> Set.ofList
```

B.21 映射

映射是具有相同类型的元素集合的不可变的键/值对。该集合将值与键相关联，其行为类似于 Set 类型，不过该类型不允许重复或遵守插入顺序。以下示例展示了如何以不同的方式实例化映射：

```
let emptyMap = Map.empty<int, string>
let mapWithOneItem = emptyMap.Add(42, "the answer to the meaning of life")
let mapFromList = [ (1, "Hello"), (2, "World")] |> Map.ofSeq
```

B.22 循环

F#支持循环构造以遍历可枚举的集合，例如列表、数组、序列、映射等。当指定条件为 true 时，while...do 表达式将执行迭代。

```
let mutable a = 10
while (a < 20)do
  printfn "value of a: %d" a
  a <- a + 1
```

for...to 表达式通过循环在循环变量的一组值上进行迭代。

```
  for i = 1 to 10 do
   printf "%d " i
```

for ... in 表达式在循环中迭代集合中的每个元素。

```
for i in [1..10] do
  printfn "%d" i
```

B.23 类和继承

如前所述，F#与其他.NET 编程语言一样支持 OOP 构造。实际上，可以定义类对象来模拟现实世界的领域模型。F#中用于声明类的 type 关键字可以公开属性、方法和字段。以下代码展示了从 Person 类继承的 Student 子类的定义。

```
type Person(firstName, lastName, age)=
```

```
    member this.FirstName = firstName
    member this.LastName = lastName
    member this.Age = age

    member this.UpdateAge(n:int)=
        Person(firstName, lastName, age + n)
    override this.ToString()=
        sprintf "%s %s" firstName lastName

type Student(firstName, lastName, age, grade)=
    inherit Person(firstName, lastName, age)

    member this.Grade = grade
```

属性 FirstName、LastName 和 Age 显示为字段。方法 UpdateAge 返回具有修改的 Age 的新 Person 对象。可以使用 override 关键字来更改从基类继承的方法的默认行为。在该示例中，将重写 ToString 基本方法以返回全名。

对象 Student 是使用 inherit 关键字定义的子类，除了添加自己的成员 Grade 外，还从基类 Person 继承其成员。

B.24　抽象类和继承

抽象类是提供定义类的模板的对象。通常，它公开一个或多个方法或属性的不完整实现并要求你创建子类来填充这些实现。但是可以定义默认行为，也可以将其覆盖。在下面的示例中，抽象类 Shape 定义了 Rectangle 和 Circle 类。

```
[<AbstractClass>]
type Shape(weight :float, height :float)=
    member this.Weight = weight
    member this.Height = height
    abstract member Area : unit -> float
    default this.Area()= weight * height

type Rectangle(weight :float, height :float)=
    inherit Shape(weight, height)

type Circle(radius :float)=
    inherit Shape(radius, radius)
    override this.Area()= radius * radius * Math.PI
```

AbstractClass 属性通知编译器该类具有抽象成员。Rectangle 类使用 Area 方法的默认实现，而 Circle 类使用自定义行为覆盖它。

B.25 接口

接口表示用于定义类的实现细节的协定，但是在接口声明中没有实现成员。接口提供了一种抽象的方式来引用其公开的公共成员和函数。在 F# 中，要定义接口，需要使用 abstract 关键字来声明成员，然后声明其类型签名。

```
type IPerson =
  abstract FirstName : string
  abstract LastName : string
  abstract FullName : unit -> string
```

访问由类实现的接口方法需要通过接口而不是通过类的实例。因此，为调用接口方法，需要使用:>运算符对类进行强制转换操作。

```
type Person(firstName : string, lastName : string)=
  interface IPerson with
      member this.FirstName = firstName
      member this.LastName = lastName
      member this.FullName()= sprintf "%s %s" firstName lastName

let fred = Person("Fred", "Flintstone")

(fred :> IPerson).FullName()
```

B.26 对象表达式

接口表示可以在程序其他部分之间共享的代码的有用实现，但是定义通过创建新类实现的临时接口可能需要烦琐的工作。一种解决方案是使用对象表达式，该表达式使你可以通过使用匿名类来即时实现接口。以下是一个创建新对象的示例，该对象实现 IDisposable 接口，以将 color 应用于控制台，然后还原为原始的 color。

```
let print color =
   let current = Console.ForegroundColor
   Console.ForegroundColor <- color
{ new IDisposable with
      member x.Dispose()=
            Console.ForegroundColor <- current
}

using(print ConsoleColor.Red)(fun _ -> printf "Hello in red!!")
```

```
using(print ConsoleColor.Blue)(fun _ -> printf "Hello in blue!!")
```

B.27 强制转换

将值类型转换为对象类型的过程称为装箱，它应用了函数 box。该函数将任何类型转换为.NET System.Object 类型，System.Object 类型在 F#中缩写为 obj。

upcast函数对类和接口层次结构进行向上转换(从类到继承的类)。语法为 expr :> type。在编译时检查转换是否成功。

downcast 函数用于向下转换类或接口层次结构，例如从接口到已实现的类。语法为 expr :?> type，其中运算符中的问号表明该操作可能因 InvalidCastException 而失败。在应用向下转换之前，可以比较并测试类型。使用类型测试运算符:?可以做到这一点，它等效于 C#中的 is 运算符。如果该值匹配给定类型，则 match 表达式返回 true；否则返回 false。

```
let testPersonType (o:obj)=
    match o with
    | o :? IPerson -> printfn "this object is an IPerson"
    | _ -> printfn "this is not an IPerson"
```

B.28 度量单位

度量单位(UoM)是 F#类型系统的独特功能，它可以定义上下文并将静态类型的单元元数据注释为数字文字。这是一种处理代表特定度量单位的数字的很方便的方式，例如米、秒、磅等。F#类型系统首先检查 UoM 是否被正确地使用，从而消除了运行时错误。例如，如果在需要 float<mil>的地方使用 float<m/sec>，则 F#编译器将引发错误。此外，还可以将特定功能与已定义的 UoM 关联，以单位而不是数字文字形式来执行工作。下面的代码展示了如何定义米(m)和秒(sec)度量单位，然后执行运算来计算速度。

```
[<Measure>]
type m

[<Measure>]
type sec

let distance = 25.0<m>
let time = 10.0<sec>
let speed = distance / time
```

B.29　事件模块 API 参考

事件模块提供用于管理事件流的函数。表B.2列出了MSDN联机文档中的API参考(http://mng.bz/a0hG)。

表 B.2　API 参考

函数	描述
add: ('T -> unit)-> Event<'Del,'T> -> unit	每次触发事件时运行该函数
choose: ('T -> 'U option)-> IEvent<'Del,'T> -> IEvent<'U>	返回一个新事件,该事件在从原始事件中选择的消息上触发。被选择的函数将原始消息带到可选的新消息中
filter: ('T -> bool)-> IEvent<'Del,'T> -> IEvent<'T>	返回一个新事件,该事件侦听原始事件并仅在事件的参数传递给定函数时才触发结果事件
map: ('T -> 'U)-> IEvent<'Del, 'T> -> IEvent<'U>	返回一个新事件,该事件传递由给定函数转换的值
merge: IEvent<'Del1,'T> -> IEvent<'Del2,'T> -> IEvent<'T>	当任一输入事件触发时,触发输出事件
pairwise: IEvent<'Del,'T> -> IEvent<'T * 'T>	返回一个新事件,该事件在输入事件的第二次和后续触发时触发。输入事件的第 N 个触发成对传递第 $N-1$ 个触发和第 N 个触发的参数。传递给第 $N-1$ 次触发的参数将保持隐藏的内部状态,直到发生第 N 次触发为止
partition: ('T -> bool)-> IEvent<'Del,'T> -> IEvent<'T> * IEvent<'T>	返回一对侦听原始事件的事件。当原始事件触发时,该对中的第一个或第二个事件将相应地触发谓词结果
scan: ('U -> 'T -> 'U)-> 'U -> IEvent<'Del,'T> -> IEvent<'U>	返回一个新事件,该事件包括将给定累加函数应用于在输入事件上触发的连续值的结果。内部状态项记录状态参数的当前值。在执行累加函数期间,内部状态未锁定,因此应注意输入 IEvent 不会同时由多个线程触发

(续表)

函数	描述
split: 　　('T -> Choice<'U1,'U2>) 　　　　-> IEvent<'Del,'T> 　　　　-> IEvent<'U1> * 　　IEvent<'U2>	如果该函数对事件参数的应用返回了 Choice1Of2，则返回一个侦听原始事件并触发第一个结果事件的新事件，如果第二个事件返回 Choice2Of2，则触发该事件

更多信息

关于学习 F#的更多信息，我推荐 Isaac Abraham 的 *Get Programming with F#: A Guide for .NET Developers*(Manning，2018，www.manning.com/books/get-programming-with-f-sharp)一书。

附录 *C*

F#异步工作流和.NET Task之间的互操作性

尽管 C#和 F#编程语言所公开的异步编程模型之间存在相似之处，但它们的互操作性并非不足一提。与.NET Task 相比，F#程序倾向于使用更多的异步计算表达式。两种类型都是相似的，但是它们确实存在语义差异，如第 7 章和第 8 章所示。例如，任务在创建后就立即启动，而 F# Async 则必须显式启动。

如何在F#异步计算表达式和.NET Task 之间进行互操作呢？可以使用F#函数(例如 Async.StartAsTask<T>和 Async.AwaitTask<T>)与返回或等待 Task 类型的 C#库进行互操作。

相反，没有等效的方法可以将 F# Async 转换为 Task 类型。在 C#中使用内置的 F# Async.Parallel 计算会有所帮助。在代码清单 C.1 中，与第 9 章相同，F# downloadMediaAsyncParallel 函数从 Azure Blob 存储中并行异步下载图像。

代码清单 C.1　从 Azure Blob 存储下载图像的异步并行函数

```
let downloadMediaAsyncParallel containerName = async {
    let storageAccount = CloudStorageAccount.Parse(azureConnection)
    let blobClient = storageAccount.CreateCloudBlobClient()
    let container = blobClient.GetContainerReference(containerName)
    let computations =
        container.ListBlobs()
        |> Seq.map(fun blobMedia -> async {
    let blobName = blobMedia.Uri.Segments.
                        [blobMedia.Uri.Segments.Length - 1]
    let blockBlob = container.GetBlockBlobReference(blobName)
    use stream = new MemoryStream()
do! blockBlob.DownloadToStreamAsync(stream)
```

```
let image = System.Drawing.Bitmap.FromStream(stream)
return image })
return! Async.Parallel computations }
```
← 并行运行 F#异步
计算的序列

downloadMediaAsyncParallel 的返回类型是 Async<Image []>。如前所述，F#
Async 类型通常很难与 C#代码互操作，从而很难充当 C#代码中的任务(async/
await)。在以下代码片段中，C# 代码将使用 Async.Parallel 运算符将 F#
downloadMediaAsyncParallel 函数作为 Task 运行。

```
var cts = new CancellationToken();
var images = await downloadMediaAsyncParallel("MyMedia").AsTask(cts);
```

通过借助 AsTask 扩展方法，代码互操作性变得毫不费力。互操作性解决方案
是实现一个 F#模块，该模块公开一组扩展方法，这些扩展方法可以被其他.NET
语言使用(如代码清单 C.2 所示)。

代码清单 C.2 用于互操作 Task 和异步工作流的辅助扩展方法

允许以 Task 形式控制执行的实例

如果未将取消令牌作为参数传递，则会使用上下文的
默认令牌，该默认令牌会自动通过异步工作流传递

```
module private AsyncInterop =
    let asTask(async: Async<'T>, token: CancellationToken option) =
        let tcs = TaskCompletionSource<'T>()
        let token = defaultArg token Async.CancellationToken
        Async.StartWithContinuations(async,
            tcs.SetResult, tcs.SetException,
            tcs.SetException, token)
        tcs.Task
```

返回
TaskComple
tionSource
以公开基于
任务的行为

从延续开始执行，以捕获当前
求值结果(成功、异常和取消)，
以继续执行给定的延续函数
之一

根据求值是成功、失败还是已取消来继续执行以将终止上下文传递到
特定的延续函数中

```
    let asAsync(task: Task, token: CancellationToken option) =
        Async.FromContinuations(
            fun (completed, caught, canceled) ->
                let token = defaultArg token Async.CancellationToken
                task.ContinueWith(new Action<Task>(fun _ ->
                    if task.IsFaulted then caught(task.Exception)
                    else if task.IsCanceled then
                        canceled(new OperationCanceledException(token) |>raise)
                    else completed()), token)
                |> ignore)
```

使用 Task 争
用传递风格
来继续求值

通知成功完成计算

```
    let asAsyncT(task: Task<'T>, token: CancellationToken option) =
        Async.FromContinuations(
            fun (completed, caught, canceled) ->
                let token = defaultArg token Async.CancellationToken
```

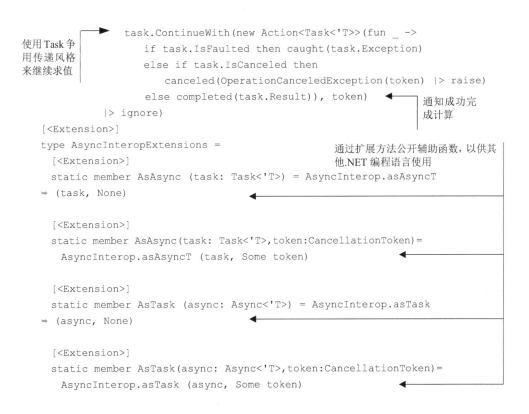

AsyncInterop 模块是私有的，但是允许 F# Async 与 C# Task 之间互操作的核心功能通过 AsyncInteropExtensions 类型公开。属性 Extension 将方法升级为扩展，使其可以被其他.NET 编程语言访问。

asTask 方法将 F#异步类型转换为 Task 并使用 Async.StartWithContinuations 函数来启动异步操作。在内部，该函数使用 TaskCompletionSource 返回 Task 的实例以维护操作的状态。操作完成后，返回的状态可以是取消、异常或成功的实际结果。

注意　这些扩展方法内置于 F#中，以允许访问异步工作流，但是该模块已编译为可在 C#中引用和使用的库。即使该代码是 F#代码，它也是以 C#语言为目标。

函数 asAsync 旨在将 Task 转换为 F# Async 类型。该函数使用 Async.From-Continuations 创建异步计算以提供回调，该回调将执行以下给定延续之一(成功、异常或取消)。

　　所有这些函数都将可选的 CancellationToken 作为第二个参数，可以将其用于停止当前操作。如果没有提供令牌，则默认情况下将分配上下文中的 DefaultCancellationToken。

　　以上这些函数提供了.NET TPL 的基于任务的异步模式(TAP)与 F#异步编程模型之间的互操作性。